VISUAL SERVOING
TECHNOLOGY AND APPLICATIONS

视觉伺服技术与应用

刘广瑞 编著

化学工业出版社
·北京·

内 容 简 介

本书系统阐述了视觉伺服系统的技术原理与应用实践，完整呈现了从图像采集、处理分析到智能控制的整个技术链条。内容涵盖硬件选型、图像处理算法、立体视觉定位等核心技术，并深入介绍了如何运用 OpenCV、Python 以及 CNN、Transformer 等深度学习模型来解决实际问题。书中还通过工业检测、智能分拣、机器人焊接等多个智能制造领域的典型案例，具体展示了视觉伺服系统的设计与实现方案。

本书适合工业自动化领域工程师阅读学习，也可供计算机科学与技术、机器人工程等专业的师生参考。

图书在版编目（CIP）数据

视觉伺服技术与应用 / 刘广瑞编著. -- 北京 : 化学工业出版社，2026. 2. -- ISBN 978-7-122-49559-4

Ⅰ. TP302.7

中国国家版本馆CIP数据核字第2025B3M356号

责任编辑：于成成　　文字编辑：袁玉玉　袁　宁

责任校对：王　静　　装帧设计：王晓宇

出版发行：化学工业出版社（北京市东城区青年湖南街13号　邮政编码100011）

印　　装：北京云浩印刷有限责任公司

787mm×1092mm　1/16　印张18¾　字数456千字　2026年2月北京第1版第1次印刷

购书咨询：010-64518888　　售后服务：010-64518899

网　　址：http://www.cip.com.cn

凡购买本书，如有缺损质量问题，本社销售中心负责调换。

定　　价：99.00元

前言

PREFACE

视觉伺服系统是以图像传感器作为核心传感与反馈元件的机电一体化系统。从更高层面看，它属于信息物理系统（CPS）的典型代表。作为机电系统，视觉伺服系统在结构上包含计算机控制器、机电执行机构以及闭环反馈控制机制，其基本架构与传统机电系统一致；不同之处在于，它采用图像传感器作为检测手段，实现对环境的感知。

进一步而言，视觉伺服系统不仅是机电系统，更融合了多层次的信息处理技术，从而演进为信息物理系统。该系统集成多种嵌入式控制单元，例如图像控制器、图像采集卡，以及各类图像分析与处理嵌入式软件与平台。此外，它还常常依托物联网、互联网、大数据、深度学习与人工智能等新一代信息技术，实现更智能的决策与控制。因此，视觉伺服系统具有广泛而深远的技术意义。

视觉伺服系统从图像采集到最终机电执行，涵盖一系列连贯的处理步骤。首先，系统通过图像采集系统实时获取图像，也可从存储设备读取已有数字图像，或借助图像生成软件合成所需图像数据。随后，系统调用各类图像处理算法与函数，对原始图像进行预处理，包括去噪、滤除脉冲干扰、校正极值、局部增强、色彩空间转换、格式调整、几何变换、算术逻辑运算与图像合成等操作。该阶段旨在提升图像质量，为后续分析奠定基础。在图像分析阶段，系统进一步运用算法提取目标物体的特征信息、关键点、轮廓结构与数量统计等，从而完成识别、检测、计数与定位等任务，最终判断“目标为何物”“位于何处”以及“应如何操作”。

获取被操作物体的三维空间坐标是视觉伺服系统的关键环节之一，双目或多目立体视觉技术在此方面发挥重要作用。系统的另一关键，在于其分析结果所驱动的执行机构类型。例如，结合机器人则构成机器人视觉伺服系统；应用于门禁控制则形成智能门禁系统；嵌入生产线则成为智能制造系统的组成部分。

为支持图像处理与分析，视觉伺服系统常依托专业软件平台，如 OpenCV、HALCON 和 MATLAB 等。这些平台集成了丰富的图像处理算法与函数库。在编程语言方面，Python 已成为当前主流选择，VC++ 等传统语言也仍广泛使用。

近年来，神经网络在图像处理领域取得显著成就并持续演进。从前馈神经网络、卷积神经网络（CNN）、循环神经网络（RNN），再到 Transformer 与自注意力机制，直至 ChatGPT 等大模型的出现，技术架构不断革新。目前，YOLO、 TensorFlow 等框架已在目标检测等任务中得到普遍应用。

基于上述技术背景，本书内容安排如下：第 1 章为概述，介绍视觉伺服系统的基本概念与发展背景；第 2 章介绍图像采集系统的硬件组成，包括照明、镜头、图像传感器与采集卡的类型、结构及工作原理；第 3、4 章阐述图像处理与分析的典型方法、算法、函数及其实际应用；第 5 章探讨立体视觉系统，重点介绍基于双目视觉的三维位姿估计方法；第 6 章专门讨论作为一种复杂且应用广泛的系统类型——机器人视觉伺服系统；第 7 章介绍常用视觉处理软件平台，包括 Python、OpenCV、Pytorch、HALCON 和 MATLAB 等的基本命令与简单编程；第 8 章系统讲解神经网络与深度学习在图像处理中的应用，涵盖 FNN、CNN、RNN、Transformer 等主流架构，并介绍 TensorFlow、YOLO 和 PyTorch 的安装与基本使用；第 9 章通过自动装配、煤矸石分拣、智能焊接、中草药识别分拣及智能门禁等案例，展示视觉伺服系统的典型应用。

本书所涉及的编程语言主要包括 Python 与 VC++，使用的软件平台包括 OpenCV、HALCON 与 MATLAB，介绍的深度学习框架包括 TensorFlow、YOLO 与 Transformer。本书内容也可作为进一步学习大模型技术的前序知识基础。

编著者

目录

CONTENTS

第 1 章
视觉伺服概述

1.1 人类视觉

（1）人类视觉的概念

眼睛是一种感觉器官，是人体五官之一。有 98% 的信息是通过眼睛获取的。通过人眼可获取物体的形状、色彩、数量等信息，进而指导人的行为。

机器视觉是模拟人类的视觉，为了更好地开发机器视觉，有必要先了解一下人类视觉。

（2）人类视觉系统的组成

图 1-1 是单个眼球在其垂直对称面上的主要组成部分。主要组成部分功能如下。

虹膜和瞳孔：控制投影到视网膜上的光的亮度。

角膜与晶状体：将光折射到视网膜上形成图像。

视网膜：形成图像。视网膜上有两种视神经细胞，即视杆细胞和视锥细胞。视杆细胞感知亮度信息，视锥细胞感知色彩信息。

角膜是透明的弯曲的折射窗口，外界光线由此进入人眼，接着带色的不透明的虹膜阻挡部分光线。瞳孔是处于虹膜中心的圆孔，它的直径在 1 ～ 8mm 之间变化，光线暗时瞳孔放大，光线强时瞳孔缩小。

视网膜本身是一个多层薄膜，上面布满了视杆细胞和视锥细胞，其中视杆细胞约有 1.2 亿个，视锥细胞约有 700 万个。视锥细胞集中在以黄斑为中心的中央凹处，视杆细胞在视场的边缘部分。

① 眼球　眼球的运动靠 6 条眼球外肌来实现，如图 1-2、图 1-3 所示。眼球的上下运动靠

上直肌和下直肌，眼球左右运动靠鼻侧和耳侧的内直肌和外直肌。眼球鼻侧的斜下方和斜上方有下斜肌和上斜肌。下斜肌拉眼球下部，让视线朝向眼球外侧上方；上斜肌向斜前方拉眼球上部，使视线朝向外侧下方。知道这些有助于制造摄像头时控制摄像头的运动。

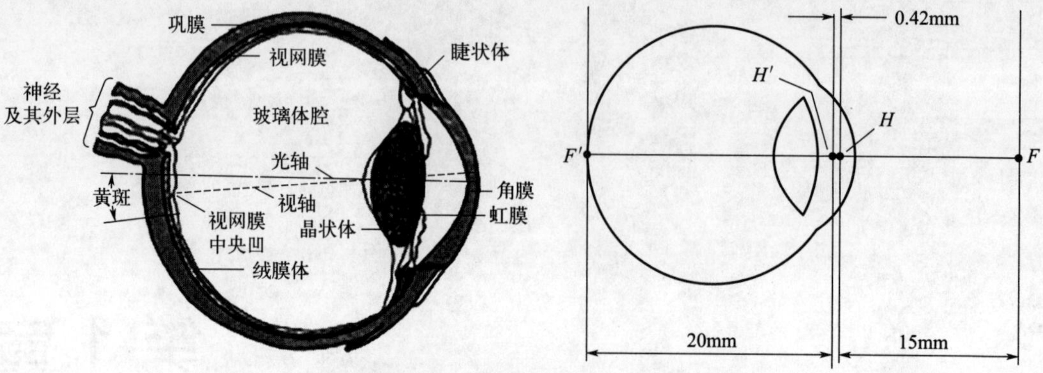

图 1-1　单个眼球在其垂直对称面上的主要组成部分

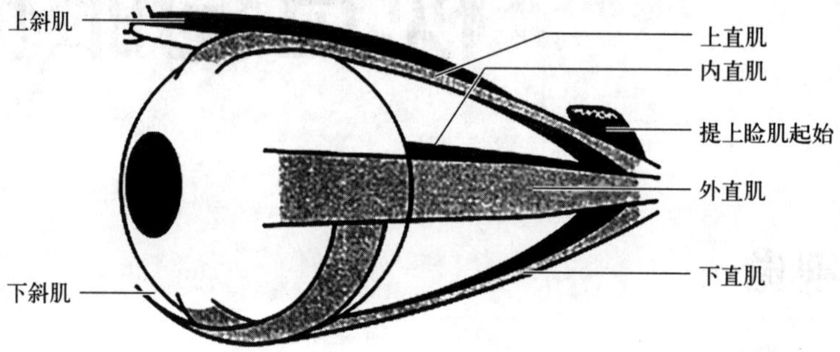

图 1-2　眼球外肌

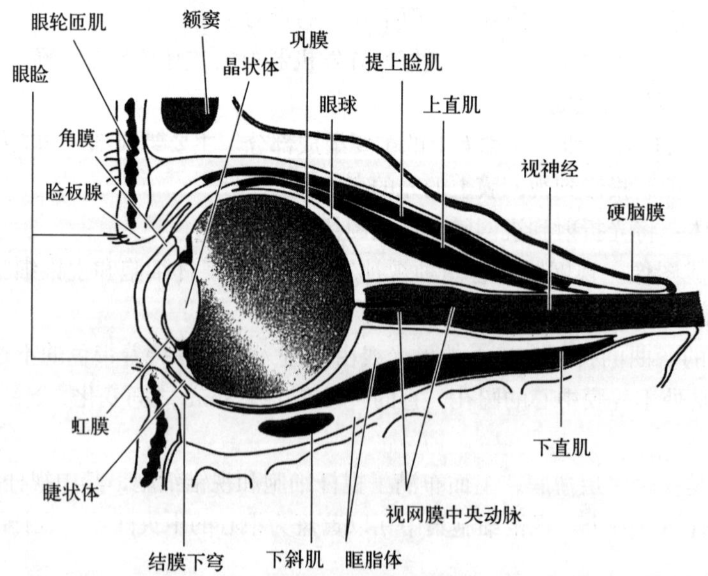

图 1-3　眼眶截面图

② 角膜　角膜是位于眼球壁前端 1/6 无血管的透明纤维膜。角膜的本体是结缔组织形成的固有层，其表面是角膜上皮，内侧是角膜内皮。角膜的内皮细胞可以从房水中得到氧气和营养物质，上皮细胞可以通过泪层直接从空气中得到氧气。

眼球的截面图如图 1-4 所示。

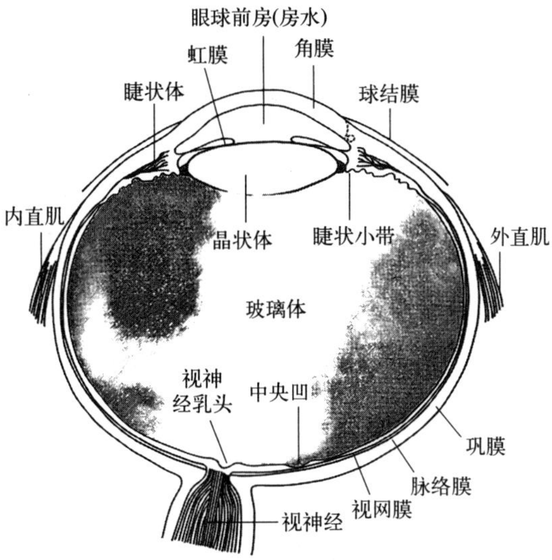

图 1-4　眼球截面图

③ 虹膜与睫状体　瞳孔大小由虹膜来调节。虹膜相当于照相机的光圈，它通过改变瞳孔的大小，调控进入眼内的光线。睫状体的主要作用是通过控制晶状体调节视力远近，睫状体通过睫状小带拉外侧的晶状体，如图 1-5 所示。

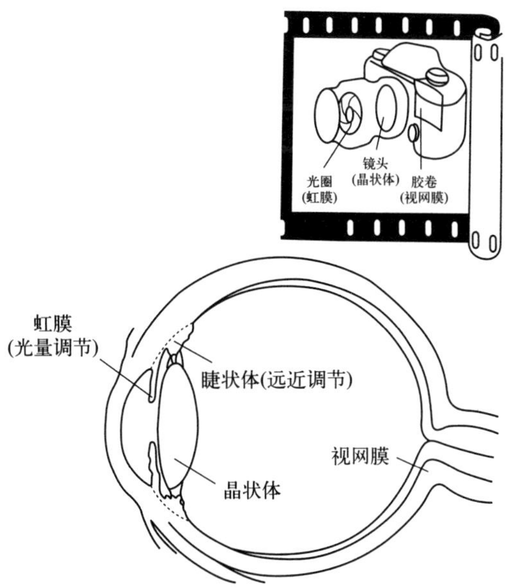

图 1-5　虹膜与睫状体示意图

④ 视网膜与视神经　视网膜上有视细胞，还有神经网络，如图 1-6 所示，视网膜分成很多层。从内侧光线入射处开始，3 层神经纤维和 3 层细胞交错排列。感光的视细胞有视杆细胞和视锥细胞。视网膜上有两个特殊位置。一个是位于视网膜中心处的黄斑；另一个是视神经乳头，它是视网膜的神经纤维进入视神经的位置，这里没有视细胞，不能感知光线，是盲点。视杆细胞感受光线的强弱；视锥细胞感受色彩信息，感受不同波长的光，对红、绿、蓝三种颜色敏感。

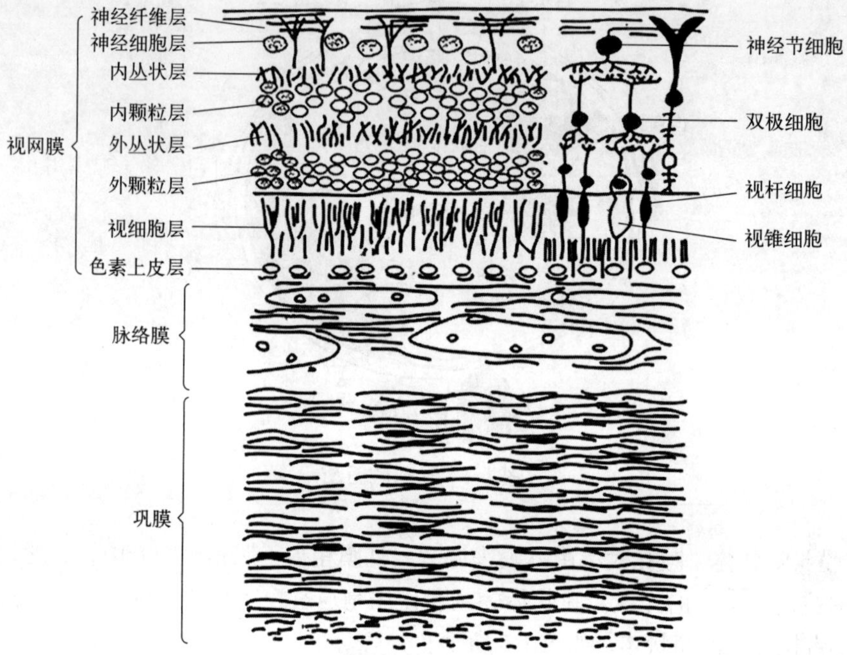

图 1-6　眼球壁

1.2　机器视觉

（1）机器视觉的概念

机器视觉是一种模拟人类视觉功能的计算机系统，它通常由硬件和软件两大核心部分组成。它靠摄像头获取周围环境的信息，并把信息发送到计算机进行存储记忆和处理，从中找到对人和机器有用的信息，用于指导人类生产和生活。机器视觉是一种传感检测装置，依靠这种装置可以获得色彩、光线、几何形状、运动状态、材质、数量等信息，是一种可代替许多其他类型的传感检测装置的“万用传感器”。

（2）机器视觉系统的组成

机器视觉系统通常由硬件和软件两大核心部分组成，如图 1-7 所示。机器视觉系统的硬件部分由下列部分组成。

① 光源：光源是机器视觉系统中至关重要的组成部分，它负责提供照射在被测物体上的光线，以保证获取的图像质量。根据不同的应用场景，可以选择不同的光源，如 LED 光源、卤素光源、光纤光源等。

② 镜头：光学镜头的作用类似于人眼的晶状体，它负责收集被测物体反射的光线，并将其聚焦在成像传感器上。镜头的性能指标（如焦距、光圈系数、倍率等）直接影响图像的清晰度和分辨率。

③ 成像传感器：成像传感器是机器视觉系统感知外部世界的“眼睛”，它可以是 CCD（电荷耦合器件）相机或 CMOS（互补金属氧化物半导体）相机。传感器将光学图像转换为电信号，从而转化为数字图像。

④ 图像采集卡：图像采集卡负责接收相机传来的数字图像信号，并将其转换为计算机可以处理的数字图像文件。此外，它还负责控制相机的拍照和图像传输。

⑤ 视觉处理器：视觉处理器或视觉处理单元负责接收图像采集卡传输过来的数字图像，并对其进行各种处理，如预处理、增强、分割、识别等。处理器可以是计算机中的特定硬件，也可以是软件中实现的算法。

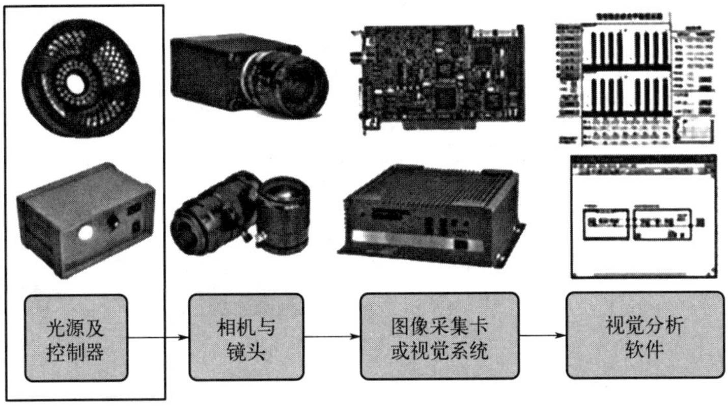

图 1-7　机器视觉系统组成

机器视觉系统的软件负责对采集到的图像数据进行处理和分析，主要包括以下部分。

① 图像处理软件：用于对图像进行预处理，如去噪、对比度增强、滤波等，以改善图像质量，便于后续处理。

② 图像分析软件：用于对处理后的图像进行特征提取、目标识别、尺寸测量等分析工作。这些软件通常包括一系列的机器视觉算法和工具。

③ 控制系统软件：负责协调机器视觉系统和外部设备（如机器人、生产线等）的交互，实施实时的控制决策。

（3）机器视觉图像采集的过程

机器视觉图像采集的步骤如下。

① 当传感器探测到被检测物体运动接近至摄像机的拍摄中心时，将触发脉冲发送给图像采集卡。

② 图像采集卡根据已设定的程序和延时，将启动脉冲分别发送给照明系统和摄像机。

③ 一个启动脉冲发送给摄像机，摄像机结束当前的拍照，重新开始新的拍照；或者在启动脉冲到来前，摄像机处于等待状态，检测到启动脉冲后启动，在开始新的拍照前摄像机打开曝光构件（曝光时间事先设定好）；另一个启动脉冲发送给光源，光源的打开时间需要与摄

像机的曝光时间匹配，摄像机扫描和输出一幅图像。

④ 图像采集卡接收信号并通过 A/D 转换将模拟信号数字化，或者是直接接收摄像机数字化后的数字视频数据。

⑤ 图像采集卡将数字图像存储在计算机的内存中。

⑥ 计算机对图像文件进行处理、分析和识别，获得检测结果。

⑦ 处理结果控制流水线的动作、进行定位、纠正运动的误差等。

图像采集过程如图 1-8 所示。

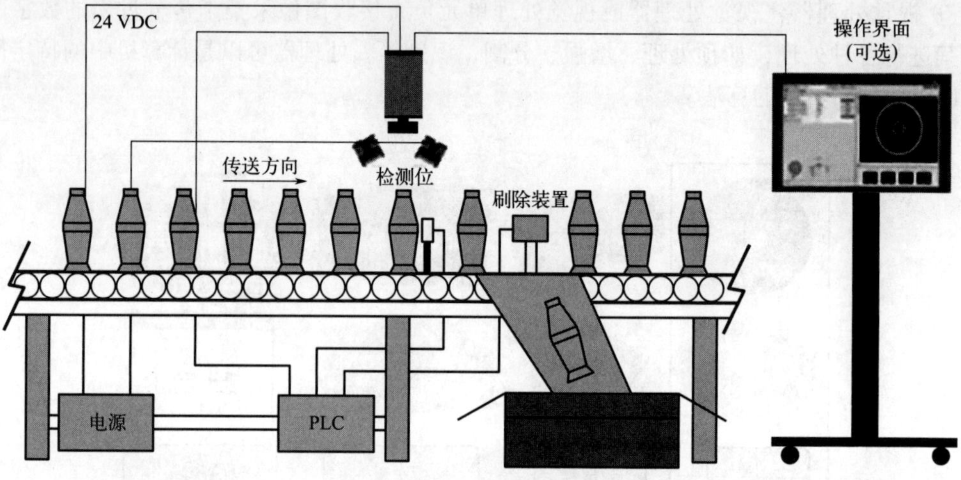

图 1-8　图像采集过程

（4）图像处理与图像分析

① 图像处理　图像处理是对计算机存储器内各种格式的数字图像文件进行各种处理，包括色彩转换、像素点处理、降噪平滑、数学形态化、分割、傅里叶变换等处理，为图像分析提供真实、特征清晰的图像。

② 图像分析　图像分析是从经过处理的图像中提取特征，识别目标，定位目标，推定对应的真实人或物的位置、形状、属性，以便进行监控、定位和操作。

（5）机器视觉的应用

机器视觉具有外观检测、视觉定位、识别计数、尺寸测量、引导和伺服等功能，如图 1-9 所示。

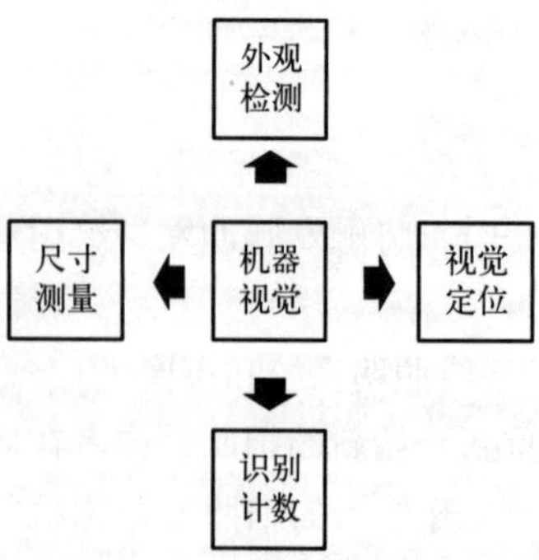

图 1-9　机器视觉的应用

① 定位。根据目标特征确定目标位姿。根据目标位姿进行轨迹规划，引导机器人末端操作手运动到指定位姿，完成规定操作。

② 用于表面缺陷检测、污染物监测，用于特征检测和统计等。

③ 用于精密尺寸和公差测量。

④ 用于识别条码二维码、文字和符号、物体的颜色、形状大小等。

机器视觉系统的应用场景非常广泛，主要有下列应用。

① 工业检测：在制造业中，用于检测产品的质量、尺寸和形状，以及定位和分类。

② 农业方面：用于果实分选、种子质量检测等。

③ 医学方面：用于细胞和组织的图像分析、病灶检测等。

④ 交通方面：用于车牌识别、交通流量监控等。

⑤ 安全监控：用于人脸识别、行为分析等。

在上述应用中，机器视觉系统通过其硬件和软件的紧密配合，实现对特定任务的自动化处理，提高了生产效率，保证了产品质量，降低了人工成本，并提升了决策的准确性。

1.3　视觉伺服

（1）视觉伺服的概念

视觉伺服是指根据视觉分析的结果产生操作动作。例如，机器人根据视觉分析的结果去指导轨迹规划，实现机器人末端操作手的运动控制；再如小区或单位的车辆进出的识别门禁和收费系统。

（2）视觉伺服系统的组成

视觉伺服系统包括视觉 + 机械结构及其控制系统（门禁系统中的开门关门机构及其控制器、机器人及其运动控制系统等），主要完成以下操作。

① 图像的获取。

② 图像的处理：检测、识别与定位。

③ 伺服机构根据图像处理的结果对目标完成指定操作。

1.4　机器人视觉伺服

（1）机器人视觉伺服的概念

机器人视觉伺服控制系统是视觉系统和机器人控制系统的有机结合。机器人根据视觉系统采集和分析的结果进行轨迹规划，控制机器人完成搬运、焊接、上下料、装配等工作。视觉系统对机器人来说是一个传感检测系统，给机器人的操作提供环境信息，引导或控制机器人去完成工作。从机械电子系统角度来看，视觉系统在整个机电系统中是一个传感检测通道，机器人系统是控制、驱动和执行系统。

视觉 + 机器人及其运动控制系统不是简单的叠加，是让视觉系统作机器人的传感检测系统，检测形状、位置、色彩等众多信息，具有识别、定位、检查、计数等功能，并与机器人本体构成反馈控制系统，实现各种智能操作。有基于位置、基于图像、基于位置和图像、基于特征等多种类型。机器人视觉伺服系统，功能更加强大，是机器人走向智能化的必然选择。

（2）机器人视觉伺服系统的组成

机器人视觉伺服系统的组成包括两大部分。一部分是视觉系统，由摄像头、图像采集卡以及计算机图像处理和分析系统组成，另一部分由机器人本体及其控制器组成，如图 1-10 所示。

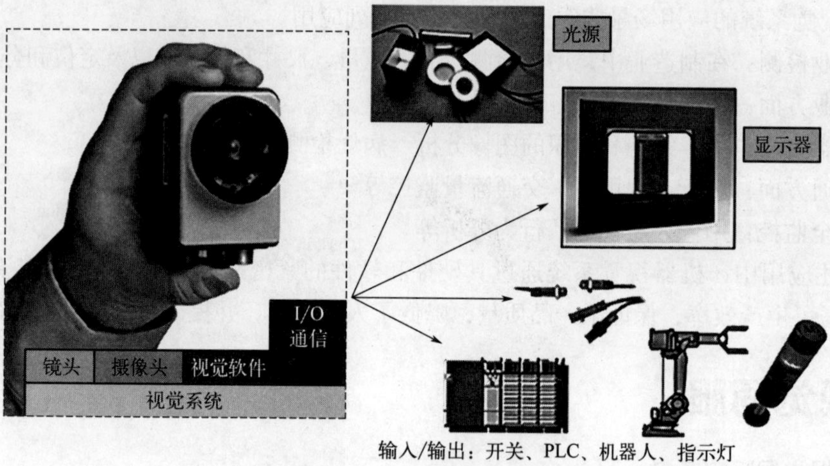

图 1-10　机器人视觉伺服组成

（3）机器人视觉伺服系统的应用

在机器人视觉伺服系统中，视觉系统相当于机器人的眼睛，机器人通过视觉系统获得大量的周围环境信息，其智能化得到进一步提高，功能变得更加强大。

目前的自动驾驶、无人机、人形机器人及工厂的智能工业机器人等，都是视觉伺服系统帮助实现的，都是机器人视觉伺服系统的范畴。

本章小结

机器视觉是指模仿生物视觉和人类视觉，目前主要是模仿人类视觉。本章首先介绍了人类视觉和机器视觉的概念、组成和工作过程。然后介绍了视觉伺服以及视觉伺服中以机器人为执行部件的机器人视觉伺服系统的概念、组成与应用。

思考题

1. 人眼单个眼球在其垂直对称面上的主要组成有哪些。
2. 人眼的视觉是立体视觉吗？
3. 人眼的敏感元件是什么？
4. 视网膜上有哪些视神经细胞？各具有什么功能？
5. 拉动眼球运动的眼球外肌有几条？分别起什么作用？
6. 视杆细胞、视锥细胞各起什么作用？
7. 简述机器视觉的概念、组成、工作过程与应用。
8. 简述视觉伺服的概念与组成。
9. 简述机器人视觉伺服的概念与组成。
10. 简述视觉伺服与机器人视觉伺服的异同。

第2章 机器视觉系统之图像采集

机器视觉系统由硬件部分和软件部分组成。软件部分包括图像处理和图像分析，将在第3章和第4章分别介绍，本章对硬件部分进行介绍。

机器视觉系统的硬件部分由光源、镜头、相机、图像采集卡、计算机控制与处理系统等部分组成，如图2-1所示。

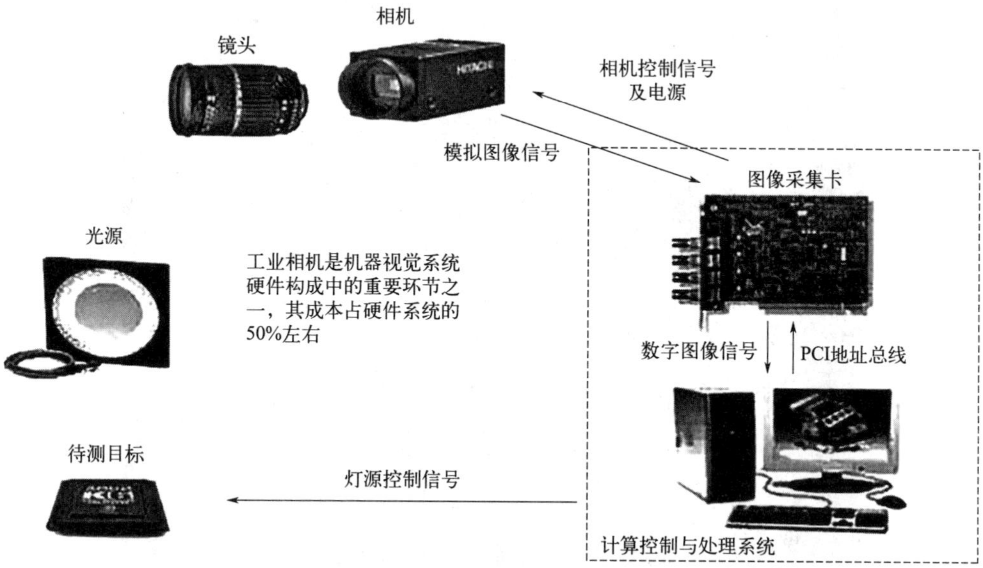

图 2-1　机器视觉系统的硬件组成

2.1 光源

（1）条形光源

条形光源如图 2-2 所示，其外形呈条状。条形光源的特点是产生线性光束，适用于边缘检测和尺寸测量。

图 2-2　条形光源

（2）环形光源

环形光源如图 2-3 所示，其外形呈环状。环形光源的特点是环绕相机镜头，减少阴影，应用于小型到中型尺寸物体的均匀照明。

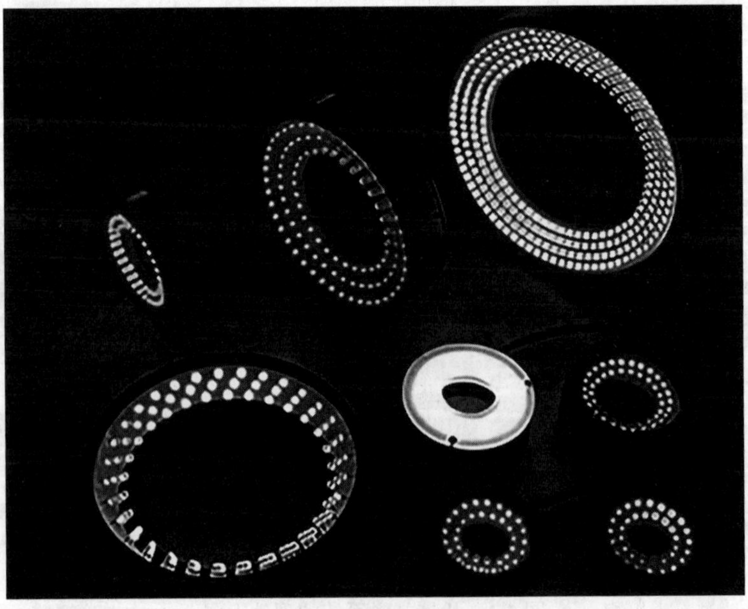

图 2-3　环形光源

（3）平面无影光源

平面无影光源如图 2-4 所示。平面无影光源的特点是照明均匀，无阴影，主要应用于需要高度均匀光照的检测，如平面物体的颜色和精密表面检测。

（4）直射光源

直射光源如图 2-5 所示。直射光源的特点是光直接从相机视角照射，减少阴影，主要用于需要高亮度和均匀照明的场景。

图 2-4　平面无影光源

图 2-5　直射光源

（5）高级与特殊用途光源

① 同轴光源　同轴光源如图 2-6 所示。同轴光源的特点是与相机光轴同轴，减少阴影和反光，主要应用于金属、电路板等反射性强的物体表面检测。

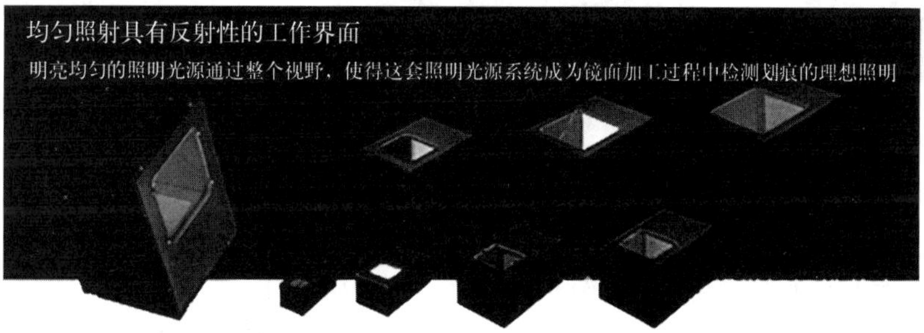

图 2-6　同轴光源

② 斜角光源　斜角光源的特点是从特定角度照射，突出物体凹凸特征，主要应用于表面结构和缺陷检测。

③ 低角度环形光源　低角度环形光源如图 2-7（a）所示。低角度环形光源的特点是低角度照射，突出物体表面缺陷，主要应用场景是表面缺陷检测，如凹凸不平和划痕等。

④ 点光源　点光源如图 2-7（b）所示。点光源的特点是从一个点发散光线，突出小范围细节，主要应用场景是局部照明，强调特定细节或位置。

（6）光源的创新与发展

① 结构光源　结构光源的特点是投射特定图案，用于三维信息获取，如图 2-8 所示。它的应用场景是三维重建和测量。

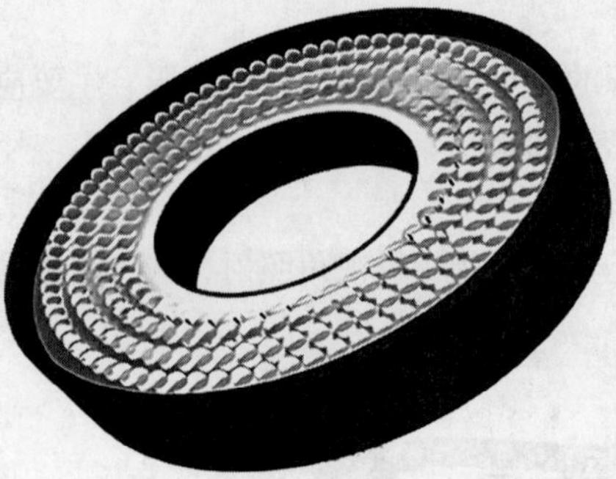

(a) 低角度环形光源

(b) 点光源

图 2-7 低角度环形光源和点光源

② 多色光源 多色光源如图 2-9 所示。多色光源的特点是可切换不同颜色的光源，增强图像对比度，主要应用于颜色分选和基于颜色的特征识别。

图 2-8 结构光源

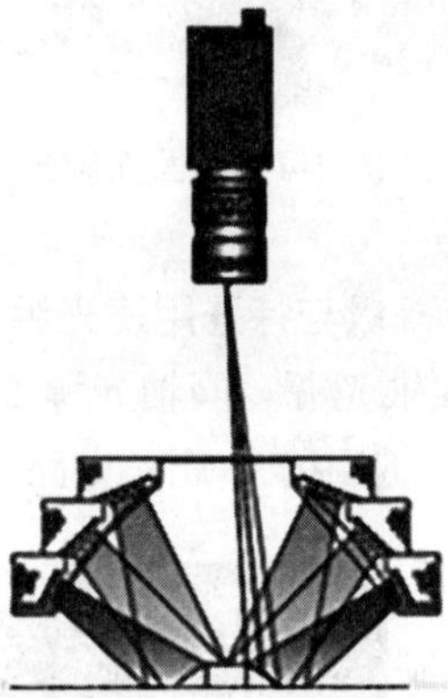

图 2-9 多色光源

③ 激光光源 激光光源如图 2-10 所示。激光光源的特点是提供高度聚焦和均匀光线，主要应用于精确的尺寸测量或表面轮廓分析。

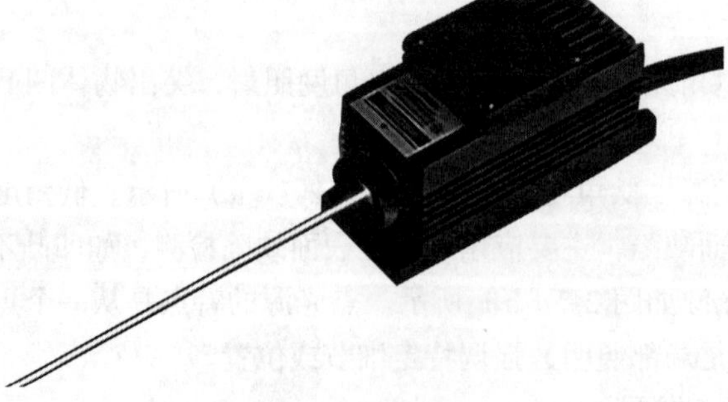

图 2-10 激光光源

④ 光纤光源 光纤光源如图 2-11 所示。光纤光源的特点是通过光纤导引光线到难以照明

区域，主要应用于空间狭窄或需要精确照明的应用。

图 2-11 光纤光源

⑤ 多角度光源 多角度光源如图 2-12 所示。多角度光源的特点是多方向照明，捕捉物体不同细节，主要应用于复杂表面或材质的检测。

图 2-12 多角度光源

⑥ 背光源 背光源如图 2-13 所示。背光源的特点是产生高对比度轮廓，主要应用于物体外形测量、尺寸测量或轮廓检测。

图 2-13 背光源

⑦ 闪光光源 闪光光源如图 2-14 所示。闪光光源的特点是短暂高亮度照明，减少运动模糊，主要应用于快速移动物体的捕捉。

图 2-14 闪光光源

⑧ 穹顶光源 穹顶光源如图 2-15 所示。穹顶形状的光源能提供来自多个方向的均匀照明，减少或消除阴影，同时避免反光和高光点。穹顶光源适用于对具有反光表面的物体进行检测，如金属部件、电子元件等。穹顶光源通过其设计实现了非常均匀的照明，确保物体表面细节被清晰捕捉，是进行精密检测时的理想选择。

图 2-15 穹顶光源

机器视觉系统中光源的选择是一个关键因素，它需要考虑到成像目的、物体特性和环境条件。从基础到高级，再到特殊用途，各种类型的光源为机器视觉领域提供了广泛的选择，以应对不同的挑战和需求。

2.2 照明系统

在机器视觉系统中，光源的选择和照射方式是确保图像质量的关键因素。合适的照明方式不仅能准确地捕捉物体的特征，还能显著提高物体与背景的对比度，从而提高整体的识别与测量精度。以下介绍几种常见的光源照射方式。

（1）前面打光法

前面打光法是一种基本的照明方法，将光源直接放置在被观察物体的前方，如图 2-16 所示。这种方式可以清晰地显示出物体的颜色和表面结构，适用于大多数标准的视觉检测任务。这种照明方式简单且有效，但不适用于高反光或透明材料的物体。

（2）后面打光法

后面打光法（背光照射）通过将光源置于物体背后，形成清晰的物体轮廓，如图 2-17 所示。这种方式特别适合精确测量物体的外形和尺寸，以及进行边缘检测，因为它能够产生强烈的对比度，明显区分物体和背景。

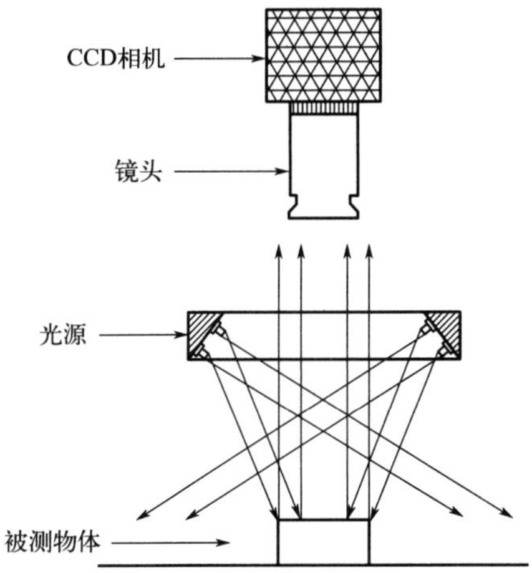

图 2-16　前面打光法

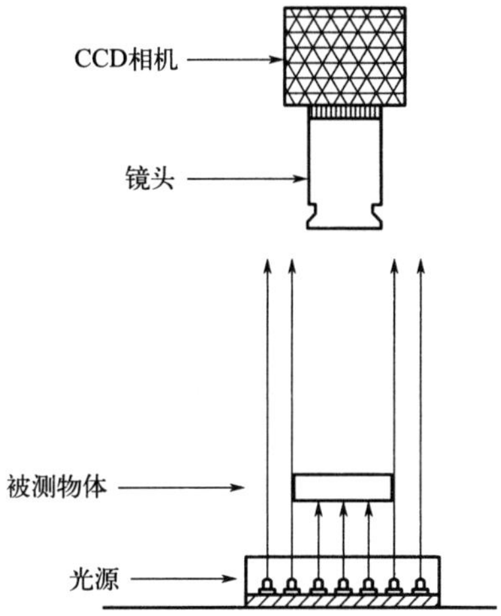

图 2-17　后面打光法

（3）结构光打光法

结构光打光法使用特定模式的光线（如网格或条纹）照射物体。这种方法非常适合三维测量，因为它可以通过分析光线在物体表面的扭曲来计算物体的形状和体积。此方法对于复杂的几何形状和精细的表面细节尤其有效。

（4）混合多方式照明

混合多方式照明结合了多种照射方式，以适应不同的检测需求。这种灵活的照明策略允许操作者根据具体的应用需求调整光源，以获得最佳的图像质量。

（5）特殊照射方式

① 低角度照射：适用于增强物体表面的纹理和凹凸感，常用于检测表面缺陷，如图 2-18 所示。

② 多角度照射：使用不同角度和颜色的光，适用于获取复杂形状物体的三维信息，如图 2-19 所示。

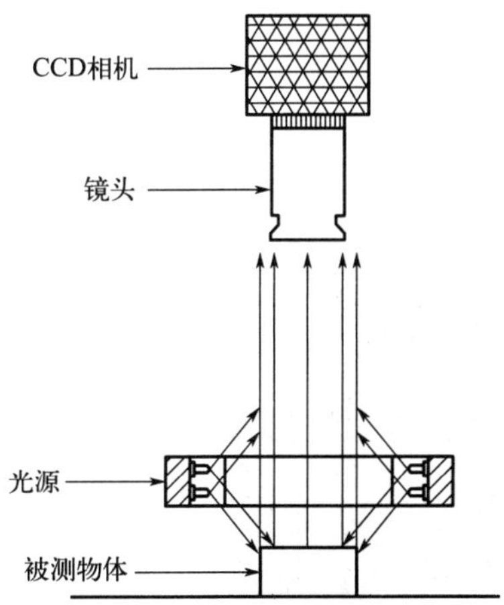

图 2-18　低角度照射

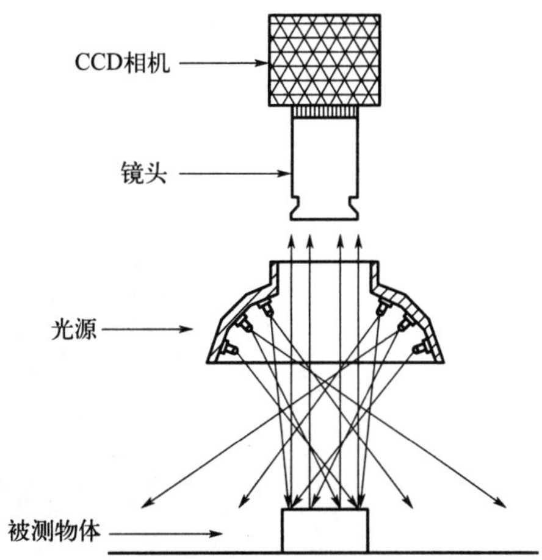

图 2-19　多角度照射

③ 同轴光照明：适合反光性强的物体，如金属和半导体材料，可提供类似平行光的效果，如图 2-20 所示。

④ 球积分光源（圆顶光）：适用于检测弯曲的金属表面，能够形成均匀的照明效果，如图 2-21 所示。

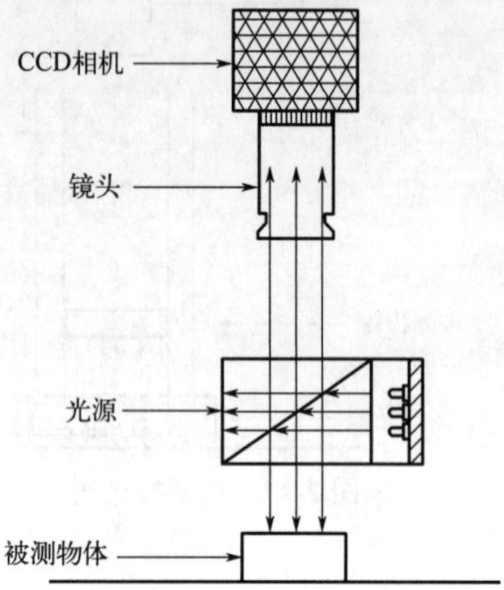

图 2-20　同轴光照明

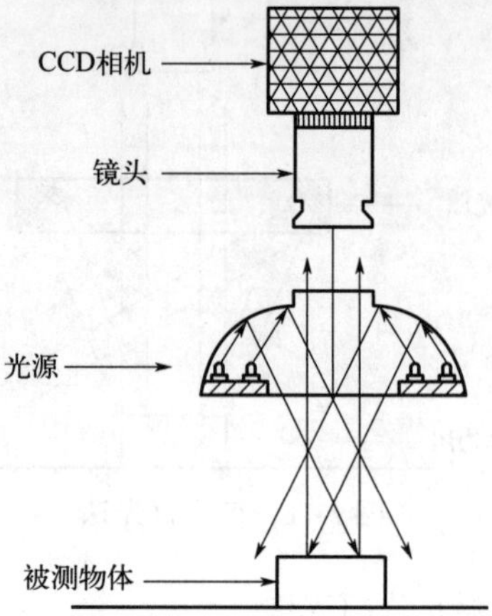

图 2-21　球积分光源

在选择光源和照射方式时，重要的是要考虑到物体的材料、形状、大小以及所需的检测精度。每种照射方式都有其独特的优点和适用场景，理解这些可以帮助优化机器视觉系统的配置，以实现更高效和精确的检测。此外，应该注意不同光源制造商可能对光照角度的定义有所不同，选购时需要特别注意，以确保所选光源满足特定的应用需求。通过精心设计和选择合适的照明方案，可以显著提高机器视觉系统的性能和可靠性。

2.3　镜头

在机器视觉系统中，镜头的主要作用是将目标成像在图像传感器的光敏面上。镜头的质量直接影响机器视觉系统的整体性能，合理地选择和安装镜头，是机器视觉系统设计的重要环节。

（1）镜头的作用

如果没有镜头，传感器接收到的是任意方向照射、反射的光，呈现一幅杂乱的图像。由于镜头的存在，才能把想要的影像清晰地拍摄下来。工业镜头由透镜组、光圈与焦距调节机构、固定零件、连接机构组成，其主要功能是辅助成像，控制成像系统的工作距离、视野大小、分辨率等重要参数。工业镜头如图 2-22 所示。

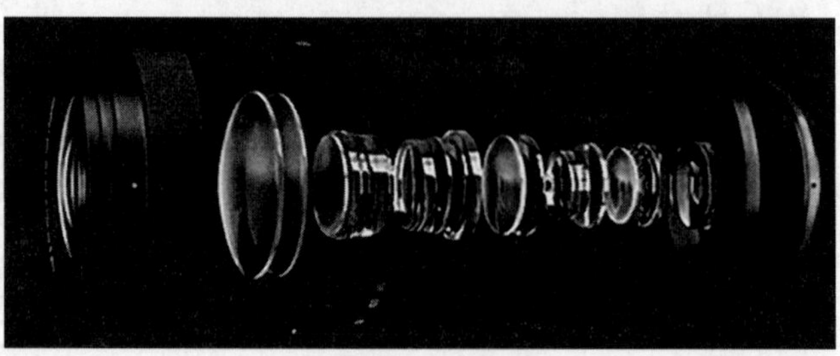

图 2-22　工业镜头

（2）焦距

工业镜头里的透镜组是其核心部分。当平行光射入透镜时，光线会聚到一点后，再以锥形扩散，而会聚的点就是焦点，焦点到光心的距离就是焦距。在工业镜头的透镜组中，像方平面到焦点的距离就是焦距。焦距的大小决定了相机的成像大小，当对同一距离的被测物进行拍摄时，镜头的焦距越长，其所呈现的图像越大，反之亦然。镜头的不同焦距成像效果如图 2-23 所示 。

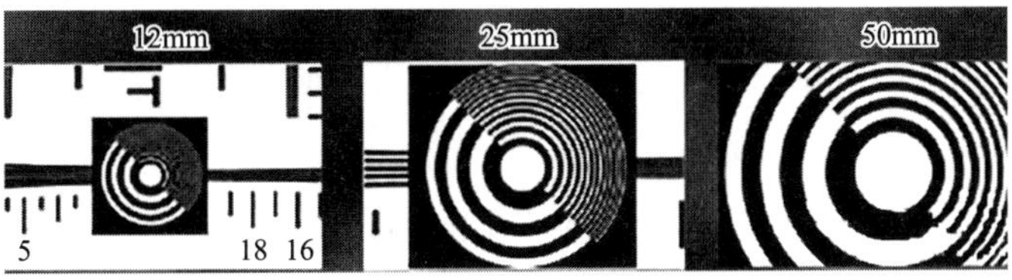

图 2-23　镜头的不同焦距成像效果

（3）光圈

光圈（图 2-24）是镜头中改变中空大小的机械装置，其作用是控制镜头的通光量，常用光圈系数来描述其大小，计算公式为

$$光圈系数（f/\#）=\frac{焦距（f'）}{入瞳直径（D）}$$

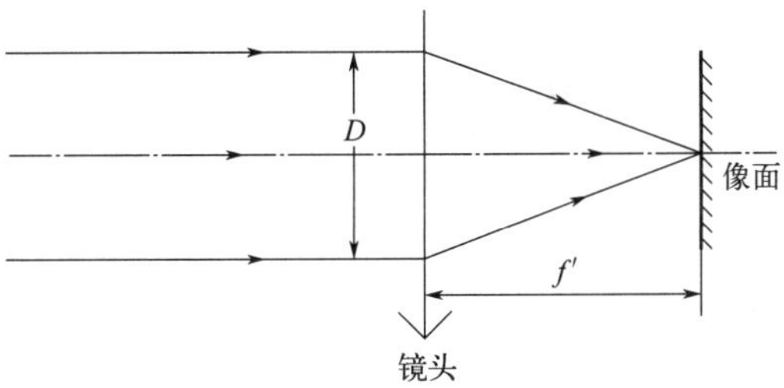

图 2-24　镜头的光圈

光圈系数一般以 $\sqrt{2}$ 倍递增，其数值越小，光圈的孔径越大，通光量也越多，在图像上呈现的亮度也会越高。在同一单位时间内，上一级的通光面积是下一级的两倍。光圈系数如图 2-25 所示。

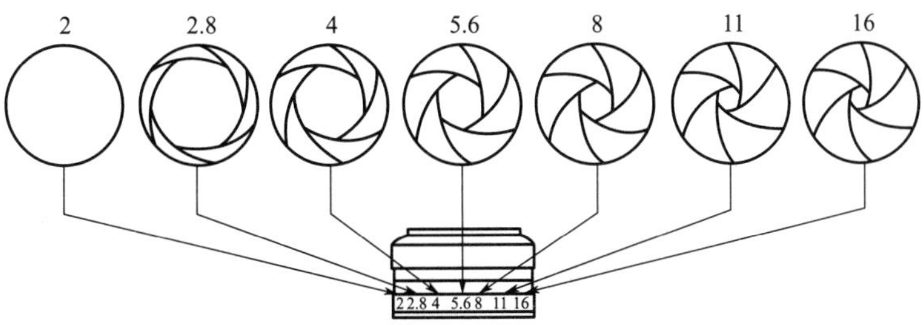

图 2-25　光圈系数

（4）景深

拍摄时在不调整焦距、光圈的情况下，有一段可让被测物清晰成像的空间深度，即为景深。被测物从前景深到后景深移动的时候，在其他参数不变情况下，图像全程能够保持清晰，这段距离就叫景深。景深示意如图 2-26 所示。

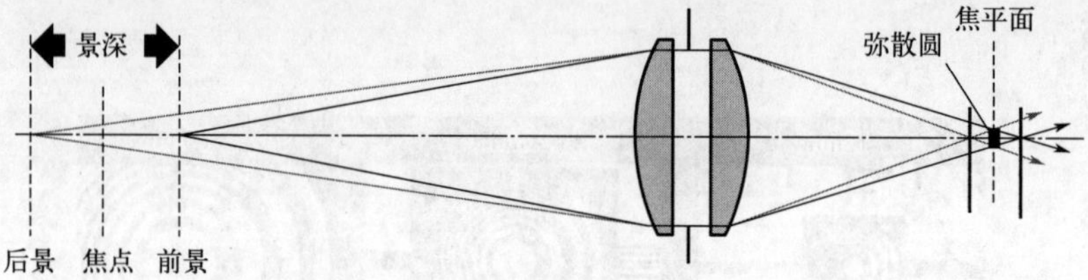

图 2-26　景深示意

景深影响示意如图 2-27 所示。其主要影响因素有以下几点。

① 光圈越大，景深越小；光圈越小，景深越大。

② 镜头焦距越长，景深越小；焦距越短，景深越大。

③ 拍摄距离越远，景深越大；距离越近，景深越小。

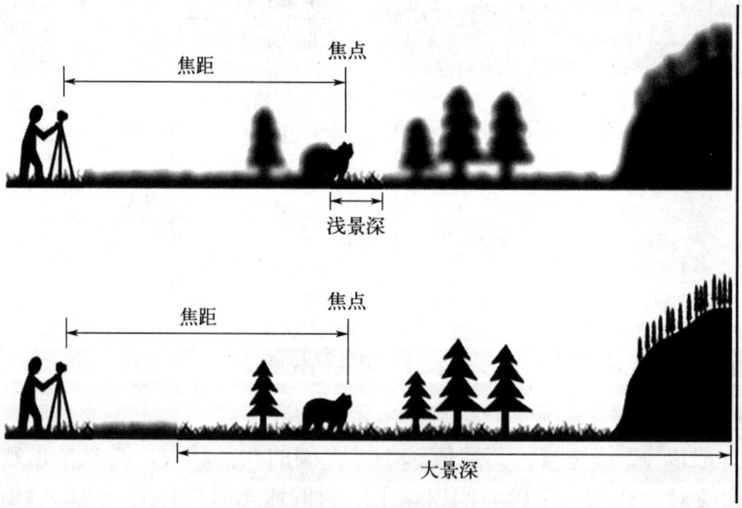

图 2-27　景深影响示意

（5）视场

视场（FOV）是镜头能够观测到的实际范围。视场角是以被测物图像可通过镜头最大范围的两条边缘构成的夹角。通常当焦距一定时，视场角越大，视野就越大；当视野与工作距离一定时，焦距越长，视场角越小。如图 2-28 所示。

（6）后截距、分辨率、放大倍率和光学畸变

① 后截距　后截距示意如图 2-29 所示。

a. 法兰距：法兰面到感光芯片的距离。

b. 机械后截距：镜头最后的机构到感光芯片的距离。

c. 光学后截距：镜头后端的镜片表面到感光芯片的距离。

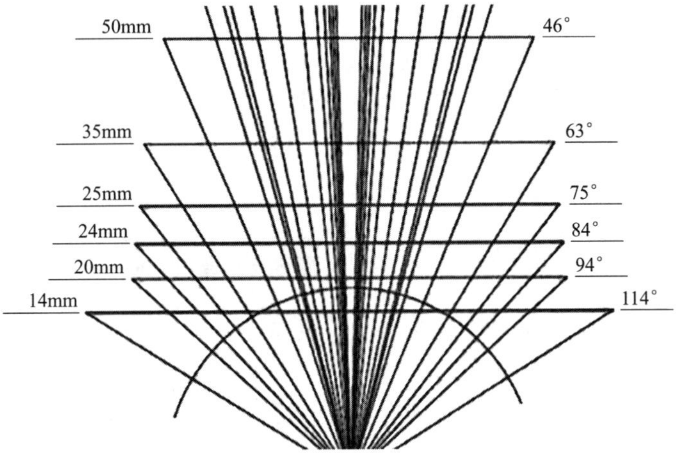

图 2-28　视场的影响

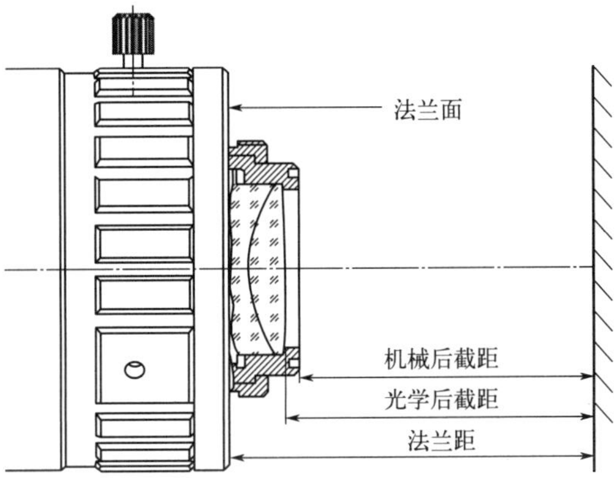

图 2-29　后截距示意

② 分辨率　分辨率是指光学系统对被测物最小的可分辨特征尺寸。能够分辨的细节越细，分辨率越高，也可以说精度越高。在实际应用中，镜头的分辨率要高于相机的分辨率。分辨率示意如图 2-30 所示。

③ 放大倍率、光学畸变　由于镜头在不同视场中放大倍率不一样，使得图像对于物体失去了相似性，这种形变缺陷称为光学畸变，畸变并不影响其分辨率。常见的畸变有枕形畸变和桶形畸变，如图 2-31 所示。

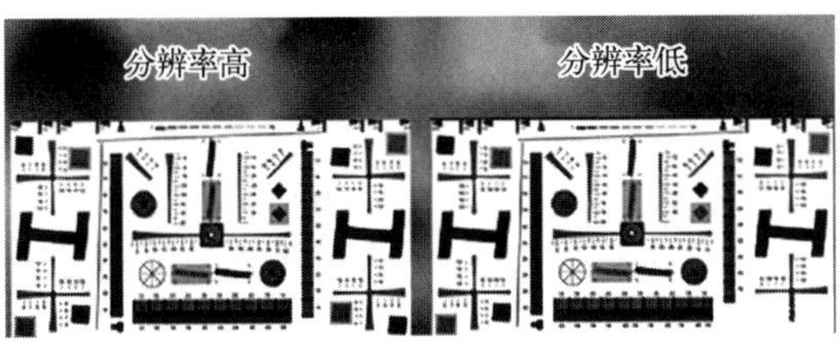

图 2-30　分辨率示意

图 2-31　常见的畸变

（7）镜头分类

① 按功能：分为定焦镜头、变焦镜头、变光圈镜头等。

② 按用途：分为远心镜头、FA 镜头、线扫镜头、微距镜头等。

③ 按视角：分为普通镜头、广角镜头、长焦镜头等。

远心镜头主要是为了纠正传统镜头的视差而特殊设计的镜头。它在一定工作距离内拍摄的图像放大倍率不随工作距离变化而变化，如图 2-32 所示。

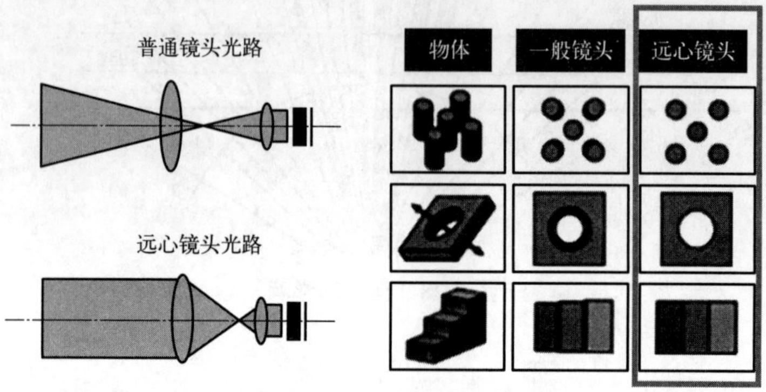

图 2-32 远心镜头示意

远心镜头分为物方远心、像方远心和双侧远心。对于精密测量的应用，使用远心镜头可以确保被测物在一定范围内不受放大倍率影响。

（8）镜头选型

镜头选型需要考虑以下几方面：

① 确定是面阵应用还是线扫应用。

② 确定接口。

③ 确定视场大小。

④ 是否需要远心镜头。

如需要，则通过相机芯片与视野的大小确定其放大倍率与分辨率等参数。

如不需要远心镜头，那就确定同一工作距离下是否要改变放大倍率，要改变就要用变倍镜头，不改变就用定焦镜头。

在确定用定焦镜头之后，需根据视野、芯片尺寸、工作距离、焦距、分辨率等参数选定镜头。

2.4 摄像头

2.4.1 图像传感器概述

图像传感器由光学元件、感光像素、模拟读出电路、数字电路等部分组成。目前主流的硅基图像传感器主要包括 CMOS 图像传感器（CMOS imager sensor，简称 CIS）和电荷耦合器件（charge-coupled device，CCD）。

CMOS 图像传感器主要由像敏单元阵列、行驱动器、列驱动器、时序控制逻辑器件、AD 转换器、数据总线输出接口、控制接口等部分组成。在 CMOS 图像传感器出现之前，CCD 一直是主流的图像传感器。CMOS 图像传感器出现后，其随机访问的读出方式，像素内的有源电路设计给予了图像传感器更多的设计自由度，然而这也带来了一些问题，比如填充因子的降低。在早年，CMOS 图像传感器刚发展时，其像素内读出电路是无源像素结构的。无源像素图像传感器（passive pixel sensor，PPS），和 CCD 比，性能远不如 CCD。有源像素图像传感器（active pixel sensor，APS）技术推出后，CMOS 图像传感器的性能在信噪比和速度上有了明显的提高，人们也开始意识到，可以实现像素内的模拟电路乃至数字电路设计是 CMOS 图像传感器的一大优势。目前很多高性能多功能的图像传感器是在像素内电路上进行创新和改进。

最早的 APS 是 3T 结构，通过引入一个源极跟随器，实现在像素内进行电流转电压读出，这一设计解决了很多 PPS 结构中遇到的噪声问题。4T APS 相对于 3T APS 而言引入了电荷转移门，这一设计一方面权衡了解耦和转换增益（转换增益 =$1/C_{fd}$）与满阱容量 FWC（FWC=$C_{fd}V$）之间的关系，另一方面该结构使得相关双采样电路 CDS 可以引入以消除 3T 结构不能消除的复位 KT/C 噪声。这里电荷转移门的结构和 CCD 中的类似。4T 结构还引入了固定光电二极管（pinned photodiode，PPD）的设计，利用 P+ 钝化表面，降低了暗电流。电荷转移门的一个优势还在于其分割了感光像素区和像素内电路，使得这两部分的设计相对解耦。在这之后，为了实现性能的提高和功能的拓展，更多的像素内电路架构和设计层出不穷［例如模拟前端（anolog front end，AFE）］，甚至有人提出可以将 ADC 部分也移入像素内，实现 DPS（digital pixel sensor）设计。CMOS 图像传感器的电路结构如图 2-33 所示。

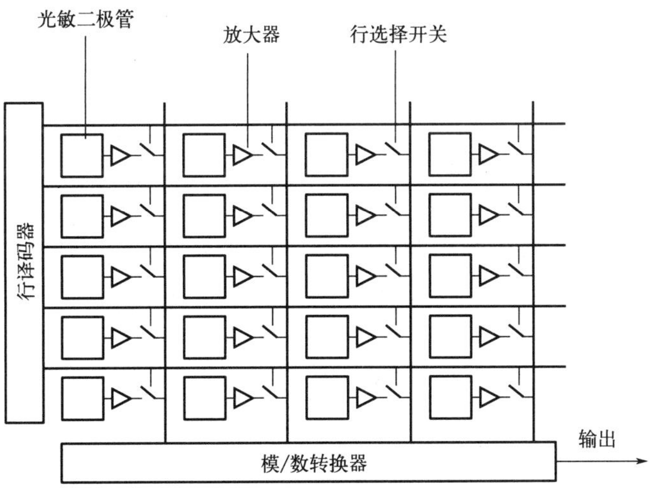

图 2-33　CMOS 图像传感器电路结构

与 CMOS 图像传感器相比，CCD 有两点不同。一个是感光像素不同，CMOS 感光像素是基于光电二极管（photodiode，PD）结构，CCD 感光像素是 MOS 结构；另一个是像素读出方式不同，CCD 没有像素内独立的读出电路和感光像素外的有源器件，其感光电荷的读出是通过三相时钟信号控制电荷包以行为单位挨个移动传出。CMOS 有像素内独立的读出电路和有源放大器，且其阵列读出方式类似 RAM，通过行选列选读出，具有更好的并行处理能力和信号读出速度。CCD 图像传感器的电路总体结构如图 2-34 所示。

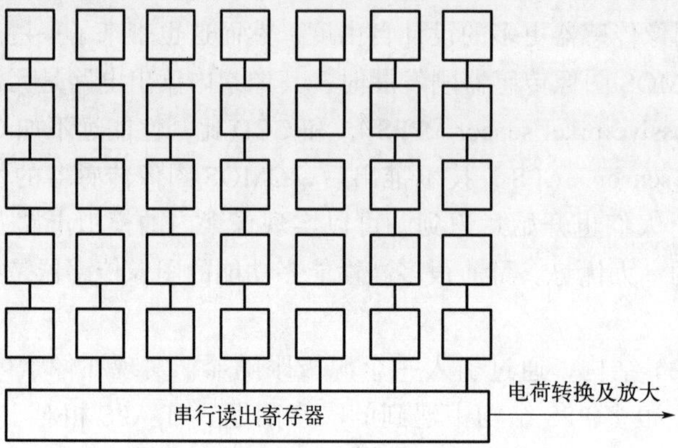

图 2-34　CCD 图像传感器电路结构

CCD 的第一个优点是像素的填充因子大。因为其感光区域和功能区域分开，信号处理等功能电路都放在了非感光区域。CCD 的第二个优点是其噪声低。这是由于其像素内没有别的含有源器件的电路结构，器件和器件之间的偏差比较小，因此 FPN 相对比较小。但是 CCD 这一读出方式也存在其固有的问题。首先，读出方式并行度低，决定了其速度比 CMOS 图像传感器慢。其次，CCD 基于高频高压的时钟信号来实现 MOS 结构的深耗尽势阱中的电荷转移，需要三组电源供电结合时钟控制电路，因此功耗较大。此外，CCD 不需要进行特殊的像素隔离设计，而 CMOS 图像传感器存在像素串扰问题，需要复杂的像素隔离设计和加工工艺。就成像质量而言，由于 CCD 的满阱容量大，集成度相对较低，光、电、磁之间的干扰小，读出方式的并行性低，像素间的串扰也比较小，因此在早期其成像质量比 CMOS 图像传感器要高。不过，随着 CMOS 图像传感器的发展，目前也有很多提高 CMOS 图像传感器成像质量的技术。

虽然 CCD 在某些方面具有一定的优势，但是 CMOS 图像传感器已经成为更为主流的技术，这主要有两方面原因。第一，器件的发展离不开工艺，CMOS 图像传感器基于 CMOS 工艺，CMOS 工艺具有较高成熟度和先进性，兼容性好，集成度高。第二，CMOS 的读出方式给予了其更高的设计灵活性，像素内的读出电路结构框架提供了各种在像素端进行信号处理的可能和设计空间，由此可以发展各种新型图像传感器件，比如压缩感知、智能感知、边缘提取、感算一体、可编程像素、神经形态传感等。当然在某些特定应用场景，CCD 也有其碾压性的优势，比如用于弱光探测的 TDI 技术，基于 CCD 的 TDI 比基于 CMOS 的 TDI 有更好的信噪比，也容易做出更高的线数。CCD 没有像素内的其他有源器件，其多次曝光叠加是基于电荷域的直接叠加。相比之下，CMOS 图像传感器每一个像素都带有自己的读出电路，输出的是通过像素内电路转化后的电压信号，因此其叠加信号的同时也叠加了像素内读出电路部分有源器件引入的噪声。

2.4.2　图像传感器的主要指标

图像传感器作为一个功能芯片，其性能指标多结合其应用场景进行分析，器件的性能最优不能保证整个芯片的功能最优。比如按照器件优化思路，可以将光电探测器本身的速度进行提高和优化（通过优化扩散和耗尽区、材料迁移率等），但是整个芯片的成像速度受限于其读出过程，因此作为功能芯片，往往需要进行全链路的协同调优。同样，在进行性能参数分析的时候也需要全链路进行考量。

（1）噪声

整个成像链路中的电路和元件都会对噪声有所贡献，主要贡献噪声包括散粒噪声、Fano 噪声、FPN 噪声和读出噪声等。散粒噪声是由入射光子在时间和空间上分布的统计特性导致的，光子是玻色子，满足玻色 - 爱因斯坦分布，在可见波段附近，满足 $h\nu \gg kT$，其分布可以用经典的泊松分布描述。Fano 噪声是光子激发多个载流子产生的，对于高能光子，其每一份光子可以激发出多个电子，因此低入射功率下可以看到一份份光子的光电转换过程。对于可见波段附近，Fano 噪声的影响几乎可以忽略不计。除了随着波长减小 Fano 噪声增加外，随着功率的增加，Fano 噪声也会增加。FPN 噪声是由器件之间的差异性导致的，是一个不会随着时间变化的固定噪声。与散粒噪声不同的是，FPN 噪声正比于信号，而不是信号的开方，因此 FPN 的抑制对实现高动态范围成像（HDR）十分重要。FPN 的产生原因主要有三个方面：一是图像传感器感光像素的性能差异，二是读出电路的差异，三是光学元件的影响（比如有颗粒或者结构件导致的衍射和干涉）。不过换一个思路想，也可以通过设计特定的光学元件来特意引入 FPN，此时 FPN 相当于一个像素阵列分辨率大小的矩阵，这相当于在感光的同时实现乘加运算。读出噪声是读出链路引入的噪声，它不是输入信号的函数，只与读出电路有关。最终总的噪声是所有噪声源的叠加，可以通过 PTC 曲线的分析对器件的噪声链路实现分析。

（2）量子效率

值得一提的是，对于图像传感器而言，量子效率不仅要考虑光电器件本身能转换多少电子，还要考虑电子到 DN（digital number）的转换情况，因为最终得到的是经过 AD 转化后的数字信号。

（3）满阱容量

对于 CCD 而言，满阱容量是感光像素对应的耗尽层势阱的电荷容量。对于 CMOS 而言，满阱容量主要是由存储电荷的 FD 点对应的等效电容决定的，因此目前很多 CMOS 图像传感器通过设计可以切换（比如加一个开关管）FD 点电容的结构来实现成像模式切换，以满足 HDR 和微光探测的目的。

（4）暗电流

暗电流的大小直接决定了器件的探测下限，为了实现弱光探测，提高器件灵敏度，常常通过各种方式来实现暗电流的抑制，最直接的方式就是降温，这在红外图像传感器中比较常见。

2.4.3　CCD 的原理

CCD 是一种半导体器件，能够把光学影像转化为数字信号。CCD 上植入的微小光敏物质称作像素（pixel）。像素越高，面积越大，成像质量就越高、越清晰。CCD 上有许多排列整齐的电容，能感应光线、储存信号，并将影像转变成数字信号。经由外部电路的控制，每个小电容能将其所带的电荷转给相邻的图像处理器来形成图像。MOS 电容器是构成 CCD 的最基本单元，它是金属氧化物半导体（MOS）器件中结构最为简单的，如图 2-35 所示。

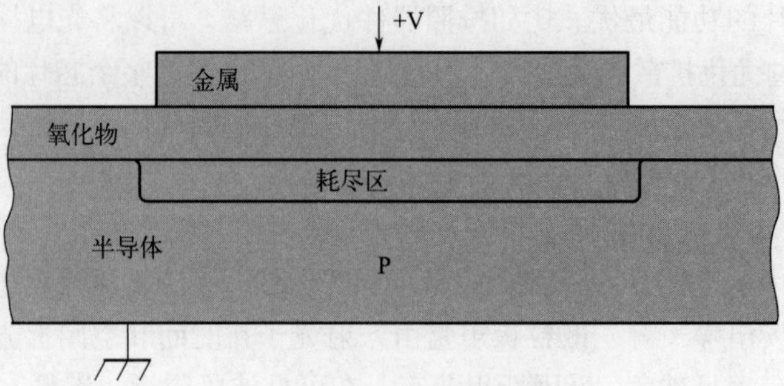

图 2-35　MOS 电容器

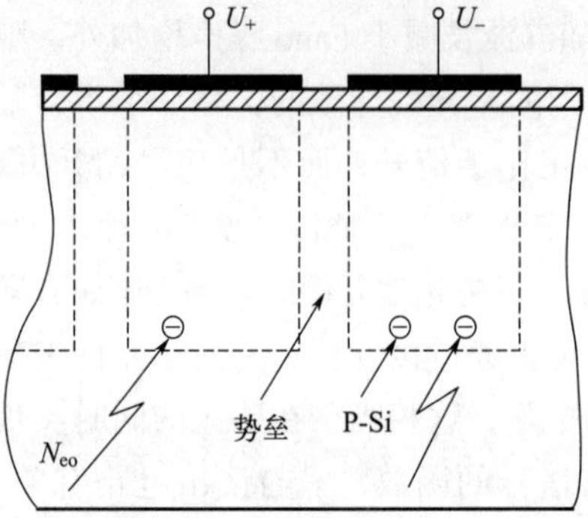

图 2-36　信号电荷的产生

CCD 的基本工作过程主要是信号电荷的产生、存储、转移和检测的过程。

（1）信号电荷的注入（产生）

CCD 中电荷注入的方式可分为光注入和电注入两类。当光照射到 CCD 硅片上时，在栅极附近的半导体内产生电子 - 空穴对，多数载流子被栅极电压排斥，少数载流子则被收集在势阱中形成信号电荷，如图 2-36 所示。

电注入是指 CCD 通过输入结构对信号电压或电流进行采样，然后将信号电压或电流转换为信号电荷注入相应的势阱中。电注入常用的有电流注入和电压注入两种方式，如图 2-37 所示。

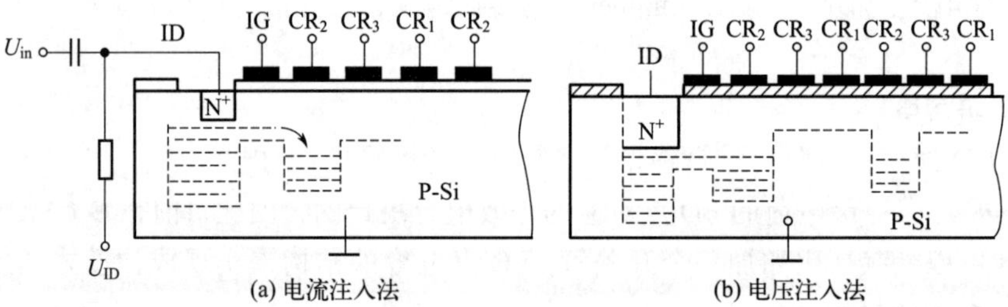

图 2-37　电注入方式

（2）信号电荷的存储

CCD 工作过程的第二步是信号电荷的收集，就是将入射光子激励出的电荷收集起来成为信号电荷包。

当向 SiO_2 表面的电极加正偏压时，P 型硅衬底中形成耗尽区（势阱），耗尽区的深度随正偏压的升高而加大。其中的少数载流子（电子）被吸收到最高正偏压电极下的区域内，形成电荷包（势阱）。对于 N 型硅衬底的 CCD 器件，电极加正偏压时，少数载流子为空穴。电荷存储示意如图 2-38 所示。

（3）信号电荷的转移（耦合）

CCD 工作过程的第三步是信号电荷包的转移，就是将所收集起来的电荷包从一个像元转移到下一个像元，直到全部电荷包输出完成，如图 2-39、图 2-40 所示。

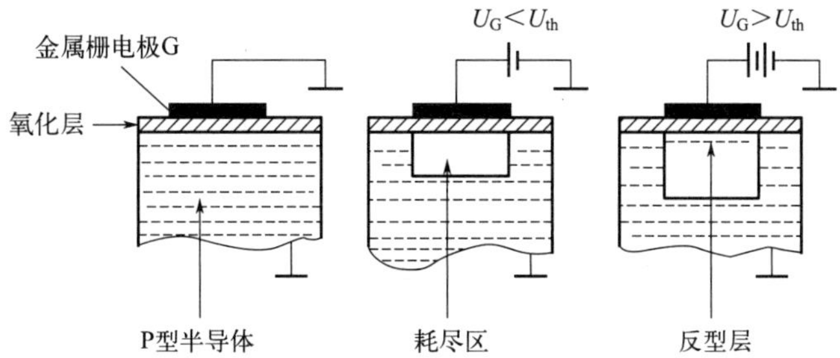

图 2-38　电荷存储示意

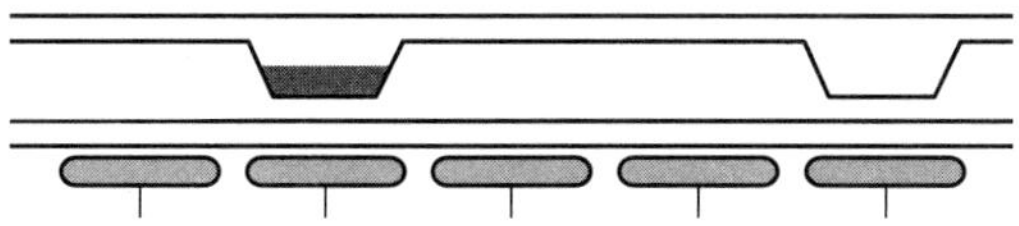

图 2-39　电荷转移

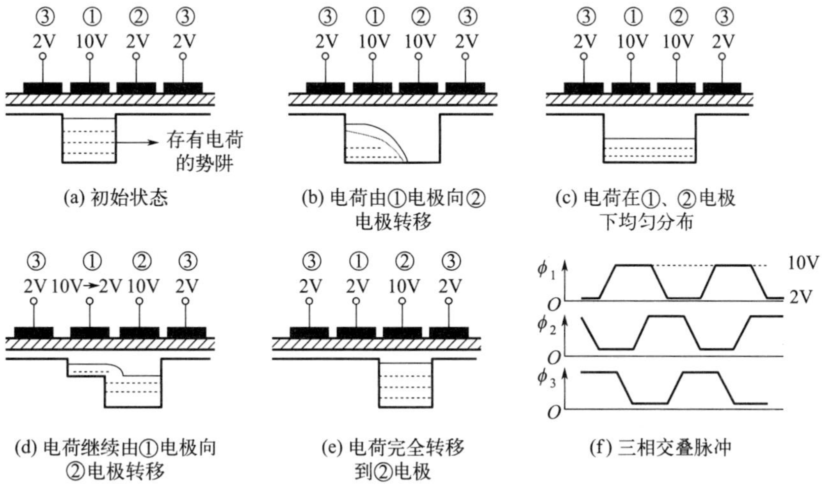

图 2-40　三相 CCD 中电荷的转移方式

（4）信号电荷的检测

CCD 工作过程的第四步是电荷的检测，就是将转移到输出级的电荷转化为电流或者电压。其中电荷输出类型主要有三种：电流输出、浮置栅放大器输出和浮置扩散放大器输出。电荷检测电路如图 2-41 所示。

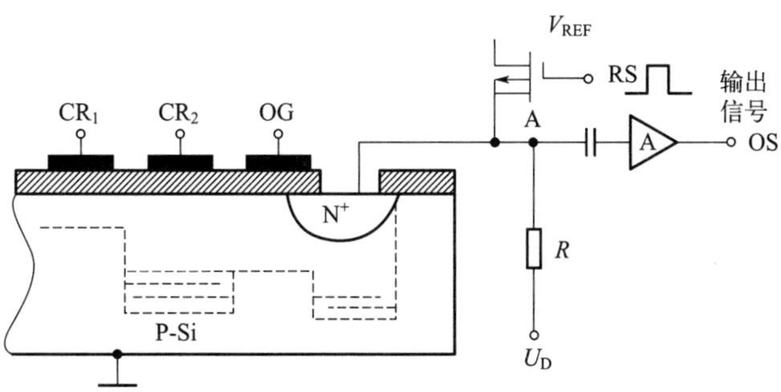

图 2-41　电荷检测电路

CCD 工作过程如图 2-42 所示。

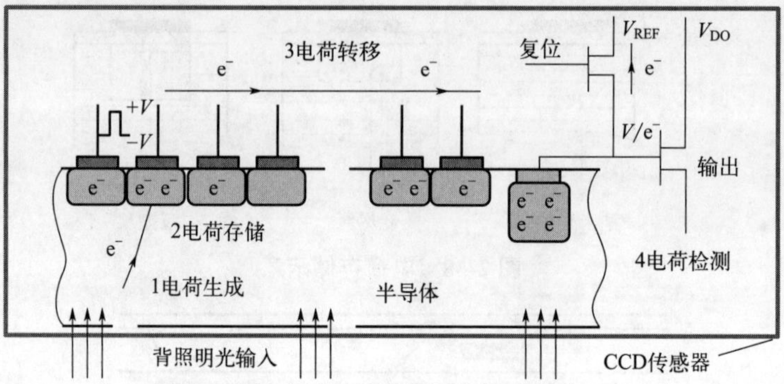

图 2-42 CCD 工作过程示意

(5) CCD 图像传感器的类型

CCD 图像传感器是按一定规律排列的 MOS 电容器组成的阵列。在 P 型或 N 型硅衬底上生长一层很薄（约 120nm）的二氧化硅，再在二氧化硅薄层上依次沉积金属或掺杂多晶硅电极（栅极），形成规则的 MOS 电容器阵列，再加上两端的输入及输出二极管就构成了 CCD 芯片。按照像素排列方式的不同，可以将 CCD 分为线阵和面阵两大类。

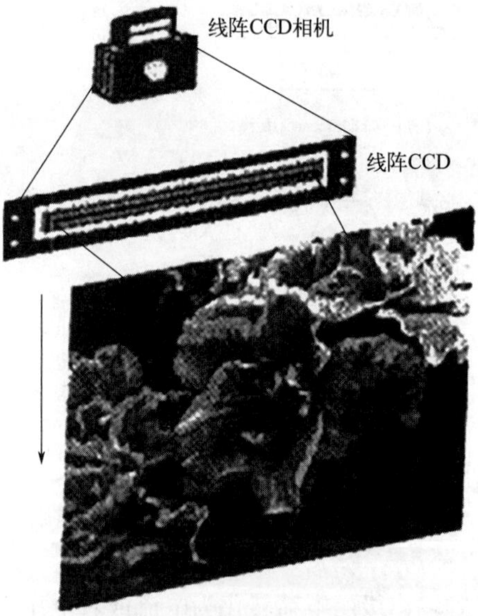

图 2-43 线阵 CCD

① 线阵 CCD　如图 2-43 所示，线阵 CCD 每次扫描一条线，为了得到整个二维图像的视频信号，就必须用扫描的方法实现。线阵 CCD 又分为单沟道线阵 CCD 和双沟道线阵 CCD。单沟道线阵 CCD：转移次数多，效率低，只适用于像素单元较少的成像器件。双沟道线阵 CCD：转移次数减少一半，总转移效率也提高为原来的两倍。

② 面阵 CCD　按照一定的方式将一维线阵 CCD 的光敏单元及移位寄存器排列成二维阵列就构成了二维面阵 CCD。面阵 CCD 同时曝光整个图像。面阵 CCD 又可分为两种类型：帧转移面阵 CCD（如图 2-44 所示）和隔列转移面阵 CCD（如图 2-45 所示）。

a. 帧转移面阵 CCD。如图 2-44 所示，感光区的像素电荷阵列一次整个转移到存储区（步骤 1）（遮光不产生电荷），再由存储区转移到专门设置的水平读出寄存器（步骤 2），然后由水平读出寄存器（遮光不产生电荷只产生移位）读出（步骤 3）。

帧转移面阵 CCD 的优点是：电极结构简单，感光区面积可以很小。

帧转移面阵 CCD 的缺点是：需要面积较大的存储区。

b. 隔列转移面阵 CCD。如图 2-45 所示，不遮光的光敏区产生的电荷首先转移到紧邻的遮光的读出寄存器（步骤 1），读出寄存器再转移到水平读出寄存器（步骤 2），水平读出寄存器再输出为电压或电流（步骤 3）。

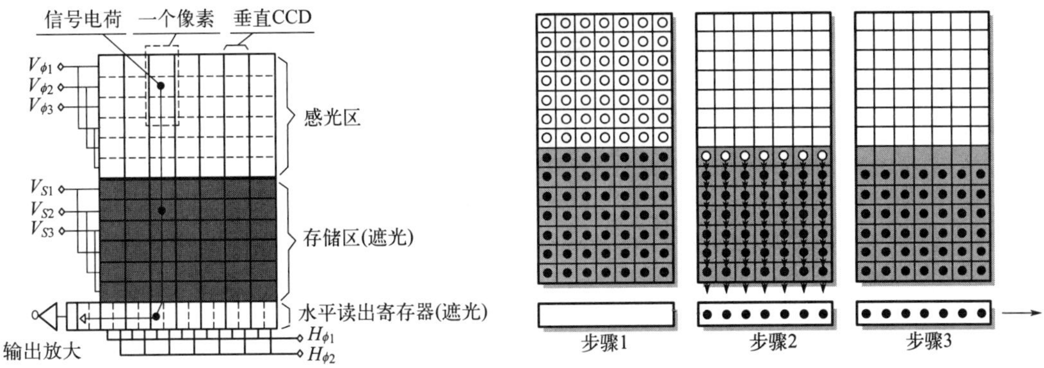

图 2-44　帧转移面阵 CCD 结构及工作过程

隔列转移面阵 CCD 的优点：转移效率大大提高。

隔列转移面阵 CCD 的缺点：结构较为复杂。

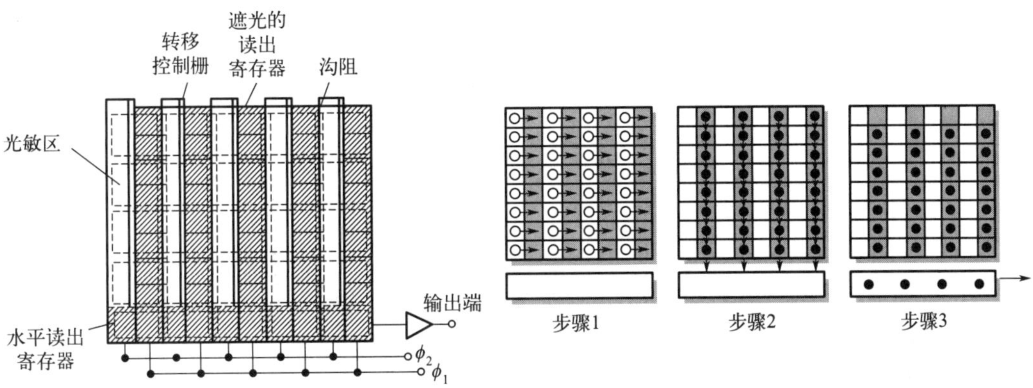

图 2-45　隔列转移面阵 CCD 结构及工作过程

整个 CCD 芯片的结构如图 2-46 所示。摄像头模块在整个摄像机中的位置如图 2-47 所示。

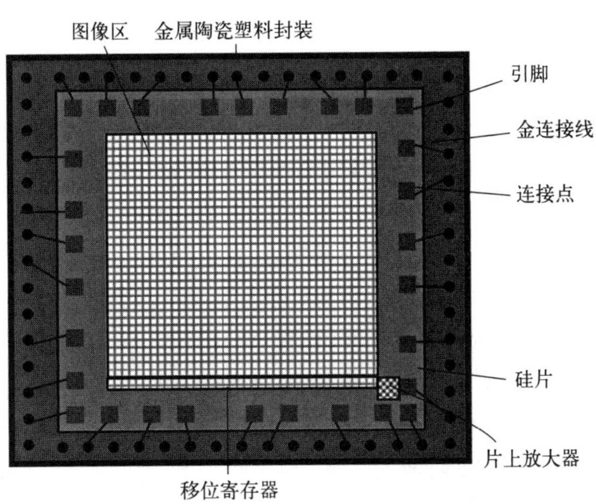

图 2-46　CCD 芯片结构

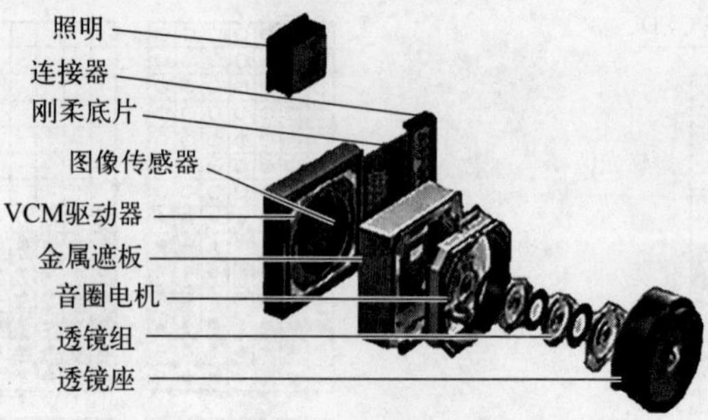

图 2-47　摄像头模块

2.4.4　CMOS 图像传感器的组成与工作原理

（1）CMOS 图像传感器的概念

CMOS（complementary metal oxide semiconductor），即互补金属氧化物半导体，是一种可记录光线变化的半导体，主要利用硅和锗做成，在 CMOS 上共存着 N 型和 P 型半导体，这两个互补效应所产生的电流即可被处理芯片记录和解读成图像，如图 2-48 所示。

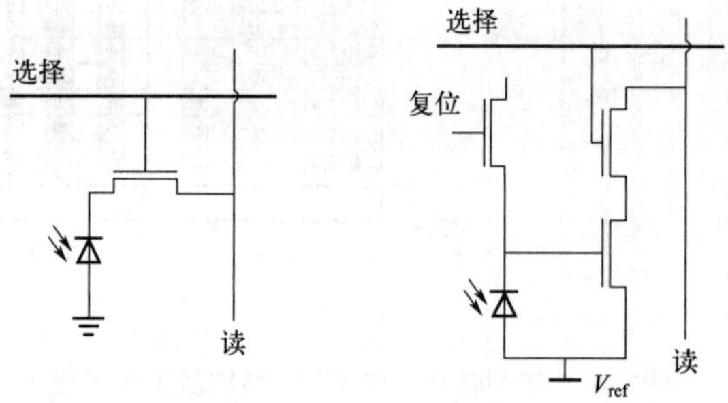

(a) 无源像素　　(b) 集成有源像素

图 2-48　互补效应产生电流

CMOS 图像传感器，简称 CIS，是一种利用光电技术原理所制造的图像传感元件，如图 2-49 所示。

（2）CMOS 图像传感器的性能参数

① 像素　像素（pixel）是图像传感器的最小感光单元，像素阵列排列在一起形成了图像传感器的感光区域。

② 像素尺寸　像素尺寸是指图像传感器单个感光元件的尺寸，一般有两种表述，比如 1.12μm 或者 1.12μm×1.12μm。像素的尺寸越大，接收光子的数量就越多，相同光照条件和曝光时间内产生的电荷也越多。

③ 有效像素　有效像素是指 CIS 中能够进行有效的光电转换并输出图像信号的像素，是衡量 CIS 的重要技术指标。例如索尼的经典 CIS IMX586，有效像素为 8000（*H*）×6000（*V*），表示横列像素为 8000，竖列像素为 6000，两个数字相乘为 4800 万，也被称为 48M 或者 48MP，M、MP 是百万像素（megapixel）的简称。CMOS 的有效像素结构如图 2-50 所示。

图 2-49　CMOS 图像传感器

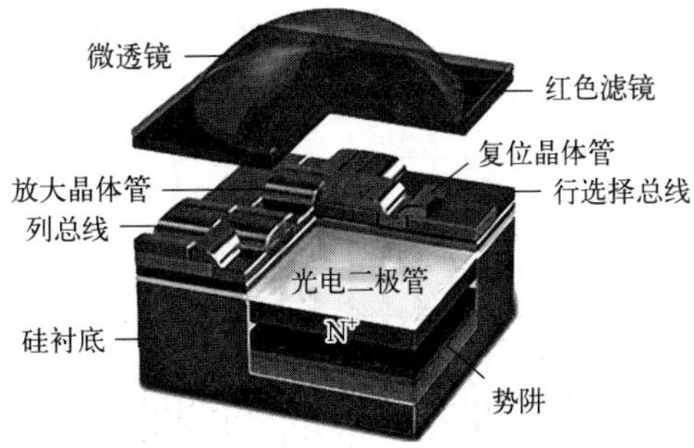

图 2-50　CMOS 的有效像素结构

④ 光学尺寸 / 靶面尺寸　经常会看到几点几分之一的传感器，就是指 CMOS 图像传感器的尺寸，这个尺寸是指传感器的靶面尺寸，主要是通过计算传感器靶面的对角线长度，再将其换算成英寸（in，1in=2.54cm），比如常见的 1 英寸（1in）、1/2 英寸（1/2in）、1/4 英寸（1/4in）等。CMOS 的光学尺寸如图 2-51 所示。

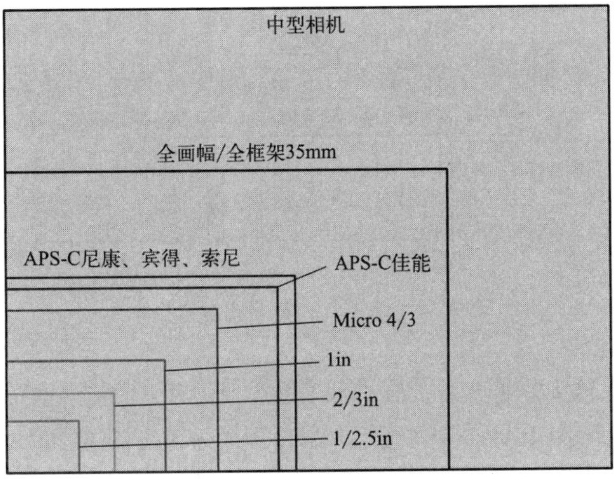

图 2-51　CMOS 的光学尺寸

⑤ 帧率　帧率（frame rate）代表单位时间所记录或者播放的图片数量，每秒的帧数越高，表现出来的画面越流畅。比如三星的 HP1，其帧率有一项为 30fps @8K，表示传感器能够以 30fps 的速度录制 8K 视频。图像传感器的帧率如图 2-52 所示。

⑥ 彩色滤波列阵　CIS 本身无法感受光的波长，也就是不能感知颜色，彩色滤波阵列（color filter array，CFA）的作用就是让 CIS 能够感受色彩，目前主要采用 Bayer 阵列，也称 RGGB 或者 RGB Bayer。没有 CFA 的传感器形式被称为 monochrome（MONO），也就是黑白传感器，MONO 传感器的层次过渡更加细腻，信噪比也更高。彩色滤波阵列如图 2-53 所示。

⑦ 像素类型 / 像素技术　主要分为前面照度式（简称前照式，front side illuminated，FSI）和背面照度式（简称背照式，back side illuminated，BSI）两种（见图 2-54）。前照式的金属布线层在 CFA 和光电二极管的中间，当光线进入二极管时会有损失。背照式则将金属布线层放在了光电二极管的下面，光线透过彩色滤波片后可直接进入到光电二极管，这种结构不仅增大了进光量，且有效抑制了光线入射角变化引起的感光度下降。如今，背照式已成为中高端

CIS 的主流技术。堆叠式 / 堆栈式则是背照式的一种改良，将线路层挪到了感光元件的底部，使感光区域最大化，同时也缩小了芯片的整体面积。

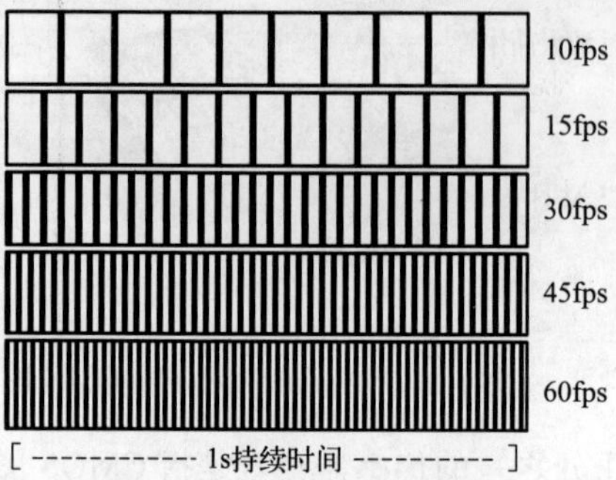

图 2-52 图像传感器的帧率

图 2-53 彩色滤波阵列

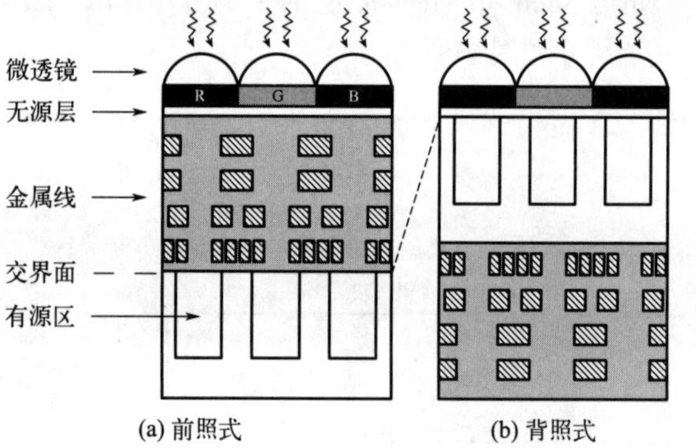

图 2-54 前照式和背照式像素技术

⑧ CRA 角度　从镜头的传感器一侧，可以聚焦到像素上的光线的最大角度被定义为主光角（chief ray angle，简称 CRA），即主光线入射角。镜头轴心线附近接近零度，与轴心线的距离越大，角度也随之增大。CRA 与像素在传感器的位置是相关的。如果镜头的 CRA 小于传感器的 CRA，一定会有偏色现象。主光角示意如图 2-55 所示。

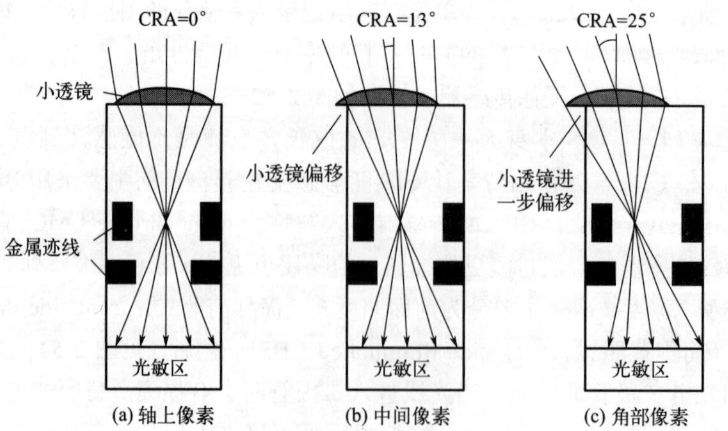

图 2-55 主光角示意

⑨ 传输接口　主要有 MIPI 和 DVP 等接口，MIPI（mobile industry processor interface）是串口，是 MIPI 联盟发起的为移动应用处理器制定的开放标准，具有传输速度快、抗干扰能力强等特点，主要有 CLKP/N、DATAP/N 引脚，一般有 1/2/4 个数据传输通道。DVP（digital video port）是并口，主要有 MCLK、PCLK、VSYNC、HSYNC、DATA 引脚，可以传输 8/10/12 bit 数据，速度较慢。除此之外，还有 LVDS、Parallel、HISPI 以及索尼的 SLVS-EC 接口等。传输接口如图 2-56 所示。

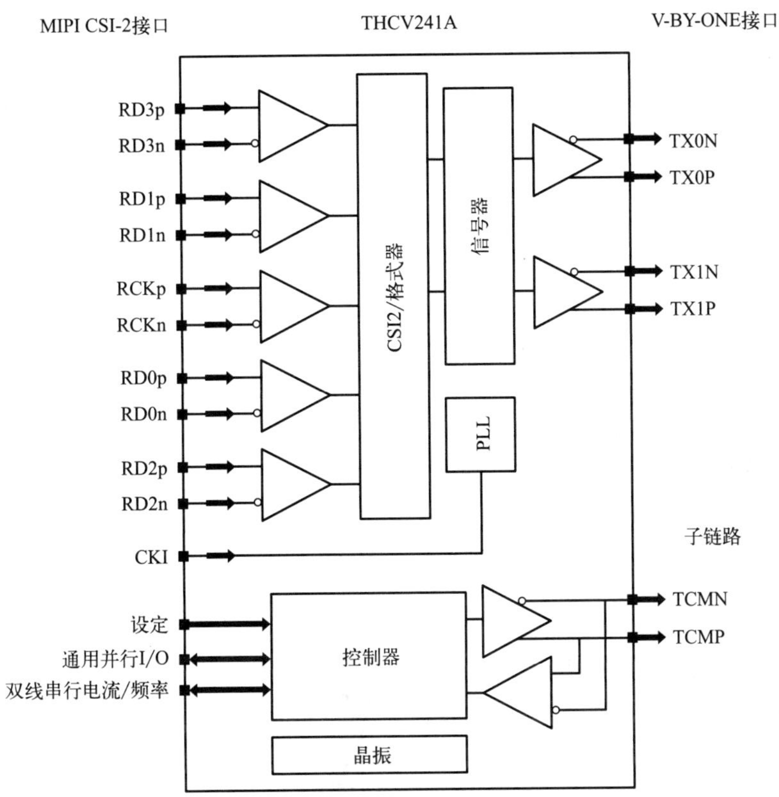

图 2-56　传输接口

⑩ 封装（package）　CIS 封装主要有 COB、CSP、PLCC、BGA、LGA、PGA 等封装方式。COB（chip on board）是指将裸片直接与 PCB 相连的技术，即将裸片通过打线的方式把芯片上的信号和线路板连接在一起，也称为顶部包封技术，CSP（chip scale package）封装，即芯片级封装，是在 BGA 的基础上发展起来，具有体积小、电性能良好和散热优良等特点。

PLCC 是将 CIS 通过 COB 制程打到基板上，然后再盖上支架和贴上 IR。PLCC 的底部四边含有焊盘，这样就可以通过表面贴装技术（SMT）把 PLCC 打到 FPC 上，之后可以再组装电机和镜头做成摄像头模组。

BGA 为球形触点阵列，表面贴装型封装。LGA 是平面网格阵列封装，PGA 则属于插针网格阵列封装。

封装形式如图 2-57 所示。

图 2-57 封装形式

(3) CMOS 图像传感器原理

① 结构组成与工作原理 CMOS 图像传感器是一种光学传感器，是摄像头模组的核心元器件，对摄像头的光线感知和图像质量起到关键的作用。CMOS 图像传感器首先通过感光单元阵列将所获取对象景物的亮度和色彩等信息由光信号转换为电信号；再将电信号按照顺序进行读出并通过 ADC 模数转换模块转换成数字信号；最后将数字信号进行预处理，并通过传输接口将图像信息传送给平台。CMOS 图像传感器结构组成如图 2-58 所示。

CMOS 图像传感器是模拟电路和数字电路的集成。其主要由四个组件构成，即微透镜、彩色滤光片（CF）、感光二极管（PD）、电路层，如图 2-59 所示。

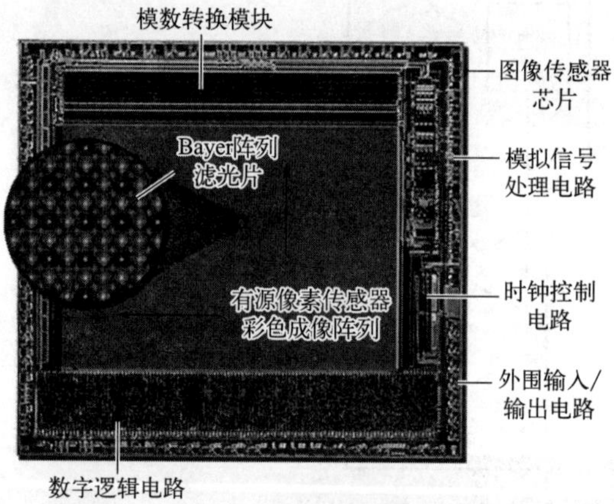

图 2-58 CMOS 图像传感器工作过程示意图

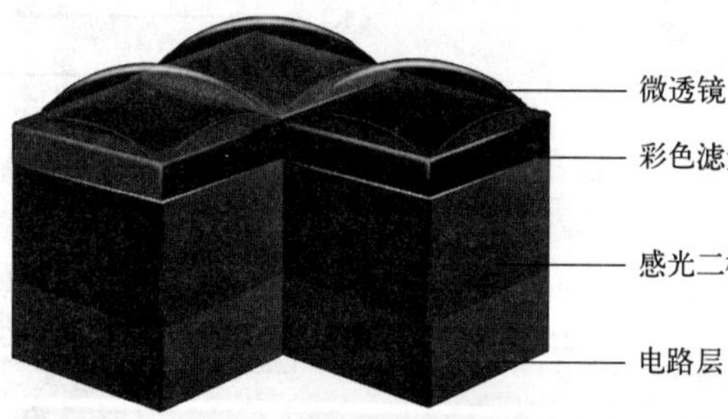

图 2-59 CMOS 构成

光通过具有球形表面的微透镜后聚拢穿过彩色滤光片，拆分成红、绿、蓝色光进入感光二极管内并转化为电子，再经由像素电路转化为电压信号，最后通过逻辑电路输出成为数字图像信号，如图 2-60、图 2-61 所示。

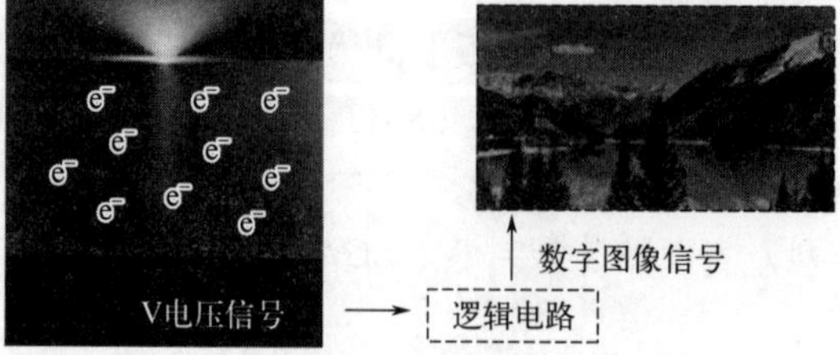

图 2-60 CMOS 图像传感器原理图

名称	原理
微透镜	具有球形表面和网状透镜；光通过微透镜时，CIS的非活性部分负责将光收集起来并将其聚焦到彩色滤光片
彩色滤光片(CF)	拆分反射光中的红、绿、蓝(RGB)成分，并通过感光元件形成Bayer阵列滤镜
光电二极管(PD)	作为光电转换器件，捕捉光并将其转换成电流；一般采用PIN二极管或PN结器件制成
电路层/像素设计	通过CIS上装配的有源像素传感器(APS)实现。APS由3～6个晶体管构成，可从大型电容阵列中获得或缓冲像素，并在像素内部将光电流转换成电压，具有较完美的灵敏度水平和噪声指标

图 2-61　CMOS 图像传感器组成部分的工作原理

② Bayer 阵列滤镜与像素　感光元件上的每个方块代表一个像素块，上方附着一层彩色滤光片（CF），CF 拆分完反射光中的 RGB 成分后，通过感光元件形成 Bayer 阵列滤镜。经典的 Bayer 阵列是以 2×2 共四格分散 RGB 的方式成像，Quad Bayer 阵列扩大到了 4×4，并且以 2×2 的方式将 RGB 相邻排列，如图 2-62 所示。

像素即亮光或暗光条件下的像素点数量，是数码显示的基本单位，其实质是一个抽象的取样，用彩色方块来表示。图 2-63 所示像素用红（R）、绿（G）、蓝（B）三原色填充，每个小像素块的长度指的是像素尺寸，图示尺寸为 0.8μm。

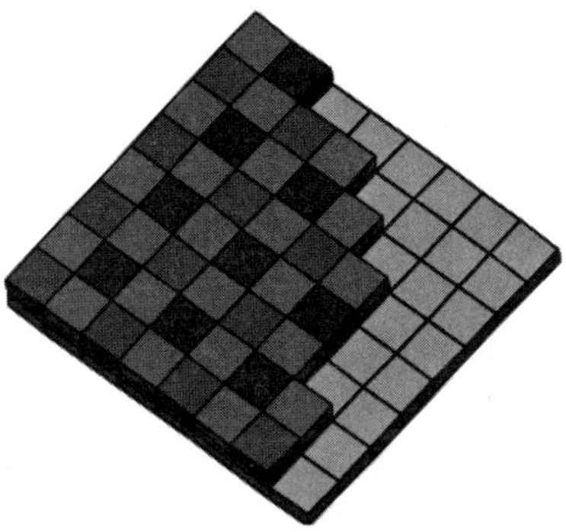

图 2-62　CMOS 图像传感器 Quad Bayer 阵列滤镜

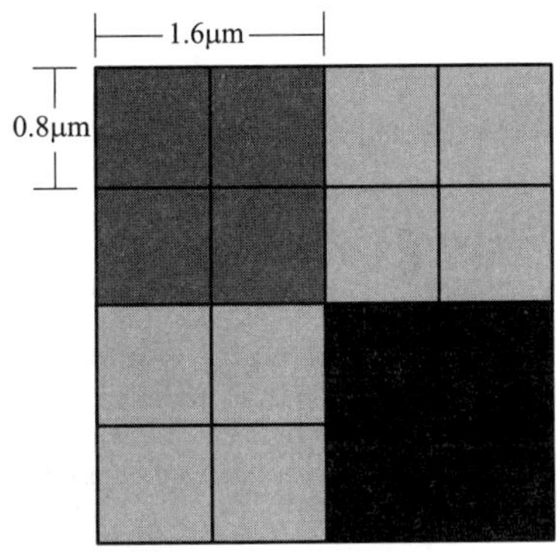

图 2-63　像素与像素尺寸

③ CIS 种类介绍　早期的 CIS 采用的是前面照度技术（FSI），Bayer 阵列滤镜与光电二极管（PD）间夹杂着金属（铝、铜）区，大量金属连线的存在对进入传感器表面的光线存在较大的干扰，阻碍了相当一部分光线进入下一层的光电二极管，信噪比较低。技术改进后，在背面照度技术（BSI）的结构下，金属（铝、铜）区转移到光电二极管的背面，意味着经 Bayer 阵列滤镜收集的光线不再经过众多金属连线阻挡，光线得以直接进入光电二极管。BSI 不仅可大幅度提高信噪比，且可配合更复杂、更大规模电路来提升传感器读取速度。前面照度技术与后面照度技术的对比如图 2-64 所示。

堆栈式结构是在背照式基础上的改良，将所有线路层移至感光元件的底层，缩小了芯片的整体面积。此外，感光元件周围的逻辑电路也相应移至底层，可有效抑制电路噪声，从而获取更优质的感光效果。堆栈式 CMOS 传感器的制作工艺与成本高于 BSI 结构的 CMOS 传感器，对生产企业的技术水平要求较高。

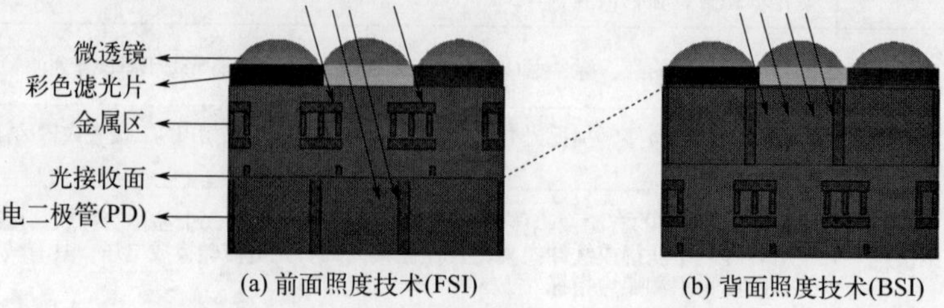

图 2-64　前面照度技术与后面照度技术的对比

2.5　图像采集卡

图像采集卡（image grabber）又称为图像卡，它将摄像机的图像视频信号以帧为单位送到计算机的内存和 VGA 帧存，供计算机处理、存储、显示和传输等使用。

机器视觉系统分为图像采集与图像处理两大板块。图像采集部分主要由 LED 光源、工业镜头以及工业相机组合而成。图像处理部分则是由图像处理软件来实现。在原理结构上，图像采集卡连接着工业相机与图像处理软件，被测物体经过相机的图像获取及其包含的图像传感器的光电转换，转换成模拟图像信号，这些信号经由图像采集卡转换为数字图像信号，并输出到图像处理软件中进行一系列的操作，对工件是否合格、运动物体的运动偏差量、缺陷所在位置等进行处理。图像采集卡如图 2-65 所示。

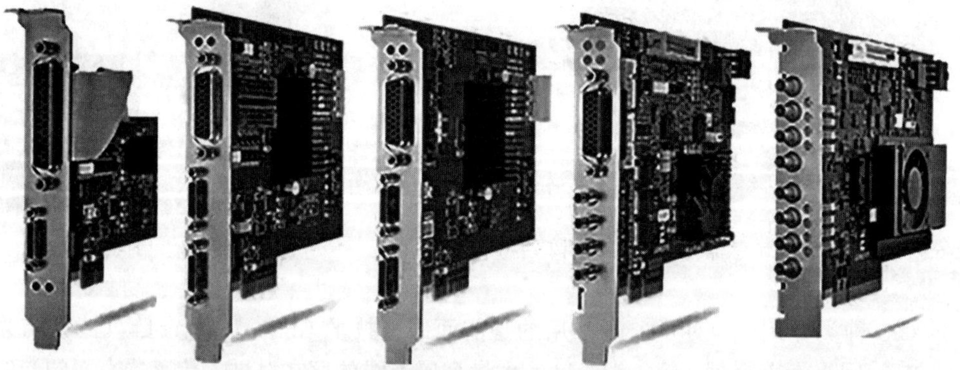

图 2-65　图像采集卡

（1）图像采集原理及过程

① 视野（FOV）或视场是相机及光学系统“看”到的真实视觉的具体部分。

② CCD 或 CMOS 芯片将光能转化为电信号。

③ 相机将此信息以模拟信号的形式输出至图像采集卡。

④ A/D 转换器将模拟信号转换成 8 位（或多位）数字信号。

⑤ 每个像素独立地将光强以灰度值的形式进行表达。这些光感值从 CCD 或 CMOS 芯片的矩阵中转移存储在内存的矩阵数据结构中，如图 2-66 所示。

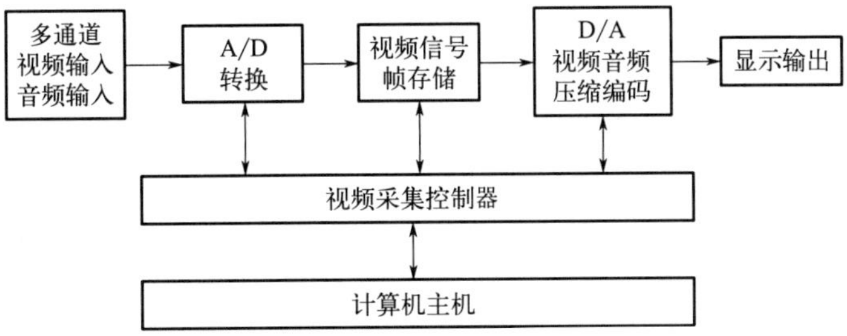

图 2-66　图像采集过程

如果说高速相机和工控机分别是机器视觉系统的眼睛和大脑，那么图像采集卡就是机器视觉系统的心脏。它要准确接收前端摄像机的各种规格的视频数据，接收外来的触发脉冲，并启动摄像机的曝光和扫描，它在系统中发挥重要的作用。

（2）图像采集卡的功能模块

① 图像信号的接收与 A/D 转换模块，负责图像信号的放大与数字化，有彩色和黑白图像采集卡。彩色输入信号可分为复合信号和 RGB 分量信号。

② 摄像机控制输入输出接口，主要负责协调摄像机进行同步或异步拍照、定时拍照等。

③ 总线接口，负责通过 PC 机内部总线高速输出数字数据，一般是 PCI 接口，传输率可达 130Mbps，完全能胜任高精度图像的实时传输，且占用 CPU 时间较少。

（3）图像采集卡可采集的视频信号

图像采集卡可采集视频信号的类型包括模拟视频和数字视频信号、标准视频和非标准视频信号、隔行和逐行扫描方式的信号、黑白和彩色摄像机输出信号、复合和各种分量式彩色视频信号。

（4）输出接口类型

根据不同的应用方向，为配合所接摄像头，图像采集卡有多种输出接口，主要接口有 BNC、VGA、Cameralink、LVDS、DVI、USB、FireWire 等。

（5）图像采集卡的分类

① 按照视频信号源，可分为数字采集卡（使用数字接口）和模拟采集卡。

② 按照安装连接方式，可分为外置采集卡（盒）和内置式板卡。

③ 按照视频压缩方式，可分为软压卡（消耗 CPU 资源）和硬压卡。

④ 按照视频信号输入输出接口，可分为 1394 采集卡、USB 采集卡、HDMI 采集卡、DVI/VGA 视频采集卡、PCI 视频卡。

⑤ 按照其性能作用，可分为电视卡、图像采集卡、DV 采集卡、电脑视频卡、监控采集卡、多屏卡、流媒体采集卡、分量采集卡、高清采集卡、笔记本采集卡、DVR 卡、VCD 卡、非线性编辑卡（简称非编卡）。

⑥ 按照其用途，可分为广播级图像采集卡、专业级图像采集卡、民用级图像采集卡。它们档次的高低主要是采集图像的质量不同。它们的区别主要是采集的图像指标不同。VGA 图像采集卡一般都是内置式板卡，在安装使用时，需要插在 PCI 扩展槽中。

（6）图像采集卡的匹配

工业相机需要与图像采集卡匹配好才能正常使用，一般需要匹配以下几项。

① 视频信号的匹配。对于黑白模拟信号相机来说有两种格式，即 CCIR 和 RS170（EIA），通常采集卡都同时支持这两种工业相机。

② 分辨率的匹配。每款板卡都只支持某一分辨率范围内的相机。

③ 特殊功能的匹配。如要使用相机的特殊功能，先确定所用板卡是否支持此功能。比如，要多部相机同时拍照，这个采集卡就必须支持多通道；如果相机是逐行扫描的，那么采集卡就必须支持逐行扫描。

④ 接口的匹配。确定相机与板卡的接口是否相匹配，如 CameraLink、Firewire1394 等。

本章小结

本章详细介绍了视觉系统中实现图像采集所需配置的硬件装置，包括光源、照明系统、镜头、摄像头、图像采集卡的概念、功能、类型、结构原理及使用方法。被摄对象经过镜头、摄像头、图像采集卡之后，以数字图像的形式存储于计算机的指定存储区域之中，等待进行数字图像分析与处理。

思考题

1. 光源有哪些类型？各有何特点？适用于哪些场景？
2. 照明系统有哪些类型？各有何特点？适用于哪些场景？
3. 摄像机中镜头起什么作用？
4. 镜头有哪些参数？分为哪些类型？如何选择？
5. 工业镜头由哪些部分组成？
6. 图像传感器有哪些类型？
7. 简述 CCD 的结构组成与工作原理。
8. 简述 CMOS 的结构组成与工作原理。
9. 什么是图像采集卡？简述图像采集卡的组成与工作原理。

第 3 章 机器视觉系统之图像处理

对于获取的图像，在进行分析之前要做一些适当的处理，以得到更真实的图像。这些处理包括几何变换、色彩空间转换、滤波平滑、阈值处理、腐蚀膨胀、卷积等操作。

3.1 图像处理基础

3.1.1 数字图像

数字图像是一个计算机文件，它包含按一定顺序存储的各个像素点的光强值，可以通过特定的程序（图像处理程序）对其进行访问、读取、复制、修改，也可以将其存储为其他格式。

图像按像素光强格式分为二值图像、灰度图像、彩色图像 。

① 灰度图像 一幅图像在不同像素点上有不同的灰度等级，称为灰度图像。像素对应的电荷大小被 8 位 A/D 转换器分成 256 份，从小到大依次为 0 ～ 255，最暗的是 0，最亮的是 255。

② 彩色图像 彩色图像是通过把三幅色调分别为红、绿、蓝的图像以一定的方式组合起来的图像，每一种颜色也都是由 0、1 代码组成的 8 位二进制数。

③ 二值图像 图像中的每一个像素不是全亮就是全黑，即要么是 0，要么是 1。为了获得二值图像，首先设置一个阈值，将像素灰度值超过阈值的像素值设为 1，低于阈值的设为 0。可以通过改变阈值来改变二值图像。

数字图像是一个像素矩阵，矩阵的元素是图像对应位置处的像素的灰度值，如图 3-1 所示。M 行 N 列图像文件的像素灰度值阵列如式（3-1）所示。

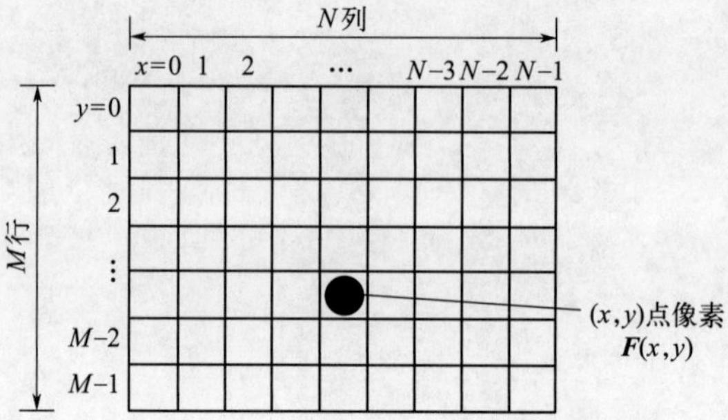

图 3-1　*M* 行 *N* 列长方形图像像素阵列

$$\boldsymbol{F}(x,y)=\begin{bmatrix} f(1,1) & f(1,2) & \cdots & f(1,N) \\ f(2,1) & f(2,2) & \cdots & f(2,N) \\ \vdots & \vdots & & \vdots \\ f(M,1) & f(M,2) & \cdots & f(M,N) \end{bmatrix} \tag{3-1}$$

3.1.2　图像的参数

① 分辨率　用于表达一帧图像像素的数目就是该图像的分辨率。假定一帧图像，像素阵列的排布是 m 行 n 列，那么，该图像阵列内的像素数就是 $m\times n$。用像素数目来表达图像的分辨率，数目越多，分辨率越高；数目越少，分辨率越低。摄像机所摄取图像的分辨率高低取决于其中的 CCD 或 CMOS 感光单元的多少。分辨率越高，图像的细节看得越清楚。分辨率越高，要求的图像的存储空间越大。

② 深度　一帧图像中每个像素对应的灰度值用几个二进制位表达，就是深度的概念。用 8 个二进制位（即一个字节）来表达一个像素处灰度的大小，可以说图像的深度是 8 位。这时，每一个像素对应灰度值的范围是 0 ～ 255，共 256 种状态。这个深度取决于图像采集卡中的 A/D 转换器。A/D 转换器是 8 位的，图像深度就是 8 位的；A/D 转换器是 12 位的，相应图像的深度就是 12 位的。深度越大，要求的计算机存储器容量越大。

③ 通道数　通道数表示一帧图像中每一个像素的灰度值由几个数值叠加而成。彩色图像每一个像素处的灰度值可分解成一定比例的红（R）、绿（G）、蓝（B）的叠加，那就可以认为彩色图像是三通道的。色彩成分应该对应于电荷中的频率成分，不同颜色的光波对应的频率不同，感应出的电荷的幅值和相位也不同。

④ 数据类型　数据类型是像素存储数值的类型，有 8 位的，也有 16 位的。

3.1.3　数字图像的压缩

表达图像像素值的数据量很大，而且数据中存在冗余和重复，这是图像数据的特点，这会让图像数据占据很大的存储空间。为此，对这些图像数据进行压缩，减少其所占存储空间就非常必要。

（1）图像压缩的类型

图像压缩分为有损压缩和无损压缩两大类。有损压缩允许压缩过程中损失一定量的信息。损失掉的信息对理解原始图像的影响较小，并且以较大的压缩比减小了图像数据占据的存储空间。无损压缩利用数据的统计冗余进行压缩，可以完全恢复原数据而不引起任何失真。无损压缩的压缩率比较低，一般在 2 ∶ 1 ～ 5 ∶ 1。

（2）图像压缩的评价指标

① 压缩比　指压缩中输入数据量和输出数据量之比。

② 失真比　只针对有损压缩，指压缩后的图像与原图像之间差异的比值。

③ 压解码效率　指压解码时计算机所需完成的工作量，以及所用时间的长短。

（3）图像压缩的方法

图像压缩方法很多，常用的有 LZW 压缩、JPEG 压缩、JPEG XR 压缩、JPEG 2000 压缩、PACKBIT 位压缩、DEFLATE 压缩等。

① LZW 压缩　LZW 压缩是由 Abraham Lempel 、Jacob Ziv 和 Terry Welch 发明的基于表查询算法的压缩方法。该方法是一种无损压缩方法，广泛应用于图像压缩。

② JPEG 压缩　JPEG（Joint Photographic Exports Group）联合图像专家小组，是隶属于国际标准化组织 ISO 的国际组织，主要负责制定静态数字图像的编码方法，即 JPEG 压缩算法。JPEG 采用的是 YCrCb（YUV）颜色空间。

JPEG 算法的计算过程如图 3-2 所示。

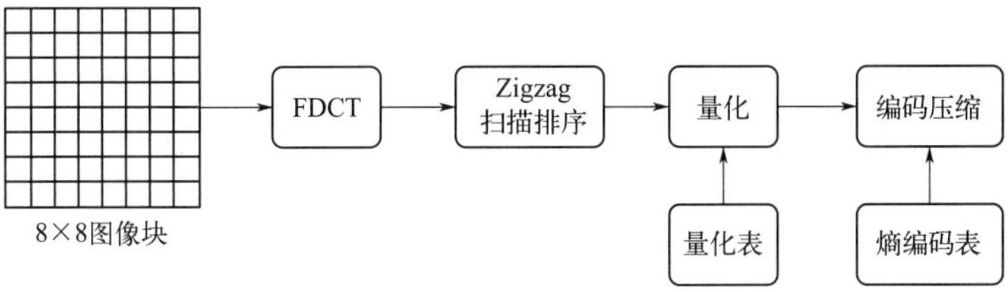

图 3-2　JPEG 的压缩过程

③ JPEG XR 压缩　JPEG XR（Joint Photographic Exports Group Extended Range）联合图像专家小组扩充图像类型，是一种连续色调静止图像压缩算法和文件格式，是 JPEG 的扩展格式。JPEG XR 使用 YCoCg 颜色空间，与 YCrCb（YUV）相比具有更高的压缩效率和更低的计算复杂度。YCoCg 与 RGB 颜色空间的变换格式为

$$\begin{cases} Y = \dfrac{1}{2}G + \dfrac{1}{4}(R+B) \\ C_g = G - \dfrac{1}{2}(R+B) \\ C_0 = R - B \end{cases} \tag{3-2}$$

JPEG XR 的压缩过程如图 3-3 所示。

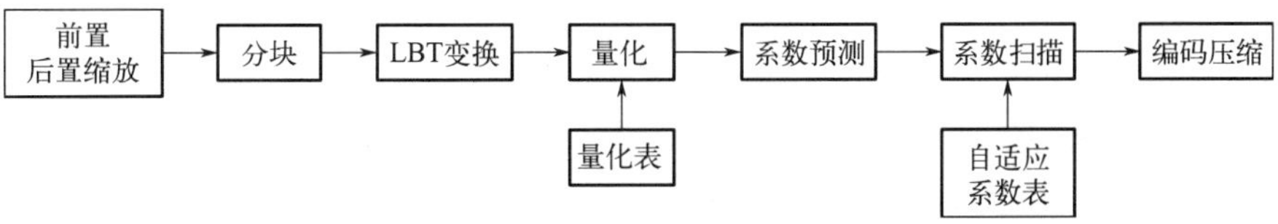

图 3-3　JPEG XR 的压缩过程

④ JPEG 2000 压缩　JPEG 2000 是基于离散小波变换 DWT（discrete wavelet transform）的图像压缩标准，支持无损压缩和有损压缩，支持 16 位黑白图像和 32 位、64 位彩色图像。JPEG 2000 的压缩过程如图 3-4 所示。

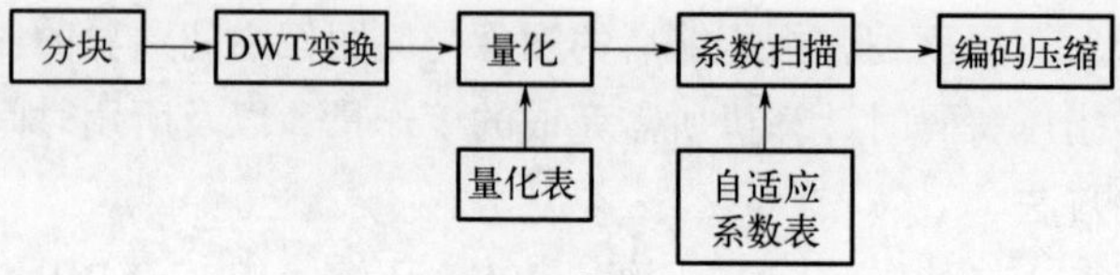

图 3-4　JPEG 2000 的压缩过程

⑤ PACKBIT 位压缩　PACKBIT 位压缩是一种用于数据长度编码的快速简单无损的数据压缩方案。苹果公司首先推出了这种算法并用在 Mac 计算机上。这种算法是一种用在 TIFF 文件上的压缩算法。PACKBIT 位压缩算法的压缩过程如图 3-5 所示。

图 3-5　PACKBIT 位压缩的压缩过程

⑥ DEFLATE 压缩　DEFLATE 压缩同时使用了 LZ77 算法与霍夫曼编码的无损压缩算法。这种算法是 Adobe 常用的压缩算法。DEFLATE 压缩的过程如图 3-6 所示。

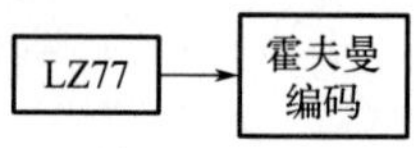

图 3-6　DEFLATE 压缩的过程

3.1.4　数字图像的格式

数字图像有多种存储格式，对应不同扩展名的文件，常见的有 BMP、JPEG、PNG、JP2、JXR 和 TIFF 等。

① BMP　BMP（Bitmap）是 Windows 操作系统的标准图像文件格式，分为设备有向量相关位图（DDB）和设备无向量相关位图（DIB）两类。它采用位映射存储格式，除了图像深度可选之外，不采用其他任何压缩，所以，BMP 文件所占的存储空间大。BMP 文件的图像深度可选 1 位、4 位、8 位、24 位。BMP 文件存储数据时，图像的扫描方式是从左到右、从上到下。

BMP 文件由头文件、位图信息头、颜色表和位图数据 4 部分组成。

② PNG　PNG 是一种无损压缩的位图文件格式，它使用 DEFLATE 无损数据压缩算法，占用空间小，并且可以保持原有图像信息。它允许连续读出和写入图像数据，支持 16 位黑白图像和 32 位彩色图像。

PNG 文件由一个 8 字节的 PNG 文件署名域和按照特定结构组织的 3 个以上的数据块组成。PNG 定义了必需的关键数据块和可选的辅助数据块两种数据块。关键数据块定义了 4 个必须包含的标准数据块。每个数据块都由 4 个域组成，分别是长度域、类型码域、数据域、循环冗余校验域。

③ JPEG　JPEG 是一种常见的图像格式，它由联合图像专家小组开发并命名为“ISO 10918-1”，又称为 JPEG。JPEG 采用先进的图像压缩技术，压缩率极高，同时保留了丰富的图像细节。

④ JP2　JP2 图像格式是 JPEG 图像格式的升级版本，它采用 JPEG 2000 压缩标准，支持 16 位黑白图像和 32 位彩色图像。由于压缩算法复杂、速度慢，JP2 格式还没有被广泛应用。

⑤ JXR　JXR 图像文件使用 JPEG XR 压缩格式，支持单色、RGB、CMYK 和 n 分量编码等多种颜色编码格式，使用各种无符号整数、定点解码数字和浮点解码数字表示，具有多种位深度，支持高动态范围图像应用。

⑥ TIFF　TIFF（tag image file format）标签图像文件格式是一种灵活的位图格式，它以 .tif 为扩展名，主要用来存储照片和艺术图。它的应用广泛，Adobe 公司的 Photoshop、The GIMP Team 的 GIMP 等都应用这种图像格式。

TIFF 采用 3 级体系结构的数据格式，从高到低依次为头文件、一个或多个 IFD 目录、图像数据。

3.2　数字图像的来源

数字图像的来源有三个途径：从成像系统中实时获取、从已存在的图像文件中读取、用图像制作软件制作。

（1）实时获取

实时从摄像头、X 射线成像仪、红外成像仪、热像仪等成像系统中获取。成像系统中的敏感元件，如 CCD、CMOS 图像传感器、X 射线传感器、红外线传感器等，把环境中的物理量变成电信号，并以数字图像文件的形式存于计算机存储器或内存中。实时获取数字图像的过程如图 3-7 所示。

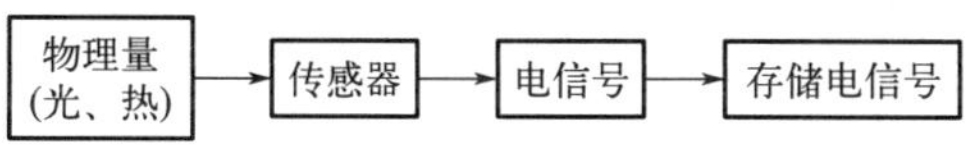

图 3-7　实时获取数字图像的过程

（2）文件读取

从目前已经存在于计算机存储器中的数字图像中获取所需处理的图像。已经存在于存储器中的图像有各种格式，如 BMP、JPEG、PNG、JP2、JXR 和 TIFF 等。

（3）用图像制作软件制作

可以利用各种图像制作软件制作修改并保存为各种格式的图像，可以对这些图像文件进行进一步的处理。

3.3　图像处理算法

3.3.1　图像的读取、显示和保存

（1）图像读取

图像读取是指从计算机存储器中取出待处理的图像文件。

（2）图像显示

图像显示是指读取图像后，在计算机显示屏上显示读取的图像。

（3）图像保存

图像保存是指修改图像之后保存图像。

3.3.2 在图像上绘制各种图形和添加文本

（1）绘制线条

绘制线条可以使用图像处理软件的绘制直线的函数。

（2）绘制矩形

绘制矩形需要左上角和右下角的坐标，可以使用图像处理软件的绘制矩形的函数。

（3）绘制圆形

绘制圆形需要知道它的中心坐标和半径，可以使用图像处理软件的绘制圆形的函数。

（4）绘制椭圆

绘制椭圆需要知道它的中心坐标、轴的长度、旋转角度等。

（5）绘制多边形

绘制一个多边形需要指定每个顶点的坐标，顶点必须是整数的形式。

（6）添加文本

在图像上添加文本可以使用图像处理软件的有关函数，可以指定文本的字体、大小和颜色。

3.3.3 图像基础操作

图像的基础操作包括访问和修改像素值、获取图像属性、截取图像区域等。

（1）访问和修改像素值

要访问和修改像素值，就要给出像素坐标和要修改的像素灰度值等属性。

（2）获取图像属性

用相关函数可以获得图像的一些属性，比如宽度、高度、通道数、像素数、类型等。

```
# 获取图像属性
print(img.shape)   # 返回一个元组，表示图像的形状
print(img.size)    # 返回图像的像素数目
print(img.dtype)   # 返回图像数据类型
```

（3）截取图像区域

有时需要处理图像的特定区域（ROI）。下面是从图像中截取 ROI 的示例：

```
# 用矩形标出脸部区域，并复制到图像的另一部分
face = img[100: 200, 115: 188]
img[0: 100, 0: 73] = face
```

3.3.4 色彩空间及相互转换

（1）RGB 色彩空间

R（红）、*G*（绿）、*B*（蓝）是彩色空间的三个坐标轴，每个坐标的量化值范围均是 0 ～ 255，0 对应最暗，255 对应最亮。所有的颜色都位于一个边长为 256 的立方体上，任意一种颜色都可用三维坐标（*R*，*G*，*B*）来表示。黑色（0，0，0）位于坐标原点，红绿蓝均为最大处，即（255，255，255）是白色。RGB 色彩空间如图 3-8 所示。

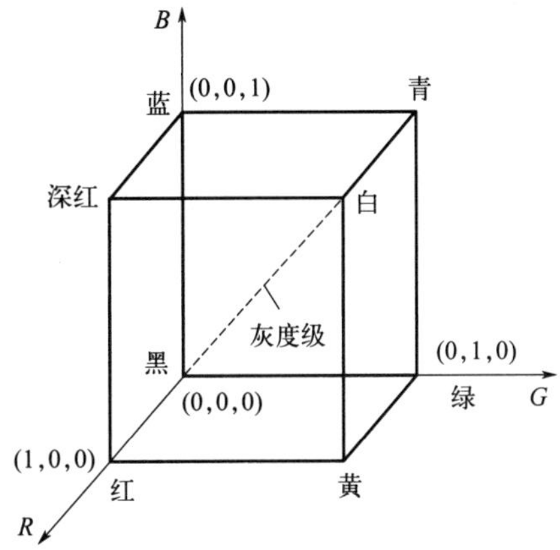

图 3-8　RGB 彩色立方体

（2）HSV 色彩空间

如图 3-9 所示，HSV（hue，saturation，value）色彩空间的模型对应于圆柱坐标系的一个圆锥形子集，圆锥的顶面对应于 *V*=1，它包含 RGB 模型的 *R*=1、*G*=1、*B*=1 三个面，所代表的颜色较亮。色调 *H* 由绕 *V* 轴的旋转角给定，红色对应角度为 0°，绿色对应角度为 120°，蓝色对应角度为 240°。在这种模型中，每一种颜色和它的补色相差 180°，饱和度 *S* 取值为 0 ～ 1，圆锥顶面的半径为 1。在圆锥顶点处 *V*=0，*H* 和 *S* 无定义，代表黑色；圆锥的顶面中心处，*S*=0，*V*=1，*H* 无定义，代表白色；在圆锥顶面的圆周上，*V*=1，*S*=1，这种颜色是纯色。

从 RGB 到 HSV 的转换为非线性变换，变换的表达式为

$$H=\begin{cases}\text{未定义}, & \max=\min\\ 60^\circ\times\dfrac{G-B}{\max-\min}+0^\circ, & \max=R,\ G\geqslant B\\ 60^\circ\times\dfrac{G-B}{\max-\min}+360^\circ, & \max=R,\ G<B\\ 60^\circ\times\dfrac{G-B}{\max-\min}+120^\circ, & \max=G\\ 60^\circ\times\dfrac{G-B}{\max-\min}+240^\circ, & \max=B\end{cases}\tag{3-3}$$

$$S=\begin{cases}0, & \max=0\\ \dfrac{\max-\min}{\max}=1-\dfrac{\min}{\max}, & \text{其他}\end{cases}\tag{3-4}$$

$$V=\max\tag{3-5}$$

式中，*R*、*G*、*H* 分别为三基色的灰度值；*H*、*S*、*V* 分别为图像的色调、饱和度、亮度。

（3）YUV 色彩空间

YUV 色彩空间由 RGB 色彩转化而来，用亮度 *Y* 和两个色差信号 *B*−*Y*（C_b）和 *R*−*Y*（C_r）来表征，用公式表示为

$$
\begin{cases}
Y = K_r R + K_g G + K_b B \\
C_r = R - Y \\
C_g = G - Y \\
C_b = B - Y
\end{cases}
\tag{3-6}
$$

式中，K_r、K_g、K_b 为加权因子；$C_r + C_g + C_b =$ 常数。

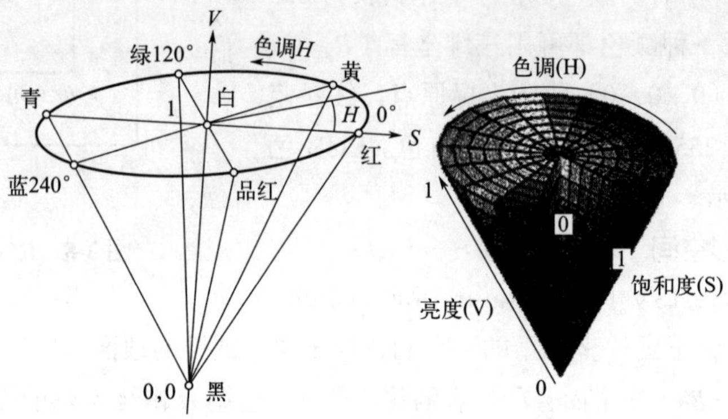

图 3-9 HSV 色彩空间

RGB 空间转化为 YUV 空间的转化公式为

$$
\begin{cases}
Y = K_r R + (1 - K_b - K_r) G + K_b B \\
C_r = \dfrac{0.5}{(1 - K_r)(R - Y)} \\
C_b = \dfrac{0.5}{(1 - K_b)(B - Y)}
\end{cases}
\tag{3-7}
$$

YUV 空间转化为 RGB 空间的转化公式为

$$
\begin{cases}
R = Y + \dfrac{1 - K_r}{0.5C_r} \\
G = Y - \dfrac{2K_b(1 - K_b)}{(1 - K_b - K_r)C_b} - \dfrac{2K_r(1 - K_r)}{(1 - K_b - K_r)C_r} \\
B = Y + \dfrac{1 - K_b}{0.5C_b}
\end{cases}
\tag{3-8}
$$

式中，$K_b = 0.114$；$K_r = 0.299$。

YUV 空间常用的格式有 4 ：4 ：4、4 ：2 ：2、4 ：2 ：0 等。4 ：2 ：2 格式中，它对每个像素的亮度 Y 进行采集，对色差 U 和 V 则每两个像素采集一次，它们在内存中的存放格式如表 3-1 所示。

表 3-1 YUV 4 ：2 ：2 格式在内存中的形式

16 位地址	D15 ～ D8（高 8 位）	D7 ～ D0（低 8 位）
0	Y_0	$Cb0$

续表

16 位地址	D15 ～ D8（高 8 位）	D7 ～ D0（低 8 位）
1	Y_1	$Cr0$
2	Y_2	$Cb2$
3	Y_3	$Cr2$

（4）HSI 色彩空间

HSI 色彩空间比 RGB 色彩空间更符合人的视觉特性，而且色调 H（hue）、色饱和度 S（saturation）、亮度 I（intensity）三个分量相互独立，可以分开处理，在 HSI 空间进行图像分析和处理的工作量较少。HSI 和 RGB 色彩空间互相转换的公式如下：

$$\begin{cases} H=\begin{cases}\theta & B\leqslant G\\ 360°-\theta & B>G\end{cases} \\ S=1-\dfrac{3}{R+G+B}\left[\min(R,G,B)\right] \\ I=\dfrac{1}{3}(R+G+B)\end{cases} \tag{3-9}$$

式中，$\theta=\arccos\left\{\dfrac{\frac{1}{2}\left[(R-G)+(R-B)\right]}{\sqrt{(R-G)^2+(R-B)(G-B)}}\right\}$。

（5）灰度空间

由黑白两色表示色彩空间就是灰度空间，由彩色空间转化到灰度空间的过程叫作灰度化。灰度化过程是使 RGB 空间的三个分量相等的过程，即令 $R=G=B$ 的过程。灰度级别有 256 级。灰度化处理的方法有三种。

a. 最大值法：令灰度值等于 RGB 值中最大的一个。

b. 平均值法：令灰度值等于 RGB 值的平均值。

c. 加权平均法：令灰度值等于 RGB 值的加权平均值。

（6）Lab 色彩空间

Lab 色彩理论建立在人对色彩感觉的基础上，该理论认为：在一个物体中，红色和绿色两种原色不能同时并存，黄色和蓝色两种颜色也不能同时并存。

Lab 色彩模型用三组数值表示色彩。

① L：亮度数值，范围是（0，100）。

② a：红色和绿色两种原色之间变化区间的数值范围为（-120，120）。

③ b：黄色和蓝色两种原色之间变化区间的数值范围为（-120，120）。

3.3.5　图像缩放

一般情况下，数字图像的比例缩放是指图像在 x 方向和 y 方向按同样的比例缩放得到新的图像，又称全比例缩放。如果两个方向的缩放比例不同，则新的图像会产生畸变。

如果像素点 $A_0(x_0, y_0)$ 缩放后到了 $A(x, y)$，那么坐标缩放的表达式为

$$\begin{bmatrix} x \\ y \\ 1 \end{bmatrix} = \begin{bmatrix} a & 0 & 0 \\ 0 & a & 0 \\ 0 & 0 & 1 \end{bmatrix} \begin{bmatrix} x_0 \\ y_0 \\ 1 \end{bmatrix} \tag{3-10}$$

即

$$\begin{cases} x = ax_0 \\ y = ay_0 \end{cases}$$

3.3.6 图像平移

图像的平移是将图像上的所有像素点均按给定的偏移量向 x 方向和 y 方向进行平行移动。如果像素点 $A_0(x_0, y_0)$ 平移后到了 $A(x, y)$，x 方向的平移量为 Δx，y 方向的平移量为 Δy，那么坐标平移变换的表达式为

$$\begin{bmatrix} x \\ y \\ 1 \end{bmatrix} = \begin{bmatrix} 1 & 0 & \Delta x \\ 0 & 1 & \Delta y \\ 0 & 0 & 1 \end{bmatrix} \begin{bmatrix} x_0 \\ y_0 \\ 1 \end{bmatrix} \tag{3-11}$$

即

$$\begin{cases} x = x_0 + \Delta x \\ y = y_0 + \Delta y \end{cases}$$

3.3.7 图像旋转

若以图像的中心作为圆心，绕垂直于图像的轴逆时针旋转 θ，图像仍在该平面，但有些像素可能会超出显示区域。超出显示区域的部分可以截去，也可以采取扩大显示区域的方式予以保留。假定保留旋转后的全部图像，原图像 A 中某点的像素坐标（x_a，y_a），在作上述旋转变换后，在旋转后的图像 B 中的新坐标为（x_b，y_b），二者之间的关系如下：

$$\begin{bmatrix} x_a \\ y_a \\ 1 \end{bmatrix} = \begin{bmatrix} \cos\theta & -\sin\theta & 0 \\ \sin\theta & \cos\theta & 0 \\ 0 & 0 & 1 \end{bmatrix} \begin{bmatrix} x_b \\ y_b \\ 1 \end{bmatrix} \tag{3-12}$$

即

$$\begin{cases} x_a = x_b\cos\theta - y_b\sin\theta \\ y_a = x_b\sin\theta + y_b\cos\theta \end{cases}$$

3.3.8 图像的算术运算与逻辑运算

在学习计算机视觉的过程中，图像的算术运算和逻辑运算是不可缺少的基础。这些运算能够帮助我们修改图像属性、合成新图像以及执行一系列图像增强技术。

（1）算术运算

算术运算指的是对图像矩阵执行加法、减法、乘法和除法等操作。对图像进行算术运算时，运算结果像素值将会截断在 0 ～ 255 之间。

① 加法运算　可以使用函数将两个图像相加。如果结果超出 255，它将被强制保留在 255 内。

② 减法运算　可以使用函数从一个图像中减去另一个图像。

③ 权重相加　有时我们希望能够调整两个图像的加权，以达到融合或变亮的效果。

（2）逻辑运算

逻辑运算，如 AND、OR、NOT 和 XOR，是对图像数据进行按位操作，常用于提取图像区域、定义和操作非矩形 ROI 等。

① AND 运算　使用函数可以对两幅图像进行 AND 运算，通常用于提取图像的特定部分。

② OR 运算　使用函数可以对两幅图像进行 OR 运算，用于将两幅图像进行合并。

③ NOT 运算　使用函数可以对图像进行 NOT 运算，通常用于图像的反色处理。

④ XOR 运算　使用函数可以对两幅图像执行 XOR 运算。

在图像处理中，通常把算术运算和逻辑运算结合使用，以达到特定的效果。例如，在进行背景切换的时候，可能需要使用掩码来定义 ROI，并结合使用加法和 NOT 运算来替换背景。

了解了这些基本概念之后，可以尝试更复杂的操作，比如图像修复、去水印等高级任务。

3.3.9　图像傅里叶变换

图像的傅里叶变换把图像信号从空间域转向频率域，拓宽了图像处理的思路和方法。

假设 $f(m,n)(m=0,1,\cdots,M-1;n=1,\cdots,N-1)$ 是一幅 $M\times N$ 图像，其二维离散傅里叶变换的定义是

$$F\left(k,l\right)=\sum_{m=0}^{M-1}\sum_{n=0}^{N-1}f(m,n)\mathrm{e}^{-\mathrm{j}\pi\left(\frac{mk}{M}+\frac{nl}{N}\right)} \tag{3-13}$$

其反变换是

$$F\left(m,n\right)=\sum_{k=0}^{M-1}\sum_{l=0}^{N-1}f(k,l)\mathrm{e}^{\mathrm{j}\pi\left(\frac{mk}{M}+\frac{nl}{N}\right)} \tag{3-14}$$

式中，$\mathrm{e}^{-\mathrm{j}\pi\left(\frac{mk}{M}+\frac{nl}{N}\right)}$ 和 $\mathrm{e}^{\mathrm{j}\pi\left(\frac{mk}{M}+\frac{nl}{N}\right)}$ 分别为正变换核和反变换核。

3.3.10　图像的余弦变换

图像的离散余弦变换表达式为

$$F(k,l)=\frac{2}{\sqrt{MN}}\sum_{k=0}^{M-1}\sum_{l=0}^{N-1}f(i,j)A(k)A(l)\cos[(2i+1)k\pi/2M]\cos[(2j+1)l\pi/2N] \tag{3-15}$$

$$A\left(k\right)=\begin{cases}\dfrac{1}{\sqrt{2}}, & k=0\\ 1, & k=1,\cdots,M-1\end{cases}$$

$$A(l)=\begin{cases}\dfrac{1}{\sqrt{2}}, & l=0\\ 1, & l=1,\cdots,N-1\end{cases}$$

3.3.11 图像的直方图与掩模操作

直方图是表示图像中像素强度分布的图表，它统计了每个强度值的像素数。直方图对于理解图像的对比度、亮度和强度分布非常有用。

3.3.12 图像的全局阈值与自适应阈值

阈值处理是图像处理中非常基础且关键的步骤，它的主要目的是简化图像的分析和处理，将图像二值化，即将像素点的灰度值设置为 0 或 255。阈值处理通常用于图像分割、去除或识别对象等各种任务中。两种常见的阈值处理方法为全局阈值（global thresholding）和自适应阈值（adaptive thresholding）。

（1）全局阈值

全局阈值是指为整个图像选择一个固定的灰度阈值，此阈值适用于图像的所有像素。这个阈值可以是一个人工选定的值，或者通过图像的某些特性来自动确定。

（2）自适应阈值

自适应阈值是图像局部区域的阈值处理，它考虑了图像不同部分的局部特性。因此，一个区域的阈值可能不同于另一个区域的阈值。这种方法在图像的不同区域有不同光照条件时特别有效。

全局阈值和自适应阈值各有优势与不足。全局阈值简单快速，但在图像光照不均的情况下效果不理想。而自适应阈值处理光照不均的效果较好，但计算量相对较大，且需要仔细选择区域大小等参数。

3.3.13 图像的平滑技术

在数字图像处理中，图像平滑是一种非常重要的预处理步骤，它可以帮助减少图像中的噪声，或者针对特定的应用进行图像模糊。

（1）图像平滑的基本概念

图像平滑，也称为图像模糊或去噪，主要目的是去除图像中的随机噪声。这些噪声可能是由图像捕获设备（如相机）或在传输过程中引入的。噪声降低图像的质量，影响后续的图像处理工作（比如特征检测、图像分类）等。

图像平滑的常见方法包括使用不同的滤波器，如均值滤波器、高斯滤波器、中值滤波器等，它们通过在图像的每个像素处应用一个小的邻域窗口，并用窗口内像素值的平均值（或其他统计量）替换当前像素值来实现图像平滑。

（2）常用图像平滑技术

① 均值滤波　均值滤波是最简单的滤波方法，它通过替换图像中每个像素的值为其邻域内像素值的平均值来实现。

② 高斯滤波　高斯滤波是一种更加复杂的平滑技术，它使用高斯核来进行滤波。高斯核是根据高斯分布（正态分布）来生成的。相比于均值滤波，高斯滤波可以更好地保留图像边缘。

③ 中值滤波　中值滤波是一种非线性的滤波技术，它将每个像素替换为邻域内像素值的

中位数。中值滤波对去除椒盐噪声（随机出现的黑白点）特别有效。

中值滤波的主要功能是让与周围像素灰度值相比较大的像素值作出改变，取与周围像素比较近的值，从而消除孤立噪声点。其主要步骤为：

a. 将模板中心与图像中某个像素位置重合；

b. 读取模板下图像中各对应像素的灰度值；

c. 将这些灰度值从小到大排成一列；

d. 找出这些值的中值；

e. 将这一中值复制给模板中心对应的图像位置处的像素，作为该处的灰度值；

f. 对整幅图像用同一模板不断移动，进行如上同样的操作，直到对图像上的所有像素完成这样的操作。

3.3.14　图像金字塔与多尺度处理

图像金字塔是一种以不同分辨率呈现图像的技术，底层是较高分辨率的图像，而顶层是较低分辨率的图像。金字塔的每一层都是上一层图像的降采样版本，这对于图像的多尺度表示和分析非常有用。通过学习和应用图像金字塔，可以在图像处理和计算机视觉任务中更有效地工作。图像金字塔是在不同分辨率下处理图像以检测物体或进行图像分析，它是连接像素操作和图像理解高级概念的重要桥梁。高斯金字塔的形成与实例如图 3-10、图 3-11 所示。

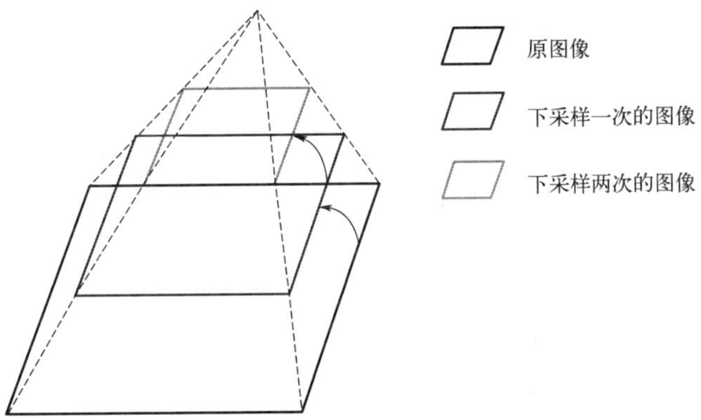

图 3-10　高斯金字塔的形成

图 3-11　高斯金字塔实例

3.3.15 图像的卷积掩模

对图像上单个像素的灰度值进行操作，即在空间域进行操作处理。在空间域处理中，最为常用的是卷积掩模。卷积掩模如图 3-12 所示。

图 3-12（a）表示一幅图像的一部分，其中的 A、B、C、D、E、F…表示像素的灰度值，图 3-12（b）表示一个 3×3 的掩模，m_1、…、m_9 为掩模中的元素值。

A	B	C	D		
E	F	G	H		
I	J	K	L		
M	N	O	P		

(a) 图像数据

m_1	m_2	m_3
m_4	m_5	m_6
m_7	m_8	m_9

(b) 掩模

图 3-12　卷积掩模示意图

把掩模应用于图像数据上，将掩模对准图像数据的左上角，图像中的灰度数据乘以掩模中对应位置的元素，然后相加，再除以一个基准值 S，得到一个元素 X：

$$X=\frac{A\cdot m_1+B\cdot m_2+C\cdot m_3+E\cdot m_4+F\cdot m_5+G\cdot m_6+I\cdot m_7+J\cdot m_8+K\cdot m_9}{S} \tag{3-16}$$

$$S=\left|m_1+m_2+m_3+m_4+m_5+m_6+m_7+m_8+m_9\right|$$

如果 S 总和为 0，则取 S=1。

将计算得到的 X 代替掩模下面图像块中心的像素值 F，然后掩模右移一个像素位置，掩模和下面的图像对应位置处的元素相乘、相加，再除以基准值，又得到一个新的 X，用它代替掩模下面图像块中心的像素值 G。如此操作，直到本行结束再下移一行，继续操作直到整幅图像处理完毕。开始和结束的行和列无法进行这种操作，通常忽略，或填以 0。

一般地，对于一幅 R 行 C 列像素的图像 I（R，C）和一个 n 行 n 列的掩模 M（n，n），掩模后新的图像像素值 I_{xy} 的计算方法可按下式进行：

$$I_{xy}=\frac{\sum_{i=1}^{n}\sum_{j=1}^{n}M_{ij}\times I_{\left[\left(x-\frac{n+1}{2}+i\right)\right]\left[\left(y-\frac{n+1}{2}+j\right)\right]}}{S} \tag{3-17}$$

式中，当 S 总和不为零时，$S=\left|\sum_{i=1}^{n}\sum_{j=1}^{n}M_{ij}\right|$；当 S 总和为 0 时，$S=1$。

3.3.16 图像的腐蚀与膨胀

把元素结构 $\boldsymbol{B}$ 平移 $\boldsymbol{a}$ 后得到 $\boldsymbol{B}_a$，若 $\boldsymbol{B}_a$ 包含于 $\boldsymbol{X}$，记下这个 $\boldsymbol{a}$，所有满足上述条件的 $\boldsymbol{a}$ 组成的集合称为 $\boldsymbol{X}$ 被 $\boldsymbol{B}$ 腐蚀。

把元素结构 $\boldsymbol{B}$ 平移 $\boldsymbol{a}$ 后得到 $\boldsymbol{B}_a$，若 $\boldsymbol{B}_a$ 击中 $\boldsymbol{X}$，记下这个 $\boldsymbol{a}$，所有满足上述条件的 $\boldsymbol{a}$ 组成的集合称为 $\boldsymbol{X}$ 被 $\boldsymbol{B}$ 膨胀。

腐蚀与膨胀互为对偶运算。

膨胀是一种形态学操作，它是通过将图像与一个核（或称为结构元素）进行卷积并取局部最大值来实现的。膨胀可以增加图像中白色区域的面积，并减少黑色区域的面积。

腐蚀与膨胀相反，腐蚀操作会减少图像中白色区域的面积，并增加黑色区域的面积。它是通过将图像与核进行卷积并取局部最小值来实现的。

3.3.17　图像的开运算与闭运算

（1）开运算

先腐蚀后膨胀称为开运算，开运算对于去除小的白噪声很有用。

（2）闭运算

先膨胀后腐蚀称为闭运算，用于关闭前景对象内的小洞或小黑点。

3.3.18　图像的角点检测

设定一个特定的小窗口，在图像的各个方向上移动这个小窗口，如果窗口区域内图像的灰度发生了较大的变化，就可以认为窗口内遇到了角点。角点的检测就是检测小窗口范围内图像像素点灰度的突变。

下面介绍角点判别的 Harris 方法。

首先计算角点响应值 R。

$$R = \det \boldsymbol{M} - \alpha(\mathrm{tr}\boldsymbol{M})^2$$

式中，$\boldsymbol{M}$ 是一个矩阵；det$\boldsymbol{M}$ 是 $\boldsymbol{M}$ 的行列式；tr$\boldsymbol{M}$ 是 $\boldsymbol{M}$ 的迹。

$$\boldsymbol{M} = \begin{bmatrix} \boldsymbol{A} & \boldsymbol{B} \\ \boldsymbol{B} & \boldsymbol{C} \end{bmatrix} \tag{3-18}$$

式中，$\boldsymbol{A} = \sum\limits_{\boldsymbol{W}} \boldsymbol{I}_x^2$；$\boldsymbol{B} = \sum\limits_{\boldsymbol{W}} \boldsymbol{I}_x \boldsymbol{I}_y$；$\boldsymbol{C} = \sum\limits_{\boldsymbol{W}} \boldsymbol{I}_y^2$。

$\boldsymbol{I}_x$、$\boldsymbol{I}_y$ 是图像 $\boldsymbol{I}(x,y)$ 在 x、y 两个方向的梯度。

$$\boldsymbol{I}_x = \frac{\partial \boldsymbol{I}}{\partial x} = \boldsymbol{I} \otimes [-1,0,1]$$

$$\boldsymbol{I}_y = \frac{\partial I}{\partial y} = \boldsymbol{I} \otimes [-1,0,1]^{\mathrm{T}}$$

图像 Harris 角点检测算法的步骤如下。

① 计算图像 $\boldsymbol{I}(x,y)$ 在 x，y 两个方向的梯度 $\boldsymbol{I}_x$、$\boldsymbol{I}_y$。

$$\boldsymbol{I}_x = \frac{\partial I}{\partial x} = \boldsymbol{I} \otimes [-1,0,1]$$

$$\boldsymbol{I}_y = \frac{\partial \boldsymbol{I}}{\partial y} = \boldsymbol{I} \otimes [-1,0,1]^{\mathrm{T}}$$

② 计算图像两个方向上梯度的乘积，即计算 $\boldsymbol{I}_x^2$ 、$\boldsymbol{I}_y^2$ 、$\boldsymbol{I}_x\boldsymbol{I}_y$ 。

③ 用高斯函数对 $\boldsymbol{I}_x^2$ 、$\boldsymbol{I}_y^2$ 、$\boldsymbol{I}_x\boldsymbol{I}_y$ 加权求和，得到矩阵 $\boldsymbol{M}$ 的元素 $\boldsymbol{A}$、$\boldsymbol{B}$、$\boldsymbol{C}$。

$$\boldsymbol{A} = \sum_{\boldsymbol{W}} \boldsymbol{I}_x^2 = g(\boldsymbol{I}_x^2) = \boldsymbol{I}_x^2 \otimes \boldsymbol{W}$$

$$\boldsymbol{B} = \sum_{\boldsymbol{W}} \boldsymbol{I}_x \boldsymbol{I}_y = g(\boldsymbol{I}_x \boldsymbol{I}_y) = \boldsymbol{I}_{xy} \otimes \boldsymbol{W}$$

$$C = \sum_{W} I_y^2 = g(I_y^2) = I_y^2 \otimes W$$

④ 计算每个像元的角点响应值 R，并将小于某一阈值 t 的 R 置零。

$$R = \left\{R : \det M - \alpha(\mathrm{tr}M)^2 < t\right\} \tag{3-19}$$

⑤ 在 3×3 或 5×5 的邻域内进行非最大值抑制，局部最大值即为图像的角点。

图像 Harris 角点检测算法具有如下性质。

① 参数 α 对角点检测的影响。增大 α 会减小 R 值，降低角点检测灵敏度，减少被检测到的角点数量；反之，减小 α 会增大 R 值，提高角点检测灵敏度，增加被检测到的角点数量。

② Harris 角点检测算法对图像亮度和对比度的变化不敏感，对明暗变化的适应度比较强。

③ Harris 角点检测算法具有旋转不变性。

④ Harris 角点检测算法随检测窗口尺度的变化而变化，不具有尺度不变性。

3.3.19 图像的边缘检测

图像的边缘是指其周围像素灰度急剧变化的像素的集合，它是图像分割最重要的依据之一，也是图像匹配的重要特征。

边缘检测的基本思想是先检测边缘点，然后将边缘点连成轮廓，进而进行区域分割。

（1）运用一阶微分算子进行边缘检测

Prewitt 边缘检测卷积核如下：

$$\boldsymbol{m}_x = \begin{bmatrix} -1 & 0 & 1 \\ -1 & 0 & 1 \\ -1 & 0 & 1 \end{bmatrix}, \quad \boldsymbol{m}_y = \begin{bmatrix} -1 & -1 & -1 \\ 0 & 0 & 0 \\ 1 & 1 & 1 \end{bmatrix}$$

Sobel 边缘检测卷积核如下：

$$\boldsymbol{m}_x = \begin{bmatrix} -1 & 0 & 1 \\ -2 & 0 & 2 \\ -1 & 0 & 1 \end{bmatrix}, \quad \boldsymbol{m}_y = \begin{bmatrix} -1 & -2 & -1 \\ 0 & 0 & 0 \\ 1 & 2 & 1 \end{bmatrix}$$

（2）运用二阶微分算子进行边缘检测

二阶微分算子边缘检测卷积核为

$$\boldsymbol{m} = \begin{bmatrix} 0 & 1 & 0 \\ 1 & 4 & 1 \\ 0 & 1 & 0 \end{bmatrix}$$

该方法简单，但是对噪声比较敏感，同时不能提供边缘的方向信息。为此，Marr 等提出了高斯拉普拉斯方法（Laplacian of Gaussian，LOG）。

（3）Canny 边缘检测算子

Canny 边缘检测算子进行边缘检测分为四步。

第一步，去噪声，通常用高斯函数对图像进行平滑处理。

卷积核为：

$$\frac{1}{159}\begin{bmatrix} 2 & 4 & 5 & 4 & 2 \\ 4 & 9 & 12 & 9 & 4 \\ 5 & 12 & 15 & 12 & 5 \\ 4 & 9 & 12 & 9 & 4 \\ 2 & 4 & 5 & 4 & 2 \end{bmatrix}$$

第二步，计算梯度值与方向角。

$$\boldsymbol{m}_x = \begin{bmatrix} -1 & 0 & 1 \\ -2 & 0 & 2 \\ -1 & 0 & 1 \end{bmatrix},\quad \boldsymbol{m}_y = \begin{bmatrix} -1 & -2 & -1 \\ 0 & 0 & 0 \\ 1 & 2 & 1 \end{bmatrix}$$

梯度值为 $|\Delta \boldsymbol{f}| = \sqrt{\boldsymbol{m}_x^2 + \boldsymbol{m}_y^2}$ 。

梯度方向角为 $\theta = \arctan\left(\dfrac{\boldsymbol{m}_x}{\boldsymbol{m}_y}\right)$ 。

第三步，非最大值抑制。

第四步，滞后阈值化。

3.3.20　动态图像处理：帧差法与背景减法

在进阶的图像处理领域，动态图像处理是一个重点和难点。特别是在监控视频分析、动态场景理解等应用场景中，如何有效地从视频序列中检测和分离出移动物体，是技术实现的关键。本节重点讨论两种常用的动态图像处理方法：帧差法和背景减法。

（1）帧差法

帧差法是一种简单而有效的运动目标检测方法。它通过比较相邻两帧或多帧之间的差异来确定运动区域。

基本原理：对于连续的图像帧 $[\boldsymbol{I}_{t-1}, \boldsymbol{I}_t]$，通过计算相邻两帧之间的差值来检测运动区域。其思想是在连续的视频帧中，背景相对稳定，而运动区域由于像素值的变化表现出较大的差异。

基本步骤如下。

① 读取视频的连续两帧图像 $[\boldsymbol{I}_{t-1}, \boldsymbol{I}_t]$。

② 将两帧图像转换为灰度图像。

③ 计算两帧图像之间的差异。

④ 通过阈值操作将差异图像二值化，获得运动区域。

⑤ 应用形态学操作（如膨胀、腐蚀）来去除噪声。

（2）背景减法

背景减法是一种更为复杂的运动目标检测方法，相较于帧差法，它通过从当前帧中减去背景模型来检测前景对象。OpenCV 提供了几种背景 / 前景分割算法，如 Background SubtractorMOG2 和 createBackgroundSubtractorKNN。

基本步骤如下。

① 使用特定的背景减法算法初始化背景模型。

② 读取视频帧。

③ 应用背景模型进行前景检测。

④ 应用形态学操作来改善检测结果。

帧差法和背景减法是动态图像处理中两种基本而有效的方法。帧差法简单、实现容易，但对于快速移动的物体检测较为敏感，也容易受到光照变化的影响。背景减法则通过构建背景模型来改善这些问题，提供了更为稳定和贴合实际应用的解决方案。在实际应用中，可以根据需要选择恰当的方法或者将两者结合使用，以达到最佳的检测效果。

3.3.21 视频文件的读取、显示和保存

视频文件处理包括三个基本的操作：视频的读取、显示和保存。视频处理是计算机视觉中的一个重要领域，无论是在安防监控、视觉特效还是机器学习数据准备等方面，都有广泛的应用。

（1）视频文件的读取

OpenCV 提供了 cv2.VideoCapture 类来读取视频文件或捕获摄像头中的实时视频流。其基本语法如下：

```
# 创建VideoCapture对象
cap = cv2.VideoCapture(filepath_or_index)
# 检查视频是否正确打开
if not cap.isOpened():
    print("Error: Could not open video.")
```

参数 filepath_or_index 可以是视频文件的路径或摄像头的索引（通常 0 代表系统默认摄像头）。如果无法打开视频，cap.isOpened（ ）将返回 False。

VideoCapture 类中的重要方法包括以下两种。

a. cap.read（ ）：读取视频中的下一帧。返回值是一个元组。第一个元素是布尔值，指示是否成功读取帧；第二个元素是帧本身。

b. cap.release（ ）：释放资源，当完成视频读取时应调用。

（2）视频文件的显示

读取视频帧之后，可以使用 cv2.imshow 函数来显示视频帧。

```
cv2.imshow('frame', frame)
```

一般与 cv2.waitKey（delay）一起使用，delay 是一个以毫秒为单位的时间，表示每帧之间的延迟时间。

（3）视频文件的保存

为了保存视频文件，OpenCV 提供了 cv2.VideoWriter 类。其基本语法如下：

```
# 创建VideoWriter对象
out = cv2.VideoWriter(file_path, fourcc, fps, frameSize)
# 配置编解码器
fourcc = cv2.VideoWriter_fourcc(*'XVID')
# 写入帧到视频文件
```

```
out.write(frame)
# 释放资源
out.release()
```

参数说明如下。

file_path：视频文件的保存路径。

fourcc：4 字节码，用于指定视频编解码器。常见的有 XVID、MP4V、MJPG 等。

fps：帧率，即每秒帧数。

frameSize：帧尺寸，以（宽度，高度）的形式表示。

本章小结

本章的主要内容是图像处理的概念和方法。首先介绍了数字图像的相关内容，诸如数字图像的概念、参数、压缩和格式等，然后介绍了数字图像的来源，包括实时获取、文件读取以及用软件制作等。重点介绍了数字图像处理的常用方法，如图像的读取、打开与关闭、图像格式转换、图像色彩空间转换、图像滤波方法、图像傅里叶变换、图像直方图、图像几何变换、图像卷积等操作。

思考题

1. 如何表达数字图像？它有哪些类型？
2. 什么是像素？什么是灰度等级？
3. 什么是灰度图像？什么是彩色图像？什么是二值图像？
4. 什么是像素阵列？什么是像素坐标？
5. 数字图像的参数有哪几项？
6. 什么是数字图像的分辨率、深度、通道数、数据类型？
7. 为什么要对数字图像进行压缩？
8. 数字图像的压缩方法有哪几种？各有何特点？
9. 常见的数字图像的格式有哪几种？
10. 什么是图像的色彩空间？它们之间如何相互转换？
11. 什么是图像的缩放、平移和旋转？
12. 什么是图像的傅里叶变换？
13. 什么是图像的直方图？
14. 什么是图像的卷积掩模？
15. 什么是图像滤波？
16. 什么是图像的腐蚀和膨胀？
17. 什么是图像的开运算、闭运算？
18. 什么是图像的阈值操作？

第 4 章 机器视觉系统之图像分析

4.1 图像分析的概念

在图像处理的基础上找到图像特征，依据特征识别图像中的人和物，以对物体进行统计和操作。图像检测、识别、定位、轨迹计算等都属于图像分析。

4.2 图像分析的方法

4.2.1 关键点与特征检测

在深入探讨计算机视觉的高级主题之前，理解图像中的关键点与特征检测技术是至关重要的。这些技术不仅是许多计算机视觉应用（例如物体识别、图像拼接和姿态估计）的基础，而且还为图像分析提供了基本的构建块。

在计算机视觉和图像处理领域，关键点和特征检测是识别和理解图像内容的基础。关键点是图像中一些明显的点，如角点、边缘点等，它们是图像特征的载体。特征检测则涉及从这些关键点中提取出有用的信息，以便进行进一步的图像分析，比如目标检测、图像匹配和对象识别等。

（1）特征检测的概念

特征检测涉及识别图像中的独特点或区域，这些点或区域可以用于在多个图像或不同视角中识别和匹配相同的物体部分。这些点通常是图像中的角点、边缘或显著区域，一般称这些点为关键点或特征点。

（2）常用的特征检测算法

① Harris 角点检测：识别图像中的角点。

② SIFT（尺度不变特征变换）：检测和描述图像中的局部特征。

③ SURF（加速鲁棒特征）：类似于 SIFT，但旨在更快。

④ ORB（Oriented FAST and Rotated BRIEF）：一种高效的特征检测和描述子算法。

4.2.2　特征匹配与 Homography 寻找

在计算机视觉中，特征匹配是指在两幅或多幅图像中找到相同特征的过程。找到匹配特征后，可以使用 Homography（单应性）矩阵来估计图片间的几何变换，如旋转和平移。这种技术广泛用于图像拼接、物体追踪和 3D 重建等领域。

（1）特征匹配

在 OpenCV 中，特征匹配一般使用 cv2.BFMatcher 或 cv2.FlannBasedMatcher。

cv2.BFMatcher 语法：

```
bf = cv2.BFMatcher(normType, crossCheck)
matches = bf.match(descriptors1, descriptors2)
matches = bf.knnMatch(descriptors1, descriptors2, k)
```

normType：距离测量类型，常用的有 cv2.NORM_L1、cv2.NORM_L2。

crossCheck：布尔值。如果为 True，则仅返回双向匹配的特征点。

cv2.FlannBasedMatcher 语法：

```
FLANN_INDEX_KDTREE = 1
index_params = dict(algorithm = FLANN_INDEX_KDTREE, trees = 5)
search_params = dict(checks = 50)

flann = cv2.FlannBasedMatcher(index_params, search_params)
matches = flann.knnMatch(descriptors1, descriptors2, k)
```

index_ params 和 search_ params 为指定匹配时使用的参数，k 表示返回每个关键点的 k 个最佳匹配。

（2）Homography 寻找

使用 cv2.findHomography 方法可以找到 Homography 矩阵。

cv2.findHomography 语法：

```
H, status = cv2.findHomography(srcPoints, dstPoints, method, ransacReproj-
Threshold)
```

srcPoints 和 dstPoints：匹配点对的坐标，通常是 numpy 数组类型。

method：计算方法，如 cv2.RANSAC、cv2.LMEDS 等。

ransacReprojThreshold：RANSAC 算法的重投影错误阈值。

4.2.3 图像拼接

图像拼接是一种将多个图像合并为单一图像的技术，其目的是扩展图像的视角或创建全景图像。这项技术在计算机视觉中应用广泛，特别是在图像编辑、全景摄影和虚拟现实等领域。

（1）基本步骤

图像拼接的基本步骤包括图像读取、特征检测、特征匹配、图像对齐（Homography 计算）和图像融合。为完成图像拼接的任务，我们将主要讨论以下几个关键点：

① 特征检测与匹配　特征检测与匹配为图像对齐提供了必要的对应点信息。常用的特征检测算法有 SIFT、SURF 和 ORB 等。

② 图像对齐（Homography）　通过计算 Homography 矩阵，可以确定两个图像间的透视变换关系，从而实现图像之间的正确对齐。

③ 图像融合　图像融合的目的是将多个对齐的图像平滑地融合为一个图像，以减少接缝和重叠区域的不一致性。

（2）函数语法及应用

① 特征检测与匹配　可以使用 ORB 算法来进行特征检测和匹配。

② 计算 Homography 矩阵　使用 cv2.findHomography 方法可以找到两幅图像间的 Homography 矩阵。

```
H, status = cv2.findHomography(srcPoints, dstPoints, cv2.RANSAC, 5.0)
```

③ 图像变换　利用 cv2.warpPerspective 函数，应用 Homography 矩阵，对图像进行变换，使其与另一幅图像对齐。

```
result = cv2.warpPerspective(srcImage, H, (width, height))
```

4.2.4 实现简单的物体识别

物体识别是计算机视觉领域的一项基础而重要的任务，其目的是在图像或视频中识别和定位特定物体。

（1）基本步骤

物体识别的一般过程可以分为以下几个步骤。

① 特征提取　从待识别物体的图像中提取关键特征。

② 特征匹配　将提取的特征与已知物体特征进行匹配。

③ 物体定位　在原图中定位匹配到的物体。

④ 分类判断　根据匹配结果对物体进行分类。

（2）函数语法及应用

① 特征提取　OpenCV 提供了多种特征提取算法，如 SIFT、SURF、ORB 等。这里使用 ORB 算法作为示例。

```
orb = cv2.ORB_create()
kp, des = orb.detectAndCompute(image, None)
```

功能：检测关键点并计算描述符。

参数：

image：输入图像。

None：掩模（这里未使用）。

返回值：

kp：检测到的关键点。

des：关键点的描述符。

② 特征匹配　对于特征匹配，可以使用 BFMatcher 或 FLANNMatcher 进行匹配。这里使用 BFMatcher 作为例子。

```
bf = cv2.BFMatcher(cv2.NORM_HAMMING, crossCheck=True)
matches = bf.match(des1, des2)
```

功能：使用暴力匹配器进行特征匹配。

参数：

cv2.NORM_HAMMING：表示匹配使用的距离类型，与 ORB 描述符配合使用。

crossCheck：是否启用交叉检验。

返回值：matches 表示匹配到的点对。

③ 物体定位　物体定位通常在特征匹配之后进行。通过找到匹配点之间的几何变换，可以估计物体的位置。

④ 分类判断　通过对匹配结果的分析，可以判断出目标物体是否存在于图像中，并对其进行分类。通过简单的特征匹配和分析，便能实现对特定物体的识别。

4.2.5 图像特征

图像特征在计算机视觉领域扮演着至关重要的角色。它们是图像内容的高级表示，能够帮助计算机理解图像中的物体、场景以及其他视觉元素。

图像特征可以是图像中的一个点、边缘或其他形状，它们是对图像某一部分简洁且信息丰富的表达。理解图像特征不仅可以帮助我们在图像中识别和定位物体，还可以在高级任务中（如物体追踪、场景重建以及视觉识别）发挥重要作用。

（1）图像特征的类型

① 局部特征（local features）代表图像中小区域的特征，如角点、边缘等。

② 全局特征（global features）描述整个图像的特征，如颜色直方图、纹理描述符等。

（2）特征检测函数语法及应用

① Harris 角点检测　语法如下：

```
corners = cv2.cornerHarris(src, blockSize, ksize, k)
```

功能：检测图像中的角点（局部特征）。

参数：

src：输入图像，灰度图。

blockSize：邻域大小。

ksize：Sobel 算子的孔径参数。

k：Harris 角点检测方程中的自由参数。

② SIFT 特征检测　语法如下：

```
sift = cv2.SIFT_create ( )
kp, des = sift.detectAndCompute ( image, None )
```

功能：检测图像中的关键点并计算描述符（局部特征）。

参数：

image：输入图像。

None：掩码（这里未使用）。

4.2.6　图像分割

图像分割是计算机视觉中的一项关键技术，旨在将图像划分为具有相似属性的多个区域，这对于对象检测、识别和场景理解至关重要。

图像分割的目标是将数字图像细分成多个图像子区域（像素的集合），这些区域通常对应于现实世界中的实体或是图像中的对象。成功的图像分割能够简化或改变图像的表示，使其更容易分析。

图像分割应用广泛，包括医学成像（如肿瘤识别）、卫星图像处理、交通控制系统、视频监控等领域。

常见的图像分割技术有以下几种。

① 阈值处理（thresholding）　基于像素值将图像分割成前景和背景。

② 基于区域的分割　通过合并或分割区域的方法达到图像分割。

③ 基于边缘的分割　检测对象边缘来识别对象的轮廓。

④ 聚类方法　如 K-means，利用像素之间的相似性将它们归为一类。

⑤ 基于图论的分割　如 Graph Cuts，使用图论的方法来分割图像。

⑥ 深度学习方法　运用卷积神经网络进行图像的语义分割。

4.2.7　采用阈值进行图像分割

图像分割是将图像细分为其构成部分或对象的过程。在许多情况下，有效的图像分割是实现图像识别和理解的关键步骤。阈值处理是一种基本但强大的图像分割技术，通过设定一个阈值，将像素分成两个或多个组。使用阈值进行图像分割的方法包括全局阈值分割、自适应阈值分割和 Otsu 阈值分割。

（1）全局阈值分割

全局阈值分割是一种将图像转换为黑白二值图像的简单方法。这种方法假设图像具有基于灰度的前景和背景，通过设置一个全局阈值将图像分割成前景和背景。

OpenCV 提供了 cv2.threshold 函数来实现全局阈值分割。函数语法如下：

```
retval, dst = cv2.threshold(src, thresh, maxval, type)
```

src：输入图像（通常是灰度图）。

thresh：设定的全局阈值。

maxval：超过（或小于，根据阈值类型）阈值的像素将被赋予的值。

type：阈值类型（如 cv2.THRESH_BINARY 等）。

retval：实际使用的阈值，对于某些方法（如 Otsu 阈值法）很有用。

dst：输出图像。

（2）自适应阈值分割

自适应阈值考虑了图像不同区域的光照条件，因此，不同区域会使用不同的阈值，这使得自适应阈值在不均匀光照下表现更好。

OpenCV 提供了 cv2.adaptiveThreshold 用于自适应阈值分割。函数语法如下：

```
    dst = cv2.adaptiveThreshold(src, maxValue, adaptiveMethod, thresholdType,
blockSize, C)
```

src：输入图像（必须是灰度图）。

maxValue：像素值超过阈值时应该被赋予的值。

adaptiveMethod：自适应方法，cv2.ADAPTIVE_THRESH_MEAN_C 或 cv2.ADAPTIVE_THRESH_GAUSSIAN_C。

thresholdType：阈值类型。

blockSize：用来计算阈值的区域大小。

C：一个常数，从平均或加权平均中减去，以得到阈值。

（3）Otsu 阈值分割

Otsu 阈值分割通过图像的直方图自动计算最优阈值，它试图最小化前景和背景的加权类内方差。

Otsu 阈值化可以通过在 cv2.threshold 函数中设置 cv2.THRESH_OTSU 标志来实现。函数语法如下：

```
retval, dst = cv2.threshold(src, 0, 255, cv2.THRESH_BINARY + cv2.THRESH_OTSU)
```

注意，thresh 值被设置为 0，函数会自动计算最优阈值。

4.2.8　轮廓发现与分析

在图像分析中，轮廓发现是一种基础且强大的技术，可用于物体识别、形状分析和图像分割。轮廓是图像中具有相同颜色或强度的连续点的闭合曲线。

（1）OpenCV 中的轮廓发现

OpenCV 提供了函数 findContours（ ）用于在二值图像中检测轮廓。基本语法如下：

```
contours, hierarchy = cv2.findContours(image, mode, method)
```

① 参数

cv2.CHAIN_APPROX_NONE：存储所有的轮廓点。

cv2.CHAIN_APPROX_SIMPLE：压缩水平、垂直和对角线段，仅保留端点。

cv2.RETR_EXTERNAL：检索最外层的轮廓。

cv2.RETR_LIST：检索所有轮廓，不建立层级关系。

cv2.RETR_CCOMP：检索所有轮廓并将它们组织成两级层级结构。

cv2.RETR_TREE：检索所有轮廓，并重建完整的层级关系。

image：输入图像，通常是二值图像，其中，物体为白色，而背景为黑色。

mode：轮廓检索模式。

method：轮廓逼近方法。

② 返回值

contours：检测的轮廓列表。

hierarchy：对应轮廓的层级信息。

（2）轮廓特征

OpenCV 提供多种函数来分析轮廓特征，如面积、周长、重心等。

① 面积与周长　函数如下：

cv2.contourArea（contour）：返回轮廓的面积。

cv2.arcLength（contour，closed）：计算轮廓的周长，closed 参数指示轮廓是否闭合。

② 轮廓近似　函数如下：

cv2.approxPolyDP（contour，epsilon，closed）：近似轮廓形状。epsilon 是从原始轮廓到近似轮廓的最大距离。

③ 边界矩形与最小外接圆　函数如下：

cv2.boundingRect（contour）：返回轮廓的边界矩形。

cv2.minEnclosingCircle（contour）：返回轮廓的最小外接圆。

4.2.9 采用 Watershed 算法进行图像分割

在计算机视觉中，Watershed 算法是一种经典且强大的图像分割方法，特别适合处理相互接触的多个对象。其算法通过模拟地形表面的水流来确定区域边界，有效地区分邻近的多个对象。

Watershed 算法基于图像灰度形态学，它将图像视为地形图，灰度值高的地方被视为山峰，灰度值低的地方被视为谷底。该算法的目标是找出图像中的“分水岭”，即将不同对象区分开的边界。

核心函数：

```
cv2.watershed()
```

该函数会直接在 markers 图像中标记分水岭的边界。

image：输入的 RGB 图像。

markers：整型的 32 位单通道图像，其中每一个非零的像素值表示不同的标记区域。

4.2.10　采用 GrabCut 算法进行前景提取

在图像分割领域，GrabCut 算法是一种非常有效的方法，用于从背景中分离出前景对象。它主要使用颜色信息和迭代图形分割技术来优化对象的提取。以下介绍用 OpenCV 实现 GrabCut 算法的方法。

GrabCut 算法是一种基于图割（graph cut）的分割技术，它使用用户定义的矩形区域自动区分前景和背景。算法迭代优化前景与背景的区分边界，直到达到高度精确的分割效果。

OpenCV 通过函数 cv2.grabCut（ ）实现 GrabCut 算法。

函数：cv2.grabCut（ ）。

功能：对图像执行 GrabCut 算法，以分割前景和背景。

参数：

img：输入图像，必须是 8 位 3 通道（RGB）图像。

mask：掩模图像，用于确定前景、背景和可能的区域。它是一个单通道 8 位图像，其中包含定义的常量，例如 cv2.GC_BGD、cv2.GC_FGD、cv2.GC_PR_BGD、cv2.GC_PR_FGD。

rect：包含前景的矩形，格式为（x，y，w，h）。

bgdModel、fgdModel：算法内部使用的临时数组。这些数组必须为单精度浮点型，形状为（1，65）。

iterCount：算法的迭代次数。

mode：指定 GrabCut 模式。通常用 cv2.GC_INIT_WITH_RECT 或 cv2.GC_INIT_WITH_MASK。

4.2.11　K-means 聚类分割技术

K-means 是一种非常流行的聚类分析方法，在图像处理和计算机视觉领域应用广泛，用于将数据点划分为 K 个簇。算法目标是最小化每个点到簇中心的距离之和。在图像分割的场景中，可以利用 K-means 算法根据像素点的颜色值或空间位置将图像分割成不同的区域。

在 OpenCV 中，K-means 聚类算法通过函数 cv2.kmeans（ ）实现。

函数：cv2.kmeans（ ）。

功能：对数据进行 K-means 聚类分析。

参数：

data：应为浮点型（单精度），大小为 NumSamples×Dimension 的 Numpy 数组。

K：聚类的簇数。

bestLabels：输入 / 输出整型数组，数据点的簇索引。

criteria：算法的终止条件，是一个包含迭代次数和精确度的元组。

attempts：算法的尝试次数，算法会返回最好的聚类结果。

flags：初始簇分配和测量标志。

centers：输出，每个簇的中心点。

返回值：

compactness：各点到相应中心的距离平方和。

labels：每个点的簇标签。

centers：簇中心的坐标。

4.2.12 图像分割的进阶技术和策略

图像分割是将数字图像细分成多个图像子集的过程，通常用于定位对象和边界（线条、曲线等），包括如图割（graph cut）、均值漂移（mean shift）以及基于深度学习的图像分割技术。

（1）图割算法

图割是一种基于图论的图像分割方法，它通过建立像素点之间的网络连接关系进行优化分割。这种方法特别适合能量最小化问题，可以生成非常精确的分割结果。

函数：cv2.grabCut（）。

功能：实现基于图割的图像分割。

参数：

img：输入的源图像。

mask：掩码图像，用于确定哪些区域是背景、前景等。

rect：包围前景的矩形。

bgdModel、fgdModel：算法内部使用的数组。

iterCount：算法的迭代次数。

mode：定义操作的模式。

返回值：无，但会修改 mask 参数。

（2）均值漂移算法

均值漂移是一种基于核密度估计的非参数特征空间分析算法，常用于图像分割和对象跟踪。它通过找到数据点密度的局部最大值来确定数据集的模式。

函数：cv2.pyrMeanShiftFiltering（）。

功能：对图像进行均值漂移滤波。

参数：

src：输入图像。

sp：空间窗口半径。

sr：颜色窗口半径。

maxLevel：金字塔的最大层数。

返回值：均值漂移分割后的图像。

（3）基于深度学习的图像分割技术

近年来，深度学习在图像分割任务中取得了显著的成绩，特别是全卷积网络（FCN）和 U-Net 等网络结构已经成为图像分割的领先技术。

4.2.13 面向对象的图像识别

随着计算机视觉技术的发展，图像识别已经成为研究与应用的热点，特别是在安防、智能交通、医疗分析等多个领域有着广泛的应用。面向对象的图像识别，涉及从图像中识别出特定类别或个体的技术，其核心在于特征提取和分类器设计。

（1）特征提取

特征提取是图像识别的第一步，它决定了识别的上限。常见的特征提取方法包括边缘检测、角点检测、直方图比对，以及更高级的方法，如 SIFT、SURF、ORB 等。这些特征可以从不同的视角、尺度甚至光照条件下稳定地描述物体的外观属性。

（2）分类器设计

特征提取的下一步是分类器的设计，它利用提取的特征来识别图像中的对象。常用的分类器包括支持向量机（SVM）、随机森林、神经网络等。近年来，深度学习尤其是卷积神经网络（CNN）在图像识别领域取得了突破性的进展。

从传统的特征匹配到现代的深度学习方法，图像识别技术正在不断进步，解决更多复杂的实际应用问题。

4.2.14　采用 Haar 级联分类器进行面部检测

面部检测是计算机视觉中一个非常基础且广泛应用的技术，涉及安防系统、人机交互、社交媒体等多个方面。其中，Haar 级联分类器因其较高的效率和准确度而成为一种非常受欢迎的方法。

Haar 级联分类器是基于机器学习的一种对象检测方法，它可以快速检测图像中的面部等对象。该分类器利用大量正负样本图像进行训练，通过 Haar-like 特征来识别对象。Haar-like 特征是一种简单的特征，由黑白矩形区域组成，通过计算这些区域的像素差来描述图像特征。

在 OpenCV 中，进行面部检测主要使用 cv2.CascadeClassifier 函数，其基本语法如下：

```
face_cascade = cv2.CascadeClassifier(cascade_path)
faces = face_cascade.detectMultiScale(image, scaleFactor, minNeighbors)
```

cascade_path：分类器的 XML 文件路径，OpenCV 提供了一些预训练的 XML 文件。

image：待检测的图像，通常为灰度图像。

scaleFactor：图像缩放比例，用于检测不同大小的面部。

minNeighbors：每个候选区域应该保留的邻近元素数量，较高的值会产生更少的检测但质量更高。

4.2.15　实现一个简单的人脸识别系统

人脸识别作为计算机视觉领域中一个非常活跃和实用的研究方向，有着广泛的应用场景，如安全监控、身份验证、智能互动等。下面主要介绍人脸检测和人脸识别的实现。

（1）人脸检测

在进行人脸识别之前，首先需要从图像中检测出人脸。OpenCV 提供了 Haar 特征分类器进行人脸检测。

Haar 特征分类器的功能和参数如下。

功能：Haar 特征分类器是一种有效的对象检测方法，尤其适用于人脸检测。

参数：

xml 文件：OpenCV 提供了预训练的 XML 分类器文件，用于人脸检测。

scaleFactor：在每个图像缩放中的比例系数，默认值通常设为 1.1。

minNeighbors：确定检测到的人脸图像质量的参数，默认值通常设为 3 ～ 6。

返回值：检测到的人脸的位置坐标。

（2）人脸识别

在成功检测到人脸后，下一步就是进行人脸识别。OpenCV 通过 face.LBPHFaceRecognizer_create（ ）提供了一种本地二值模式直方图（LBPH）的人脸识别方法。

LBPH 人脸识别器的功能和使用如下。

功能：LBPH 是一种有效的人脸识别方法，它考虑了图像的局部特征，因而对光照变化等外部条件有较好的鲁棒性。

步骤：

① 应用 face.LBPHFaceRecognizer_create（ ）创建 LBPH 人脸识别器。

② 使用一组已知人脸图像训练识别器。

③ 对新的人脸图像进行识别。

4.3 图像分析的常用算法

4.3.1 特征识别

（1）图像的特征

可以用来辨识物体的常用特征有：

① 平均、最大或最小灰度等级作为特征（先验知识）。

② 物体的周长、面积、直径、孔洞的形状与数量作为特征。

③ 物体的纵横比是指物体的外接矩形宽度和长度的比值。所有纵横比中只有最小纵横比对物体的方向不敏感，因此最小纵横比可以用于辨识物体。

④ 薄度可以作为一个辨识物体的特征。$薄度=\frac{周长^2}{面积}$，或者 $薄度=\frac{直径}{面积}$。

⑤ 矩是图像的重要特征，可以用来辨识物体。

（2）矩计算

① 通用矩　假如某二值图像中有一个物体，该物体对应的像素为 1，背景对应的像素为 0。二值图像通用的矩方程为

$$M_{a,b}=\sum_{x,y}x^a y^b$$

式中，x、y 分别是图像中每一个状态为 1（黑色）的像素的坐标；a、b 是幂指数。

② 像素面积

$$M_{0,0}=\sum_{x,y}x^0 y^0$$

$M_{0,0}$ 代表物体在整个图像中的面积。

③ 一次矩

$$M_{0,1}=\sum_{x,y}x^0y^1$$

$M_{0,1}$代表物体上每个像素的面积乘以它到 x 轴的距离的总和。

$$M_{1,0}=\sum_{x,y}x^1y^0$$

$M_{1,0}$代表物体上每个像素的面积乘以它到 y 轴的距离的总和。

④ 像素中心坐标　物体面积中心点的坐标 $(\bar{x},\bar{y})$ 为

$$\begin{cases}\bar{x}=\dfrac{M_{1,0}}{M_{0,0}}\\[2ex]\bar{y}=\dfrac{M_{0,1}}{M_{0,0}}\end{cases}$$

⑤ 二次矩　物体的像素面积对 x 轴的二次矩为

$$M_{0,2}=\sum_{x,y}x^0y^2$$

物体的像素面积对 y 轴的二次矩为

$$M_{2,0}=\sum_{x,y}x^2y^0$$

⑥ 不变矩　不变矩是基于不同矩的组合而得到的对物体的一种测量，它与物体的位置和方位无关，也与表示物体的比例因子无关。一个物体有七种不变矩，其中一种不变矩是

$$MI_1=\frac{M_{0,0}M_{2,0}-M_{1,0}^2+M_{0.0}M_{0,2}-M_{0,1}^2}{M_{0,0}^3}$$

例 4-1：计算图 4-1 中物体（黑色部分）的面积、面积中心及物体对于 x_1、y_1 轴的二次矩。

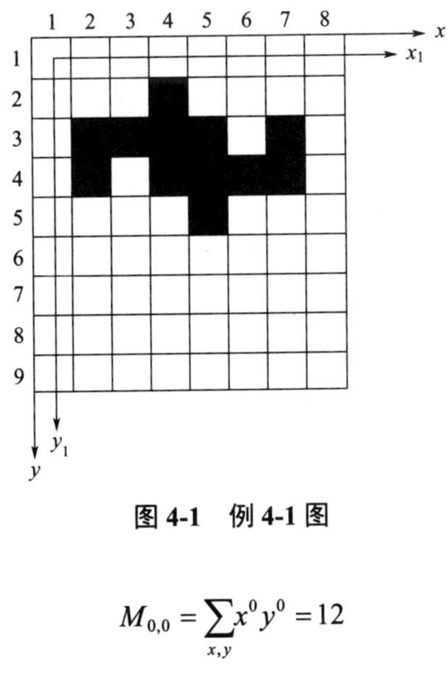

图 4-1　例 4-1 图

$$M_{0,0}=\sum_{x,y}x^0y^0=12$$

$$M_{1,0}=\sum_{x,y}x^1y^0=2\times1+1\times2+3\times3+3\times4+1\times5+2\times6=42$$

$$M_{0,1}=\sum_{x,y}x^0y^1=1\times1+5\times2+5\times3+1\times4=30$$

$$\overline{x}=\frac{M_{1,0}}{M_{0,0}}=\frac{42}{12}=3.5$$

$$\overline{y}=\frac{M_{0,1}}{M_{0,0}}=\frac{30}{12}=2.5$$

$$M_{2,0}=\sum_{x,y}x^2y^0=2\times1^2+1\times2^2+3\times3^2+3\times4^2+1\times5^2+2\times6^2=178$$

$$M_{0,2}=\sum_{x,y}x^0y^2=1\times1^2+5\times2^2+5\times3^2+1\times4^2=82$$

例 4-2：如图 4-2 所示，8×8 的二值图像中包含正方形和矩形。正方形是 3×3 的实心和 4×4 的空心。矩形是 3×4 和 4×3 的实心。已知物体的边与参考坐标系平行，物体的左下角总是在像素（1，1）处。要求仅用矩方程区别各个物体。

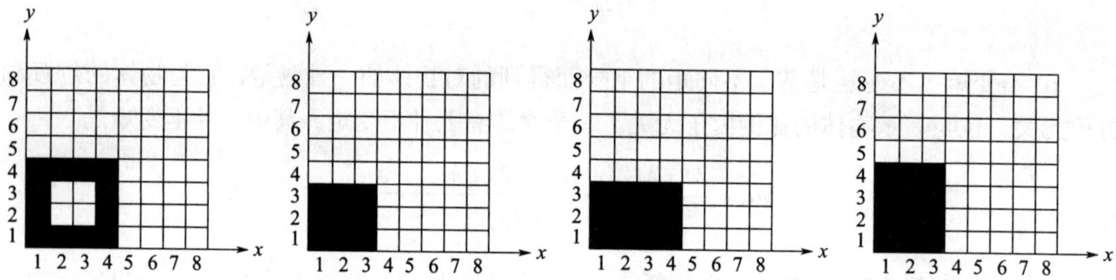

(a) 空心正方形　(b) 实心正方形　(c) 扁平矩形　(d) 瘦高矩形

图 4-2　例 4-2 图

下面分别计算空心正方形、实心正方形、扁平矩形和瘦高矩形的 $M_{0,0}$、$M_{0,1}$、$M_{1,0}$、$M_{1,1}$（$M_{1,1}=\sum_{x,y}xy$）和 $M_{0,2}$。

$M_{0,0}$ 分别为 12、9、12、12，3 个相同值（12）。

$M_{0,1}$ 分别为 30、18、24、30，2 个相同值（30）。

$M_{1,0}$ 分别为 30、18、30、24，2 个相同值（30）。

$M_{1,1}$ 分别为 75、36、60、60，2 个相同值（60）。

$M_{0,2}$ 分别为 94、42、56、90，没有相同值，所以 $M_{0,2}$ 这一项就可以作为识别这四种物体的依据。即

$M_{0,2}=94$ 是空心正方形；$M_{0,2}=42$ 是实心正方形；$M_{0,2}=56$ 是扁平矩形；$M_{0,2}=90$ 是瘦高矩形。

4.3.2　霍夫变换

霍夫变换（Hough transform）是图像处理中的一种特征提取技术，它通过一种投票算法

检测具有特定形状的物体。该过程在一个参数空间中通过计算累计结果的局部最大值得到一个符合该特定形状的集合作为霍夫变换结果。霍夫变换于 1962 年由 Paul Hough 首次提出，于 1972 年由 Richard Duda 和 Peter Hart 推广使用。经典霍夫变换用来检测图像中的直线，后来霍夫变换扩展到任意形状物体的识别，多为圆和椭圆。

（1）原理介绍

① 对于直角坐标系中的任意一点 A（x_0，y_0），经过点 A 的直线满足 $y_0 = kx_0 + b$（k 是斜率，b 是截距）。

② 那么在 X-Y 平面过点 A（x_0，y_0）的直线簇可以用 $y_0 = kx_0 + b$ 表示，但对于垂直于 X 轴的直线（斜率是无穷大的）则无法表示。将直角坐标系转换到极坐标系就能解决该特殊情况。

③ 在极坐标系中，表示直线的方程为 $\rho = x\cos\theta + y\sin\theta$（$\rho$ 为原点到直线的距离），如图 4-3 所示。

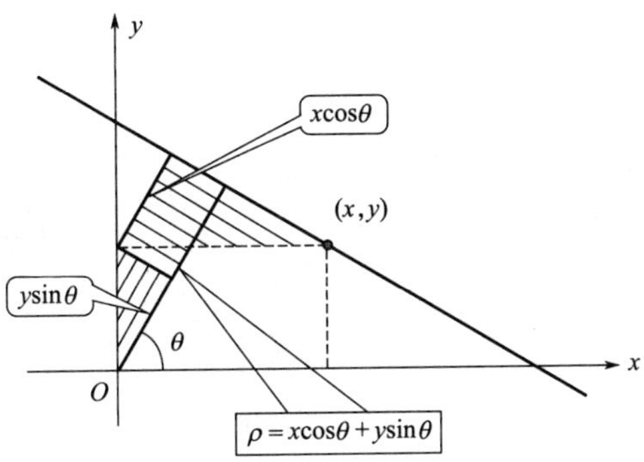

图 4-3　极坐标系中表示直线的方程

（2）OpenCV 实现直线检测

OpenCV2.4.9 版本的程序如下：

```
#include<opencv2\imgproc\imgproc.hpp>
#include<opencv2\opencv.hpp>
#include<opencv2\highgui\highgui.hpp>
using namespace std;
using namespace cv;
int main ( )
{
    Mat Image = imread ( ".//res//street.jpg", 0 ) ;
    Mat CannyImg;
    Canny ( Image, CannyImg, 140, 250, 3 ) ;
    imshow ( "CannyImg", CannyImg ) ;
    Mat DstImg;
    cvtColor ( Image, DstImg, CV_GRAY2BGR ) ;
    vector<Vec4i> Lines;
    HoughLinesP ( CannyImg, Lines, 1, CV_PI / 360, 170, 30, 15 ) ;
    for  (size_t i = 0;  i < Lines.size ( ) ;  i++)
    {
```

```
        line(DstImg, Point(Lines[i][0], Lines[i][1]), Point(Lines[i][2], Lines[i][3]), Scalar(0, 0, 255), 2, 8);
        }
        imshow("HoughLines_Detect", DstImg);
        imwrite(".//res//HoughLines_Detect.jpg", DstImg);
        waitKey(0);
        return 0;
    }
```

(3) 效果图

效果图如图 4-4 所示。

图 4-4　霍夫变换实现的直线检测

4.3.3　K-means 聚类算法

K-means 算法又名 K 均值算法，K-means 算法中的 K 表示的是聚类为 K 个簇，means 代表取每一个聚类中数据值的均值作为该簇的中心，或者称为质心，即用每一个类的质心对该簇进行描述。

算法思想为：先从样本集中随机选取 K 个样本作为簇中心，并计算所有样本与这 K 个簇中心的距离；对于每一个样本，将其划分到与其距离最近的簇中心所在的簇中；对于新的簇，计算各个簇新的簇中心。

实现 K-means 算法主要有四点：

① 簇个数 K 的选择；

② 计算各个样本点到簇中心的距离；

③ 根据新划分的簇，更新簇中心；

④ 重复上述②、③过程，直至簇中心没有移动。

(1) K-means 的工作原理

作为聚类算法的典型代表，K-means 可以说是最简单的聚类算法，那它的聚类工作原理是什么呢?

① 簇与质心　K-means 算法是将一组 N 个样本的特征矩阵 $\boldsymbol{X}$ 划分为 K 个无交集的簇，直观上来看，簇是一组一组聚集在一起的数据，在一个簇中的数据就认为是同一类。簇是聚类

的结果表现。簇中所有数据的均值通常被称为这个簇的质心（centroid）。在一个二维平面中，一簇数据点质心的横坐标就是这一簇数据点横坐标的均值，质心的纵坐标就是这一簇数据点纵坐标的均值。同理可推广至高维空间。在 K-means 算法中，簇的个数 K 是一个超参数，需要人为输入来确定。K-means 的核心任务是根据设定好的 K，找出 K 个最优的质心，并将离这些质心最近的数据分别分配到这些质心代表的簇中去。

② 具体过程

a. 首先随机选取样本中的 K 个点作为聚类中心。

b. 分别算出样本中其他样本距离这 K 个聚类中心的距离，并把这些样本分别作为其最近的聚类中心的类别。

c. 对上述分类完的样本再进行每个类别求平均值，求解出新的聚类质心，与前一次计算得到的 K 个聚类质心比较，如果聚类质心发生变化，转过程 b，否则转过程 d。

d. 当质心不再发生变化时（当找到一个质心，在每次迭代中被分配到这个质心上的样本都是一致的，即每次新生成的簇都是一致的，所有的样本点都不会再从一个簇转移到另一个簇，质心就不会变化了），则停止并输出聚类结果。

③ K-means 算法计算过程（见图 4-5）。

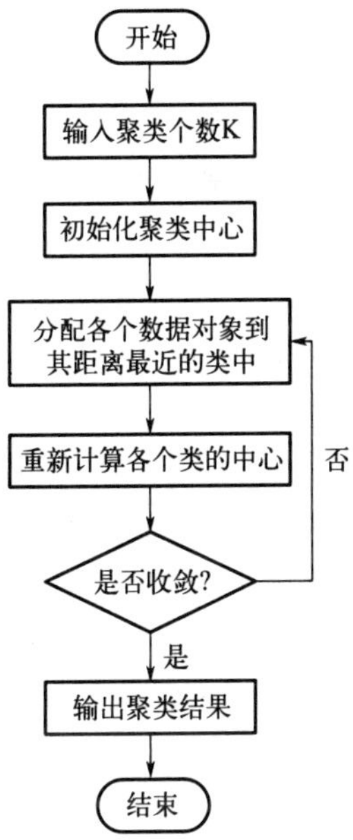

图 4-5　K-means 算法计算过程

（2）K-means 算法的优缺点

① K-means 算法的优点

a. 原理比较简单，实现也很容易，收敛速度快；

b. 聚类效果较优，算法的可解释度比较强。

② K-means 算法的缺点

a. K 值的选取不好把握；

b. 对于不是凸的数据集比较难收敛；

c. 如果各隐含类别的数据不平衡，比如各隐含类别的数据量严重失衡，或者各隐含类别的方差不同，则聚类效果不佳；

d. 采用迭代方法，得到的结果只是局部最优；

e. 对噪声和异常点比较敏感。

4.3.4　支持向量机

支持向量机（support vector machine，SVM）算法，是一种二分类模型。

对于二分类问题，如果从数据集是否线性可分角度来看的话（线性可分通俗理解就是画一条直线，可以用直线将两种类型的数据分开），可以将数据分为三种类型：一类是线性可分，一类是近似线性可分（有一些异常点导致无法线性可分），一类是线性不可分。这三种场景对应的 SVM 算法分别是硬间隔 SVM、软间隔 SVM 和非线性 SVM。

（1）硬间隔 SVM

SVM 算法的目标是找到一个超平面分割不同类别的数据点，并且使得数据点与超平面的最小距离最大。

首先，对于线性可分的数据集，一般能够找到很多条直线将数据划分开（图 4-6），但是到底哪条直线是最优的呢？

如图 4-7 所示，可以直观地判断出来，绿线的分类效果更好，主要是因为相比于其他分类线，所有红色的点、蓝色的点到绿线的垂直距离相加后是最大的。

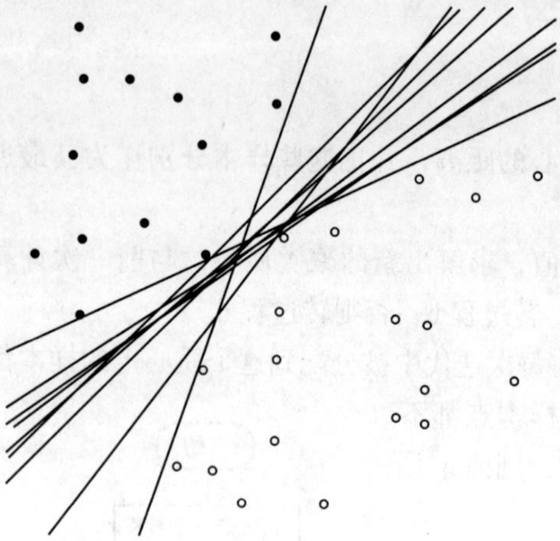

图 4-6　多条直线可将数据划分开

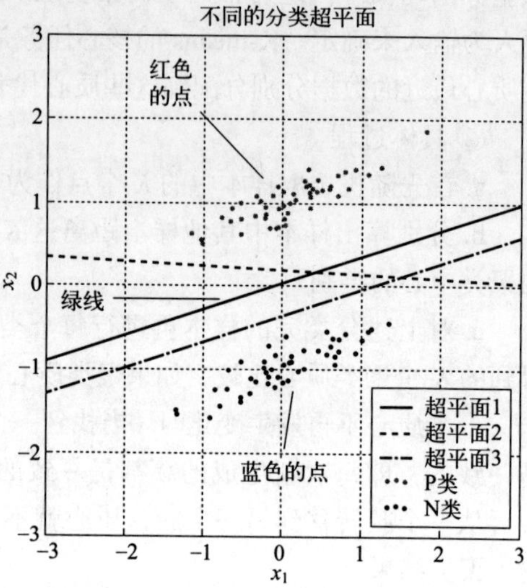

图 4-7　分类效果最好的直线

也就是说决策边界具有更大的间隔（margin），通常也会具有更稳定的分类性能。

大间隔分类器对于未知样本的分类准确率具有更大的均值和更小的方差。这个便是最大间隔的概念。

假如数据服从线性关系即是线性可分的，那么学习到的模型就是硬间隔支持向量机，此时的分类是完全准确的，不存在分类错误的情况。

（2）软间隔 SVM

线性可分只是理想化的状态，实际上数据肯定没这么“干净”，噪点是在所难免的，此时需要使用软间隔 SVM，即在容许一定错误分类的情况下，最大限度地将数据分开，以达到分类目的。如图 4-8 所示，存在两个异常点，导致无法使用线性 SVM 直接分类。

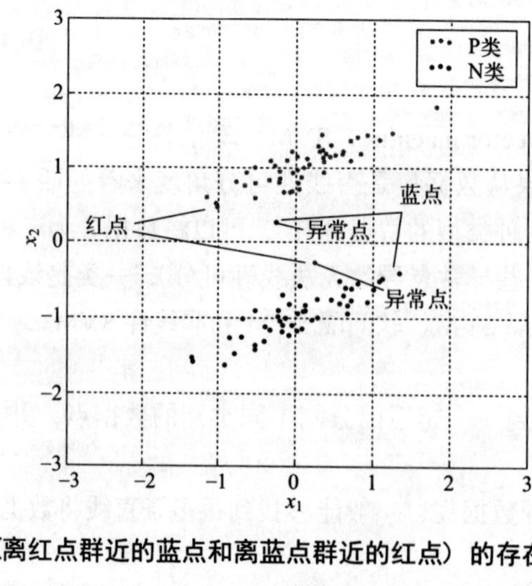

图 4-8　异常点（离红点群近的蓝点和离蓝点群近的红点）的存在导致软间隔 SVM

为了解决这个问题，引入松弛变量的概念，它的作用是使得线性 SVM 在求解时具有一定的容错能力。如果不引入松弛变量，SVM 找到的分割线将位于红蓝两色的异常点之间。很显然这不是我们愿意看到的。通过引入松弛变量，该异常点被允许非常靠近分割线，甚至在分割线的另一侧，如图 4-9 所法。此时可以不受红色异常点影响（抛弃它），仍然找到一条相对最优的分割线。

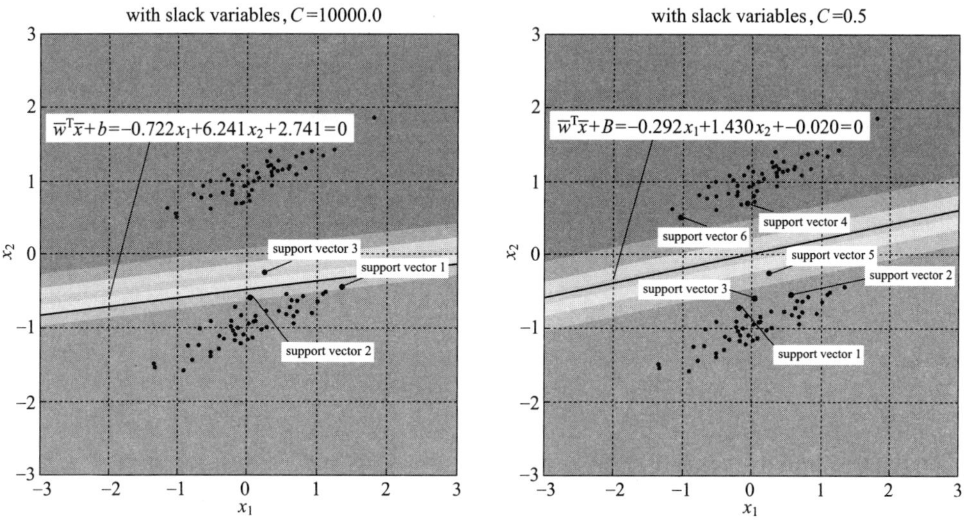

图 4-9　引入松弛变量的软间隔 SVM

with slack variables：有松弛变量；support vector：支持向量

（3）非线性 SVM

如果样本集本身就是非线性的数据，那么在此种情况下，不论多么高级的分类器（算法），只要它的映射函数是线性的，就解决不了这个问题。此时，对于 SVM 算法，需要引入一个新的概念，即核函数。核函数所起到的作用是将原始的样本从低维空间映射到一个更高维的空间中，使得样本在新的高维空间中变得线性可分，然后再利用 SVM 找到它的分类超平面，从而解决非线性数据分类的问题。

最简单的就是通过核函数做映射，将二维平面上的点，通过等价运算，投影到三维空间中。

如图 4-10 所示，经过核函数转换后，二维不可分的点被映射到三维空间，此时数据变得可分。引入非线性 SVM 的超平面示例如图 4-11 所示。

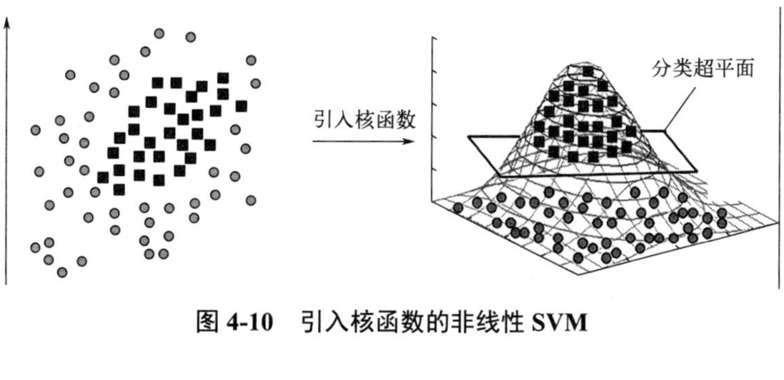

图 4-10　引入核函数的非线性 SVM

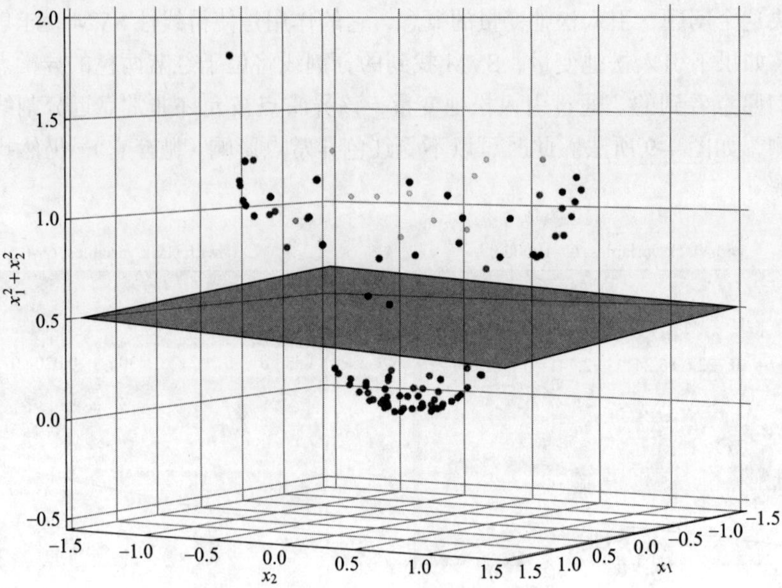

图 4-11　引入非线性 SVM 的超平面

由于在现实世界中，大部分数据是非线性的，因此，非线性 SVM 有更加广阔的应用空间，而核函数便是非线性 SVM 的精髓所在。常用的核函数有很多，比如线性核函数、多项式核函数、高斯核函数、sigmoid 核函数、拉普拉斯核函数等，或者是这些核函数的组合。这些函数的区别在于数据的映射方式不同，通过这些核函数可以把样本空间投射到新的高维空间中。

（4）超平面和支持向量

SVM 是一种广泛使用的监督式机器学习算法，能够处理分类和回归问题。SVM 算法的目标是创建一条决策边界或线，能够有效地将给定数据集分隔成不同的类别。一旦建立了决策边界，新的样本就可以相对容易地被分类到适当的类别中。在 SVM 算法中，这个决策边界被称为超平面。

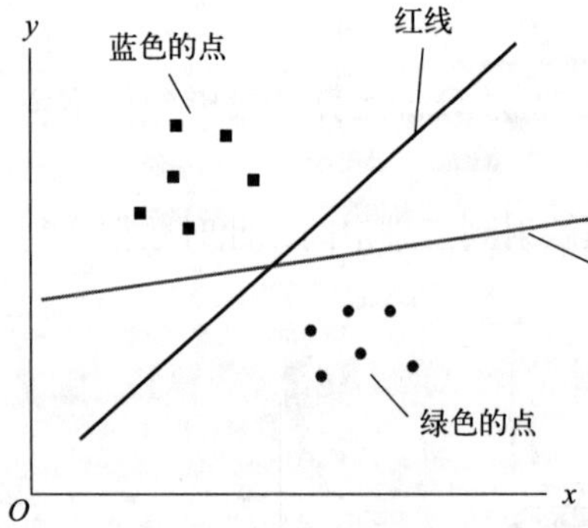

图 4-12　超平面

如图 4-12 所示，假设有一个数据集，包含两个类别，分别用蓝色和绿色表示。这个数据集是线性可分的，意味着可以画一条直线来分隔两个类别。然而，需要确定哪条线是最佳拟合或最优边界。在给定的图中，分别用红色和绿色标出了两条线。在这种情况下，需要绘制所有可能的线条来确定具有最高精度的那一条。这条线被称为超平面，其维度取决于数据集中存在的特征。如果只有两个特征，可以画一条直线；如果有两个以上的特征，需要画一个平面，这将是一个二维超平面。为了确保最大间隔，绘制超平面至关重要。在绘制超平面时，需要考虑找到位于超平面两侧最近的点，这些点称为支持向量。

支持向量是靠近超平面的数据点，影响超平面的位置和方向。使用这些支持向量，可以最大化分类器的间隔，删除支持向量将改变超平面的位置。这些点有助于构建 SVM。

在图 4-13 中，*A* 点和 *B* 点是离 *P* 超平面最近的点。所以在这种情况下，***A*** 和 ***B*** 被称为 *P* 超平面的支持向量。*C* 点和 *D* 点是 *Q* 超平面的一组最近点。

线性 SVM 用于线性可分的数据，这意味着如果一个数据集可以通过使用一条直线被分类为两个类别，那么这样的数据被称为线性可分数据，使用的分类器被称为线性 SVM 分类器。假设有一个包含两个类别（星形和点）的数据集，该数据集有两个特征 *x* 和 *y*。可以使用 *B* 和 *D* 直线来分隔这个数据集。当绘制多条直线来分隔数据时，哪一条应该被视为超平面？可以用下面这个例子来说明，如图 4-14 所示。

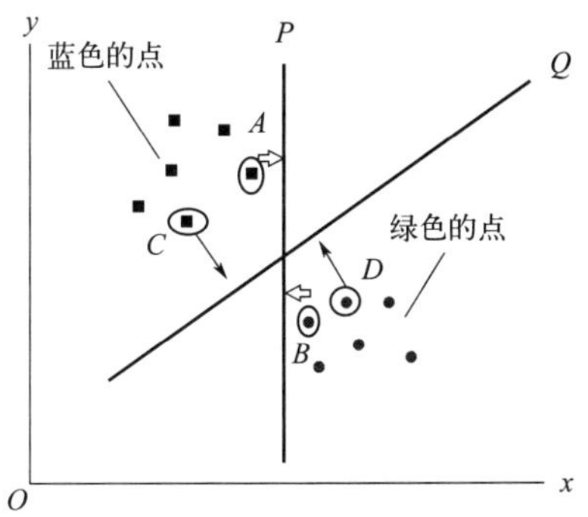

图 4-13　支持向量

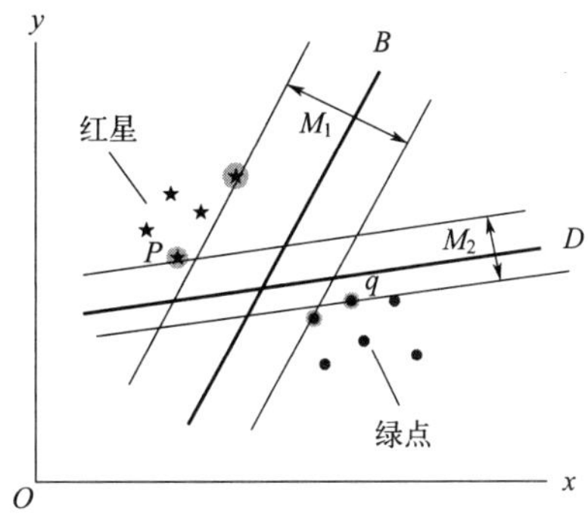

图 4-14　超平面 *B* 和 *D*

假设 ***D*** 是超平面，并且 ***p*** 和 ***q*** 是支持向量。因此，借助支持向量的支持，绘制一条与超平面平行的直线。计算 M_2 距离。这个距离称为间隔（margin）。类似地，对 *B* 超平面进行同样的操作，并计算间隔 M_1。比较 M_1 和 M_2，M_2 间隔比 M_1 小。所以，可以说 *B* 是最佳拟合线（超平面），它将数据分为两个类别。对所有可能的超平面进行这种计算，最大间隔的那一个就是超平面。

4.3.5　梯度下降算法

梯度下降算法是不断通过迭代找到目标函数的最小值。假设目标函数可导，若寻找该函数的最小值，可以给定函数一个初始值 *t*，计算函数在 *t* 处的导数，*t* 与导数和学习率乘积的差作为函数的下一个输入值，依次类推，不断迭代，直至找到函数的最小值或函数收敛到一个最小值。

下面先看一元函数的案例。

$f(x)=x^2$ 函数的导函数为 $\dfrac{f(x)}{\mathrm{d}x}=2x$ 。

要找到函数 $f(x)$ 的最小值，需要给 $f(x)$ 一个初始值，让 $f(x)$ 从初始值开始迭代，每次迭代都要减小 $f(x)$ 的值。设 $f(x)$ 的初始值 t=2.1，$f(x)$ 的自变量 x 如何变化，才能让 $f(x)$ 的值逐步减小呢？

观察图 4-15 发现，$f(x)$ 的最小值是 0，当前点的位置为（2.1，4.41）。设当前位置为 *P*（2.1，4.41），若让 *P* 点沿曲线向下运动（逐步减小自变量 *x* 的值），可到达函数的最小值；若让 *P* 点沿曲线向上运动（逐步增加自变量 *x* 的值），函数的值会趋向于无穷大。

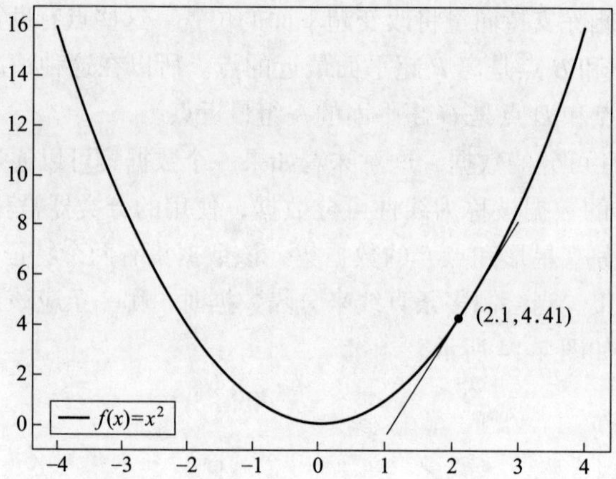

图 4-15　函数地 $f(x)=x^2$ 的图形及梯度

问题是在寻找函数最小值的迭代过程中，程序如何判断 x 是增加还是减小呢？因为 $f(x)$ 是连续函数，其单调性与导数的符号有着密切的联系。若函数在 P 点可导，当 δ 足够小时，若导数大于 0，函数在以 P 点为中心的 δ 邻域内单调增加；若导数小于 0，函数在以 P 点为中心的 δ 邻域内单调减少。因此，可以利用函数在 P 点的导数来确定自变量 x 在 P 点的变化方向。

因此，导数对于最小化一个函数很有用，因为它让程序知道如何更改 x 来略微改善 y，更改 x 的公式为

$$x = x_0 - af'(x_0)$$

上述公式是使用当前 x 值减去 $f'(x)$ 与 a 的乘积。

a 是学习率，a 的值由人工来设置，主要用来调整 x 变化的大小。找到一个合适的 a 对算法非常关键。若 a 设置过小，每次迭代 x 变化非常微小，算法需要花费较多的时间来找到函数的最小值；若 a 设置过大，每次迭代 x 变化较大，算法有可能找不到最小值，因为在迭代过程中算法可能会跨过函数的最小值。

$f'(x)$ 确定了 x 在迭代过程中的变化方向。若 $f'(x)$ 大于 0，a 与 $f'(x)$ 的乘积为正数，$f(x)$ 在 x 的 δ 邻域内单调增加，需要减小 x 的值；若 $f'(x)$ 小于 0，a 与 $f'(x)$ 的乘积为负数，$f(x)$ 在 x 的 δ 邻域内单调减小，需要增加 x 的值。

当 $f'(x)$ 等于 0 时，导数无法提供 x 的变化方向，此时 $f(x)$ 的函数值不一定是全局极值点（函数的最小值或最大值）。$f'(x)=0$ 的点称为函数的临界点（也称为驻点），这些临界点可能是局部极值（函数局部最小值或最大值）。若函数存在多个局部极值点，算法可能找不到全局极值点，在这种情况下，即使算法找到的解不是函数的最小值，但只要对于目标函数是显著低的值，就可以接受这样的解。

上述算法通过学习率来控制 x 的变化大小，利用导数来确定 x 的变化方向，让 x 不断迭代以最小化某个函数，这种算法称为梯度下降算法。

例 4-3：$f(x)=x^2$ 梯度下降算法示例。

函数 $f(x)=x^2$ 的导函数为 $f'(x)=2x$。

x 的初始化值为 x_0=2.1，学习率 a=0.2，迭代过程如下。

第一次迭代：

$$x_1 = x_0 - af'(x_0) = 2.1 - 0.2 \times 2 \times 2.1 = 1.26$$

$$f(1.26) = 1.5876$$

第二次迭代：

$$x_2 = x_1 - a f'(x_1) = 1.26 - 0.2 \times 2 \times 1.26 = 0.756$$

$$f(0.756) \approx 0.5715$$

经过多次迭代后，函数逐步收敛到最小值。

程序代码如下：

```
import numpy
from sympy import diff
from sympy import symbols
# 定义f(x)=x^2函数
def fun_x2(x):
      return x ** 2

      # 求函数的导数
      def fun_dy(x, value):
          m = diff(fun_x2(x), x)
          return m.subs(x, value)

      # 程序入口
      if __name__ == '__main__':

          x = symbols("x")
          # 定义学习率
          a = 0.2
          # 定义函数初始值
          x_value = 2.1
          # 定义函数收敛的极小值
          min_value = 1E-5
    while True:
        x_value = x_value - a * fun_dy(x, x_value)
        y_value = fun_x2(x_value)
        print(x_value, y_value)
        # 函数收敛到min_value
        if y_value < min_value:
          break
```

下面来看二元函数的案例。

对于二元及多元函数，需要用到偏导数的概念。偏导数表示函数一个变量发生变化时（其他变量作为常数），函数值的变化情况。对于二元函数 $f(x, y)$ 来说，它有两个偏导数，分别是函数对变量 x 的偏导数和对变量 y 的偏导数。

$$\nabla f(x,y)=\left(\frac{\partial f}{\partial x},\frac{\partial f}{\partial y}\right)$$

$f(x, y)$ 的偏导数构成一个向量，记为 $\nabla f(x,y)$ 。

梯度严谨的定义是相对一个向量求导的导数，向量的每个分量是多元函数关于每个变量的偏导数，此时多元函数的临界点是梯度中所有分量都为零的点。

对多元函数运用梯度下降算法求极小值，用到的基本运算是向量运算，与一元函数的运算有所不同。

例 4-4： $f(x, y)=x^2+y^2$ 梯度下降算法示例。

函数 $f(x,y)=x^2+y^2$ 的梯度为 $\nabla f(x,y)=(2x,2y)$ 。

$f(x, y)$ 的初始化值为 $f(1, 3)$，即

$$x_0=1,y_0=3,f(1,3)=1^2+3^2=10$$

学习率 a=0.1，迭代过程如下。

第一次迭代：

$$(x_1,y_1)=(x_0,y_0)-a\nabla(2x,2y)=(1,3)-0.1(2,6)=(0.8,2.4)$$

$$f(0.8,2.4)=0.8^2+2.4^2=6.4$$

第二次迭代：

$$(x_2,y_2)=(x_1,y_1)-a\nabla(2x,2y)=(0.8,2.4)-0.1\times(1.6,4.8)=(0.64,1.92)$$

$$f\left(0.64,1.92\right)=0.64^2+1.92^2=4.096$$

经过多次迭代后，函数逐步收敛到最小值。

程序代码如下：

```
import numpy as np
from sympy import diff
from sympy import symbols
# 定义f(x,y)=x^2+y^2函数
def fun_xy(x, y):
       return x ** 2 + y ** 2

       # 求函数的导数
def fun_dy(x, y, xvalue, yvalue):
               dx = diff(fun_xy(x, y), x)
        dy = diff(fun_xy(x, y), y)
               x1 = dx.subs(x, xvalue)
               y1 = dy.subs(y, yvalue)
               return np.array([x1, y1])

        # 程序入口
if __name__ == '__main__':
```

```
        x = symbols("x")
        y = symbols("y")
        # 定义学习率
        a = 0.1
        # 定义函数初始值
    v0 = np.array([1, 3])
        # 定义函数收敛的极小值
        min_value = 1E-5
        # print(fun_dy(x, y, 1, 3))
        while True:
            v0 = v0 - a*fun_dy(x, y, v0[0], v0[1])
            y_value = fun_xy(v0[0], v0[1])
            print(y_value)
            # 函数收敛到min_value
            if y_value < min_value:
                break
```

4.3.6 决策树

线性模型是通过数据样本学习各个特征的合适权重，加权后作出决策。决策树会选择合适特征并先作特征划分，再作出决策（也就是决策边界是非线性的，这提高了模型的非线性能力），如图 4-16 所示。

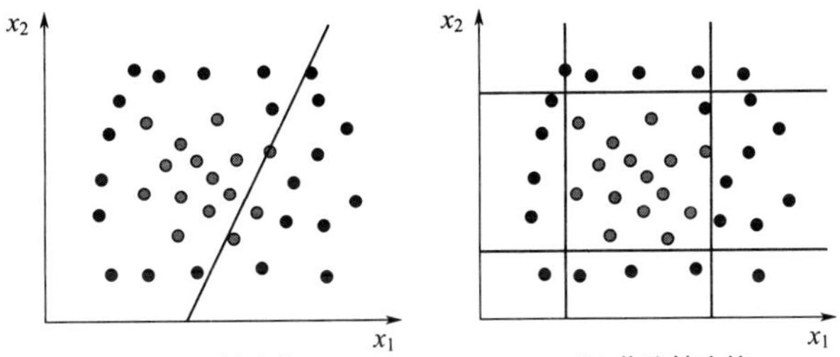

(a) 线性决策　　(b) 非线性决策

图 4-16　线性决策与非线性决策

决策树呈树形结构，更通俗来讲，树模型的数学描述就是分段函数。一个简单判别西瓜质量的决策树模型示例如图 4-17 所示。

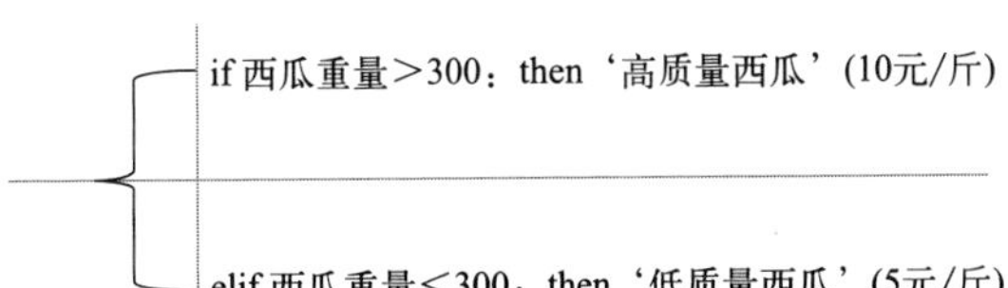

图 4-17　依据西瓜重量判断西瓜质量

学习这种树模型的过程，简单来说就是从有监督的数据经验中学习一个较优的树模型的结构，包含依次选择特征、确定特征阈值作划分的内部节点及最终输出叶子节点的数值或类别结果，如图 4-18 所示。

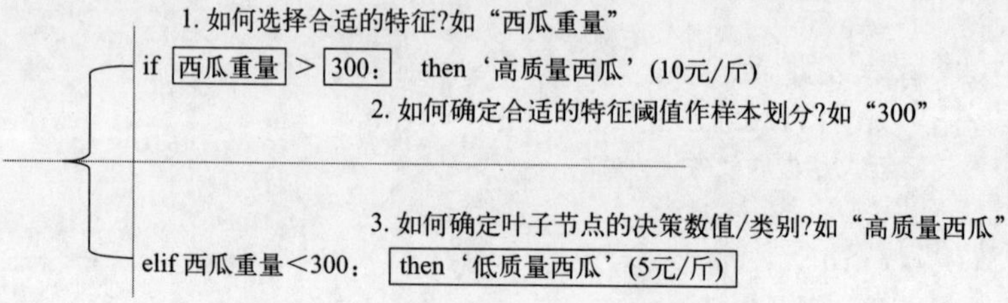

图 4-18 选择特征、阈值及分类结果

① 先要拿到一些有关西瓜的有监督数据（这些西瓜样本已标注高 / 低质量西瓜），并尝试选用决策树模型来学习这个划分西瓜的任务。数据样本示例如图 4-19 所示。

② 接着根据已知西瓜样本的特性 / 特征（如西瓜重量、西瓜颜色），学习如何正确地划分这些西瓜（归纳出本质规律）。开始学习之前，要确定一个树模型生长的目标（学习的目标）。简单来说，也就是在当前节点以什么为目标来指导怎么选择特征及分类，而划分得好也就是划分出的各组的准确率（纯度）都比较高。

③ 然后，根据学习目标，通过遍历计算所有特征不同阈值的划分效果。选择各个特征及尝试特征的所有实际取值，比较以哪个特征阈值划分西瓜质量的效果较好。这个过程也就是确定选择特征及特征阈值划分的优化算法。

④ 按照上面的步骤，逐个特征及阈值试着去划分后发现，根据西瓜重量的特征，以 300g 作为阈值划分出了两组，以叶子节点的大多数类作为该节点的决策类别。结果发现＜300 的组里面低质量西瓜占比 100%，＞300 那组的高质量西瓜占比 99%，整体分类效果不错，最终确定的决策树模型如图 4-20 所示。

样本	西瓜重量	西瓜颜色	标签
1	350	黑绿	高质量西瓜
2	400	黄绿	高质量西瓜
3	260	黑绿	低质量西瓜
4	270	黄绿	低质量西瓜
5	230	黑绿	低质量西瓜
未知样本	350	黄绿	?
未知样本	370	黑绿	?

图 4-19 有监督数据样本

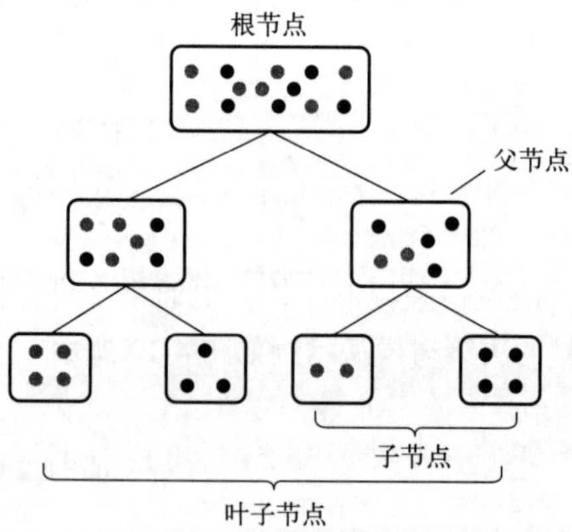

图 4-20 决策树模型

树模型的学习可以归到经典机器学习的 4 个要素：已知（标签）的数据、树模型的结构（分段函数结构：特征划分 + 决策结果）、学习目标、优化算法。

通过树模型并结合这几个要素，可以更快更好地划分特征空间，得出比较准确的决策。

（1）树模型的结构

树模型的结构是个分段函数，包含了选定特征作阈值划分（内部节点），以及划分后赋值的分数或类别决策（叶子节点）。树模型的结构如图 4-21 所示。

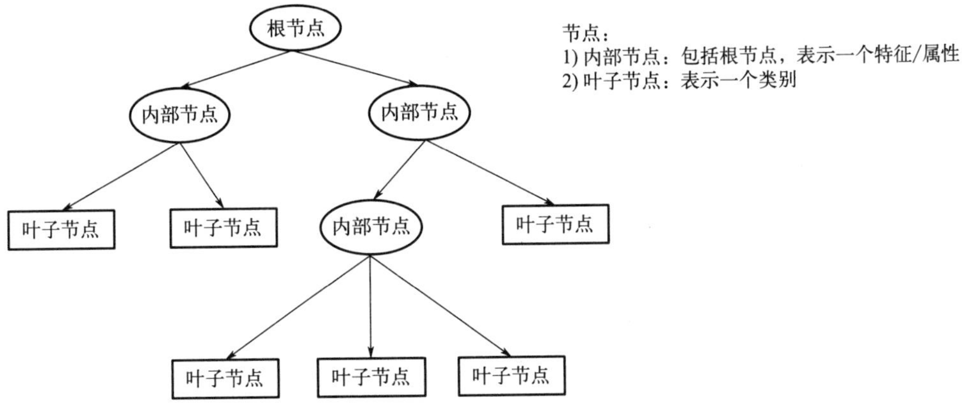

图 4-21　树模型的结构

① 学习树模型结构的过程。学习树模型结构的关键在于依据某些学习目标 / 指标（如划分准确度、信息熵、Gini 不纯度、均方误差的增益量）去选择当前最优的特征，并对样本的特征空间作非线性准确度划分，如上文西瓜的例子选择了一个特征作了一次划分（一刀切），通常情况下仅仅一刀切的准确度划分是不够的，可能还要在前面划分的样本基础上，继续多划分几次（多个切分条件的分段函数，如 if $a > 300$ 且特征 $b > 10$ 且特征 $c < 100$，then 决策结果 1），以达到更高的准确度（纯度）。多特征划分如图 4-22 所示。

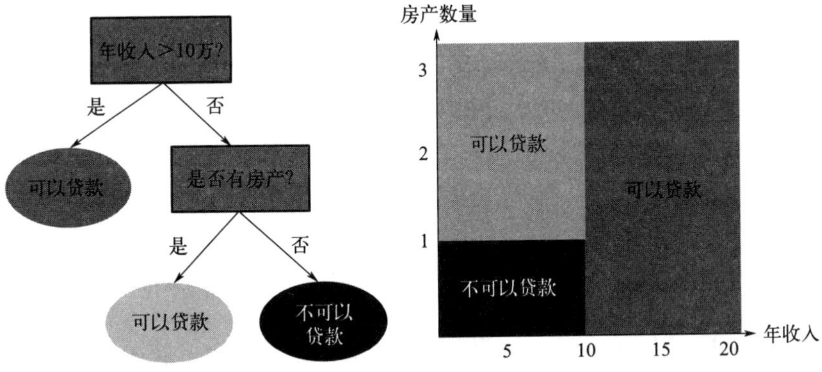

(a) if…then…决策规则的层次结构　(b) 特征空间的不相交子区域划分

图 4-22　多特征划分

但是，随着切分次数的变多，树的复杂度提高也容易过拟合，相应的每个切分出的子特征空间的统计信息可能只是噪声。减少树生长过程的过拟合风险，一个重要的方法是树的剪枝。剪枝是一种正则化。由于决策树容易对数据产生过拟合，即生长出结构过于复杂的树模型，这时局部的特征空间会越分越小，以至于得到了不靠谱的统计噪声。通过剪枝算法可以降低复杂度，减少过拟合的风险。剪枝算法如图 4-23 所示。

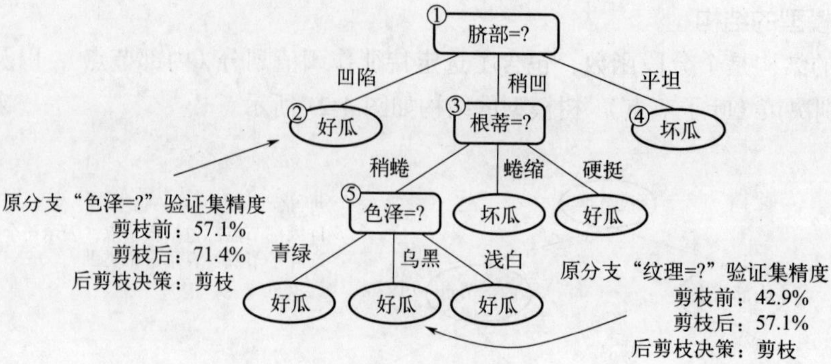

图 4-23　剪枝算法

决策树剪枝的目的是极小化经验损失 + 结构损失，基本策略有预剪枝和后剪枝两种策略。

a. 预剪枝：在决策树生成过程中，限制划分的最大深度、叶子节点数和最小样本数目等，以减少不必要的模型复杂度。

b. 后剪枝：先从训练集生成一棵完整的决策树，然后用验证集自下向上地对非叶节点进行考察，若将该节点对应的子树替换为叶子节点（剪枝）能带来决策树的泛化性能提升（即目标函数损失更小，常用目标函数如 loss= 模型经验损失 bias + 模型结构损失 $\alpha|T|$，T 为节点数目，α 为系数），则将该子树替换为叶子节点。

② 复杂树结构的进阶。实践中可以发现，浅层的树很容易欠拟合，而通过加深树的深度，虽然可以提高训练集的准确度，却很容易过拟合。从这个角度来看，单个树模型是比较弱的，且很容易根据特征选择、深度等超参数调节各树模型的多样性。正因为这些特点，决策树很适合通过结合多个树模型做集成学习，进一步提升模型效果。

集成学习是结合一些基学习器共同学习，来改进其泛化能力和鲁棒性的方法，主要有两种集成方式。

a. 并行方式：独立地训练一些基学习器，然后（加权）平均它们的预测结果。代表模型如 Random Forests。集成学习的并行方式如图 4-24 所示。

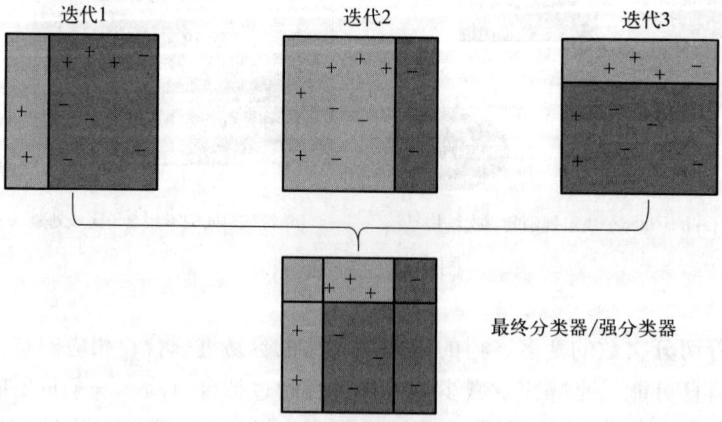

“+”表示正样本；“−”表示负样本；迭代1、2、3是三个弱学习器对样本预测结果的划分，将弱学习器集成之后得到强学习器，能正确划分所有样本

图 4-24　集成学习的并行方式

b. 串行方式：一个接一个地（串行）训练基学习器，每一个基学习器主要用来修正前面学习器的偏差。代表模型如 AdaBoost、GBDT（基于 CART 回归树的 GBDT 集成方法，通过引入损失函数的梯度去代替残差，这个过程类似局部的梯度下降算法）及 XGBOOST。集成学习的串行方法如图 4-25 所示。

③ 线性决策树。树模型天然具有非线性的特点，但有个缺陷，树模型学习不好简单的线性回归。可以简单构想下，传统决策树表达 $y=|2x|$ 这样的规律，需要怎么做？如 if x=1，then 2； x =3，then 6；……这样穷举显然是不可能的。

这里介绍下线性决策树：把线性回归加到决策树的叶子节点里面（特征划分完后，再用线性模型拟合作决策）。一个简单线性树模型用分段函数来表示，如 if x ＞ 0，then 2x，代表模型有线性决策树、GBDT-PL 等。线性决策树如图 4-26 所示。

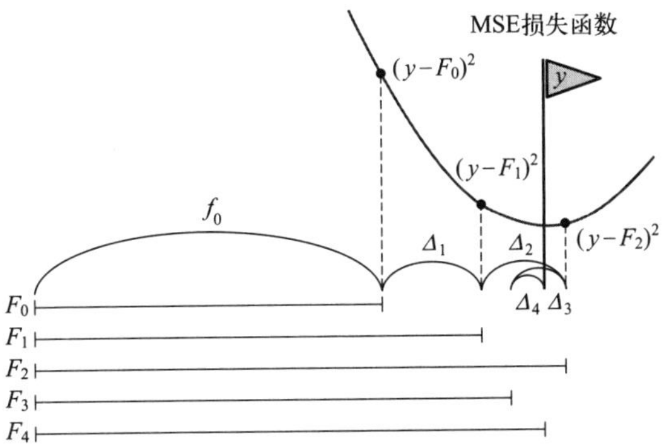

图 4-25　集成学习的串行方法

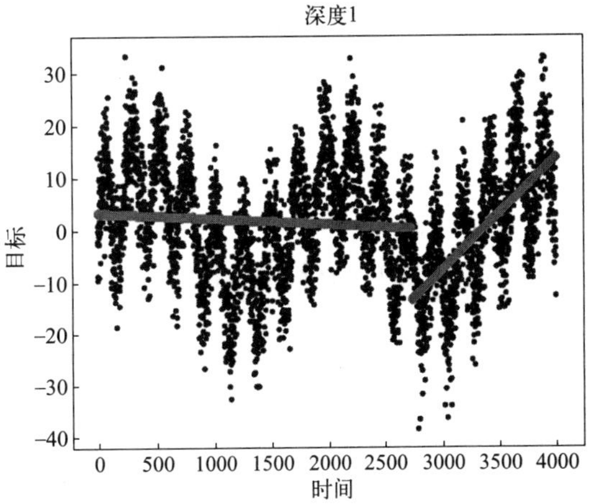

图 4-26　线性决策树

（2）学习目标

树模型的学习目标（目标函数）是让各组划分的准确率（纯度）都比较高，减小划分误差损失（此处忽略了结构损失 T）。能达成划分前后损失差异效果类似的指标有很多，信息熵、基尼系数、均方误差（MSE）损失函数等都可以评估划分前后纯度的增益，其实都是对分类误差的一种衡量，不同指标也对应着不同类型的决策树方法。目标函数类型如图 4-27 所示。

算法	处理问题	树结构	特征选择准则	连续值	缺失值	剪枝
ID3	分类	多叉树	信息增益	不支持	不支持	不支持
C4.5	分类	多叉树	信息增益率	支持	支持	支持
CART	分类和回归	二叉树	基尼指数、均方差	支持	支持	支持

说明：该表引自张哲(2020)《基于随机森林算法的货币危机早期预警系统研究》。

图 4-27　目标函数类型

① ID3 决策树的指标：信息增益（information gain）。信息增益定义为集合 D 的经验熵 $H(D)$ 与特征 A 给定条件下 D 的经验条件熵 $H(D|A)$ 之差，也就是信息熵减去条件信息熵，表示得知特征 X 的信息而使得 Y 的信息的不确定性减少的程度（信息增益越大，表示已知 X 的情况下，Y 基本就确定了）。

$$g(D,A)=H(D)-H(D|A)$$

使用信息增益进行特征划分的缺点是：信息增益偏向取值较多的特征。当特征的取值较多时，根据此特征划分更容易得到纯度更高的子集，因此划分之后的熵更低，由于划分前的熵是一定的，因此信息增益更大。

② C4.5 决策树的指标：信息增益比。信息增益比是信息增益除以信息熵，这样可以减少偏向取值较多信息熵较大的特征。

$$\text{GainRatio}(A)=\frac{\text{Gain}(A)}{I(A)}=\frac{I-I_{\text{res}}(A)}{I(A)}$$

相应地，使用信息增益比的缺点是：信息增益比偏向取值较少的特征。

综上两种指标，可以在候选特征中找出信息增益高于平均水平的特征，然后在这些特征中再选择信息增益比最高的特征。

③ CART 决策树的指标：基尼系数（分类树）或均方误差损失（回归）。

与信息熵一样（信息熵如下式）。

$$H(X)=-\sum_{i=1}^{n}p_i\log(p_i)$$

基尼系数表征的也是事件的不确定性（不纯度），也都可以看作对分类误差率的衡量。

$$G(p)=\sum_{i=1}^{n}p_i(1-p_i)$$

将熵定义式中的“$-\log(p_i)$”替换为 $1-p_i$ 就是基尼系数表达式，因为 $-\log(p_i)$ 的泰勒近似展开第一项就是 $1-p_i$。基尼系数简单来看就是熵的平替版，在衡量分类误差的同时，也简化了大量计算。分类误差、熵与基尼系数如图 4-28 所示。

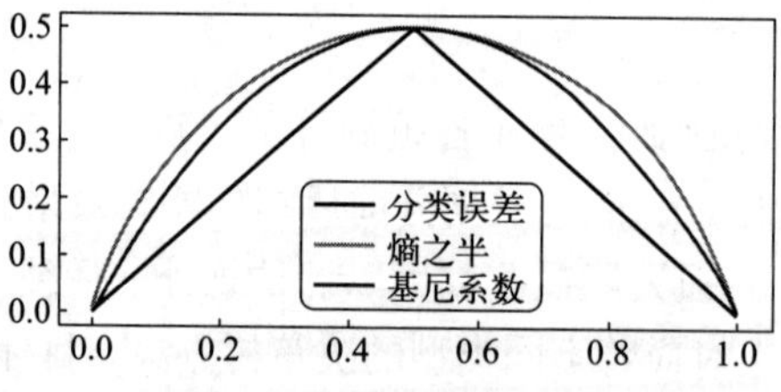

图 4-28　分类误差、熵与基尼系数

由于分类误差为分段函数 $=1-\max(p,1-p)$，不便于微分计算，实际中也较少直接用。

当 CART 应用于回归任务时，均方误差损失就是 CART 回归树的生长指标。

$$\text{MSE}=\frac{1}{n}\sum(y-\hat{y})^2$$

（3）优化算法

确认学习目标后，依据这个指标去学习具体树模型结构的方法（优化算法），基本上有以下几种思路。

① 暴力枚举：尝试所有可能的特征划分及组合，以找到目标函数最优的树结构。但在现

实任务中这基本是不可能的。

② 自上而下的贪心算法：每一步（节点）都选择现在最优（信息增益、Gini、均方误差损失）的特征划分，最终生成一个决策树，这也是决策树普遍的启发式方法，代表有 CART 树、ID3 树、C4.5 树等。

③ 随机优化：随机选择特征及划分方式，通常这种方法单树的生长较快且复杂度较高。模型的随机性、偏差比较大（模型的方差相对较小，不容易过拟合，但是偏差较大），所以常用集成学习并行方式的思路进一步优化收敛。代表有极端随机树（extremely randomized trees）、孤立森林等。

本章小结

图像分析不同于图像处理，不对图像本身作出改变，只是对处理过的图像使用一些算法进行运算，从中找到需要的人或物，以识别、定位、检测该物或者人。本章介绍了一些常见的图像分析方法，如关键点与特征检测、图像拼接、图像识别、图像分割等，还介绍了一些图像分析中底层的常见算法，如决策树、霍夫变换、K-means 聚类算法、支持向量机、梯度下降算法、特征识别等。

思考题

1. 图像分析与图像处理的区别是什么？
2. 通常图像分析都分析哪些方面？
3. 图像分析中常用的底层算法有哪些？
4. 物体的哪些几何特征可以用来识别？
5. 简述霍夫变换的基本思想。
6. 简述 K-means 聚类算法的基本过程。
7. 什么是支持向量机？
8. 梯度下降算法的基本思想是什么？
9. 梯度下降算法在深度学习中经常用于哪些方面？

第5章 立体视觉系统

在工业机器人轨迹规划和移动机器人路径轨迹规划时，若要实现视觉引导或视觉伺服，立体视觉是必需的。立体视觉可以用单目视觉、双目视觉或多目视觉获取。通过单目视觉获取立体视觉是有一定条件的，即摄像头位置固定，摄像头与机器人本体之间位置相对固定，机器人本体也通过基座与固定参照系之间保持一定距离，这时摄像头可以获得关于机器人的立体视觉。无论摄像头是固定的还是移动的，本质上双目视觉和多目视觉都可以获得立体视觉。

5.1 视觉系统的类型

视觉系统有以下几种分类方式。

5.1.1 按照摄像机数目的不同分类

按照摄像机数目的不同，可分为单目视觉伺服系统、双目视觉伺服系统以及多目视觉伺服系统。

（1）单目视觉伺服系统

单目视觉系统中只有一个视频采集元件，如图 5-1 所示。

（2）双目视觉伺服系统

双目视觉系统中有两个图像或视频采集元件，如图 5-2 所示。

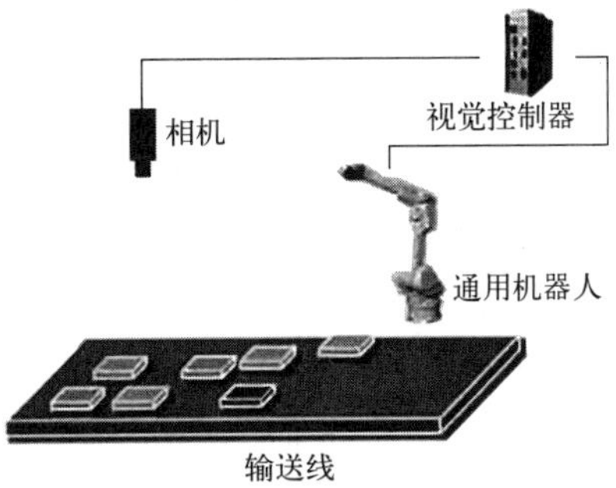

图 5-1　单目视觉系统

图 5-2　双目视觉系统

5.1.2　按照摄像机位置的不同分类

按照摄像机放置位置的不同，可以分为手眼系统（eye in hand）和固定摄像机系统（eye to hand 或 stand alone）。

（1）手眼系统

手眼系统是指视频元件安装在手部，如图 5-3 所示。

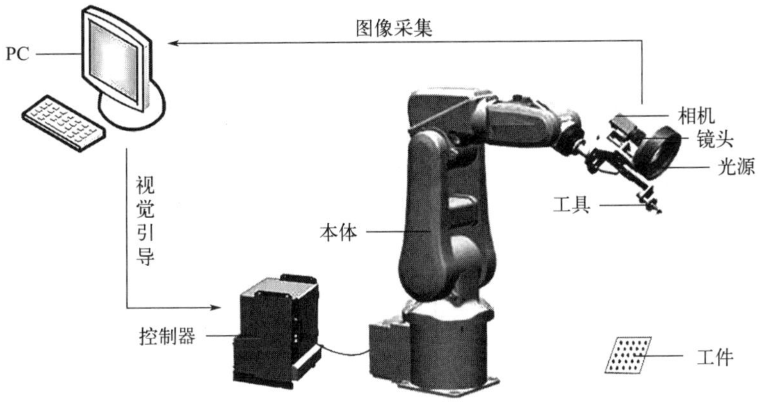

图 5-3　手眼系统

（2）固定摄像机系统

固定摄像机系统是指摄像机的位置是相对固定的，不与机器人一起运动，一般相对于参考坐标系不动，如图 5-4 所示。

图 5-4　固定摄像机系统

5.2 单目视觉系统

单目视觉系统的主要问题是：系统中要建立哪几个坐标系以及各个坐标系之间的坐标变换关系。在单目视觉系统中，要不断地把被摄对象在参考坐标系下的坐标转化到摄像机坐标系，再把摄像机坐标系下的坐标转化到图像坐标系和像素坐标系。这里有像素坐标系、图像坐标系、摄像机坐标系、参考坐标系共 4 个坐标系。下面说明这 4 个坐标系的建立以及它们之间的坐标变换关系。

5.2.1 图像坐标系→像素坐标系

假设像素坐标系原点位于图像左上角，水平向右为 U 轴，垂直向下为 V 轴，均以像素为单位。

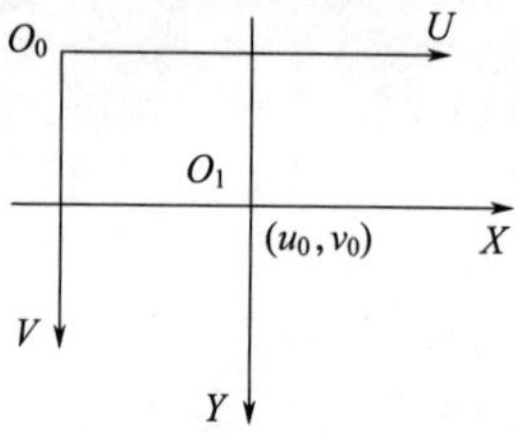

图 5-5 像素坐标系与图像坐标系

以图像平面与光轴的交点 O_1 为原点建立坐标系，水平向右为 X 轴，垂直向下为 Y 轴。原点 O_1 一般位于图像的中心处，O_1 在以像素为单位的图像坐标系中的平面坐标为（u_0, v_0）。图像坐标系和像素坐标系在同一个平面上，但是原点不同，如图 5-5 所示。

设每个像素的物理尺寸大小为 $\mathrm{d}x \times \mathrm{d}y$（mm×mm）（由于单个像素点投影在图像平面上是矩形而不是正方形，因此可能 $\mathrm{d}x \neq \mathrm{d}y$），图像平面上某点在图像坐标系中的坐标为（$x, y$），在像素坐标系中的坐标为（$u, v$），则二者满足如下关系：

$$\begin{cases} u = \dfrac{x}{\mathrm{d}x} + u_0 \\ v = \dfrac{y}{\mathrm{d}y} + v_0 \end{cases} \tag{5-1}$$

用齐次坐标与矩阵形式表示为

$$\begin{bmatrix} u \\ v \\ 1 \end{bmatrix} = \begin{bmatrix} \dfrac{1}{\mathrm{d}x} & 0 & u_0 \\ 0 & \dfrac{1}{\mathrm{d}y} & v_0 \\ 0 & 0 & 1 \end{bmatrix} \begin{bmatrix} x \\ y \\ 1 \end{bmatrix} \tag{5-2}$$

5.2.2 摄像机坐标系→图像坐标系

如图 5-6、图 5-7 所示，摄像机坐标系与图像坐标系的 Z 轴重合，X 轴、Y 轴互相平行，原点之间的距离 $O_C O_1 = f$（焦距）。所以，空间中一点 P 在摄像机坐标系下的坐标（x_C，y_C，z_C）与该点在图像坐标系下的坐标（x, y）之间存在如下关系：

$$\frac{x}{x_C}=\frac{y}{y_C}=\frac{f}{z_C} \tag{5-3}$$

即

$$xz_C = fx_C$$

$$yz_C = fy_C$$

$$z_C = z_C$$

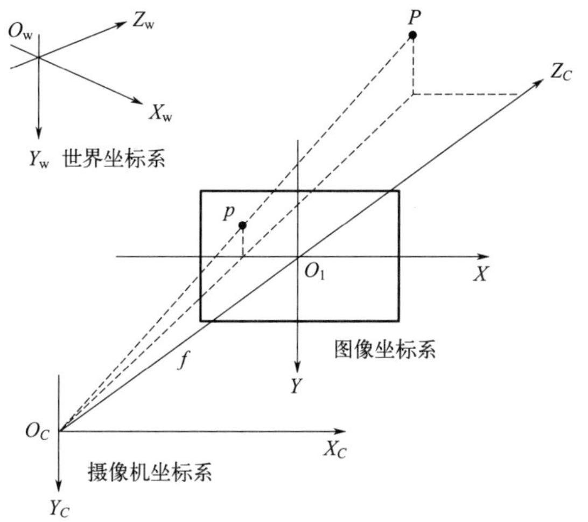

图 5-6　摄像机坐标系、图像坐标系和世界坐标系

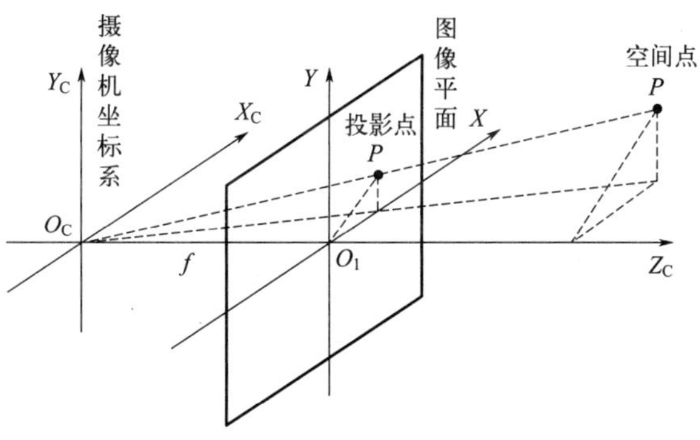

图 5-7　线性成像模型

将上式写成齐次坐标并写成矩阵形式为

$$z_C\begin{bmatrix}x\\y\\1\end{bmatrix}=\begin{bmatrix}f&0&0\\0&f&0\\0&0&1\end{bmatrix}\begin{bmatrix}x_C\\y_C\\z_C\end{bmatrix} \tag{5-4}$$

将等式（5-2）两边都乘 z_C 得到

$$z_C\begin{bmatrix}u\\v\\1\end{bmatrix}=\begin{bmatrix}\frac{1}{\mathrm{d}x} & 0 & u_0\\0 & \frac{1}{\mathrm{d}y} & v_0\\0 & 0 & 1\end{bmatrix}z_C\begin{bmatrix}x\\y\\1\end{bmatrix} \tag{5-5}$$

将式（5-4）代入式（5-5）可得

$$z_C\begin{bmatrix}u\\v\\1\end{bmatrix}=\begin{bmatrix}\frac{1}{\mathrm{d}x} & 0 & u_0\\0 & \frac{1}{\mathrm{d}y} & v_0\\0 & 0 & 1\end{bmatrix}\begin{bmatrix}f & 0 & 0\\0 & f & 0\\0 & 0 & 1\end{bmatrix}\begin{bmatrix}x_C\\y_C\\z_C\end{bmatrix} \tag{5-6}$$

则式（5-6）右边第一个矩阵和第二个矩阵的乘积为摄像机的内参数矩阵（单位为像素），相乘后可得

$$z_C\begin{bmatrix}u\\v\\1\end{bmatrix}=\begin{bmatrix}\frac{f}{\mathrm{d}x} & 0 & u_0\\0 & \frac{f}{\mathrm{d}y} & v_0\\0 & 0 & 1\end{bmatrix}\begin{bmatrix}x_C\\y_C\\z_C\end{bmatrix} \tag{5-7}$$

$$\text{内参数}=\begin{bmatrix}\frac{f}{\mathrm{d}x} & 0 & u_0\\0 & \frac{f}{\mathrm{d}y} & v_0\\0 & 0 & 1\end{bmatrix} \tag{5-8}$$

此内参数矩阵中 $f/\mathrm{d}x$、$f/\mathrm{d}y$、u_0、v_0 的单位均为像素数。令内参数矩阵为 $\boldsymbol{K}$，则上式可写成

$$z_C\begin{bmatrix}u\\v\\1\end{bmatrix}=\boldsymbol{K}\begin{bmatrix}x_C\\y_C\\z_C\end{bmatrix} \tag{5-9}$$

5.2.3 参考坐标系→摄像机坐标系

若已知摄像机坐标系 C 在摄像机外参考坐标系 W 中的姿态矩阵 $\boldsymbol{R}_{C\to W}$，以及 C 的原点在 W 中的位置矢量 $\boldsymbol{P}_{O_C\to W}$，令 $\boldsymbol{O}^{\mathrm{T}}=[0\quad 0\quad 0]$，则被摄物体上一点在摄像机外参考坐标系 W 中的坐标与同一点在摄像机坐标系 C 下的坐标之间存在如下旋转平移关系：

$$\begin{bmatrix} x_C \\ y_C \\ z_C \end{bmatrix} = \boldsymbol{R}_{C\to W} \begin{bmatrix} x_W \\ y_W \\ z_W \end{bmatrix} + \boldsymbol{P}_{O_C\to W} \tag{5-10}$$

$$\boldsymbol{P}_C = \boldsymbol{R}_{C\to W} \boldsymbol{P}_W + \boldsymbol{P}_{O_C\to W} \tag{5-11}$$

引进齐次坐标写成齐次形式为

$$\begin{bmatrix} x_C \\ y_C \\ z_C \\ 1 \end{bmatrix} = \begin{bmatrix} R_{C\to W} & \boldsymbol{P}_{O_C\to W} \\ \boldsymbol{O}^{\mathrm{T}} & 1 \end{bmatrix} \begin{bmatrix} x_W \\ y_W \\ z_W \\ 1 \end{bmatrix} \tag{5-12}$$

引进齐次变换矩阵：

$$\boldsymbol{T}_{C\to W} = \begin{bmatrix} \boldsymbol{R}_{C\to W} & \boldsymbol{P}_{O_C\to W} \\ \boldsymbol{O}^{\mathrm{T}} & 1 \end{bmatrix} \tag{5-13}$$

$$\begin{bmatrix} \boldsymbol{P}_C \\ 1 \end{bmatrix} = \boldsymbol{T}_{C\to W} \begin{bmatrix} \boldsymbol{P}_W \\ 1 \end{bmatrix} \tag{5-14}$$

$$\boldsymbol{P}_C = \begin{bmatrix} x_C & y_C & z_C \end{bmatrix}^{\mathrm{T}}$$

$$\boldsymbol{P}_W = \begin{bmatrix} x_W & y_W & z_W \end{bmatrix}^{\mathrm{T}}$$

所以

$$z_C \begin{bmatrix} u \\ v \\ 1 \end{bmatrix} = \boldsymbol{K} \begin{bmatrix} x_C \\ y_C \\ z_C \end{bmatrix} = \boldsymbol{K}\boldsymbol{P}_C = \boldsymbol{K}\left(\boldsymbol{R}_{C\to W}\boldsymbol{P}_W + \boldsymbol{P}_{O_C\to W}\right) = \boldsymbol{K}\boldsymbol{R}_{C\to W}\boldsymbol{P}_W + \boldsymbol{K}\boldsymbol{P}_{O_C\to W} \tag{5-15}$$

5.3　双目视觉系统

5.3.1　基本概念

机器双目视觉系统模仿人类视觉系统，是机器视觉中最基本的立体视觉模式。双目视觉系统首先用双目摄像机采集同一场景的左右两幅图像，然后计算同一点在左右两幅图像中的视差，再利用空间坐标变换原理计算场景的三维几何信息，最后重建三维场景。

双目立体视觉系统有两种结构模型：一种是两个摄像机随意安放的任意结构的双目视觉系统，如图 5-8 所示；一种是特别结构的双目视觉系统，如图 5-9 所示。

特别结构的双目视觉系统具有如下特点。

① 两个摄像机的光轴平行。

② 两个摄像机的成像平面共面。

③ 两个摄像机的光心连线（基线）平行于摄像机平面的水平轴或垂直轴。

④ 光轴垂直于基线。

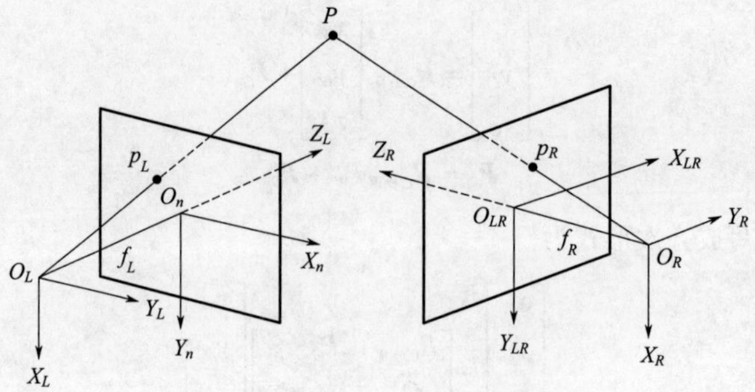

图 5-8 任意结构的双目视觉系统

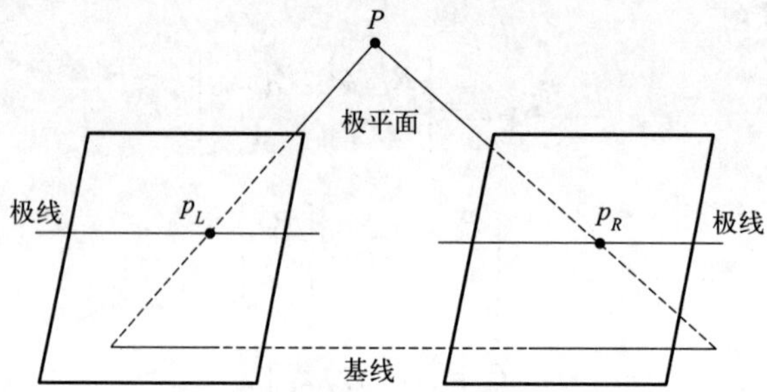

图 5-9 一种特别结构的双目视觉系统

5.3.2 物体与图像之间的投影关系

被摄对象上一点 P 在参考坐标系下的坐标（x_W, y_W, z_W）保持相同。

该点在左摄像头坐标系下的坐标为（x_L, y_L, z_L），该点在右摄像头坐标系下的坐标为（x_R, y_R, z_R）。

该点在左图像坐标系下的坐标为（x_1, y_1, z_1），该点在右图像坐标系下的坐标为（x_2, y_2, z_2）。

该点在左像素坐标系下的坐标为（u_1, v_1），该点在右像素坐标系下的坐标为（u_2, v_2）。

点 P 的左投影序列为

$$P \to (x_W, y_W, z_W) \to (x_L, y_L, z_L) \to (x_1, y_1) \to (u_1, v_1)$$

点 P 的右投影序列为

$$P \to (x_W, y_W, z_W) \to (x_R, y_R, z_R) \to (x_2, y_2) \to (u_2, v_2)$$

点 P 的左投影序列方程为

$$z_L \begin{bmatrix} u_1 \\ v_1 \\ 1 \end{bmatrix} = \boldsymbol{K}_L \begin{bmatrix} x_L \\ y_L \\ z_L \end{bmatrix} = \boldsymbol{K}_L \boldsymbol{P}_L = \boldsymbol{K}_L \left(\boldsymbol{R}_{L\to W} \boldsymbol{P}_W + \boldsymbol{P}_{O_L \to W} \right) = \boldsymbol{K}_L \boldsymbol{R}_{L\to W} \boldsymbol{P}_W + \boldsymbol{K}_L \boldsymbol{P}_{O_L \to W} \tag{5-16}$$

点 P 的右投影序列方程为

$$z_R \begin{bmatrix} u_2 \\ v_2 \\ 1 \end{bmatrix} = \boldsymbol{K}_R \begin{bmatrix} x_R \\ y_R \\ z_R \end{bmatrix} = \boldsymbol{K}_R \boldsymbol{P}_R = \boldsymbol{K}_R \left(\boldsymbol{R}_{R\to W} \boldsymbol{P}_W + \boldsymbol{P}_{O_R \to W} \right) = \boldsymbol{K}_R \boldsymbol{R}_{R\to W} \boldsymbol{P}_W + \boldsymbol{K}_R \boldsymbol{P}_{O_R \to W} \tag{5-17}$$

如果知道空间一点在参考坐标系 W 下的坐标（x_W, y_W, z_W）、左摄像机的内参数 $\boldsymbol{K}_L$ 和外参数 4×4 齐次变换矩阵 $\boldsymbol{T}_{L\to W}$（左摄像机坐标系 L 与参考坐标系 W 之间的齐次变换矩阵），则可以求出被摄物体上的点在左图像中的位置（u_1, v_1）。

$$\boldsymbol{T}_{L\to W}=\begin{bmatrix}\boldsymbol{R}_{L\to W} & \boldsymbol{P}_{O_L\to W}\\ \boldsymbol{O}^{\mathrm{T}} & 1\end{bmatrix}$$

$$\begin{bmatrix}\boldsymbol{P}_L\\ 1\end{bmatrix}=\boldsymbol{T}_{L\to W}\begin{bmatrix}\boldsymbol{P}_W\\ 1\end{bmatrix}$$

式中，$\boldsymbol{R}_{L\to W}$ 是 W 坐标系和 L 坐标系之间的 3×3 旋转矩阵；$\boldsymbol{P}_{O_L\to W}$ 是 L 坐标系到 W 坐标系的平移矢量。

同样，如果知道空间一点在参考坐标系 W 下的坐标（x_W, y_W, z_W），知道右摄像机的内参数 $\boldsymbol{K}_R$ 和外参数 4×4 齐次变换矩阵 $\boldsymbol{T}_{R\to W}$（右摄像机坐标系 R 与参考坐标系 W 之间的齐次变换矩阵），则可以求出被摄物体上的同一点在右图像中的位置（u_2, v_2）。

$$\boldsymbol{T}_{R\to W}=\begin{bmatrix}\boldsymbol{R}_{R\to W} & \boldsymbol{P}_{O_R\to W}\\ \boldsymbol{O}^{\mathrm{T}} & 1\end{bmatrix}$$

$$\begin{bmatrix}\boldsymbol{P}_R\\ 1\end{bmatrix}=\boldsymbol{T}_{R\to W}\begin{bmatrix}\boldsymbol{P}_W\\ 1\end{bmatrix}$$

式中，$\boldsymbol{R}_{R\to W}$ 是 W 坐标系和 R 坐标系之间的 3×3 旋转矩阵；$\boldsymbol{P}_{O_R\to W}$ 是 R 坐标系到 W 坐标系的平移矢量。

5.3.3　双目立体视觉原理

被摄物体上一点的三维坐标（x_W, y_W, z_W）在像素坐标系上可以找到确定的点（u, v），反过来却做不到，即像素坐标系上一点的坐标（u, v）不能在被摄物体上找到确定的点（x_W, y_W, z_W），只能找到对应的一条射线。从原理上讲，最少用两个摄像头、两个图像点才能确定两条射线，而且两条射线在同一平面内，这时两条射线的交点才能确定被摄物体上对应的点。所以，立体视觉最少用两个摄像头才能实现，而且两个摄像头要有特定的确定位置关系（例如人的两只眼睛之间的位置关系）。

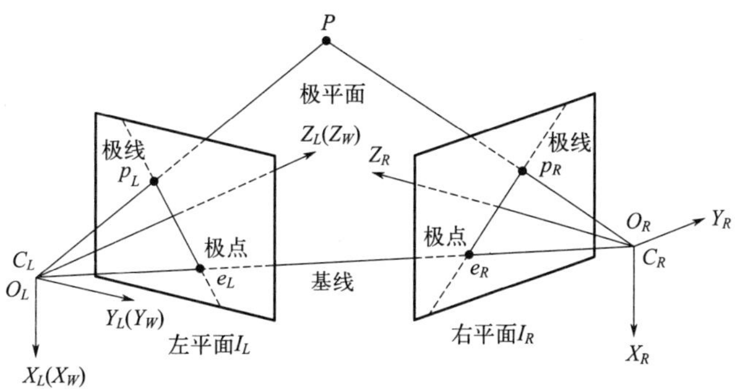

图 5-10　双目立体视觉中的投影几何关系

如图 5-10 所示，如果参考坐标系 W 与左摄像机的坐标系 L 完全重合，那么点 P 的左投影

序列方程式（5-16）简化为

$$z_L\begin{bmatrix}u_1\\v_1\\1\end{bmatrix}=\boldsymbol{K}_L\begin{bmatrix}x_L\\y_L\\z_L\end{bmatrix}=\boldsymbol{K}_L\boldsymbol{P}_L=\boldsymbol{K}_L\boldsymbol{P}_W \tag{5-18}$$

即

$$\begin{bmatrix}u_1\\v_1\\1\end{bmatrix}=\boldsymbol{K}_L\frac{\boldsymbol{P}_W}{z_W} \tag{5-19}$$

因为，在这种情况下，旋转矩阵 $\boldsymbol{R}_{L\to W}=\begin{bmatrix}1&0&0\\0&1&0\\0&0&1\end{bmatrix}=\boldsymbol{I}_{3\times3}$（单位矩阵），平移矢量 $\boldsymbol{P}_{O_L\to W}=0$，$\boldsymbol{P}_L=\boldsymbol{P}_W$。

点 P 的右投影序列方程变化为

$$z_R\begin{bmatrix}u_2\\v_2\\1\end{bmatrix}=\boldsymbol{K}_R\begin{bmatrix}x_R\\y_R\\z_R\end{bmatrix}=\boldsymbol{K}_R\boldsymbol{P}_R=\boldsymbol{K}_R\left(\boldsymbol{R}_{R\to W}\boldsymbol{P}_W+\boldsymbol{P}_{O_R\to O_L}\right)$$

即

$$\begin{bmatrix}u_2\\v_2\\1\end{bmatrix}=\boldsymbol{K}_R\left(\boldsymbol{R}_{R\to L}\frac{\boldsymbol{P}_W}{z_W}+\frac{\boldsymbol{P}_{O_R\to O_L}}{z_W}\right) \tag{5-20}$$

$$\boldsymbol{P}_{O_R\to O_L}=\begin{bmatrix}0\\B\\0\end{bmatrix} \tag{5-21}$$

B 是左右摄像机坐标系原点之间的距离，即基线距离。

如图 5-10 所示，如果双目立体视觉系统的摄像机完全相同，左右两个摄像机的光轴平行，两图像平面共面，光轴垂直于基线。那么，这时左右两个摄像机的内参数矩阵相等，即

$$\boldsymbol{K}_L=\boldsymbol{K}_R=\boldsymbol{K}$$

$$\boldsymbol{K}=\begin{bmatrix}\dfrac{f}{\mathrm{d}x}&0&u_0\\0&\dfrac{f}{\mathrm{d}y}&v_0\\0&0&1\end{bmatrix}$$

右摄像机坐标系与左摄像机坐标系（也是参考坐标系）之间的旋转矩阵是单位矩阵（也就是没有旋转关系），即

$$\boldsymbol{R}_{R\to W}=\begin{bmatrix}1 & 0 & 0\\0 & 1 & 0\\0 & 0 & 1\end{bmatrix}$$

所以式（5-19)、式（5-20）转变为如下最简形式：

$$\begin{bmatrix}u_1\\v_1\\1\end{bmatrix}=\boldsymbol{K}_L\frac{\boldsymbol{P}_W}{z_W} \tag{5-22}$$

$$\begin{bmatrix}u_2\\v_2\\1\end{bmatrix}=\boldsymbol{K}_R\frac{\boldsymbol{P}_W+\boldsymbol{P}_{O_R\to O_L}}{z_W} \tag{5-23}$$

两式相减可得

$$\begin{bmatrix}u_2-u_1\\v_2-v_1\\0\end{bmatrix}=\boldsymbol{K}\frac{\boldsymbol{P}_{O_R\to O_L}}{z_W} \tag{5-24}$$

利用式（5-24）求出 z_W，然后再求出 x_W、y_W，确定被摄物体上对应点的三维坐标（x_W, y_W, z_W)。

由式（5-24）得到

$$\begin{bmatrix}u_2-u_1\\v_2-v_1\\0\end{bmatrix}=\boldsymbol{K}\frac{\boldsymbol{P}_{O_R\to O_L}}{z_W}=\begin{bmatrix}\dfrac{f}{\mathrm{d}x} & 0 & u_0\\0 & \dfrac{f}{\mathrm{d}y} & v_0\\0 & 0 & 1\end{bmatrix}\begin{bmatrix}0\\B/z_W\\0\end{bmatrix} \tag{5-25}$$

进一步得到

$$\begin{bmatrix}u_2-u_1\\v_2-v_1\\0\end{bmatrix}=\begin{bmatrix}0\\Bf_y/z_W\\0\end{bmatrix} \tag{5-26}$$

令 $f_x=f/\mathrm{d}x$，$f_y=f/\mathrm{d}y$。

然后得到

$$\begin{cases}u_2-u_1=0\\v_2-v_1=\dfrac{Bf_y}{z_W}\end{cases} \tag{5-27}$$

推出

$$z_W=\frac{Bf_y}{v_2-v_1} \tag{5-28}$$

然后由式（5-22）得到

$$\begin{bmatrix} u_1 \\ v_1 \\ 1 \end{bmatrix} = \boldsymbol{K}\frac{\boldsymbol{P}_W}{z_W} = \begin{bmatrix} f_x & 0 & u_0 \\ 0 & f_y & v_0 \\ 0 & 0 & 1 \end{bmatrix}\begin{bmatrix} x_W / z_W \\ y_W / z_W \\ 1 \end{bmatrix} \tag{5-29}$$

进而得到

$$x_W = \frac{u_1 - u_0}{f_x} \times \frac{Bf_y}{v_2 - v_1} \tag{5-30}$$

$$y_W = \frac{v_1 - v_0}{f_y} \times \frac{Bf_y}{v_2 - v_1} = B\frac{v_1 - v_0}{v_2 - v_1} \tag{5-31}$$

由这些三维坐标（x_W, y_W, z_W）获得被摄物体的立体视觉。

5.3.4 左右像素平面上点的对应关系

左像素平面上点（u_1, v_1）是左摄像机坐标系原点与被摄物体上一点 P 的连线 O_LP 与左像素平面的交点，也是左极线上的一点。右像素平面上对应的点（u_2, v_2）是右摄像机坐标系原点与被摄物体上一点 P 的连线 O_RP 与右像素平面的交点，也是右极线上的一点。

5.3.5 由双目视觉图像获取被摄物体的世界坐标

① 按照图 5-9 建立特殊结构的双目视觉系统。在该系统中，两个摄像机在空间位置上存在如下关系：

a. 两个摄像机的光轴平行。

b. 两个摄像机的成像平面共面。

c. 两个摄像机的光心连线（基线）平行于摄像机平面的水平轴或垂直轴。

d. 光轴垂直于基线。

② 如图 5-10 所示，让参考坐标系 W 与左摄像机的坐标系 L 重合，即

$$\begin{bmatrix} x_W \\ y_W \\ z_W \end{bmatrix} = \begin{bmatrix} x_L \\ y_L \\ z_L \end{bmatrix}$$

也就是说，被摄物体上的三维立体坐标是以左摄像头坐标系衡量的。

③ 让双目立体视觉系统的两个摄像机完全相同，左右两个摄像机的光轴平行，两图像平面共面，光轴垂直于基线。

a. 左右两个摄像机的内参数矩阵相等，即

$$f_x = f / \mathrm{d}x, f_y = f / \mathrm{d}y, f_x = f_y$$

把两个摄像机的焦距折算成图像像素数。

b. 确定左右摄像机坐标系原点之间的距离，即基线距离 B。

c. 确定左右摄像机坐标系与参考坐标系之间的变换矩阵。

参考坐标系 W 与左摄像机坐标系 L 之间的旋转矩阵是单位矩阵，平移矢量是 (0, 0, 0),

因为二者重合。

参考坐标系 W 与右摄像机坐标系 R 之间的旋转矩阵也是单位矩阵，平移矢量是 $(B, 0, 0)$。

如此就确定了两个摄像头与参考坐标系之间的外参数。

④ 计算同一空间点 P 在左右两个成像平面中对应的像素的位置。

用式（5-22）计算 (u_1, v_1)，用式（5-23）计算 (u_2, v_2)。

⑤ 计算被摄对象在参考坐标系下的三维坐标 (x_W, y_W, z_W)。

用式（5-28）计算 z_W；用式（5-30）计算 x_W；用式（5-31）计算 y_W。

本章小结

本章首先按摄像机数目对视觉系统进行分类：单目、双目和多目。然后分析了单目视觉系统中的坐标系和它们之间的坐标变换关系。为了获得立体视觉，进一步讨论了双目视觉系统，并推导了特殊配置情况下双目视觉系统参考坐标系的空间三维坐标的计算。

思考题

1. 按照摄像机的数目不同，视觉系统分哪几类？
2. 按照摄像机的位置不同，视觉系统分哪几类？
3. 单目视觉系统中可设立哪几种坐标系？
4. 单目视觉系统完全不能获得立体视觉吗？
5. 双目立体视觉获得三维视觉的原理是什么？
6. 双目立体视觉系统有哪两种结构模型？
7. 简述图 5-9 中两个摄像机之间位置关系的特点。

第6章 机器人视觉伺服控制系统

机器人视觉伺服控制系统是以计算机视觉作为传感检测元件来获取被操作对象的特征信息和空间位姿，以计算机、可编程控制器、单片机与嵌入式系统或它们的组合作为总控制器，以机器人作为执行器执行具体操作，计算机视觉图像感知检测、计算机控制、机器人执行三者结合来构成闭环反馈控制系统，实现适应性、灵活性和智能性很高的复杂、多功能、高效、高精度控制任务。下面详细介绍机器人视觉伺服控制系统的软硬件组成和工作原理。

6.1 机器人视觉伺服控制系统的软硬件组成

(1) 硬件组成

如图6-1所示，机器人视觉伺服系统由视觉系统、机器人及其控制系统、总控制器三大部分组成。

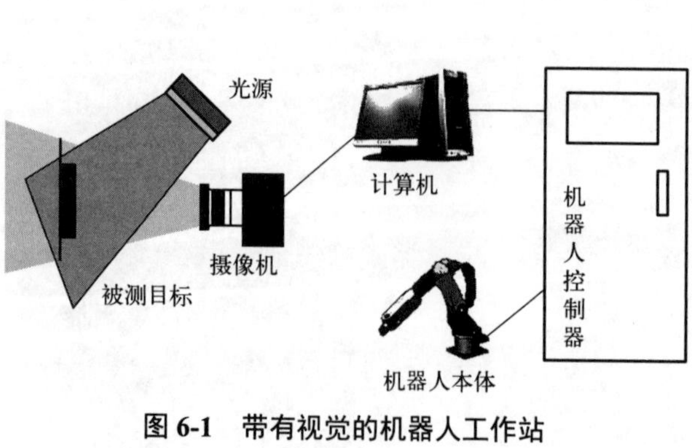

图6-1 带有视觉的机器人工作站

① 视觉系统的硬件包括光源、摄像机、摄像机控制器、图像采集卡。

② 机器人及其控制系统指机器人本体及其控制系统。

③ 总控制器是将视觉系统、机器人及其控制系统有机组合在一起，实现定位、抓取、搬运等视觉伺服作业的控制器，由个人计算机或工控机、可编程控制器等来承担综合控制器的功能。

在图 6-2 所示的机器人视觉伺服系统中，视觉系统由光源、摄像机及图像采集卡组成；机器人控制系统由机器人本体和机器人控制器组成；计算机内装图像采集卡，通过实时通信卡与机器人控制器相联系，将视觉系统和运动控制系统联系在一起，构成机器人视觉伺服控制系统。

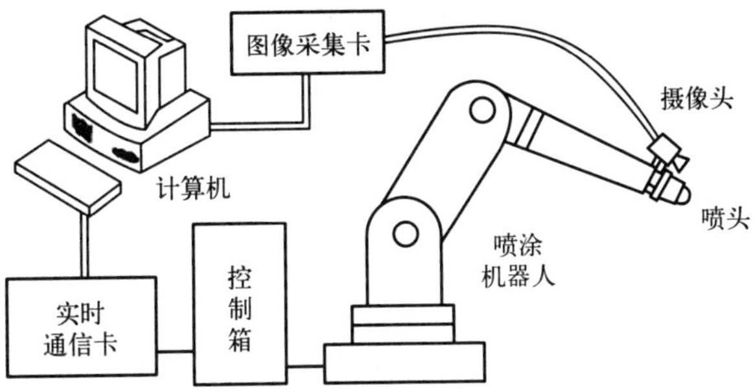

图 6-2　具有视觉系统的喷涂机器人

在图 6-3 所示的机器人视觉伺服系统中，图像采集卡和 I/O 运动控制卡均装于计算机内，计算机既担负图像采集与分析处理任务，又担负采集机电执行系统的 I/O 信号，控制机电执行系统的任务。

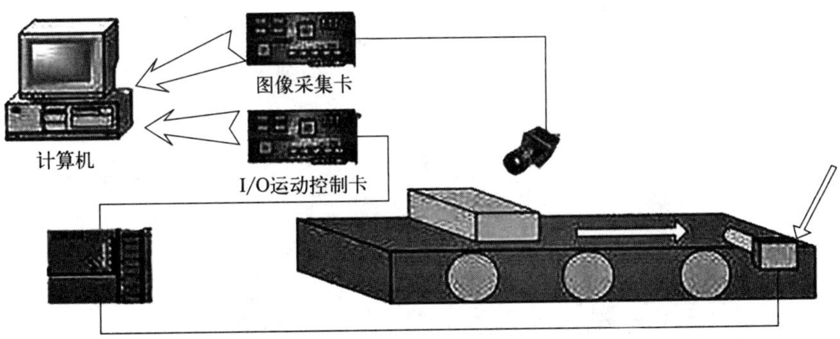

图 6-3　图像采集卡和 I/O 运动控制卡均装在计算机内的视觉伺服控制系统

（2）软件组成

视觉伺服控制系统的软件存在于机器人控制器和工控计算机中，这些软件有如下一些类型。

① 计算机操作系统和应用程序，如 Windows 操作系统和 VC++、Python 编程系统。

② 运动控制卡、图像采集卡驱动程序及其动态库。

③ 作为控制器的 PLC、单片机等的开发环境与开发语言。

④ 图像处理软件：OpenCV、HALCON、Vision Pro 等。

6.2 机器人视觉伺服控制系统的工作过程

如图 6-4 所示，机器人视觉伺服系统的工作过程包括视觉系统的标定、识别、定位与机器人控制系统的运动控制。

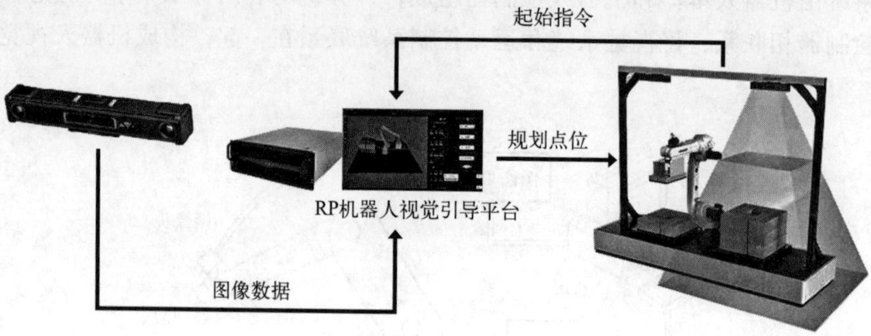

图 6-4 机器人视觉伺服系统的工作过程

标定：为了补偿摄像机镜头畸变，调整图像坐标系与机器人三维坐标系之间的映射。

识别：图像处理与识别，通过提取图像特征与灰度值等信息识别目标物体。

定位：根据识别结果确定目标物体在世界坐标系中的位置。

运动控制：机器人根据目标位置进行轨迹规划，根据规划结果控制机器人手部从当前位置运动到目标位置，完成抓取、搬运、焊接等工作。

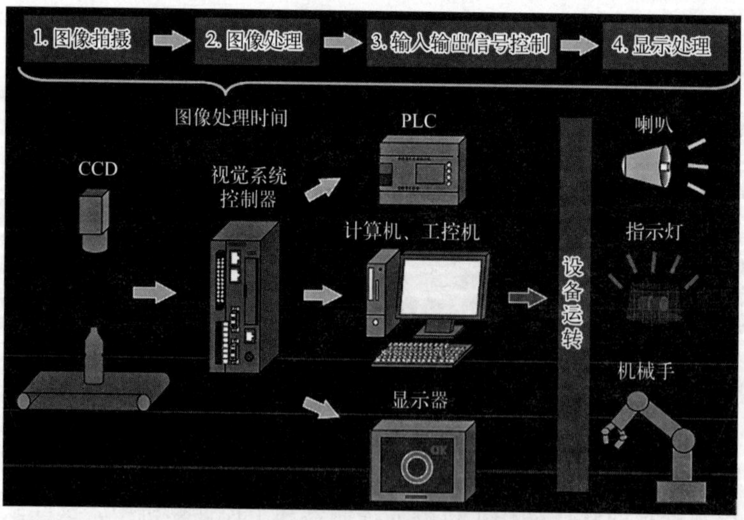

图 6-5 机器人视觉伺服处理的过程

图 6-5 所示机器人视觉伺服处理的过程包括图像采集、图像处理与识别、运动控制、机械手操作。

机器人视觉伺服控制系统的详细工作过程如下。

① 工件定位检测器探测到物体已经运动至接近摄像系统的视野中心，向图像采集部分发送触发脉冲。

② 图像采集部分按照事先设定的程序和延时，分别向摄像机和照明系统发出启动脉冲。

③ 摄像机停止目前的扫描，重新开始新的一帧扫描，或者摄像机在启动脉冲来到之前处于等待状态，启动脉冲到来后启动一帧扫描。

④ 摄像机开始新的一帧扫描之前打开曝光机构，曝光时间可以事先设定。

⑤ 另一个启动脉冲打开灯光照明，灯光的开启时间应该与摄像机的曝光时间匹配。

⑥ 摄像机曝光后，正式开始一帧图像的扫描和输出。

⑦ 图像采集部分接收模拟视频信号，通过 A/D 转换器将其转化为数字信号，或者直接接收摄像机数字化后的数字视频数据。

⑧ 图像采集部分将数字图像存放在处理器或计算机的内存中。

⑨ 处理器对图像进行处理、分析、识别，获得测量结果或逻辑控制值。

⑩ 根据处理结果对被处理物体进行定位。

⑪ 根据定位结果对机器人手部位姿进行轨迹规划。

⑫ 机器人控制系统根据轨迹规划的结果控制机器人运动，达到预期控制目标。

其中①～⑥步由摄像机、灯光和照明部分及传输电缆这几部分完成。

⑦和⑧两步由图像采集卡（或视觉控制器）完成。数字图像或视频的格式取决于使用的图像采集卡。

6.3　机器人视觉伺服控制系统的类型

按照机器人的空间位置或图像特征，机器人视觉伺服控制系统分为基于位置的视觉伺服控制系统 、基于图像的视觉伺服控制系统和混合视觉伺服控制系统。

（1）基于位置的视觉伺服控制系统

在基于位置的视觉伺服控制系统中，输入量以三维笛卡儿坐标表示（又称 3D 伺服控制)，多数基于位置的视觉伺服控制系统采用具有 5 ～ 6 个自由度的机械臂作为摄像机的运动载体。系统的视觉反馈环首先从图像中提取图像特征；然后利用图像特征与目标的几何模型、摄像机模型来估计目标与摄像机的相对位置； 目标与摄像机相对位置的估计值与其期望值相比较后，产生的位置误差量送入笛卡儿坐标控制模块。基于位置的视觉伺服控制系统结构如图 6-6 所示。

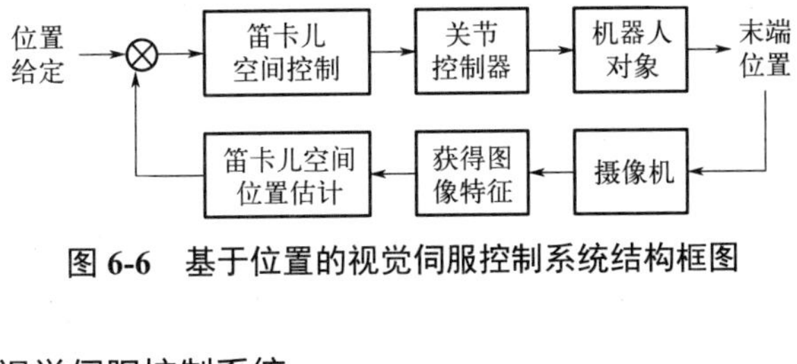

图 6-6　基于位置的视觉伺服控制系统结构框图

（2）基于图像的视觉伺服控制系统

基于图像的视觉伺服系统又称 2D 伺服控制。此类系统的控制策略基于当前图像特征与理想图像特征间的误差，直接利用图像误差来跟踪目标。首先拍摄一幅理想目标图像，而后对运动目标进行注视跟踪，使实时采样的目标图像收敛于理想目标图像。该系统的控制规则由图像差反馈和物体运动自适应补偿组成，可以完成眼注视这种具有局部收敛性的运动目标跟踪。基于图像的视觉伺服控制系统结构如图 6-7 所示。

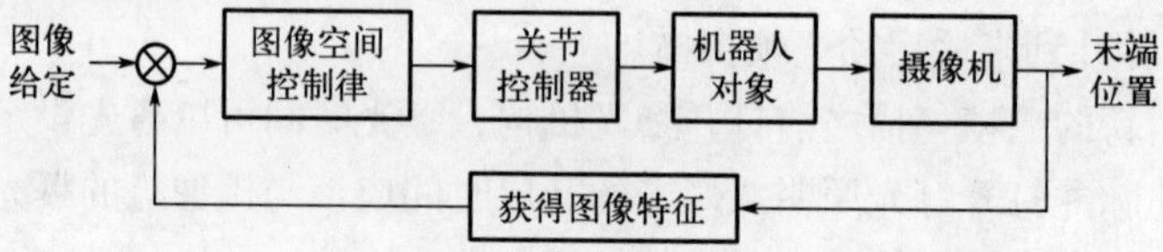

图 6-7　基于图像的视觉伺服控制系统结构框图

（3）混合视觉伺服控制系统

在位置和图像视觉伺服控制的基础上，E.Malis 等人提出了以目标为特征点的图像坐标误差（以二维图像空间表示）和摄像机旋转误差（以三维笛卡儿空间表示）作为控制系统的输入量，从而产生一种新的视觉伺服系统（$2\frac{1}{2}$维视觉伺服系统），即混合视觉伺服控制系统。混合视觉伺服控制系统结构如图 6-8 所示。

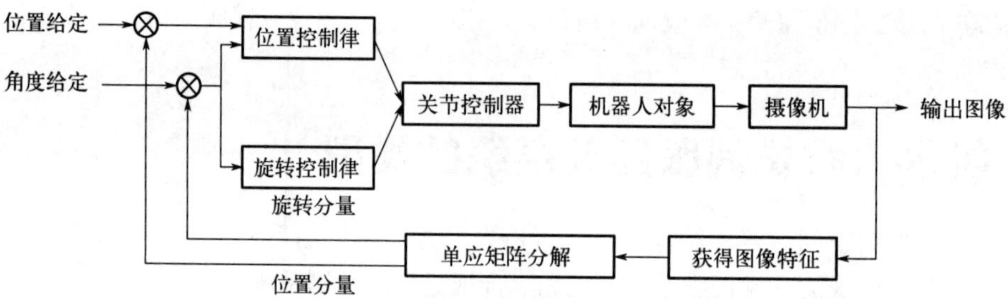

图 6-8　混合视觉伺服控制系统结构框图

6.4　机器人的位置伺服控制系统

机器人位置伺服控制系统的工作原理是：视觉系统采集图像、分析图像、定位图像中的物体、取得物体的位姿，作为反馈信号与期望位姿比较，取得位姿偏差，由机器人位置伺服系统驱动消除偏差，实现期望位姿。视觉系统、机器人控制系统和机器人本体构成机器人位置伺服控制系统，视觉系统可以视为整个控制系统的反馈检测通道，检测末端操作手及被测物体在空间的位姿。这里的关键是视觉系统获得被操作物体和机械手在空间的位姿。机器人位置伺服控制系统按以下工作周期循环工作。

① 利用双目视觉系统获取被操作物体和机器人末端操作手的空间位姿。

② 规划机器人末端操作手的始端位姿和末端位姿之间的轨迹，获得中间位姿。

③ 进行机器人逆运动学解算，得到机器人各关节的位置脉冲序列。

④ 各个关节的控制系统独立完成各自关节的位置、速度、加速度控制。

⑤ 机器人完成各种操作。

整个机器人位置伺服控制系统犹如一个四环的伺服系统，最外环是视觉采集与分析处理系统，不断检测机器人手部和被操作物体的空间位姿，传递到位置环与轨迹规划的位姿作比较，然后再把位姿误差分解到关节调节命令，并形成关节控制脉冲，进行关节的伺服控制。每一个关节控制系统都是位置环、速度环、电流环三环伺服系统，所以整个机器人位置伺服控制系统由视觉检测、关节位置、关节速度、关节加速度四环构成。

本章小结

本章介绍了机器人视觉伺服系统的概念、软硬件组成和工作过程，以及不同类型机器人视觉伺服系统的控制结构。

思考题

1. 简述机器人视觉伺服控制系统的硬件组成。
2. 简述机器人视觉伺服控制系统的软件组成。
3. 简述机器人视觉伺服控制系统的工作过程。
4. 机器人视觉伺服控制系统可以分为哪几类?
5. 简述机器人位置伺服控制系统的结构与工作原理。

第 7 章 视觉图像处理与分析的软件平台

视觉图像处理与分析的软件平台是利用第 3、4 章所讲述的图像处理和分析算法，采用 Python、VC++ 等程序设计语言形成的图像分析与处理的函数或过程的集合。平台上有各种分析与处理的命令，可以单独使用，也可以按一定结构组成程序，完成复杂的任务。常用的视觉图像处理与分析软件平台有 Python、OpenCV、HALCON、MATLAB 等。

7.1 Python

7.1.1 数据类型和变量

Python 使用缩进来组织代码块，一般使用 4 个空格的缩进。使用 # 来注释一行，其他每一行都是一个语句，当语句以冒号（:）结尾时，缩进的语句视为代码块。Python 对大小写敏感。

（1）整数

Python 可以处理任意大小的整数，包括负整数，例如 -100，如果用十六进制表示，则用前缀 0x 和 0 ～ 9、a ～ f 表示，例如 0xff00。

（2）浮点数

浮点数的表示方法：如 3.14、-9.01。若是用科学记数法表示，则 10 用 e 代替，例如，1.23×10^9 表示为 1.23e9。

整数和浮点数在计算机内存储的方式不同，整数运算永远是精确的（包括除法运算），浮点数运算可能会存在四舍五入的误差。

（3）字符串

字符串是单引号或双引号括起来的文本。如果字符串中包含单引号，则用双引号括起来；如果包含双引号，则用单引号括起来；如果既包含单引号又包含双引号，则使用转义字符 \ 来标识。例如，I\'m"OK"! 表示的是 I'm"OK"!。

Python 中用 r'' 表示内部的字符串默认不转义，例如 print（r'\\t\'）即打印 \\t\。

Python 中用…三引号来输入多行内容，其中…是提示符，表示接着上一行输入，例如：

```
>>> print(```line1
...line2
... line3```)
line1
line2
line3
```

（4）布尔值

布尔值只有 True 和 False 两种（注意大小写，Python 对大小写敏感），常用于 if 的条件判断。

布尔值运算规则如下：

① and 运算是与运算，只有所有都为 True，and 运算结果才是 True。

② or 运算是或运算，只要其中一个为 True，or 运算结果就为 True。

③ not 运算是非运算，它是一个单目运算符，把 True 变成 False，False 变成 True。

（5）空值

空值是 Python 里一个特殊的值，用 None 表示。

（6）变量

Python 中变量类型不固定，即动态语言，不需要提前声明。使用 = 直接赋值，同一个变量可以反复赋值，且可以是不同类型的变量。例如：

```
a = 123            #a是整数，即a指向整数123
a= "ABC"           #将a赋值成字符串，即a指向字符串"ABC"
b = a              #将b指向a所指向的数据("ABC")
a = "XYZ"          #将a指向字符串"XYZ"
print(b)           #打印b将打印"ABC"而不是"XYZ"
```

变量 a="ABC" 赋值中，Python 解释器处理了以下事项：

① 在内存中创建一个 "ABC" 的字符串。

② 在内存中创建了一个名为 a 的变量，并把它指向 "ABC"。

③ 把 a 赋值给 b，实际上是将 b 指向 a 所指向的数据。

(7) 常量

常量一般用全部大写的变量名表示，例如 PI=3.14。实际上，Python 没有机制保证 PI 的值不会被改变，所以其本质上仍然是个变量。

(8) Python 的除法

/ 的除法计算结果是浮点数，即使是两个整数相除也是浮点数。例如，9/3 结果为 3.0。

// 除法只取结果的整数部分。例如，10 // 3 结果是整数部分 3。

% 表示取余数。例如，10% 3 结果是余数 1。

Python 支持多种数据类型，在计算机内部可以把任何数据看成一个对象，而变量赋值就是将变量和数据对象关联起来，即变量指向该数据对象。例如 $x=y$，表示把变量 x 指向 y 所指向的数据对象，随后对 y 的赋值并不影响 x 的指向。

Python 的整数和浮点数没有大小的限制，若超出一定范围就用 inf（无限大）表示。

7.1.2 字符串和编码

(1) 字符编码

① ASCII 编码　早期的编码包含大小写英文字母、数字和一些符号，用一个字节（8 位）表示。因编码量少，可能会出现乱码问题。

② Unicode 编码　统一各国语言编码，用两个字节（16 位）表示。如果文本全是英文，则会比 ASCII 编码需要多一倍的存储空间，在存储和传输上不划算。

③ UTF-8 编码　即可变长的 Unicode 编码，UTF-8 编码把一个 Unicode 字符根据不同的数字大小编码成 1 ～ 6 个字节，常用的英文字母被编码成 1 个字节，汉字通常是 3 个字节，只有生僻的字符才会被编码成 4 ～ 6 个字节。如果要传输的文本包含大量英文字符，用 UTF-8 编码能节省空间。

(2) 字符编码使用场景

① 在计算机内存中，统一使用 Unicode 编码。

② 当需要保存到硬盘或者需要传输的时候，就转换为 UTF-8 编码。例如，用记事本编辑的时候，从文件读取的 UTF-8 字符被转换为 Unicode 字符保存到内存中，编辑完成后，保存的时候再把 Unicode 转换为 UTF-8 保存到文件。

浏览网页的时候，服务器会把动态生成的 Unicode 内容转换为 UTF-8 编码形式，再传输到浏览器，所以很多网页的源码上会有类似的信息，表示该网页正是用的 UTF-8 编码。

(3) Python 的字符串

Python3 的版本中，字符串是 Unicode 编码，即支持多语言。

对于单个字符的编码，Python 提供 ord（ ）函数获取字符的整数表示，chr（ ）函数把编码转换为对应的字符。例如：

```
>>> ord('A')
65
>>> ord('中')
20013
>>> chr(66)
'B'
```

```
>>> chr(25991)
'米'
```

如果知道字符的整数编码，可以用十六进制写 str 类型的数据，例如：

```
>>> '\u4e2d\u6587'
'中文'
```

（4）字符串（编码）转换

Python 的字符串类型是 str，在内存中以 Unicode 编码表示，一个字符对应若干个字节。如果要在网络上传输，或者保存到磁盘上，就需要把 str 类型变为以字节为单位的 bytes（UTF-8/ASCII 编码）类型。

Python 对 bytes 类型的数据用带 b 前缀的单引号或双引号表示，例如：

```
x = b'ABC'
```

① encode（）（str → bytes）　以 Unicode 编码表示的 str 类型数据通过 encode（）方法可以编码为指定的 bytes 类型，即 Unicode 编码转换成 UTF-8 编码或 ASCII 编码，例如：

```
>>> 'ABC'.encode('ascii')
b'ABC'
>>> '中文'.encode('utf-8')
b'\xe4\xb8\xad\xe6\x96\x87'
#错误例子
>>> '中文'.encode('ascii')
Traceback (most recent call last):
  File "<stdin>", line 1, in <module>
UnicodeEncodeError: 'ascii' codec can't encode characters in position 0-1:
ordinal not in range(128)
```

② decode（）（bytes → str）　要把 UTF-8 编码或 ASCII 编码转换成 Unicode 编码，即将 bytes 类型转换为 str 类型，可用 decode（）转换。例如：

```
>>> b'ABC'.decode('ascii')
'ABC'
>>> b'\xe4\xb8\xad\xe6\x96\x87'.decode('utf-8')
'中文'
#错误例子
>>> b'\xe4\xb8\xad\xff'.decode('utf-8')
Traceback (most recent call last):
  ...
UnicodeDecodeError: 'utf-8' codec can't decode byte 0xff in position 3: invalid
start byte
```

如果bytes类型数据中只有一小部分无效的字节，可以传入errors='ignore'忽略错误的字节。示例如下：

```
>>> b'\xe4\xb8\xad\xff'.decode('utf-8', errors='ignore')
'中'
```

③ len( ) 对于str类型，len( )计算的是字符数；对于bytes类型，len( )计算的是字节数。

```
#对于str类型
>>> len('ABC')
3
>>> len('中文')
2
#对于bytes类型
>>> len(b'ABC')
3
>>> len(b'\xe4\xb8\xad\xe6\x96\x87')
6
>>> len('中文'.encode('utf-8'))
6
```

1个中文字符经过UTF-8编码后通常会占用3个字节，而1个英文字符只占用1个字节。

为了避免中文乱码，一般使用UTF-8编码对str类型和bytes类型进行转换，即Unicode → UTF-8。所以一般在Python源文件开头写以下信息：

```
#!/usr/bin/env python3
# -*- coding: utf-8 -*-
```

第一行注释是为了告诉Linux/OS X系统，这是一个Python可执行程序，Windows系统会忽略这个注释。第二行注释是为了告诉Python解释器，按照UTF-8编码读取源代码，否则，在源代码中写的中文输出可能会有乱码。

（5）格式化

① %的方式 使用%来格式化字符串，其中%s永远起作用，可以把任何数据类型转换成字符串。如果字符串中包含%，则使用%%转义表示字符串中的%。常用占位符如下：

```
占位符  替换内容
%s   字符串
%d   整数
%f   浮点数
%x   十六进制整数
```

示例如下：

```
>>> 'Hello, %s' % 'world'
'Hello, world'
>>> 'Hi, %s, you have $%d.' % ('Michael', 1000000)
'Hi, Michael, you have $1000000.'
#整数和浮点数
>>> print('%2d-%02d' % (3, 1))
>>> print('%.2f' % 3.1415926)
# %s的通用性
>>> 'Age: %s. Gender: %s' % (25, True)
'Age: 25. Gender: True'
#转义字符串中的%
>>> 'growth rate: %d %%' % 7
'growth rate: 7 %'
```

② format ( )　可以使用字符串的 format ( ) 方法进行格式化，它会用传入的参数依次替换字符串内的占位符 {0}、{1}……但建议直接使用 % 的方式。

```
>>> 'Hello, {0}, 成绩提升了 {1: .1f}%›.format(‹小明', 17.125)
'Hello, 小明, 成绩提升了 17.1%'
```

7.1.3　list 和 tuple 类型

(1) list 类型

list 表示列表，是可变的有序列表，即有序的集合，可以随时添加和删除元素。

① list 的定义

```
>>> classmates = ['Michael', 'Bob', 'Tracy']
>>> classmates
['Michael', 'Bob', 'Tracy']
```

② len ( )　用 len ( ) 函数可以获得 list 元素的个数。

```
>>> len(classmates)
```

③ list 的索引

a. list 元素索引从 0 开始。

b. 索引可以引用负数表示倒数序号，例如 classmates[-1] 表示倒数最后一个元素，索引 -1 等价于 len (classmates)-1。

索引越界会报 IndexError 错误，倒序索引也会越界。

④ list 元素增删

a. 追加末尾元素：

```
>>> classmates.append('Adam')
```

```
>>> classmates
['Michael', 'Bob', 'Tracy', 'Adam']
```

b. 指定位置插入元素：

```
>>> classmates.insert(1, 'Jack')
>>> classmates
['Michael', 'Jack', 'Bob', 'Tracy', 'Adam']
```

c. 删除末尾元素：

```
>>> classmates.pop()
'Adam'
>>> classmates
['Michael', 'Jack', 'Bob', 'Tracy']
```

d. 删除指定位置元素，可用 pop（i）的方法，i 为索引值：

```
>>> classmates.pop(1)
'Jack'
>>> classmates
['Michael', 'Bob', 'Tracy']
```

e. 替换元素，即直接给对应索引的元素重新赋值。示例如下：

```
>>> classmates[1] = 'Sarah'
>>> classmates
['Michael', 'Sarah', 'Tracy']
```

⑤ 多维 list　list 中元素的数据类型可以不同，如果要实现二维 list，即将一维 list 中的元素定义为 list 即可，同理可以实现多维 list。例如访问二维 list 可用 s[2][1] 的方式，表示一维 list 中的第三个元素 list 中的第二个元素。

```
>>> s = ['python', 'java', ['asp', 'php'], 'scheme']
>>> len(s)
4
```

⑥ 空 list　空 list 即一个元素也没有，长度为 0。

```
>>> L = []
>>> len(L)
0
```

（2）tuple 类型

① tuple 的定义。tuple 表示元组，即不可变的有序元素的集合，没有修改元素的函数，例

如 append（ ）、insert（ ）、元素赋值等。

因为 tuple 元素不可变，所以代码更安全。当定义 tuple 时，元素就必须被确定下来。如果 tuple 中只含一个元素，则在该元素后加逗号，避免与小括号运算产生歧义。

```
#以下是单元素tuple的定义
>>> t = (1, )
>>> t
(1, )
#以下是小括号运算
>>> t = (1)
>>> t
1
```

② 特别说明。

tuple 中的元素不可变表示元素的指向不可变，但该元素如果是 list，则该 list 的内容可变。即 list 表示的是指向，该 list 的指向不可变，但是 list 中元素的指向可变，即 list 中的元素可变。例如：

```
>>> t = ('a', 'b', ['A', 'B'])
>>> t[2][0] = 'X'
>>> t[2][1] = 'Y'
>>> t
('a', 'b', ['X', 'Y'])
```

list 元素修改前，t =（‘a’，‘b’，［‘A’，‘B’］）；list 元素修改后，t =（‘a’，‘b’，［‘X’，‘Y’］）。

7.1.4　dict 和 set 类型

（1）dict 类型

① dict 的定义　dict 即字典，相当于 golang 中的 map 类型、key-value 类型。其具有极快的查找速度。

```
//dict的赋值
>>> d = {'Michael': 95, 'Bob': 75, 'Tracy': 85}
>>> d['Michael']
95
//dict元素的赋值
>>> d['Adam'] = 67
```

由于 dict 中 key 的值是唯一的，因此如果多次赋值，最终结果为最后一次的赋值。

② dict 的查找　如果 key 不存在会报错，检测 key 是否存在可以通过 in 或 get（ ）方法。当 key 不存在时，in 的方式返回 False，get（ ）方法返回 None 或指定值。

```
#key不存在的报错
>>> d['Thomas']
Traceback (most recent call last):
  File "<stdin>", line 1, in <module>
KeyError: 'Thomas'

#in方式检查key是否存在
>>> 'Thomas' in d
False

#get()方法检查key是否存在
>>> d.get('Thomas')
>>> d.get('Thomas', -1)
-1
```

③ dict 的删除　要删除 dict 中的元素，可以通过用 pop（key）方法，删除该 key 对应的键值对。示例如下：

```
>>> d.pop('Bob')
75
>>> d
{'Michael': 95, 'Tracy': 85}
```

④ 特别说明　dict 的特点如下：

a. 查找和插入的速度极快，不会随着 key 的增加而变慢；

b. 需要占用大量的内存，内存浪费多；

c.dict 的 key 必须是不可变对象，在 Python 中，字符串、整数等都是不可变的，而 list 是可变的，就不能作为 key。

对比 list 的特点：

a. 查找和插入的时间随着元素的增加而增加；

b. 占用空间小，浪费内存很少。

（2）set 类型

set 表示无序和无重复元素的集合，与数学意义上的集合类似，也可以看成只有 key 没有 value 的 dict。

① set 的定义　要创建一个 set，需要提供一个 list 作为输入集合，如果 list 中有重复元素，则自动过滤掉。示例如下：

```
>>> s = set([1, 2, 3])
>>> s
{1, 2, 3}
#如果有重复元素，会自动过滤掉
>>> s = set([1, 1, 2, 2, 3, 3])
>>> s
{1, 2, 3}
```

② set 的添加和删除

a. 通过 add（key）方法可以添加元素到 set 中，可以重复添加，但无效。示例如下：

```
>>> s.add(4)
>>> s
{1, 2, 3, 4}
>>> s.add(4)
>>> s
{1, 2, 3, 4}
```

b. 通过 remove（key）方法可以删除元素。示例如下：

```
>>> s.remove(4)
>>> s
{1, 2, 3}
```

③ set 的交集和并集　示例如下：

```
>>> s1 = set([1, 2, 3])
>>> s2 = set([2, 3, 4])
#交集
>>> s1 & s2
{2, 3}
#并集
>>> s1 | s2
{1, 2, 3, 4}
```

（3）不可变对象

变量表示一个指向，而变量指向的内容表示一个对象。例如 a="abc" 中，a 是变量，即指向，而 abc 是字符串对象。

Python 中整数和字符串是不可变对象，而 list 是可变对象。示例如下：

```
>>> a = 'abc'
>>> b = a.replace('a', 'A')
>>> b
'Abc'
>>> a
'abc'
```

上例中，a 是变量，abc 是字符串对象，当调用 a 的 replace（）方法时，实际上是基于原字符串对象重新创建了一个新的字符串对象 Abc，而没有改变原字符串对象的内容。

对于不变对象来说，调用对象自身的任意方法，不会改变该对象自身的内容，而会创建新的对象并返回。

7.1.5 条件语句

（1）if 格式

```
if <条件判断1>:
        <执行1>
elif <条件判断2>:
        <执行2>
elif <条件判断3>:
        <执行3>
else:
        <执行4>
```

以上是 if 语句的完整格式，注意事项如下：

① Python 使用缩进规则，如果 if 判断条件为 true，则执行缩进部分的内容。

② if 的执行逻辑是从上往下判断，如果某个判断为 true，则会忽略剩下的 elif 和 else。例如，以下例子打印的结果是 teenager，即满足第一个 if 条件，则后续判断不再执行。

```
age = 20
if age >= 6:
print('teenager')
elif age >= 18:
    print(‹adult›)
else:
    print(‹kid›)
```

（2）条件简写

```
if x:
      print('True')
```

只要 x 是非零数值、非空字符串、非空 list 等，就判断为 True，否则为 False。

（3）input（ ）使用

```
s = input('birth: ')
birth = int(s)
if birth < 2000:
      print('00前')
else:
    print('00后')
```

input（ ）返回的数据类型是 str，str 不能直接和整数比较，必须先把 str 转换成整数。Python 提供了 int（ ）函数来将数据转换成整数。

7.1.6　循环语句

(1) for 循环

for…in 循环，即把 list 或 tuple 中的每个元素迭代出来，执行后续操作。

```
names = ['Michael', 'Bob', 'Tracy']
for name in names:
    print(name)
```

Python 提供一个 range（x）函数，生成 0 ～（x-1）的整数序列。

```
>>> list(range(5))
[0, 1, 2, 3, 4]
//求和运算
sum = 0
for x in range(101):
        sum = sum + x
        print(sum)
```

(2) while 循环

while 循环，只要条件满足，就不断循环，条件不满足时退出循环。

```
sum = 0
n = 99
while n > 0:
        sum = sum + n
        n = n - 2
print(sum)
```

(3) break

在循环中，break 语句可以提前退出循环。

```
n = 1
while n <= 100:
        if n > 10: # 当n = 11时，条件满足，执行break语句
          break # break语句会结束当前循环
    print(n)
    n = n + 1
print('END')
```

(4) continue

在循环过程中，可以通过 continue 语句，跳过当前的这次循环，直接开始下一次循环。

```
n = 0
while n < 10:
    n = n + 1
    if n % 2 == 0: # 如果n是偶数，执行continue语句
        continue # continue语句会直接继续下一轮循环，后续的print ( ) 语句不会执行
    print (n)
```

break 和 continue 通常都必须配合 if 语句使用。

7.2 PyTorch

PyTorch 是一款由 Facebook 的人工智能研究实验室（FAIR）开发的开源机器学习库，已经广泛应用于深度学习领域。PyTorch 凭借动态计算图、GPU 加速和强大的生态系统，深受研究者和开发者的广泛好评。

计算图是有向无环图（DAG），代表神经网络中执行的操作序列。在监督学习中，这些图有助于可视化数据和操作的流动，使理解、优化和调试模型变得更加容易。PyTorch 采用动态计算图，即在程序运行过程中实时构建计算图。这种设计赋予了 PyTorch 极高的灵活性，便于在程序执行过程中对计算图结构进行动态调整和操作。

7.2.1 安装 PyTorch

安装 PyTorch 比较简单，根据首选的包管理器和平台，可以选择以下方法之一。

（1）使用 pip（Python 包管理器）

要使用 pip 安装 PyTorch，应打开终端或命令提示符并执行以下命令。

CPU 版本：

```
pip install torch torchvision -f https://download.pytorch.org/whl/cpu/torch_stable.html
```

GPU 版本（带 CUDA 支持）：

```
pip install torch torchvision -f https://download.pytorch.org/whl/cu111/torch_stable.html
```

提示

在安装指令中，需要将 cu111 替换为与设置对应的正确 CUDA 版本（例如 cu101、cu110）。可以访问 PyTorch 的官方网站找到与系统配置相匹配的正确版本，并选择需要的特定配置。

（2）使用 conda（Anaconda 或 Miniconda 包管理器）

要使用 conda 安装 PyTorch，应打开终端或命令提示符并执行以下命令。

CPU 版本：

```
conda install pytorch torchvision -c pytorch
```

GPU 版本（带 CUDA 支持）：

```
conda install pytorch torchvision torchaudio -c pytorch -c conda-forge
```

提示

安装 GPU 版本的 PyTorch 时，系统会自动匹配并安装适合配置的 CUDA 兼容版本。

切记使用兼容版本的 Python 环境（建议使用 Python 3.6 或更新版本）。为每个项目创建独立的虚拟环境，可以有效避免不同包之间的潜在冲突。

7.2.2　在 PyTorch 中创建张量

张量是多维数组，也是 PyTorch 的基本构建块。张量可实现高效的数学运算，并针对 GPU 计算进行优化。要在 PyTorch 中创建张量，可以使用以下代码。

```
import torch
# 创建一个2×3的全零矩阵
zeros_tensor = torch.zeros(2, 3)
print(zeros_tensor)
# 创建一个2×3的全1矩阵
ones_tensor = torch.ones(2, 3)
print(ones_tensor)
# 创建一个2×3的随机值矩阵
random_tensor = torch.rand(2, 3)
print(random_tensor)
```

7.2.3　比较激活函数

激活函数将非线性引入神经网络，使其能够学习复杂的模式。常用的激活函数如下。

① Sigmoid：torch.sigmoid（x）。

② ReLU（修正线性单元）：torch.relu（x）。

③ Leaky ReLU：torch.nn.functional.leaky_relu（x，negative_slope=0.01）。

④ Tanh（双曲正切）：torch.tanh（x）。

7.2.4　比较损失函数

损失函数在训练期间测量预测输出和实际输出（真实值）之间的差异。PyTorch 中的一些常见损失函数如下。

① 均方误差（MSE）损失：torch.nn.MSELoss（）。
② 交叉熵损失：torch.nn.CrossEntropyLoss（）。
③ 二元交叉熵损失：torch.nn.BCELoss（）。
④ L1 损失：torch.nn.L1Loss（）。

7.2.5 构建神经网络训练器

在 PyTorch 中构建神经网络训练器，应按照以下步骤操作。
① 使用 torch.nn.Module 定义神经网络模型。
② 选择一个优化器（例如 torch.optim.SGD、torch.optim.Adam）。
③ 选择一个损失函数（例如 torch.nn.MSELoss、torch.nn.CrossEntropyLoss）。
④ 加载和预处理数据集。
⑤ 使用前向和后向传递训练模型。
⑥ 在验证或测试数据集上评估模型。

7.2.6 使用张量在 PyTorch 中构建神经网络

以下是使用 PyTorch 构建简单前馈神经网络的示例。

```
import torch
import torch.nn as nn
import torch.optim as optim
# 定义神经网络模型
class SimpleNet(nn.Module):
    def __init__(self, input_size, hidden_size, output_size):
              super(SimpleNet, self).__init__()
              self.fc1 = nn.Linear(input_size, hidden_size)
          self.relu1 = nn.ReLU()
          self.fc2 = nn.Linear(hidden_size, output_size)
    def forward(self, x):
              x = self.fc1(x)
              x = self.relu1(x)
              x = self.fc2(x)
              return x
    # 超参数
    input_size = 784
    hidden_size = 128
    output_size = 10
    learning_rate = 0.001
    num_epochs = 10
    # 创建SimpleNet模型的实例
    model = SimpleNet(input_size, hidden_size, output_size)
    # 定义损失函数和优化器
    criterion = nn.CrossEntropyLoss()
    optimizer = optim.Adam(model.parameters(), lr=learning_rate)
```

```
    # 加载和预处理数据集（省略）
    # ...
    # 检查GPU是否可用
    if torch.cuda.is_available():
        device = torch.device("cuda")
        print(f "Using GPU: {torch.cuda.get_device_name(0)}")
    else:
        device = torch.device("cpu")
        print("Using CPU")
    # 将模型移至GPU
    model.to(device)
    # 训练模型
    for epoch in range(num_epochs):
        # 将数据移至GPU
        inputs, labels = inputs.to(device), labels.to(device)
        # 前向传递
        outputs = model(inputs)
        loss = criterion(outputs, labels)
        # 后向传递
        optimizer.zero_grad()
        loss.backward()
        optimizer.step()
        print(f"Epoch [{epoch+1}/{num_epochs}], Loss: {loss.item()}")
# 在验证或测试数据集上评估模型（省略）
# ...
```

这段代码定义了一个简单的前馈神经网络，为其指定了训练轮数，并在可用时在 GPU 上运行它。注意，此代码段中未包含数据集加载和预处理步骤以及评估步骤。

7.2.7　使用 CUDA 进行 GPU 加速

CUDA（Compute Unified Device Architecture，统一计算设备架构）是由 NVIDIA 开发的一种并行计算平台和编程模型。它使开发人员能够利用 NVIDIA GPU 进行通用计算，显著加快计算密集型任务的处理速度。

PyTorch 利用 CUDA 在 GPU 设备上执行张量运算，从而加快了计算速度，并减少了深度学习模型的执行时间。PyTorch 简化了与 GPU 编程相关的复杂性，使在 GPU 上运行模型变得容易。

为了展示 PyTorch 如何利用 CUDA 加速计算，下面比较在 CPU 和 GPU 上执行矩阵乘法的执行时间。

```
import torch
import time
# 创建两个大小为5000×5000的随机矩阵
```

```
matrix1 = torch.rand(5000, 5000)
matrix2 = torch.rand(5000, 5000)
# 在CPU上执行矩阵乘法并测量执行时间
start_time = time.time()
result_cpu = torch.matmul(matrix1, matrix2)
end_time = time.time()
cpu_time = end_time - start_time
print(f"Matrix multiplication on CPU took: {cpu_time: .4f} seconds")
# 检查GPU是否可用
if torch.cuda.is_available():
        # 将矩阵移至GPU
                matrix1_gpu = matrix1.cuda()
                matrix2_gpu = matrix2.cuda()
                # 在GPU上执行矩阵乘法并测量执行时间
                start_time = time.time()
                result_gpu = torch.matmul(matrix1_gpu, matrix2_gpu)
                end_time = time.time()
                gpu_time = end_time - start_time
                print(f"Matrix multiplication on GPU took: {gpu_time: .4f} seconds")
else:
                print("No GPU found. Cannot perform matrix multiplication on GPU.")
```

在这个例子中，首先创建两个大小为 5000×5000 的随机矩阵，并使用 CPU 执行矩阵乘法。然后，检查 GPU 是否可用，若可用，便将矩阵传输至 GPU 并执行相同的矩阵乘法操作。同时记录并输出两种情况下的运算时间。

通常，在进行矩阵乘法这类大规模计算任务时，GPU 的运算时间远低于 CPU。这种加速是由于 GPU 的大规模并行处理能力，它能够高效地处理大型张量运算。

通过利用 CUDA 和 GPU，PyTorch 可以显著提升训练和推理速度，这不仅能促进更多实验的探索，也能加速模型开发的进程。

7.3 MATLAB

MATLAB 的视觉处理工具箱中有许多命令和函数，可以完成读取图像文件、对图像进行色彩空间转换、缩放、平移、旋转、快速傅里叶变换、腐蚀与膨胀、开闭运算、各种滤波、角点检测、边缘检测等操作。

7.3.1 MATLAB 可读的图像及视频格式

常见的图像文件格式有 BMP、TIFF、PNG、JPEG、GIF 等。MATLAB 可读的图像格式如表 7-1 所示。

常见的视频格式有 AVI、MPG、MPEG、ASF、ASX、WMV 等格式。MATLAB 可读的视频格式如表 7-2 所示。

表 7-1 MATLAB 可读的图像格式

图像格式	文档内容	图像读入命令	返回文件或参数
BMP	BMP 图像	imread	真彩色或索引图像
RAS	SUN raster 图像	imread	真彩色或索引图像
HDF4	HDF4 图像	imread	真彩色、灰度或索引图像（序列）
TIFF	TIFF 图像	imread	真彩色、灰度或索引图像（序列）
PNG	PNG 图像	imread	真彩色、灰度或索引图像
JPEG	JPEG 图像	imread	真彩色或灰度图像
PPM	PPM 图像	imread	真彩色图像
PGM	PGM 图像	imread	灰度图像
PBM	PBM 图像	imread	灰度图像
CUR	CURSOR 图像	imread	索引图像
GIF	GIF 图像	imread	索引图像
ICO	ICON 图像	imread	索引图像
PCX	PCX 图像	imread	索引图像
XWD	XWD 图像	imread	索引图像

表 7-2 MATLAB 可读的视频格式

视频格式	文档内容	读入命令	返回文件
AVI	AVI 视频	aviread	MATLAB 视频
AVI	AVI 视频	mmreader	真彩色图像序列
MPG	MPEG1 或 MPEG2 视频	mmreader	真彩色图像序列
MPEG	MPEG1 或 MPEG2 视频	mmreader	真彩色图像序列
ASF	WINDOWS 媒体视频	mmreader	真彩色图像序列
ASX	WINDOWS 媒体视频	mmreader	真彩色图像序列
WMV	WINDOWS 媒体视频	mmreader	真彩色图像序列

7.3.2 MATLAB 图像处理与分析常用方法

（1）MATLAB 中色彩空间转换的编程

在 MATLAB 视觉工具箱中，vision.colorspaceconverter 可实现输入图像的色彩空间变换。该命令的使用方法如下：

```
A=step(vision.colorspaceconverter, img);
```

img 为原始图像，A 为色彩转换后的图像。

示例程序如下：

```
%读入图像并显示
I1=imread('pears.png');
Imshow(i1)
%创建系统对象
Hcsc=vision.colorspaceconverter;
%设置系统对象属性
Hcsc.convision='RGB to intensity';
%进行转换
I2=step(i1);
%显示转换后的结果
Figure
Imshow(i2);
```

（2）图像缩放

在 MATLAB 视觉工具箱中，vision.geometricscaler 可实现图像的缩放变换。该命令的使用方法如下：

```
A=step(vision.geometricscaler, img);
img为原始图像，A为缩放后的图像
```

示例程序如下：

```
%读入图像
I=imread('cameraman.tif');
%创建系统对象
Hgs= vision.geometricscaler;
%设置系统对象属性
Hgs.sizemethod='output size as percentage of input size'; 对输入的图像按一定的比例缩放
Hgs.interpolationmathod='bilinear'; %采用双线性插值
%运行系统对象
J=step(hgs, i)
%显示原始图像和处理后的图像
Imshow(i); title('original image');
Figure, imshow(j); title('resized image')
```

（3）图像平移

在 MATLAB 视觉工具箱中，vision.geometrictranslator 可实现图像的平移变换。该命令的使用方法如下：

```
A=step(vision. geometrictranslator, img);
```

img 为原始图像，A 为平移后的图像。

属性如下：

① Outputsize：输出图像的尺寸。

② Offsetsource：选择平移值通过何种方式输入。

③ Offset：平移量。

④ Maximumoffset：最大偏移量。

⑤ Backgroundfillvalue：背景图像填充值，默认值为 0。

⑥ Interpolationmethod：插值方法设置。Nearest neighbor 表示最邻近插值；bilinear 表示双线性插值；bicubic 表示立方插值。默认值为 bilinear。

示例程序如下：

```
%创建系统对象
Htranslate=vision.geometrictranslator;
%设置系统对象属性
Htranslate.outputsize='same as input image'; %输出图像的大小与输入相同
Htranslate.offset=[30 30]; %在x、y上的偏移量各为30个像素
%读入图像并转换为单精度
Img=imread('cameraman.tif');
I=im2single(img);
%运行系统对象
Y=step(htranslate, I);
%显示结果
Subplot(1, 2, 1), imshow(img);
Subplot(1, 2, 2), imshow(Y);
```

（4）图像旋转

在 MATLAB 视觉工具箱中，vision.geometricrotator 可实现图像的旋转变换。该命令的使用方法如下：

```
A=step(vision.geometricrotator, img);
```

img 为原始图像，A 为旋转后的图像。

属性如下：

① Outputsize：输出图像的尺寸。

② Anglesource：选择旋转角度来源。

③ Angle：图像旋转角度，默认值为 π/6。

④ Maximumangle：最大旋转角度，默认值为 π。

⑤ Rotatedimagelocation：设定如何旋转。

⑥ Sinecomputation：设定如何计算旋转。

⑦ Backgroundfillvalue：背景图像填充值，默认值为 0。

⑧ Interpolationmethod：插值方法设置。Nearest neighbor 表示最邻近插值；bilinear 表示双线性插值；bicubic 表示立方插值。默认值为 bilinear。

示例程序如下：

```
%读入图像并转换为双精度
Img=im2double（imread（'peppers.png'））；
%创建系统对象
Hrotate= vision.geometricrotator；
%设定旋转角度
Hrotator.angle=pi/6；
%执行系统对象
Rotimg=step（hrotator，img）；
%显示旋转后的图像
Imshow（rotimg）；
```

（5）图像快速傅里叶变换

在 MATLAB 视觉工具箱中，vision.FFT 可实现输入灰度图像的快速傅里叶变换（FFT）。该命令的使用方法如下：

```
A=step（vision.FFT，img）；
```

img 为原始图像，A 为 FFT 后的图像。

属性如下：

① FFTImplementation：FFT 的执行方式，可设置为 Auto、Radix-2、FFT-W。默认值为 Auto。若将其设置为 Radix-2，则输入图像的行数、列数必须为 2^n。

② BitReversedOutput：可设置为 false 或者 true，默认值是 false。

③ Normalize：是否对输入的图像进行归一化处理，可设置为 false 或者 true，默认值是 false。

示例程序如下：

```
%定义系统对象
Hfft2d=vision.FFT；
Hcsc=vision.colorspaceconverter（'conversion'，'RGB to intensity'）
Hgs=vision.geometricscaler（'sizemethod'，'number of output rows and column'，'size'，[512 512]）；
%读入图像
x=imread（'saturn.png'）；
Imshow（x）；
%将输入的图像转变为512×512大小的图像
X1=step（hgs，x）；
%将RGB图像转变为灰度图像
Ycs=step（hcsc，x1）；
%对图像进行傅里叶变换
Y=step（hfft2d，ycs）；
%使变换后的零频率分量位于中心
Y1=fftshift（double（y））；
```

```
Figure
%显示结果
Imshow（log（max（abs（y1），1e-6）），[]）；
Colormap（jet（64））；
```

（6）图像的腐蚀与膨胀

在 MATLAB 视觉工具箱中，vision.morphologicaldilate 可实现输入图像的膨胀运算。该命令的使用方法如下：

```
A=step（vision.morphologicaldilate，img）；
```

img 为原始图像，A 为膨胀操作后的图像。

属性如下：

① Neighborhoodsource：结构元素输入的方式，默认方式为 property。

② Neighborhood：结构元素矩阵，默认值为 [1 1 1 1]。

示例程序如下：

```
%读入图像
X=imread（'peppers.png'）；
%设置系统对象属性
Hcsc=vision.colorspaceconverter；
Hcsc.conversion='RGB to intensity'；
Hautothresh=vision.autothresholder；
Hdilate=vision.morphologicaldilate（'neighborhood'，ones（5，5））；
%运行系统对象
X1=step（hcsc，x）；%将RGB图像转变为灰度图像
X2=step（hautothresh，x1）；%将灰度图像转化为二值图像
Y=step（hdilate，x2）；对二值图像进行膨胀运算
%显示结果
Figure；
Subplot（1，3，1），imshow（x）；
Subplot（1，3，2），imshow（x2）；
Subplot（1，3，3），imshow（y）；
```

在 MATLAB 视觉工具箱中，vision.morphologicalerode 可实现输入图像的腐蚀运算。该命令的使用方法如下：

```
A=step（vision.morphologicalerode，img）；
```

img 为原始图像，A 为腐蚀操作后的图像。

属性如下：

① Neighborhoodsource：结构元素输入的方式，默认方式为 property。

② Neighborhood：结构元素矩阵，默认值为 strel（‘square’，4）。

示例程序如下：

```
%读入图像
X=imread('peppers.png');
%设置系统对象属性
Hcsc=vision.colorspaceconverter;
Hcsc.conversion='RGB to intensity';
Hautothresh=vision.autothresholder;
Herode=vision.morphologicalerode('neighborhood', ones(5, 5));
%运行系统对象
X1=step(hcsc, x); %将RGB图像转变为灰度图像
X2=step(hautothresh, x1); %将灰度图像转化为二值图像
Y=step(herode, x2); 对二值图像进行腐蚀运算
%显示结果
Figure;
Subplot(1, 3, 1), imshow(x);
Subplot(1, 3, 2), imshow(x2);
Subplot(1, 3, 3), imshow(y);
```

（7）图像的开运算与闭运算

在 MATLAB 视觉工具箱中，vision.morphologicalopen 可实现输入图像的开运算。该命令的使用方法如下：

```
A=step(vision.morphologicalopen, img);
```

img 为原始图像，A 为开运算操作后的图像。

属性如下：

① Neighborhoodsource：结构元素输入的方式，默认方式为 property。

② Neighborhood：结构元素矩阵，默认值为 strel（ ‘disk’，5）。

示例程序如下：

```
%读入图像并转换为单精度型
img=im2single(imread('blobs.png'));
%设置系统对象属性
Hopening=vision.morphologicalopen;
Hopening.neighborhood=strel('disk', 5);
%运行系统对象
Opened=step(hopening, img);
%显示结果
Figure;
Subplot(1, 2, 1), imshow(img); title('原始图像');
Subplot(1, 2, 2), imshow(opened); title('开运算后图像');
```

在 MATLAB 视觉工具箱中，vision.morphologicalclose 可实现输入图像的闭运算。该命令的使用方法如下：

```
A=step(vision.morphologicalclose, img);
```

img 为原始图像，A 为闭运算操作后的图像。

属性如下：

① Neighborhoodsource：结构元素输入的方式，默认方式为 property。

② Neighborhood：结构元素矩阵，默认值为 strel（‘line’，5，45）。

示例程序如下：

```
%读入图像并转换为单精度型
img=im2single(imread('blobs.png'));
%设置系统对象属性
Hclosing=vision.morphologicalclose;
Hclosing.neighborhood=strel('line', 5, 45);
%运行系统对象
closed=step(hclosing, img);
%显示结果
Figure;
Subplot(1, 2, 1), imshow(img); title('原始图像');
Subplot(1, 2, 2), imshow(closed); title('闭运算后图像');
```

（8）图像的中值滤波

在 MATLAB 视觉工具箱中，vision.medianfilter 可实现输入图像的中值滤波。该命令的使用方法如下：

```
A=step(vision.medianfilter, img);
```

img 为原始图像，A 为中值滤波后的图像。

属性如下：

① Neighborhoodsize：中值滤波器的邻域尺寸，默认值为［3 3］。

② Outputsize：输出尺寸，默认值为‘same as input size’。

③ Paddingmethod：输入图像扩充方法，可将其设置为 constant、replicate、symmetric、ciecular，默认值为 constant。

④ Paddingvaluesource：图像扩充值，默认值为 property。

⑤ Paddingvalue：默认值为 0。

示例程序如下：

```
%读入图像
Img=im2single(rgb2gray(imread('peppers.png')));
%添加噪声
Img=imnoise(img, 'salt&pepper');
%显示噪声图像
Subplot(1, 2, 1), imshow(img), title('噪声图像');
```

```
%定义系统对象
Hmedianfilt=vision.medianfilter([5 5]);
%对图像进行滤波处理
Filtered=step(hmedianfilt, img);
%显示滤波后的图像
Subplot(1, 2, 2), imshow(filtered), title('滤波图像');
```

(9）图像的角点检测

在 MATLAB 视觉工具箱中，vision.cornerdetector 可实现输入图像的角点检测。该命令的使用方法如下：

```
A=step(vision.cornerdetector, img);
```

img 为输入灰度图像，A 为角点位置矩阵。

属性如下：

① Method：角点位置检测算法设置。可将其设置为 harris corner detection、minimum eignvalue 或 local intensity comparision。默认值是 harris corner detection。

② Sensitivity：角点检测敏感因子，取值范围为 $0 < k < 0.25$，默认值为 0.01。

③ Smoothingfiltercoefficients：平滑滤波器系数。

④ Cornerlocationoutputport：角点位置输出使能。

⑤ Metricmatrixoutputport：角点输出使能。

⑥ Maximumcornercount：检测角点数量的最大值。

⑦ Cornerthreshold：角点判别阈值。

⑧ Neighborhoodsize：邻域大小设置。

示例程序如下：

```
%读入图像并转换成单精度型
I=im2single(imread('hangkong.jpg'));
%创建角点检测系统对象
Hcornerdet=vision.cornerdetector;
%对输入的图像进行harris角点检测
Pts=step(hcornerdet, i);
%设置角点标志
Hdrawmarkers=vision.markerinserter('shape'、'circle'、'size'、10, 'bordercolor'、
'custom'、'custom bordercolor'、'color');
%创建用于标记的系统对象
J=step(hdrawmarkers, j, pts);
Imshow(j); title('角点检测结果');
```

(10）图像的边缘检测

在 MATLAB 视觉工具箱中，vision.edgedetector 可实现输入灰度图像的边缘检测。该命令的使用方法如下：

```
A=step(vision.edgedetector, img);
```

img 为输入灰度图像，A 为边缘检测后的灰度图像。

属性如下：

① Method：边缘检测算法设置，可将其设置为 sobel、prewitt、roberts、canny，默认值是 sobel。

② Binaryimageoutputport：如果将该属性设置为 true，则边缘检测后的结果将输出逻辑二值数组。该属性的默认值是 true。

③ Gradientcomponentoutputports：如果将该属性设置为 true，则输出梯度元素。该属性的默认值是 false。

④ Threshold：该属性用于阈值设定。当采用 sobel、prewitt、roberts 进行边缘检测时，该属性的默认值为 20；当采用 canny 进行边缘检测时，该属性的默认值为 [0.25 0.6]。

⑤ Thresholdscalefactor：阈值缩放因子。

⑥ Gaussianfilterstandarddeviation：高斯滤波器标准差。当采用 canny 进行边缘检测时，可以对该属性进行设置。

示例程序如下：

```
%定义系统对象
Hedge=vision.edgedetector;
Hcsc=vision.colorspaceconverter('conversion', 'RGB to intensity');
Hidtypeconv=vision.imagedatatypeconverter('outputdatatype', 'single');
%读入图像并转换为灰度图像
Img=step(hcsc, imread('peppers.png'));
%将其转换为单精度型
Img1=step(hidtypeconv, img);
%进行边缘检测
Edges=step(hedge, img1);
%显示边缘检测结果
Imshow(edges);
```

7.4 OpenCV

7.4.1 OpenCV 简介

OpenCV（Open Source Computer Vision Library）是一个开源的计算机视觉和机器学习软件库。自 1999 年由 Intel 发起并首次发布以来，OpenCV 已成为最受欢迎的计算机视觉库之一，它拥有丰富的图像处理和图像分析函数。OpenCV 支持多种编程语言，包括 C++、Python 和 Java，且可在不同的操作系统上运行，如 Windows、Linux 和 Mac OS。

OpenCV 具有如下优点。

① 开源和免费：OpenCV 是完全开源的，可自由使用，适用于学术和商业项目。

② 跨平台：OpenCV 可在 Windows、Linux、Mac OS 和移动操作系统上运行。

③ 多语言支持：OpenCV 提供了 C++、Python 和 Java 接口，方便不同背景的开发者使用。

④ 强大的社区支持：拥有庞大的用户和开发者社区，为学习和解决开发中的问题提供了丰富的资源。

⑤ 广泛的应用领域：从简单的图像处理到复杂的机器学习，OpenCV 都能够提供支持。

7.4.2 安装 OpenCV 和环境配置

在开始编写代码之前，正确安装和配置 OpenCV 环境是至关重要的步骤。一个稳定且配置正确的开发环境可以避免很多不必要的问题，保证学习和开发过程顺利进行。

（1）安装 OpenCV

① Windows 环境。

a. 使用预编译的库：访问 OpenCV 的官方网站，下载适用于 Windows 的预编译库。安装完成后，需要配置环境变量，指向 OpenCV 的安装目录。

b. 从源码编译：如果需要定制化的安装或者想使用最新的开发版本，可以从 GitHub 获取 OpenCV 的源码，并使用 CMake 进行编译。

② Linux 环境。

a. 在 Linux 上，可以使用包管理器（如 apt-get 或 yum）直接安装 OpenCV。例如，在 Ubuntu 上，可以通过运行 sudo apt-get install libopencv-dev python3-opencv 来安装 OpenCV。

b. 与 Windows 类似，也可以选择从源码编译 OpenCV，以获取更多的自定义选项和最新功能。

③ Mac OS 环境。

a. Mac OS 用户可以使用 Homebrew 来安装 OpenCV，即使用 brew install opencv。

b. 从源码编译也是可行的选项，步骤与 Linux 环境类似。

（2）配置开发环境

① Python 用户。确保已经安装了 Python，并使用 pip 安装 opencv-python 包：pip install opencv-python。

② C++ 用户。需要在 IDE 中配置 OpenCV 库。例如，在 Visual Studio 中，需要设置包含目录、库目录以及链接器输入，确保 IDE 知道从哪里找到 OpenCV 的头文件和库文件。

③ 在 Python 下验证安装。在 Python 控制台中输入以下代码，若无错误弹出并正确显示 OpenCV 版本，则表示安装成功。

```
import cv2
print(cv2.__version__)
```

④ 在 C++ 验证安装。编译并运行一个简单的程序，检查 OpenCV 是否配置正确。以下是一个基本的 C++ 程序，用于打开摄像头并显示视频流。

```
#include <opencv2/opencv.hpp>
using namespace cv;
 int main()
```

```
{
    VideoCapture cap(0);
            if (!cap.isOpened()) return -1;
            Mat frame;
    while (cap.read(frame))
    {
                    imshow("Live", frame);
                    if (waitKey(30) >= 0) break;
        }
        return 0;
}
```

（3）实践示例

安装实践：在 Python 中，执行 pip install opencv-python 来安装 OpenCV，并通过简单的脚本验证安装。

环境配置实践：在 IDE 中创建一个新的项目，配置 OpenCV 库，然后运行上述 C++ 示例代码，观察是否能够打开摄像头并显示视频流。

7.4.3 OpenCV-Python 中一些重要的函数

OpenCV 被广泛应用于图像处理、视频捕捉和处理、物体识别等领域。以下是 OpenCV-Python 中一些重要的函数。

（1）基础图像处理

① 读取和保存图像：cv2.imread ( )、cv2.imwrite ( )。

② 图像显示：cv2.imshow ( )、cv2.waitKey ( )、cv2.destroyAllWindows ( )。

③ 图像基础操作：图像属性，如 shape，size，dtype； 图像 ROI（Region of Interest）。图像通道拆分与合并，如 cv2.split ( )、cv2.merge ( )。

④ 图像颜色空间转换：cv2.cvtColor ( )。

⑤ 图像阈值处理：cv2.threshold ( )、cv2.adaptiveThreshold ( )。

⑥ 几何变换：缩放 cv2.resize ( )、平移 cv2.warpAffine ( )、旋转 cv2.getRotationMatrix2D ( )、cv2.warpAffine ( )。

（2）图像过滤与边缘检测

① 模糊 / 平滑处理：cv2.blur ( )、cv2.GaussianBlur ( )、cv2.medianBlur ( )、cv2.bilateral-Filter ( )。

② 边缘检测：cv2.Sobel ( )、cv2.Laplacian ( )、cv2.Canny ( )。

（3）形态学操作

① 腐蚀与膨胀：cv2.erode ( )、cv2.dilate ( )。

② 开运算与闭运算：cv2.morphologyEx ( ) 参数类型为 cv2.MORPH_OPEN、cv2.MORPH_CLOSE。

③ 形态学梯度：cv2.morphologyEx ( ) 参数类型为 cv2.MORPH_GRADIENT。

④ 顶帽与黑帽：cv2.morphologyEx ( ) 参数类型为 cv2.MORPH_TOPHAT、cv2.MORPH_

BLACKHAT。

(4) 图像分割与识别

① 轮廓检测：cv2.findContours ( )、cv2.drawContours ( )。

② 霍夫变换：直线检测 cv2.HoughLines ( )、圆检测 cv2.HoughCircles ( )。

③ 特征匹配与对象识别：cv2.matchTemplate ( )；关键点检测如 SIFT、SURF、cv2.xfeatures2d.SIFT_create ( )、cv2.xfeatures2d.SURF_create ( )。

(5) 高级视觉任务

① 人脸检测：使用 cv2.CascadeClassifier ( )。

② 光流与运动分析：cv2.calcOpticalFlowPyrLK ( )、cv2.calcOpticalFlowFarneback ( )。

③ 深度学习模型集成：利用 cv2.dnn 模块加载预训练模型进行对象检测、图像分类等。

(6) 其他功能

① 绘图函数：如 cv2.line ( )、cv2.circle ( )、cv2.rectangle ( )、cv2.putText ( ) 等用于在图像上绘制各种图形和文字。

② 交互式功能：如 cv2.setMouseCallback ( ) 用于鼠标事件处理。

以上只是 OpenCV-Python 库中一些常见功能的概览。每个函数都有许多参数和选项，可以根据特定的应用场景进行调整和优化。

7.4.4 图像的基本操作：读取、显示和保存

(1) 图像读取

在 OpenCV 中，读取图像非常简单，使用 cv2.imread ( ) 函数就可以实现。这个函数的第一个参数是图像的路径，第二个参数是读取图像的方式。OpenCV 提供了三种读取模式。

① cv2.IMREAD_COLOR：读取彩色图像，默认模式，值为 1。

② cv2.IMREAD_GRAYSCALE：以灰度模式读取图像，值为 0。

③ cv2.IMREAD_UNCHANGED：包括图像的 alpha 通道，值为 -1。

```
import cv2
# 以彩色模式读取图像
image_color = cv2.imread('path_to_image.jpg', cv2.IMREAD_COLOR)
# 以灰度模式读取图像
image_gray = cv2.imread('path_to_image.jpg', cv2.IMREAD_GRAYSCALE)
```

(2) 图像显示

读取图像后，通常希望查看图像内容。OpenCV 提供了 cv2.imshow ( ) 函数用于显示图像。此函数的第一个参数是窗口名称，第二个参数是图像变量。

```
cv2.imshow('Image Window', image_color)
cv2.waitKey(0)
cv2.destroyAllWindows()
```

这里，cv2.waitKey ( ) 是一个键盘绑定函数，参数是以 ms 为单位的时间。该函数等待任何键盘事件指定的毫秒数。如果设置为 0，它将无限期地等待一个键击。cv2.

destroyAllWindows ( ) 将销毁所有创建的窗口。如果要销毁任何特定窗口，可以使用 cv2.destroyWindow ( )，在括号内传递想销毁的窗口名称。

（3）图像保存

OpenCV 通过 cv2.imwrite ( ) 函数实现图像的保存。第一个参数是文件名，第二个参数是图像变量。

```
cv2.imwrite('path_to_save_image.jpg', image_gray)
```

为了更加深入地理解这些概念，下面通过一些例子加以实践。

示例 1：读取并显示图像。

```
import cv2
# 读取图像
image = cv2.imread('path_to_image.jpg')
# 显示图像
cv2.imshow('Displayed Image', image)
# 等待按键，然后关闭所有窗口
cv2.waitKey(0)
cv2.destroyAllWindows()
```

示例 2：转换图像到灰度图并保存。

```
import cv2
# 读取图像
image = cv2.imread('path_to_image.jpg')
# 转换到灰度
gray_image = cv2.cvtColor(image, cv2.COLOR_BGR2GRAY)
# 显示灰度图像
cv2.imshow('Gray Image', gray_image)
# 保存灰度图像
cv2.imwrite('gray_image.jpg', gray_image)
# 等待按键，然后关闭所有窗口
cv2.waitKey(0)
cv2.destroyAllWindows()
```

7.4.5　图像基础：像素、颜色空间转换

（1）像素：图像的基石

像素通常被视为图像的基本单位，是构成数字图像的最小元素。在一个二维图像中，像素被排列成行和列，形成了一个矩阵。

例 7-1：寻找特定像素值。

假设有一张灰度图像（只有一个颜色通道），编写一个 Python 脚本，使用 OpenCV 来找到图像正中心像素的灰度值。

```
import cv2
# 读取图像
image = cv2.imread('path_to_image', cv2.IMREAD_GRAYSCALE)
# 获取图像中心像素坐标
height, width = image.shape
center_pixel_value = image[height // 2, width // 2]
print("中心像素的灰度值是：", center_pixel_value)
```

（2）颜色空间：通往真实视觉的桥梁

在计算机视觉中，经常需要转换图像的颜色空间。颜色空间是描述颜色的方法，最常见的颜色空间包括 RGB（红、绿、蓝）和 HSV（色调、饱和度、亮度）。

RGB 颜色空间：在这个模型中，任何颜色都可以通过三种颜色光量的组合来创建，即红、绿、蓝。

HSV 颜色空间：相对于 RGB 颜色模型以人的视觉感知为基础，HSV 模型描述了颜色的感知特性，包括色调、饱和度和亮度。

例 7-2：颜色空间转换。构建一个 Python 脚本，以使用 OpenCV 将图像从 RGB（BGR）颜色空间转换到 HSV 颜色空间。

```
import cv2
# 读取彩色图像
image = cv2.imread('path_to_image')
# 将颜色空间从BGR（默认为OpenCV颜色空间）转换为HSV
hsv_image = cv2.cvtColor(image, cv2.COLOR_BGR2HSV)
```

（3）颜色空间的实际应用

颜色空间转换在图像处理中扮演着重要的角色。下面列举一些实际场景中的应用。

例 7-3：简单的颜色分割。使用 HSV 颜色空间进行颜色分割时，可以轻松地分离出图像中颜色相近的区域。

```
import cv2
import numpy as np
# 载入图像
image = cv2.imread('path_to_image')
# 转换到HSV颜色空间
hsv_image = cv2.cvtColor(image, cv2.COLOR_BGR2HSV)
# 定义HSV中蓝色的范围
lower_blue = np.array([110, 50, 50])
upper_blue = np.array([130, 255, 255])
# 阈值化以获取只有蓝色的部分
mask = cv2.inRange(hsv_image, lower_blue, upper_blue)
# 将掩码与原图像进行位运算，获得蓝色区域
blue_object = cv2.bitwise_and(image, image, mask=mask)
# 显示图像
cv2.imshow('Original image', image)
```

```
cv2.imshow('Blue object', blue_object)
cv2.waitKey(0)
cv2.destroyAllWindows()
```

7.4.6　绘制函数与图像基础操作

（1）绘制函数

OpenCV 提供了一系列函数来绘制线条、矩形、圆形、椭圆、多边形，以及添加文本。

① 绘制线条　要在图像上绘制一条线，可以使用 cv2.line（ ）函数。下面是一个简单的例子。

```
import cv2
import numpy as np
# 创建一个黑色的空白图像
img = np.zeros((512, 512, 3), np.uint8)
# 绘制一条从左上角到右下角的白色线条，线宽为5 px
cv2.line(img, (0, 0), (511, 511), (255, 255, 255), 5)
cv2.imshow('Line', img)
cv2.waitKey(0)
cv2.destroyAllWindows()
```

② 绘制矩形　绘制矩形需要它的左上角和右下角的坐标，使用 cv2.rectangle（ ）函数。例如：

```
# 绘制一个蓝色的矩形，顶点从(384, 0)到(510, 128)
cv2.rectangle(img, (384, 0), (510, 128), (255, 0, 0), 3)
```

③ 绘制圆形　要绘制圆形，需要它的中心坐标和半径，使用 cv2.circle 函数。举个例子：

```
# 绘制一个红色的圆，中心是图像的中心，半径为100 px
cv2.circle(img, (256, 256), 100, (0, 0, 255), -1)
```

④ 绘制椭圆　使用 cv2.ellipse 可以绘制椭圆，需要知道它的中心坐标、轴的长度、旋转角度等。例如：

```
# 绘制一个椭圆
cv2.ellipse(img, (256, 256), (100, 50), 0, 0, 180, 255, -1)
```

⑤ 绘制多边形　要绘制一个多边形，需要指定每个顶点的坐标，顶点必须是整数的形式，用 cv2.polylines（ ）函数。示例代码如下：

```
# 绘制一个闭合的绿色多边形
pts = np.array([[10, 5], [20, 30], [70, 20], [50, 10]], np.int32)
pts = pts.reshape((-1, 1, 2))
cv2.polylines(img, [pts], True, (0, 255, 0), 3)
```

⑥ 添加文本　在图像上添加文本使用 cv2.putText（ ）函数，可以指定文本的字体、大小和颜色。例如：

```
# 在图像上添加'OpenCV'文本
font = cv2.FONT_HERSHEY_SIMPLEX
cv2.putText(img, 'OpenCV', (10, 500), font, 4, (255, 255, 255), 2, cv2.LINE_AA)
```

（2）图像的基础操作

图像的基础操作包括访问和修改像素值、获取图像属性、截取图像区域等。

① 访问和修改像素值　以下示例展示如何获取和修改图像的像素值。

```
# 获取并修改指定像素值
px = img[100, 100]
img[100, 100] = [255, 255, 255]
```

② 获取图像属性　用相关函数可以获得图像的一些属性，比如宽度、高度、通道数、像素数、类型等。示例如下：

```
# 获取图像属性
print(img.shape)          # 返回一个元组，表示图像的形状
print(img.size)           # 返回图像的像素数目
print(img.dtype)          # 返回图像数据类型
```

③ 图像 ROI（截取图像区域）　下面是从图像中截取 ROI 的示例：

```
# 用矩形标出脸部区域，并复制到图像的另一部分
face = img[100: 200, 115: 188]
img[0: 100, 0: 73] = face
```

7.4.7　图像的算术运算与逻辑运算

（1）算术运算

在 OpenCV 中，对图像进行算术运算时，运算结果将会截断在 0 ～ 255 之间。

① 加法运算　可以使用 cv2.add（ ）函数将两个图像相加。如果图像直接相加，结果可能会超出 255，这在 OpenCV 中会截断为 255。而 cv2.add（ ）则会执行饱和操作，当结果超过 255 时，它将被强制保留在 255 内。

```
# 图像加法示例
import cv2
x = np.uint8([250])
y = np.uint8([10])
print(cv2.add(x, y))              # 250+10 = 260 => 255
```

② 减法运算　可以使用 cv2.subtract（ ）函数从一个图像中减去另一个图像。

```
# 图像减法示例
import cv2
x = np.uint8([10])
y = np.uint8([250])
print(cv2.subtract(x, y))      # 10-250 = -240 => 0
```

③ 权重相加　使用 cv2.addWeighted（）函数，可以调整两个图像的加权，以达到融合或变亮的效果。

```
# 图像权重相加示例
img1 = cv2.imread('image1.jpg')
img2 = cv2.imread('image2.jpg')
result = cv2.addWeighted(img1, 0.7, img2, 0.3, 0)
```

在这个例子中，img1 的权重是 0.7，而 img2 的权重是 0.3。这意味着 img1 对最终结果的贡献更大。

（2）逻辑运算

① AND 运算　使用 cv2.bitwise_and（）函数可以对两幅图像进行 AND 运算。这通常用于提取图像的特定部分。

```
# AND运算示例
mask = np.zeros_like(img1)
# 定义一个ROI
mask[100:150, 100:150] = 255
result = cv2.bitwise_and(img1, img1, mask=mask)
```

这里创建了一个与 img1 大小相同的掩码，并在掩码的某个区域内赋值为 255（白色），然后应用 AND 运算。结果图像 result 只会在掩码的白色区域内保留 img1 的内容。

② OR 运算　使用 cv2.bitwise_or（）可以对两幅图像进行 OR 运算，这可以用来将两幅图像合并。

```
# OR运算示例
result = cv2.bitwise_or(img1, img2)
```

③ NOT 运算　使用 cv2.bitwise_not（）函数可以对图像进行 NOT 运算，通常用于图像的反色处理。

```
# NOT运算示例
result = cv2.bitwise_not(img1)
```

④ XOR 运算　cv2.bitwise_xor（）函数用于执行 XOR 运算。

```
# XOR运算示例
result = cv2.bitwise_xor(img1, img2)
```

7.4.8 图像的几何变换基础：缩放、平移

（1）图像缩放

图像缩放是指改变图像的大小，即宽度和高度。在 OpenCV 中，可以通过 cv2.resize（）函数实现图像的缩放。缩放操作可以是放大或缩小图像，并且能按照特定的插值方法进行处理，以保持图像质量。

```
import cv2
# 读取图像
image = cv2.imread('example.jpg')
# 缩放图像到指定大小
resized_image = cv2.resize(image, (800, 600), interpolation=cv2.INTER_LINEAR)
# 显示原图和缩放后的图像
cv2.imshow('Original Image', image)
cv2.imshow('Resized Image', resized_image)
cv2.waitKey(0)
cv2.destroyAllWindows()
```

在上述代码中，cv2.resize（）函数的第一个参数是原图像，第二个参数是目标大小（宽、高），第三个参数是插值方法。常用的插值方法包括 cv2.INTER_LINEAR（线性插值，适用于缩放）、cv2.INTER_AREA（区域插值，适用于缩小）和 cv2.INTER_CUBIC（三次样条插值，适用于放大）等。

（2）图像平移

图像平移指的是将图像在水平和 / 或垂直方向上移动一定的距离。在 OpenCV 中，图像平移可以通过构建一个平移矩阵并使用 cv2.warpAffine（）函数来实现。平移示例如下：

```
import cv2
import numpy as np
image = cv2.imread('example.jpg')
rows, cols = image.shape[: 2]
# 定义平移矩阵，向右移动50像素，向下移动100像素
M = np.float32([[1, 0, 50], [0, 1, 100]])
# 应用平移变换
shifted_image = cv2.warpAffine(image, M, (cols, rows))
# 显示原图和平移后的图像
cv2.imshow('Original Image', image)
cv2.imshow('Shifted Image', shifted_image)
cv2.waitKey(0)
cv2.destroyAllWindows()
```

在这个例子中，平移矩阵 M 定义了平移的量，其中 [1，0，50] 表示水平方向上的平移量是 50（向右移动），[0，1，100] 表示垂直方向上的平移量是 100（向下移动）。cv2.warpAffine（）

函数使用这个矩阵对原图像进行变换，返回变换后的图像。

7.4.9　图像的几何变换进阶：旋转、仿射变换

（1）图像旋转

图像旋转是将图像以某一点作为中心进行旋转，可以是顺时针，也可以是逆时针。OpenCV 提供了 cv2.getRotationMatrix2D 和 cv2.warpAffine 函数来实现这个过程。旋转示例如下：

```
import cv2
# 读取图像
image = cv2.imread('example.jpg')
rows, cols = image.shape[: 2]
# 旋转中心点为图像中心，旋转角度为90°，不改变图像尺寸
M = cv2.getRotationMatrix2D((cols / 2, rows / 2), 90, 1)
rotated_image = cv2.warpAffine(image, M, (cols, rows))
# 显示结果
cv2.imshow('Original Image', image)
cv2.imshow('Rotated Image', rotated_image)
cv2.waitKey(0)
cv2.destroyAllWindows()
```

这里，cv2.getRotationMatrix2D 需要三个参数：旋转的中心点坐标、旋转角度（逆时针为正值）以及图像缩放比例（1 表示大小不变）。这会返回一个旋转矩阵 M，它被用在 cv2.warpAffine 函数中实现旋转。

（2）图像仿射变换

仿射变换是更一般的线性映射，它包含了旋转、缩放、平移和倾斜等多种变换。通过仿射变换可以实现图像的两点或三点定位。这意味着可以将图像上的三个点映射到一个新位置，其他点也将跟随移动以保持直线线性和平行线间的比例。示例如下：

```
import cv2
import numpy as np
image = cv2.imread('example.jpg')
rows, cols, ch = image.shape
# 原图中的三个点以及它们在输出图像中的位置
pts1 = np.float32([[50, 50], [200, 50], [50, 200]])
pts2 = np.float32([[10, 100], [200, 50], [100, 250]])
# 生成仿射变换矩阵
M = cv2.getAffineTransform(pts1, pts2)
# 应用仿射变换
warped_image = cv2.warpAffine(image, M, (cols, rows))
# 显示结果
cv2.imshow('Original Image', image)
cv2.imshow('Warped Affine Image', warped_image)
cv2.waitKey(0)
cv2.destroyAllWindows()
```

在上述代码中，需要先定义原图中三个点 pts1 和目标图像中对应的三个点 pts2，然后使用 cv2.getAffineTransform 来获取仿射变换矩阵 M。cv2.warpAffine 函数使用这个矩阵来完成变换。

7.4.10 图像的阈值处理：全局阈值与自适应阈值

cv2.threshold 函数是 OpenCV 中用于进行图像阈值处理的函数，它能够将图像转换为二进制形式或根据设定的阈值进行分割。以下是该函数的基本语法：

```
retval, dst = cv2.threshold(src, thresh, maxval, type)
```

其中各参数的含义如下。

src：输入图像，即待处理的原始图像，必须是单通道灰度图。

thresh：设定的阈值，用于对图像进行分割。

maxval：分割后的像素值，当像素值超过阈值时，设定的像素值。

type：阈值处理的类型，包括以下几种取值。

cv2.THRESH_BINARY：超过阈值的像素设为 maxval，否则设为 0。

cv2.THRESH_BINARY_INV：超过阈值的像素设为 0，否则设为 maxval。

cv2.THRESH_TRUNC：超过阈值的像素设为阈值，其他像素不变。

cv2.THRESH_TOZERO：超过阈值的像素不变，小于阈值的像素设为 0。

cv2.THRESH_TOZERO_INV：超过阈值的像素设为 0，小于阈值的像素不变。

函数返回值如下。

retval：计算出的阈值，用于后续分析。

dst：处理后的输出图像，即阈值处理后的图像。

下面是一个简单的示例，演示如何使用 cv2.threshold 函数对图像进行二值化处理。

```
import cv2
# 读取图像
image = cv2.imread('example.jpg', cv2.IMREAD_GRAYSCALE)
# 设定阈值
thresh_value = 127
# 进行二值化处理
retval, binary_image = cv2.threshold(image, thresh_value, 255, cv2.THRESH_
BINARY)
# 显示结果
cv2.imshow('Binary Image', binary_image)
cv2.waitKey(0)
cv2.destroyAllWindows()
```

这个示例将灰度图像进行了二值化处理，超过阈值 127 的像素设为 255，其他设为 0，得到了二值化的结果。

（1）全局阈值

OpenCV 提供了一个函数 cv2.threshold 来实现这一功能。全局阈值示例如下：

```
import cv2
# 读取灰度图像
image = cv2.imread('example.jpg', cv2.IMREAD_GRAYSCALE)
# 使用全局阈值127，将图像二值化
ret, thresh = cv2.threshold(image, 127, 255, cv2.THRESH_BINARY)
# 显示原图和阈值图像
cv2.imshow('Original Image', image)
cv2.imshow('Global Thresholding', thresh)
cv2.waitKey(0)
cv2.destroyAllWindows()
```

在这个例子中，127 是选定的全局阈值。如果某个像素的灰度值大于或等于 127，该像素点的值将设置为 255（白色），否则设置为 0（黑色）。

（2）自适应阈值

OpenCV 为自适应阈值提供了函数 cv2.adaptiveThreshold。自适应阈值示例如下：

```
import cv2
# 读取灰度图像
image = cv2.imread('example.jpg', cv2.IMREAD_GRAYSCALE)
# 使用自适应阈值进行二值化
adaptive_thresh = cv2.adaptiveThreshold(
        image, 255, cv2.ADAPTIVE_THRESH_MEAN_C, cv2.THRESH_BINARY, 11, 2)
        # 显示原图和阈值图像
        cv2.imshow('Original Image', image)
        cv2.imshow('Adaptive Thresholding', adaptive_thresh)
        cv2.waitKey(0)
        cv2.destroyAllWindows()
```

在这里，cv2.adaptiveThreshold 函数的参数说明如下。

第一个参数是源图像，它是灰度图。第二个参数是最大阈值，即在二值化图像中使用的最大值。第三个参数是选择使用的平均算法，cv2.ADAPTIVE_THRESH_MEAN_C 表示使用邻近区域的平均值。第四个参数是阈值类型，cv2.THRESH_BINARY 为二值化类型。第五个参数是用来计算阈值的区域大小（必须为奇数）。第六个参数是从平均值中减去的常数，可以防止自适应阈值过高。

7.4.11　图像的基础分析：直方图与掩模操作

（1）直方图

直方图是表示图像中像素强度分布的图表，它统计了每个强度值的像素数。直方图对于理解图像的对比度、亮度和强度分布非常有用。

OpenCV 提供了 cv2.calcHist 函数来计算直方图。示例如下。

```
import cv2
from matplotlib import pyplot as plt
```

```
# 读取图像
image = cv2.imread('example.jpg', cv2.IMREAD_GRAYSCALE)
# 计算直方图
histogram = cv2.calcHist([image], [0], None, [256], [0, 256])
# 使用matplotlib绘制直方图
plt.plot(histogram)
plt.show()
```

在这个例子中，cv2.calcHist 函数的参数说明如下。

第一个参数是图像的列表，这里只分析一幅图像。第二个参数是通道的索引，在灰度图像中为 [0]，如果是彩色图像，可以传入 [0]、[1] 或 [2] 来分别计算 B、G、R 通道的直方图。第三个参数是掩模图像，用于计算部分图像的直方图。第四个参数是 BIN 的数目，即直方图的段数。第五个参数是像素值的范围。

（2）掩模操作

掩模操作可以专注于图像的特定部分，基本思想是使用一个二进制图像（掩模）来指定要处理的图像区域。在掩模图像中，像素值为 1（或 255）的位置指示相应的源图像像素将被处理，而值为 0 的位置的像素则不会被处理。

下面的代码展示了如何使用掩模来专注于图像的一个特定区域。

```
import cv2
import numpy as np
# 读取图像
image = cv2.imread('example.jpg', cv2.IMREAD_COLOR)
# 创建掩模，大小与图像相同，初始时全部为0（黑色）
mask = np.zeros(image.shape[: 2], dtype="uint8")
# 定义感兴趣的区域，例如，在图像中央创建一个白色的正方形区域
cv2.rectangle(mask, (image.shape[1]//4, image.shape[0]//4),
                    ((image.shape[1]*3)//4, (image.shape[0]*3)//4), 255, -1)
# 应用掩模
masked_image = cv2.bitwise_and(image, image, mask=mask)
# 显示结果
cv2.imshow('Masked Image', masked_image)
cv2.waitKey(0)
cv2.destroyAllWindows()
```

在这个示例中，使用 cv2.bitwise_and 函数应用掩模。其第一个参数是源图像，第二个参数是要应用的掩模。结果是只有中央的白色正方形区域被显示。

7.4.12 图像平滑技术：模糊与去噪

在数字图像处理中，图像平滑是一种非常重要的预处理步骤，它可以帮助减少图像中的噪声，或者针对特定的应用进行图像模糊。OpenCV 作为一种主流的计算机视觉库，提供了多种图像平滑的方法。

① 均值滤波　均值滤波是最简单的滤波方法，它通过替换图像中每个像素的值为其邻域

内像素值的平均值来实现。示例如下：

```
import cv2
import numpy as np
image = cv2.imread('image.jpg')
blurred_image = cv2.blur(image, (5, 5))     # 使用5×5的核进行均值滤波
cv2.imshow('Original Image', image)
cv2.imshow('Blurred Image', blurred_image)
cv2.waitKey(0)
cv2.destroyAllWindows()
```

② 高斯滤波　高斯滤波是一种更加复杂的平滑技术，它使用高斯核来进行滤波。高斯核是根据高斯分布（正态分布）来生成的。相比于均值滤波，高斯滤波可以更好地保留图像边缘。示例如下：

```
blurred_image = cv2.GaussianBlur(image, (5, 5), 0)   # 使用5×5的高斯核，标准差
设为0
cv2.imshow('Gaussian Blurred Image', blurred_image)
cv2.waitKey(0)
cv2.destroyAllWindows()
```

③ 中值滤波　中值滤波是一种非线性的滤波技术，它将每个像素替换为邻域内像素值的中位数。中值滤波对去除椒盐噪声（随机出现的黑白点）特别有效。示例如下：

```
median_blurred_image = cv2.medianBlur(image, 5)   # 使用5×5的核进行中值滤波
cv2.imshow('Median Blurred Image', median_blurred_image)
cv2.waitKey(0)
cv2.destroyAllWindows()
```

7.4.13　边缘检测基础：Canny 算法

边缘检测是计算机视觉中的一项基础而重要的处理技术，它能够识别出图像中物体的轮廓。在众多边缘检测算法中，Canny 算法因其高效性和准确性，在实际应用中非常受欢迎。

（1）Canny 边缘检测算法概述

Canny 边缘检测算法是由 John Canny 于 1986 年提出的，它是一种多阶段的算法，目的是提取图像中有用的结构信息，同时尽可能降低错误率。Canny 算法的高效性主要体现在以下三个标准上。

低误差率：标志着边缘检测必须尽可能精确地捕获图像中的边缘。

高定位性：检测到的边缘点必须尽可能接近真实边缘的中心。

最小响应：图像中的边缘只能被标记一次，并且可能存在的噪声不应产生误检。

（2）Canny 算法的具体步骤

Canny 算法的执行流程可分为以下几个步骤。

① 噪声去除　由于边缘检测很容易受到图像中噪声的影响，所以首步是用高斯滤波器对

图像进行平滑处理，去除噪声。

② 寻找图像梯度　使用 Sobel 算子计算水平和垂直方向上的梯度，从而找到图像中梯度的强度和方向。

③ 非极大值抑制　将梯度值不是极大值的像素点设置为 0，这样可以得到细化的边缘。

④ 双阈值检测　确定两个阈值：低阈值和高阈值。强度高于高阈值的像素被认为是边缘像素，低于低阈值的阈值被排除掉，位于两者之间的用一定的方法处理。

⑤ 边缘跟踪　通过滞后技术从潜在的边缘像素中删除边缘，并确定哪些边缘是真正的边缘。

（3）OpenCV 中的 Canny 边缘检测

OpenCV 提供了简单易用的 Canny 函数，只需指定低阈值和高阈值即可。下面通过示例来看一下 Canny 算法在 OpenCV 中的应用。

```
import cv2
import numpy as np
image = cv2.imread('image.jpg', 0)        # 以灰度模式读取图像
edges = cv2.Canny(image, 100, 200)        # 应用Canny边缘检测
cv2.imshow('Original Image', image)
cv2.imshow('Edges', edges)
cv2.waitKey(0)
cv2.destroyAllWindows()
```

在这个例子中，首先以灰度模式读取图像，然后使用 Canny 函数进行边缘检测，其中 100 和 200 分别是算法的低阈值和高阈值。最后展示了原始图像和检测到的边缘图像。

应用 Canny 算法进行边缘检测的步骤如下。

① 读取图像并转化为灰度图像。

② 使用 GaussianBlur 进行去噪。

③ 应用 Canny 边缘检测函数。

④ 显示原图和结果图来进行对比。

通过以上步骤，可以有效地应用 Canny 算法进行边缘检测，并对检测结果进行验证。

边缘检测在图像处理和计算机视觉中占有非常重要的地位，Canny 算法作为边缘检测的经典算法之一，不仅具有较高的检测效率，同时也能较好地保留图像边缘的细节信息。通过将 Canny 算法与其他算法结合使用，可以实现更加复杂的图像处理任务。

7.4.14　形态学操作：膨胀、腐蚀、开运算、闭运算

形态学操作是图像处理中基于形状的一系列操作。它们对于图像前处理、特征提取和图像恢复等环节非常有帮助。本小节将介绍四种基本的形态学操作：膨胀、腐蚀、开运算和闭运算。这些操作在 OpenCV-Python 中都有很好的支持，并且易于使用。

（1）膨胀

膨胀是一种形态学操作，它是通过将图像与一个核（或称为结构元素）进行卷积并取局部最大值来实现的。膨胀可以增加图像中白色区域的面积，并减少黑色区域的面积。

函数语法如下：

```
cv2.dilate(src, kernel, iterations = 1)
```

参数说明如下。

src：输入图像。

kernel：结构元素，可以使用 cv2.getStructuringElement（）创建。

iterations：膨胀的次数，默认值为 1。

示例如下：

```
import cv2
import numpy as np
img = cv2.imread('input.jpg', 0)         # 以灰度模式读取图像
kernel = np.ones((5, 5), np.uint8)  # 创建5×5的结构元素
dilation = cv2.dilate(img, kernel, iterations = 1)
cv2.imshow('Dilation', dilation)
cv2.waitKey(0)
cv2.destroyAllWindows()
```

（2）腐蚀

与膨胀相反，腐蚀操作会减少图像中白色区域的面积，并增加黑色区域的面积。这可以通过将图像与核进行卷积并取局部最小值来实现。

函数语法如下：

```
cv2.erode(src, kernel, iterations = 1)
```

举例如下：

```
img_erode = cv2.erode(img, kernel, iterations = 1)
cv2.imshow('Erosion', img_erode)
cv2.waitKey(0)
cv2.destroyAllWindows()
```

（3）开运算

开运算是先腐蚀后膨胀的过程，这对于去除小的白噪声很有用。

函数语法如下：

```
cv2.morphologyEx(src, cv2.MORPH_OPEN, kernel)
```

示例如下：

```
opening = cv2.morphologyEx(img, cv2.MORPH_OPEN, kernel)
cv2.imshow('Opening', opening)
cv2.waitKey(0)
cv2.destroyAllWindows()
```

(4) 闭运算

闭运算则是先膨胀后腐蚀的操作，用于关闭前景对象内的小洞或小黑点。

函数语法如下：

```
cv2.morphologyEx(src, cv2.MORPH_CLOSE, kernel)
```

示例如下：

```
closing = cv2.morphologyEx(img, cv2.MORPH_CLOSE, kernel)
cv2.imshow('Closing', closing)
cv2.waitKey(0)
cv2.destroyAllWindows()
```

7.4.15 图像梯度与边缘检测进阶

(1) Sobel 算子和 Scharr 算子

在图像处理中，Sobel 算子是用于边缘检测的最常用算法之一。它通过计算图像灰度水平方向和垂直方向梯度的近似值来工作，从而捕捉图像的边缘。

Sobel 函数的语法如下：

```
dst = cv2.Sobel(src, ddepth, dx, dy, ksize, scale, delta, borderType)
```

参数说明如下。

src：输入图像。

ddepth：输出图像的深度。

dx：水平方向的微分阶数。

dy：垂直方向的微分阶数。

ksize：Sobel 核的大小。如果设为 -1，则使用 Scharr 算子，其能提供更精确的边缘检测。

scale：计算导数值的缩放因子，默认值是 1。

delta：添加到目标图像中的可选增量值，默认值是 0。

borderType：图像外延边界的模式。

Scharr 算子是 Sobel 的一种变体，用于更准确的边缘检测。

(2) Laplacian 算子

Laplacian 算子计算的是图像的二阶导数，它可以补充 Sobel 算子在边缘检测中的不足。Laplacian 函数的语法如下：

```
dst = cv2.Laplacian(src, ddepth, ksize, scale, delta, borderType)
```

参数的含义和 Sobel 函数相似。

例 7-4：使用 Sobel 算子进行边缘检测。

```
import cv2
import numpy as np
from matplotlib import pyplot as plt
# 读取图像
img = cv2.imread('example.jpg', 0)
# 水平和垂直方向的Sobel算子
sobelx = cv2.Sobel(img, cv2.CV_64F, 1, 0, ksize=5)
sobely = cv2.Sobel(img, cv2.CV_64F, 0, 1, ksize=5)
# 显示结果
plt.subplot(1, 2, 1), plt.imshow(sobelx, cmap='gray')
plt.title('Sobel X'), plt.xticks([]), plt.yticks([])
plt.subplot(1, 2, 2), plt.imshow(sobely, cmap='gray')
plt.title('Sobel Y'), plt.xticks([]), plt.yticks([])
plt.show()
```

例 7-5：结合 Sobel 算子与 Laplacian 算子进行边缘检测。

```
import cv2
import numpy as np
from matplotlib import pyplot as plt
# 读取图像
img = cv2.imread('example.jpg', 0)
# Sobel算子
sobel_combined = cv2.Sobel(img, cv2.CV_64F, 1, 1, ksize=5)
# Laplacian算子
laplacian = cv2.Laplacian(img, cv2.CV_64F)
# 显示结果
plt.subplot(1, 2, 1), plt.imshow(sobel_combined, cmap='gray')
plt.title('Sobel Combined'), plt.xticks([]), plt.yticks([])
plt.subplot(1, 2, 2), plt.imshow(laplacian, cmap='gray')
plt.title('Laplacian'), plt.xticks([]), plt.yticks([])
plt.show()
```

Sobel 算子捕捉到的是图像在水平和垂直方向的一阶导数变化，而 Laplacian 算子计算了图像的二阶导数，能识别出更细微的边缘。

（3）Canny 边缘检测

除了 Sobel 算子和 Laplacian 算子，Canny 边缘检测是另一种常用于检测图像边缘的算法。它具有去噪声并且准确检测图像边缘的特点。

Canny 函数的语法如下：

```
edges = cv2.Canny(image, threshold1, threshold2, apertureSize, L2gradient)
```

参数说明如下。

image：输入图像。

threshold1：第一个阈值用于边缘连接。

threshold2：第二个阈值用于边缘检测。

apertureSize：Sobel 算子的大小，默认是 3。

L2gradient：计算图像梯度幅值的标志，如果设为 True，则使用更精确的 Euclidean 距离，否则使用一个近似值，默认为 False。

使用 Canny 算子进行边缘检测的示例如下：

```
import cv2
from matplotlib import pyplot as plt
# 读取图像
img = cv2.imread('example.jpg', 0)
# Canny边缘检测
edges = cv2.Canny(img, 100, 200)
# 显示结果
plt.subplot(121), plt.imshow(img, cmap='gray')
plt.title('Original Image'), plt.xticks([]), plt.yticks([])
plt.subplot(122), plt.imshow(edges, cmap='gray')
plt.title('Edge Image'), plt.xticks([]), plt.yticks([])
plt.show()
```

在这个示例中，使用 Canny 算子进行边缘检测，这种方法比使用 Sobel 算子和 Laplacian 算子能更清晰地识别和显示图像中的边缘。通过调整 threshold1 和 threshold2 参数，可以优化检测结果，以捕捉到图像中更细微的边缘。

7.4.16 图像金字塔与多尺度处理

（1）图像金字塔概述

图像金字塔是一种以不同分辨率呈现图像的技术，底层是较高分辨率的图像，而顶层是较低分辨率的图像。金字塔的每一层都是上一层图像的降采样版本，这对于图像的多尺度表示和分析非常有用，例如在物体检测和图像压缩中。

（2）OpenCV 中的图像金字塔

OpenCV 通过 pyrUp 和 pyrDown 两个函数来支持图像金字塔的创建。

pyrUp 函数将图像向上采样，即增加图像的大小。

参数说明如下。

src：输入图像。

dst：输出图像，与源图像相比，尺寸翻倍。

dstsize：目标图像大小。

borderType：边界类型。

语法如下：

```
cv2.pyrUp(src[, dst[, dstsize[, borderType]]])
```

pyrDown 函数将图像向下采样，即减少图像的大小。其参数与 pyrUp 相似，不过这里 dstsize 是指输出图像的尺寸，通常是输入尺寸的一半。

语法如下：

```
cv2.pyrDown(src[, dst[, dstsize[, borderType]]])
```

（3）图像金字塔应用

创建一个图像的金字塔，并显示不同层次的图像。

① 首先，读取一张图像作为起始点。

② 使用 pyrDown 函数对图像进行多次降采样，每一次都显示降采样后的图像。

③ 通过 pyrUp 函数对最后的降采样图像进行上采样，展示上采样的效果。

示例如下：

```
import cv2
import matplotlib.pyplot as plt
# 读取图像
image = cv2.imread('your_image_path.jpg')
current_layer = image
pyramid_images = [current_layer]
# 创建向下的金字塔
for i in range(3):
      current_layer = cv2.pyrDown(current_layer)
      pyramid_images.append(current_layer)
      # 显示金字塔的每层图像
for i, img in enumerate(pyramid_images):
          plt.subplot(2, 2, i + 1)
      plt.imshow(cv2.cvtColor(img, cv2.COLOR_BGR2RGB))
          plt.title(f›Layer {i}›)
      plt.show()
```

此代码将创建一个包含原始图像及其三个降采样版本的图像金字塔，并使用 matplotlib 展示每个图层。

7.4.17　图像的 ROI 与感兴趣区操作

在深入学习图像处理的过程中，理解和掌握图像中感兴趣区的操作是一项非常基础且重要的技能。

（1）理论基础

在计算机视觉中，ROI 是指对图像特别感兴趣的那部分区域。操作 ROI 通常是为了降低处理时间，提高准确度或是仅对图像的特定部分进行分析。

（2）OpenCV 中的 ROI 操作

在 OpenCV 中，可以通过数组切片来访问和操作 ROI。基本语法如下：

```
roi = image[y1: y2, x1: x2]
```

其中，（x1，y1）是 ROI 的左上角坐标，（x2，y2）是 ROI 的右下角坐标。

(3) 实际应用

例 7-6：提取并显示 ROI。

假设要处理的图像是一张车辆图片，想要提取车牌部分进行进一步的处理。

```
import cv2
# 读取图像
image = cv2.imread('car.jpg')
# 假设车牌区域的坐标如下（实际应用中需要通过其他方法确定这些坐标）
x1, y1, x2, y2 = 100, 200, 400, 300
# 提取ROI
car_plate = image[y1: y2, x1: x2]
# 显示ROI
cv2.imshow('Car Plate', car_plate)
cv2.waitKey(0)
cv2.destroyAllWindows()
```

例 7-7：修改 ROI。

在有些情况下，可能需要修改图像的特定区域。例如，可以将图像的某个区域变为黑色。

```
# 将车牌区域变为黑色
image[y1: y2, x1: x2] = 0
# 显示修改后的图像
cv2.imshow('Modified Image', image)
cv2.waitKey(0)
cv2.destroyAllWindows()
```

(4) 进阶：复制与操作 ROI

有时，还需要执行更复杂的操作，比如将一部分图像的 ROI 复制到图像的另一部分。

```
# 提取图像的一个区域
roi = image[50: 150, 100: 200]
# 将这个区域复制到图像的另一部分
image[200: 300, 300: 400] = roi
# 显示结果
cv2.imshow('Image after Copying ROI', image)
cv2.waitKey(0)
cv2.destroyAllWindows()
```

7.4.18 图像的复制与克隆

在图像处理中，复制和克隆是用于保留原始图像信息、实现图像备份以及在图像对象之间传递图像数据的常见操作。

(1) 图像复制与克隆的基本原理

图像复制是指创建图像的一个或多个副本，而图像克隆则通常指创建一个完全独立的图像副本，确保原始图像的任何修改都不会影响克隆的副本。

在 OpenCV 中，图像被存储为 NumPy 数组，因此复制和克隆被转化为数组的复制和克隆操作。

（2）OpenCV 中的图像复制与克隆操作

图像复制可以简单地使用赋值操作符，但这种方式并不会创建数组的独立副本，而是创建一个新的引用。要创建一个独立的数组副本，需要使用 NumPy 的 copy（ ）方法。

赋值操作符（非独立复制）：

```
img_copy = img
```

NumPy　copy（ ）方法（独立复制）：

```
img_clone = img.copy ( )
```

使用 img.copy（ ）方法不仅复制了图像数据，也确保了两个数组在内存中是完全独立的。

（3）实践应用

下面通过一些例题来学习如何在实际中使用图像的复制与克隆技巧。

例 7-8：创建图像的非独立复制。

```
import cv2
import numpy as np
# 读取图像
image = cv2.imread ('example.jpg')
# 创建图像的非独立复制，即新变量和原始图像指向同一对象
image_copy = image
# 验证复制
cv2.imshow ('Original Image', image)
cv2.imshow ('Image Copy', image_copy)
cv2.waitKey (0)
cv2.destroyAllWindows ( )
```

例 7-9：创建图像的独立副本。

```
# 创建图像的独立副本
image_clone = image.copy ( )
# 修改副本图像的一个区域，不影响原始图像
image_clone[10: 100, 10: 100] = (0, 255, 0)  # 将一块区域涂为绿色
# 显示修改后的副本图像和原始图像
cv2.imshow ('Cloned Image with Modification', image_clone)
cv2.imshow ('Original Image after Cloning', image)
cv2.waitKey (0)
cv2.destroyAllWindows ( )
```

例 7-10：使用复制和克隆在图像上绘制连续操作。

```
# 创建图像的独立副本，用于绘制
drawn_image = image.copy()
# 在图像上绘制几个图形
cv2.rectangle(drawn_image, (50, 50), (200, 200), (255, 0, 0), 2)
cv2.circle(drawn_image, (300, 300), 50, (0, 0, 255), -1)
# 显示绘制后的图像和原始图像
cv2.imshow('Drawn Image', drawn_image)
cv2.imshow('Original Image', image)
cv2.waitKey(0)
cv2.destroyAllWindows()
```

7.4.19 使用摄像头捕获视频

本小节将介绍如何使用 OpenCV 通过计算机摄像头捕获实时视频流。这项技术被视为计算机视觉领域中的基石，广泛应用于人脸识别、动作追踪、实时监控以及互动媒体等领域。OpenCV 提供了简单而强大的接口，使得访问摄像头变得非常容易。

（1）使用摄像头捕获视频流

OpenCV 使用 cv2.VideoCapture 类来访问摄像头。与读取视频文件类似，VideoCapture 同样用于摄像头视频流的捕获。语法基本相同，但在初始化 VideoCapture 对象时，使用设备索引（如 0、1 等）而不是文件路径作为参数，通常 0 代表计算机的默认摄像头。以下是基本用法：

```
import cv2
# 创建VideoCapture对象，参数0表示第一个摄像头
cap = cv2.VideoCapture(0)
# 检查摄像头是否成功打开
if not cap.isOpened():
    print("Cannot open camera")
        exit()
```

捕获视频流之后，可以如同处理视频文件一样，逐帧读取并显示视频帧。

（2）显示视频流

捕获并逐帧处理视频流的核心部分在于一个循环，该循环持续读取每帧，直到摄像头关闭或用户决定退出。

```
while True:
    # 逐帧捕获
        ret, frame = cap.read()
        # 若正确读取帧，ret为True
        if not ret:
            print("Can't receive frame (stream end?). Exiting ...")
            break
        # 显示结果帧
```

```
        cv2.imshow('frame', frame)
        # 按'q'键退出循环
        if cv2.waitKey(1) == ord('q'):
            break
# 完成所有操作后，释放捕获器
cap.release()
cv2.destroyAllWindows()
```

此代码段创建了一个无限循环，不断从摄像头读取帧并显示。按下“q”键即可退出循环。

（3）保存摄像头视频

要保存从摄像头捕获的视频，可以使用 VideoWriter 类，就像处理视频文件时一样。首先，需要定义编解码器（fourcc）、帧率和帧大小，然后创建 VideoWriter 对象。

```
fourcc = cv2.VideoWriter_fourcc(*'XVID')
out = cv2.VideoWriter('output.avi', fourcc, 20.0, (640, 480))
```

在读取和显示帧的同时，使用 write 方法将帧写入文件中：

```
while True:
    ret, frame = cap.read()
        if not ret:
            break
        # 将帧写入输出文件
        out.write(frame)
        cv2.imshow('frame', frame)
        if cv2.waitKey(1) == ord('q'):
            break
```

最后，释放 VideoWriter 对象和其他所有资源：

```
# 释放资源
cap.release()
out.release()
cv2.destroyAllWindows()
```

（4）基于摄像头的面部检测

以下示例将展示如何在摄像头捕获的视频流中实时检测面部。首先导入必要的库并加载面部检测用的 Haar 特征分类器。

```
import cv2
# 创建VideoCapture对象
cap = cv2.VideoCapture(0)
# 加载Haar特征分类器
```

```
face_cascade = cv2.CascadeClassifier('haarcascade_frontalface_default.xml')
'haarcascade_frontalface_default.xml'文件
while True:
      ret, frame = cap.read()
            if not ret:
                  break
            gray = cv2.cvtColor(frame, cv2.COLOR_BGR2GRAY)
            faces = face_cascade.detectMultiScale(gray, 1.1, 4)
            for (x, y, w, h) in faces:
                   cv2.rectangle(frame, (x, y), (x+w, y+h), (255, 0, 0), 2)
            cv2.imshow('frame', frame)
            if cv2.waitKey(1) == ord('q'):
                  break
        cap.release()
        cv2.destroyAllWindows()
```

在这个例子中，从摄像头中捕获视频流，将每帧转换为灰度图像，并使用 Haar 特征分类器检测其中的面部。检测到的每个面部都会用蓝色矩形框标记出来。

7.4.20 关键点与特征检测

（1）关键点检测

函数：cv2.goodFeaturesToTrack（）。

功能：该函数用于检测图像中 N 个最好的角点。

语法如下：

```
corners = cv2.goodFeaturesToTrack(image, maxCorners, qualityLevel, minDistance)
```

参数说明如下。

image：输入图像，它应为灰度图。

maxCorners：要检测的角点数量的最大值。如果将其设置为 0，则不限制角点数。

qualityLevel：角点质量的阈值。它是所有角点中得分最低的阈值。

minDistance：返回的角点之间的最小欧氏距离。

返回值 corners：检测到的角点的数组。

（2）SIFT 特征描述

SIFT 是一种用于图像中关键点检测和描述的算法。

函数：cv2.SIFT_create（）。

功能：创建一个 SIFT 对象，用于关键点检测和特征描述。

语法如下：

```
sift = cv2.SIFT_create()
```

7.4.21　使用 Harris 角点检测

角点是图像中具有两个主导方向的点，它们在计算机视觉中被广泛用于特征检测和匹配，因为角点在视觉内容中代表着图像的重要特征和属性。Harris 角点检测算法是一种经典的角点检测方法，它能检测出图像中的角点。以下介绍 Harris 角点检测的原理、OpenCV 中的实现方法，并通过例题使读者加深理解。

（1）Harris 角点检测原理

Harris 角点检测器的基本思想是找到图像中灰度变化较大的特征点。具体来说，算法会计算图像中每个像素点在各个方向上的灰度变化程度，如果某个像素点在多个方向上都有较大的灰度变化，则该点被认为是一个角点。

（2）OpenCV 中的 Harris 角点检测

在 OpenCV 中，Harris 角点检测可以通过 cv2.cornerHarris（ ）函数实现。

函数语法如下：

```
cv2.cornerHarris(src, blockSize, ksize, k)
```

src：输入图像，数据类型为 float32。

blockSize：角点检测中要考虑的领域大小。

ksize：Sobel 算子的孔径参数。

k：Harris 角点检测方程中的自由参数，取值范围为［0.04，0.06］。

返回值：函数返回一个与输入图像同尺寸的灰度图像，其中的每个像素值代表该位置的 Harris 角点响应值。值越大，表示越可能是角点。

示例：使用 Harris 角点检测。

目标：读取一幅图像并使用 Harris 角点检测方法找出图像中的角点。

步骤如下。

① 导入必要的库。

```
import cv2
import numpy as np
```

② 读取图像并转换为灰度图。

```
img = cv2.imread('image.jpg')
gray = cv2.cvtColor(img, cv2.COLOR_BGR2GRAY)
gray = np.float32(gray)
```

③ 应用 Harris 角点检测。

```
dst = cv2.cornerHarris(gray, 2, 3, 0.04)
```

④ 对角点进行标记。

```
img[dst>0.01*dst.max()] = [0, 0, 255]
```

⑤ 显示结果。

```
cv2.imshow('Harris Corners', img)
cv2.waitKey(0)
cv2.destroyAllWindows()
```

在这个示例中，首先读入了一个图像，并将其转换为灰度图像。然后，利用 cv2.cornerHarris（）函数对图像进行 Harris 角点检测。之后，通过一个简单的阈值操作将检测到的角点在原图上用红色标记出来，并显示结果图像。

7.4.22 使用 SIFT 检测关键点

在图像处理和计算机视觉领域中，关键点检测是一项基础且重要的任务，它旨在从图像中找到可以代表图像内容的特殊点，这些点通常具有独特性、稳定性，并在多尺度空间中保持一致。尺度不变特征变换（SIFT）是 Lowe 在 2004 年提出的一种用于检测和描述图像关键点的算法，广泛应用于图像匹配、物体识别等领域。

（1）SIFT 算法原理

SIFT 算法通过在不同尺度空间搜索极值点来检测关键点，并通过关键点周围区域的梯度信息来生成描述符。关键点的位置和尺度不变性确保了特征的重复性和匹配性，这使得它对于图像缩放、旋转甚至仿射变换都具有鲁棒性。

（2）OpenCV 中的 SIFT 关键点检测

由于 SIFT 是专利算法，在 OpenCV 3.4.2 之后的版本需要通过额外的 opencv_contrib 模块来使用。

函数语法如下：

```
sift = cv2.SIFT_create()
keypoints, descriptors = sift.detectAndCompute(image, mask)
```

image：输入图像，通常是灰度图像。

mask：掩码图像，用于指定哪些区域是要查找关键点的（可选参数，默认为无）。

keypoints：检测到的关键点列表。

descriptors：每个关键点对应的描述符，它是关键点周围区域的有效摘要。

示例：使用 SIFT 检测关键点并绘制它们。

目标：在给定图像中检测 SIFT 关键点，并在原图上绘制这些关键点。

步骤如下。

① 导入必要的库。

```
import cv2
import numpy as np
import matplotlib.pyplot as plt
```

② 读取图像并转换为灰度图。

```
img = cv2.imread('image.jpg')
gray = cv2.cvtColor(img, cv2.COLOR_BGR2GRAY)
```

③ 创建 SIFT 对象并检测关键点和描述符。

```
sift = cv2.SIFT_create()
keypoints, descriptors = sift.detectAndCompute(gray, None)
```

④ 使用 cv2.drawKeypoints 绘制关键点。

```
img_sift = cv2.drawKeypoints(img, keypoints, None, flags=cv2.DRAW_MATCHES_
FLAGS_DRAW_RICH_KEYPOINTS)
```

⑤ 显示结果。

```
plt.imshow(cv2.cvtColor(img_sift, cv2.COLOR_BGR2RGB))
plt.title('SIFT Keypoints')
plt.show()
```

在这个示例中，首先读取了一幅图像，并将其转化为灰度图，以便 SIFT 算法在其中寻找关键点。创建 SIFT 对象后，调用了 detectAndCompute 方法来寻找关键点，并生成各关键点的描述符。通过 drawKeypoints 方法，在原图上以丰富的方式（富含关键点方向和大小等信息）绘制了这些关键点。最后，使用 matplotlib 展示了绘有关键点的图像。SIFT 关键点检测的这一过程不仅是学习特征检测的重要步骤，还有助于我们更深入地理解图像关键点的概念，以及如何在实际应用中利用它们。

7.4.23　SURF 特征检测器

在计算机视觉的特征检测与描述领域，SURF 算法是一种流行的尺度不变特征变换方法，由 Bay、Tuytelaars 和 Van Gool 于 2006 年提出。它在 SIFT 的基础上进行了改进，旨在提升特征提取的速度和性能，尤其在实时应用中表现突出。

（1）SURF 算法原理

SURF 利用积分图像（integral image）来加速图像的卷积运算，进而加速 Hessian 矩阵特征点的检测。它通过构建尺度空间，然后在尺度空间中寻找对比度高的关键点，并用泰勒级数展开式近似求解特征点的精确位置和尺度。此外，SURF 采用了 64 维向量作为描述符，简化了特征匹配过程，同时保持了良好的鲁棒性。

（2）OpenCV 中的 SURF 关键点检测

与 SIFT 相似，由于 SURF 也受到专利保护，在 OpenCV 3.x 版本中将其移入了 opencv_contrib 模块中。

函数语法如下：

```
surf = cv2.xfeatures2d.SURF_create(hessianThreshold, nOctaves, nOctaveLayers, extended, upright)
keypoints, descriptors = surf.detectAndCompute(image, mask)
```

hessianThreshold：Hessian 矩阵的阈值，阈值越大，检测到的特征点越少，但质量越高。

nOctaves：构建金字塔的组数。

nOctaveLayers：每组中的层数。

extended：如果设置为 True，将使用 128 维的描述符。

upright：如果设置为 True，不计算方向。

image：输入图像，为灰度图。

mask：掩码图像，用于指定检测区域。

keypoints：检测到的关键点列表。

descriptors：每个关键点的描述符。

（3）使用 SURF 检测关键点并绘制它们

目标：在给定图像中检测 SURF 关键点，并在原图上绘制这些关键点。

步骤如下。

① 导入必要的库。

```
import cv2
import numpy as np
import matplotlib.pyplot as plt
```

② 读取图像并转换为灰度图。

```
img = cv2.imread('image.jpg')
gray = cv2.cvtColor(img, cv2.COLOR_BGR2GRAY)
```

③ 创建 SURF 对象并检测关键点和描述符。

```
surf = cv2.xfeatures2d.SURF_create(400)      # 设置Hessian阈值
keypoints, descriptors = surf.detectAndCompute(gray, None)
```

④ 绘制关键点。

```
img_surf = cv2.drawKeypoints(img, keypoints, None, (255, 0, 0), 4)
```

⑤ 显示结果。

```
plt.imshow(cv2.cvtColor(img_surf, cv2.COLOR_BGR2RGB))
plt.title('SURF Keypoints')
plt.show()
```

7.4.24　ORB 算法与特征匹配

ORB 是一种快速且有效的特征点检测和描述符提取算法。ORB 是由 Ethan Rublee、Vincent Rabaud、Kurt Konolige 和 Gary R. Bradski 于 2011 年提出的。ORB 基于 FAST 关键点检测器和 BRIEF 描述符，并针对性能进行了改进，特别是加入了对关键点方向的一致性和旋转不变性。

（1）ORB 算法原理

ORB 使用 FAST 算法检测角点，然后应用 Harris 角点度量来寻找最优的 N 个角点。对于每个角点，ORB 计算了一个带方向的 BRIEF 描述符。这项改进是为了实现对图像旋转的鲁棒性。ORB 相对于 SIFT 和 SURF 而言，在性能和计算效率方面有着明显优势。

（2）OpenCV 中的 ORB 关键点检测

OpenCV 提供了方便的方法来使用 ORB 算法检测关键点及其描述符。

函数语法如下：

```
    orb = cv2.ORB_create(nfeatures, scaleFactor, nlevels, edgeThreshold,
firstLevel, WTA_K, scoreType, patchSize, fastThreshold)
    keypoints, descriptors = orb.detectAndCompute(image, mask)
```

nfeatures：要保留的特征点的最大数量。

scaleFactor：金字塔缩放比例。

nlevels：金字塔层数量。

edgeThreshold：边界的宽度。

firstLevel：应计算哪个图像金字塔的第一级。

WTA_K：在计算 BRIEF 描述符时要比较的点的数量。

scoreType：特征点选取的算法。

patchSize：用于计算 BRIEF 描述符的块大小。

fastThreshold：FAST 检测器的阈值。

image：输入图像，为灰度图。

mask：掩码图像，用于指定检测区域。

keypoints：检测到的关键点列表。

descriptors：每个关键点的描述符。

（3）使用 ORB 检测关键点并绘制它们，进行特征匹配

目标：在两幅给定图像中检测 ORB 关键点，并进行特征匹配以找出相同的点。

步骤如下。

① 导入必要的库。

```
import cv2
import numpy as np
import matplotlib.pyplot as plt
```

② 读取图像并转换为灰度图。

```
img1 = cv2.imread('image1.jpg', cv2.IMREAD_GRAYSCALE)
img2 = cv2.imread('image2.jpg', cv2.IMREAD_GRAYSCALE)
```

③ 创建 ORB 对象并检测关键点和描述符。

```
orb = cv2.ORB_create(nfeatures=1500)
keypoints1, descriptors1 = orb.detectAndCompute(img1, None)
keypoints2, descriptors2 = orb.detectAndCompute(img2, None)
```

④ 使用 BFMatcher 进行特征匹配。

```
bf = cv2.BFMatcher(cv2.NORM_HAMMING, crossCheck=True)
matches = bf.match(descriptors1, descriptors2)
matches = sorted(matches, key = lambda x: x.distance)
```

⑤ 绘制匹配结果。

```
img_matches = cv2.drawMatches(img1, keypoints1, img2, keypoints2, matches
[:30], None, flags=2)
```

⑥ 显示结果。

```
plt.figure(figsize=(12, 6))
plt.imshow(img_matches)
plt.title('ORB Feature Matching')
plt.show()
```

通过这个例题，可以了解如何使用 OpenCV 进行 ORB 关键点检测、特征描述及特征匹配。ORB 算法是一种强大且速度快的算法，适用于实时应用和在移动设备上进行计算机视觉任务。ORB 的速度和效率使其成为许多项目的首选特征检测算法之一。

7.4.25 特征匹配与 Homography 寻找

假设有两张风景相似的照片，想找到它们之间的匹配点并计算 Homography 矩阵，程序如下：

```
import numpy as np
import cv2
from matplotlib import pyplot as plt
# 读取图像
image1 = cv2.imread('image1.jpg', 0)  # 灰度模式读取
image2 = cv2.imread('image2.jpg', 0)
# 初始化ORB检测器
```

```
    orb = cv2.ORB_create()
    # 检测关键点和描述符
    kp1, des1 = orb.detectAndCompute(image1, None)
    kp2, des2 = orb.detectAndCompute(image2, None)
    # 创建BFMatcher对象
    bf = cv2.BFMatcher(cv2.NORM_HAMMING, crossCheck=True)
    # 进行匹配
    matches = bf.match(des1, des2)
    # 根据距离排序
    matches = sorted(matches, key=lambda x: x.distance)
    # 绘制前10个匹配项
    img_matches = cv2.drawMatches(image1, kp1, image2, kp2, matches[:10], None,
flags=2)
    # 显示匹配结果
    plt.imshow(img_matches)
    plt.show()
    # 提取好的匹配点
    points1 = np.zeros((len(matches), 2), dtype=np.float32)
    points2 = np.zeros_like(points1)
    for i, match in enumerate(matches):
          points1[i, :] = kp1[match.queryIdx].pt
                  points2[i, :] = kp2[match.trainIdx].pt
          # 计算Homography
          H, status = cv2.findHomography(points1, points2, cv2.RANSAC, 5.0)
          print('Homography Matrix: \n', H)
```

7.4.26　图像拼接

假设有两幅存在重叠区域的图像，下面将通过图像拼接技术将它们拼接成一幅全景图像。

```
    import cv2
    import numpy as np
    # 读取图像
    img1 = cv2.imread('left.jpg')
    img2 = cv2.imread('right.jpg')
    # 初始化ORB检测器
    orb = cv2.ORB_create()
    # 检测关键点和描述符
    kp1, des1 = orb.detectAndCompute(img1, None)
    kp2, des2 = orb.detectAndCompute(img2, None)
    # 使用BF匹配器进行匹配
    bf = cv2.BFMatcher(cv2.NORM_HAMMING, crossCheck=True)
    matches = bf.match(des1, des2)
    # 根据距离进行排序
    matches = sorted(matches, key = lambda x: x.distance)
    # 提取匹配对中的点
```

```
points1 = np.zeros((len(matches), 2), dtype=np.float32)
points2 = np.zeros_like(points1)
for i, match in enumerate(matches):
    points1[i, :] = kp1[match.queryIdx].pt
        points2[i, :] = kp2[match.trainIdx].pt
    # 计算Homography矩阵
    H, status = cv2.findHomography(points1, points2, cv2.RANSAC, 5.0)
    # 使用Homography矩阵变换图像
    height, width = img2.shape[:2]
    im1Reg = cv2.warpPerspective(img1, H, (width, height))
    # 图像融合：这里为简单示例，直接将变换后的图像覆盖到第二幅图像上
    result = im1Reg + img2
    result = cv2.cvtColor(result, cv2.COLOR_BGR2RGB)
    # 保存或显示结果
    # cv2.imshow('Result', result)
    # cv2.waitKey(0)
    # cv2.destroyAllWindows()
```

本例中，首先使用ORB检测器来找到两幅图像中的关键点和它们的描述符。然后，使用BFMatcher进行特征点匹配。接下来从匹配结果中提取坐标，并用这些坐标来计算Homography矩阵。最后，使用得到的Homography矩阵通过图像变换将第一幅图像变换到第二幅图像的视角，实现图像对齐。

7.4.27 实现简单的物体识别

假设有一幅包含特定物体的图像（目标图像）和一幅场景图像，要求识别并定位场景图像中的目标物体，程序如下：

```
import cv2
import numpy as np
# 读取目标图像和场景图像
target_image = cv2.imread('target.jpg', 0)
scene_image = cv2.imread('scene.jpg', 0)
# 初始化ORB检测器
orb = cv2.ORB_create()
# 使用ORB算法对两幅图像进行特征检测和描述
kp1, des1 = orb.detectAndCompute(target_image, None)
kp2, des2 = orb.detectAndCompute(scene_image, None)
# 创建BFMatcher对象，进行特征匹配
bf = cv2.BFMatcher(cv2.NORM_HAMMING, crossCheck=True)
matches = bf.match(des1, des2)
# 根据匹配结果排序
matches = sorted(matches, key=lambda x: x.distance)
# 绘制前N个匹配项的匹配结果
img_matches = cv2.drawMatches(target_image, kp1, scene_image, kp2, matches
[:10], None, flags=2)
```

```
# 显示匹配结果
cv2.imshow("Matches", img_matches)
cv2.waitKey(0)
cv2.destroyAllWindows()
```

本例中，首先使用 ORB 算法对目标图像和场景图像中的特征进行提取和描述。接着，使用 BFMatcher 进行特征匹配，并按照匹配的距离进行排序。最后，选择前 *N* 个匹配项进行显示，从而实现了简单的物体识别和定位。

7.4.28　图像分割

使用简单阈值进行图像分割。是一种常见的图像分割技术。在 OpenCV 中，cv2.threshold 是实现阈值化操作的基本函数。其基本语法如下：

```
retval, dst = cv2.threshold(src, thresh, maxval, type)
```

src：输入图像，通常是灰度图。

thresh：阈值。

maxval：当像素值超过（或小于，取决于阈值类型）阈值时应该被赋予的新像素值。

type：阈值类型，如 cv2.THRESH_BINARY、cv2.THRESH_BINARY_INV 等。

retval：使用的阈值，有时用于 OTSU 和 Triangle 方法。

dst：输出图像。

7.4.29　轮廓发现与分析

示例识别图像中的形状。目标是识别并标记图像中的各种几何形状。方法如下：

① 预处理：读取图像，转换为灰度图，然后应用阈值操作以获得二值图。

② 轮廓发现：使用 findContours（）检测图像中的轮廓。

③ 轮廓分析：使用 approxPolyDP（）根据顶点数区分不同的形状（如三角形、矩形等）。

④ 绘制结果：使用 drawContours（）在原图上标记检测到的形状。

```
import cv2
import numpy as np
image = cv2.imread('shapes.jpg')
gray = cv2.cvtColor(image, cv2.COLOR_BGR2GRAY)
ret, thresh = cv2.threshold(gray, 127, 255, cv2.THRESH_BINARY)
contours, _ = cv2.findContours(thresh, cv2.RETR_LIST, cv2.CHAIN_APPROX_
SIMPLE)
for contour in contours:
    epsilon = 0.01 * cv2.arcLength(contour, True)
        approx = cv2.approxPolyDP(contour, epsilon, True)
        if len(approx) == 3:
            shape = "Triangle"
        elif len(approx) == 4:
```

```
                shape = "Rectangle"
        elif len(approx) > 10:
                shape = "Circle"
        cv2.drawContours(image, [approx], -1, (0, 255, 0), 3)
        x, y = approx.ravel()[0], approx.ravel()[1]
        cv2.putText(image, shape, (x, y), cv2.FONT_HERSHEY_SIMPLEX, 1,
(0, 0, 255), 2)
    cv2.imshow('Shapes Detected', image)
    cv2.waitKey(0)
    cv2.destroyAllWindows()
```

7.4.30 使用轮廓进行图像分割

在计算机视觉中，图像分割是将图像划分成多个段（或像素集）的过程，这些段共同覆盖整个图像，使得这一步骤在图像处理、分析和识别中发挥着至关重要的作用。使用轮廓进行图像分割特别适合识别图像中的具有显著边界的对象。本小节将介绍如何利用之前学过的轮廓发现技术进行有效的图像分割。

① 前景提取　利用轮廓分割可以将图像中的前景从背景中分离出来。这对于许多应用非常有用，例如物体识别和追踪。

② 对象分离　在复杂场景中，多个对象可能相互重叠或接近。使用轮廓分割可以帮助识别并分离这些对象。

③ 核心函数

findContours()：此函数用于在二值图像中查找轮廓。

drawContours()：此函数用于在图像中绘制轮廓。

实例分析：分割图像中的多个对象。

假设有一个含多个对象的图像，要求利用轮廓检测技术分割出每个对象。

步骤 1：预处理。

首先，需要将图像转换为灰度图，然后应用阈值操作获得一个好的二值图像。

```
import cv2
import numpy as np
# 读取图像
image = cv2.imread('shape.jpg')
gray = cv2.cvtColor(image, cv2.COLOR_BGR2GRAY)
# 应用阈值操作
ret, thresh = cv2.threshold(gray, 127, 255, cv2.THRESH_BINARY)
```

步骤 2：轮廓发现。

接下来，利用 findContours 函数找出图像中的所有轮廓。

```
contours, hierarchy = cv2.findContours(thresh, cv2.RETR_EXTERNAL, cv2.CHAIN_
APPROX_SIMPLE)
```

步骤 3：对象分割。

一旦拥有所有的轮廓，就可以遍历每个轮廓并使用 drawContours 函数在原始图像上绘制轮廓或在一个空白图像上绘制来单独查看每个对象。

```
# 创建一个和原图像大小一致的全黑图像
mask = np.zeros_like(image)
# 遍历所有找到的轮廓
for i in range(len(contours)):
    # 在mask上绘制单个轮廓
        cv2.drawContours(mask, contours, i, (255, 255, 255), -1)

        # 使用bitwise_and获取原图中的对象区域
        segmented_image = cv2.bitwise_and(image, mask)

        # 显示结果
        cv2.imshow(f'Object {i+1}', segmented_image)
        cv2.waitKey(0)
        mask.fill(0)        # 清空mask以便下一次绘制
cv2.destroyAllWindows()
```

整体代码如下：

```
import cv2
import numpy as np
# 读取图像
image = cv2.imread('shape.jpg')
gray = cv2.cvtColor(image, cv2.COLOR_BGR2GRAY)
# 应用阈值操作
ret, thresh = cv2.threshold(gray, 127, 255, cv2.THRESH_BINARY)
contours, hierarchy = cv2.findContours(thresh, cv2.RETR_EXTERNAL, cv2.CHAIN_
APPROX_SIMPLE)
# 创建一个和原图像大小一致的全黑图像
mask = np.zeros_like(image)
# 遍历所有找到的轮廓
for i in range(len(contours)):
    # 在mask上绘制单个轮廓
        cv2.drawContours(mask, contours, i, (255, 255, 255), -1)

        # 使用bitwise_and获取原图中的对象区域
        segmented_image = cv2.bitwise_and(image, mask)

        # 显示结果
        cv2.imshow(f'Object {i+1}', segmented_image)
        cv2.waitKey(0)
        mask.fill(0)   # 清空mask以便下一次绘制
    cv2.destroyAllWindows()
```

在这个示例中，mask 图像用来为每个独立对象创建掩码，随后应用这个掩码可以提取原图中相应的对象区域。利用在掩码上绘制轮廓并通过 bitwise_and 操作提取原图中对应轮廓区域的技巧来实现图像分割。

7.4.31 使用 GrabCut 算法进行前景提取

考虑一个场景，需要从一幅图片中提取一个人物的图像，程序如下：

```
import numpy as np
import cv2
from matplotlib import pyplot as plt
# 读取图像
img = cv2.imread('pearl.jpg')
# 初始掩模
mask = np.zeros(img.shape[:2], np.uint8)
# 背景与前景模型
bgdModel = np.zeros((1, 65), np.float64)
fgdModel = np.zeros((1, 65), np.float64)
# 定义矩形区域（包围前景的矩形）
rect = (50, 50, 450, 290)
# 应用GrabCut算法
cv2.grabCut(img, mask, rect, bgdModel, fgdModel, 5, cv2.GC_INIT_WITH_RECT)
# 将背景标记为0，前景为1
mask2 = np.where((mask == 2) | (mask == 0), 0, 1).astype('uint8')
img = img * mask2[:, :, np.newaxis]
# 显示结果
plt.imshow(cv2.cvtColor(img, cv2.COLOR_BGR2RGB))
plt.title('Extracted Foreground')
plt.show()
```

7.4.32 K-means 聚类分割技术

假设要将一幅图像分割为几个颜色区域，程序如下：

```
import cv2
import numpy as np
from matplotlib import pyplot as plt
# 读取图像
img = cv2.imread('flowers.jpg')
Z = img.reshape((-1, 3))
# 转换为浮点数
Z = np.float32(Z)
# 定义终止条件和使用K-means进行聚类分析
criteria = (cv2.TERM_CRITERIA_EPS + cv2.TERM_CRITERIA_MAX_ITER, 100, 0.2)
K = 3
_, labels, centers = cv2.kmeans(Z, K, None, criteria, 10, cv2.KMEANS_RANDOM_
CENTERS)
```

```
# 转换回原始图像中颜色的uint8并显示
centers = np.uint8(centers)
res = centers[labels.flatten()]
result_image = res.reshape((img.shape))
# 显示图片
plt.imshow(cv2.cvtColor(result_image, cv2.COLOR_BGR2RGB))
plt.title('Image Segmentation with K-means')
plt.show()
```

本例中，首先读取一幅图像，并将其像素值重塑为 2D 数组，以适用于 cv2.kmeans（）函数。通过指定聚类数 K 和其他参数，将图像分割为不同颜色的区域，并显示聚类后的图像。

7.5 HALCON

HALCON 是德国 MVtec 公司开发的一款综合性的机器视觉标准软件，拥有全球通用的集成开发环境（HDevelop）。它可以节约产品成本，缩短软件开发周期。HALCON 灵活的架构便于机器视觉、医学图像和图像分析应用的快速开发，在工业界已经是公认具有最佳效能的机器视觉软件。

MVTec 提供了 5 种软件：HALCON、MERLIC、深度学习工具、接口、嵌入式视觉。其中 HALCON 是最核心和应用最广的。

HALCON 主要提供的技术有：条形码和二维码读取、BLOB 分析、图像分类、计算光学成像、过滤技术、缺陷检查、匹配、1D/2D/3D 测量、形态学处理、OCR 和 OCV、基于样本的识别（SBI）、亚像素边缘检测和线条提取技术、深度学习和 3D 视觉技术。

7.5.1 HALCON 的安装

HALCON 目前不支持 arm 处理器版的 M1 Pro 机器，目前主流是在 Windows 开发居多。需要先在官网注册账号，然后才能下载对应软件。MVTec HALCON 提供两个不同的软件版本，即 HALCON 订阅版（HALCON Progress）和 HALCON 永久版（HALCON Steady），两个版本是完全独立的。软件需要许可证，这意味着不能从一个版本切换到另一个版本。

HALCON 下载安装步骤如下：进入 HALCON 官网，选择产品版本、操作系统以及架构后就可以下载对应版本软件，直接点击下载好的安装包即可安装。

7.5.2 HALCON 的架构

HALCON 的架构如图 7-1 所示。HALCON 机器视觉软件的主要部分是图像处理库，其由超过 2000 多个算子组成，当然也可以通过拓展包的形式开发自定义算子，并在程序中使用。

HALCON 提供了通用的图像采集接口来支持不同的图像采集设备（相机等），包括特定设备的实现库会在程序运行时动态加载。

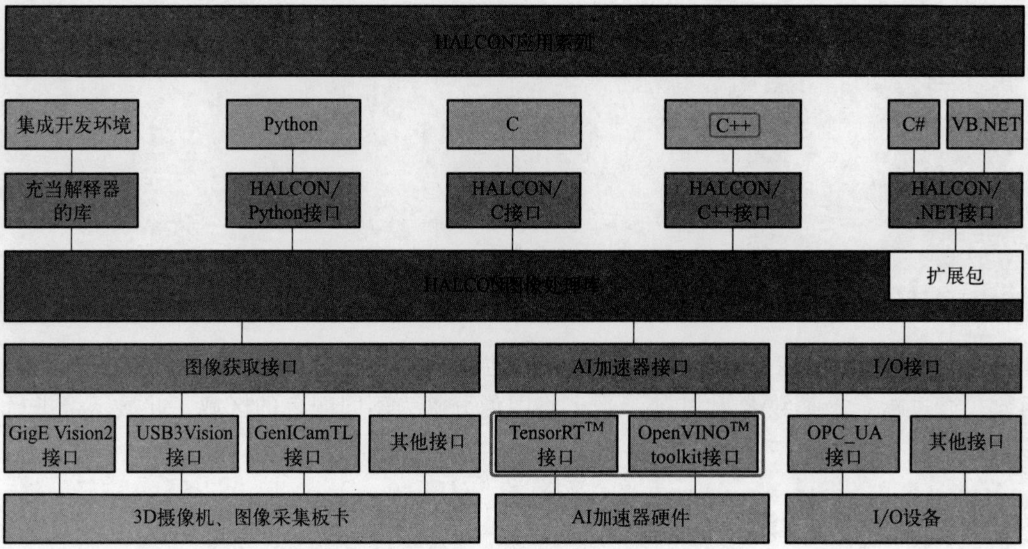

图 7-1 HALCON 的基本架构

7.5.3 HALCON 图像算子与接口

使用 HALCON 库中任何功能实际上都是通过算子完成的，每个功能都有多种实现方法，其可以通过算子参数选择。完整的算子列表在 HALCON 算子参考手册，其提供了 HDevelop、.NET、Python、C++、和 C 语法接口。HALCON 库提供的算子的重要特征如下：

① 算子之间没有层次结构，所有算子都是一个级别的。

② 存在逻辑算子。

③ 很多算子可以使用并行加速技术。

④ 算子输入输出参数的排序有标准化规则：输入图标、输出图标、输入控制和输出控制。

（1）参数和数据结构

HALCON 算子的参数有两种基本类型：图标数据（iconic data）和控制数据（control data）。图像（image）、区域（region）和拓展线描述（XLD）属于标志性数据。

图像即包含像素值的矩阵，由多个通道组成。感兴趣区 ROI 指的是输入图像的哪一部分区域会被处理，ROI 可以灵活定义，从简单的矩形到一组未连接的像素点都支持。

区域由一系列像素组成。区域之中的像素可以不互相连接，任意像素集合都可以作为单个区域处理。

XLD 包括所有基于轮廓和多边形的数据。像 edges_sub_pix 这样的亚像素精度算子将轮廓作为 XLD 数据返回。 轮廓是一系列 2D 控制点，由线连接。 通常，控制点之间的距离约为 1 个像素。除了控制点之外，XLD 对象还包含所谓的局部和全局属性。其典型示例如控制点的边缘幅度或轮廓段的回归参数。 除了提取 XLD 对象外，HALCON 还支持进一步处理。 这方面的示例是基于给定特征范围的轮廓选择，用于将轮廓分割成线、弧、多边形或平行线。

控制数据包括句柄和基本数据类型，如整数、实数、字符串。

句柄是对复杂数据结构的引用，例如，与图像采集接口或基于形状匹配的模型的连接。出于效率和数据安全的原因，在操作符之间传递的不是整个结构而是只有句柄。 句柄是不能更改的魔数（magic values），并且可能因执行和版本而异。一旦所有引用被覆盖，它们就会自动清除。使用句柄的示例有图形窗口、文件、套接字、图像采集接口、OCR、OCV、测量和匹配。

（2）拓展包

为了支持特殊硬件或实现新的算法，HALCON 支持以 C 语言实现的自定义算子。拓展包接口包含几个预定义的例程和宏，用于在 C 语言中轻松处理图像数据和内存对象。成功集成新算子后，它可以像任何其他 HALCON 算子一样使用。

（3）语言接口

HALCON 支持 Python、C、C++ 和 .NET 语言接口，对于不同编程语言接口，其数据类型、类和算子的命名会有所不同。

① HALCON-Python 接口。读取图像并计算连接区域数量的示例代码如下。

```
img = ha.read_image('pcb')
region = ha.threshold(img, 0, 122)
num_regions = ha.count_obj(ha.connection(region)) print(f'Number of Regions: {num_regions}')
```

② HALCON-C 接口。C 接口是 HALCON 支持的最简单的接口，每个算子由 1 个或 2 个全局函数表示，其中算子的名称、参数序列和 HDevelop 语言相同。

因为 HALCON 算子的本身就是由 C 语言实现的，所以 C 接口是原生接口，支持也是最好的。

以下示例代码是实现读取图像并计算连接区域数量。

```
Hobject img;
read_image(&img, "pcb");
Hobject region;
threshold(img, &region, 0, 122);
Hobject connected_regions;
connection(region, &connected_regions);
Hlong num_regions = 0;
count_obj(connected_regions, &num_regions);
printf("Number of Regions: %" PRIdPTR "\n", num_regions);
```

③ HALCON-C++ 接口。

C++ 接口比 C 接口复杂得多，应用了 C++ 面向对象编程的优点，包括自动类型转换、构造和析构函数等。另外和 C 接口一样，C++ 接口也为每个 HALCON 算子提供了全局函数，来实现程序化的编程风格。

读取图像并计算连接区域数量的 C++ 接口实现代码如下。

```
HImage img{"pcb"};
HRegion region = img.Threshold(0, 122);
Hlong numRegions = region.Connection().CountObj();
std::cout << "Number of Regions: " << numRegions << '\n';
```

（4）图像获取接口

HALCON 通过动态库（Windows：动态加载库；Linux：共享库）的形式为 50 多个图像采集卡和数百个工业相机提供采集图像的接口。库名称以前缀 hAcq 开头；HALCON XL 使用以 xl 结尾的库。

HALCON 图像采集接口的更新会比 HALCON 库本身更新更为频繁。

成功安装好图像采集设备后，通过 open_framegrabber 算子（需配置设备的名称和其他信息）访问设备，通过 grab_image 算子获取图像。

（5）I/O 接口

HALCON 对不同 I/O 设备使用同一类算子实现统一访问。安装好 I/O 设备后，使用 open_io_device 算子建立连接，指定 I/O 设备接口的名称；建立连接后，通过调用 open_io_channel 来打开传输通道，然后使用 read_io_channel 和 write_io_channel 算子读取和写入值。

7.5.4 HALCON 开发环境

官方推荐使用 HDevelop（HALCON 机器视觉库的交互式开发环境）进行快速原型设计。在开发好 HDevelop 程序后需要将其转换为最终环境，方法有以下三种。

从 Scratch 开始编程：从头（Scratch）开始编写程序意味着手动将 HDevelop 代码翻译成目标编程语言（C++、Python 等）。

导出 HDevelop 代码：使用 HDevelop 的代码导出功能将 HDevelop 代码自动翻译成目标编程语言。

导出库项目：HDevelop 的库导出会生成一个即用型项目文件夹，包括目标语言的包装代码和用于构建项目的 CMake 文件。HDevelop 的库导出使用 HDevEngine，一个充当解释器的库。

在默认情况下，HDevelop 窗口如图 7-2 所示，窗口主要分为三类。

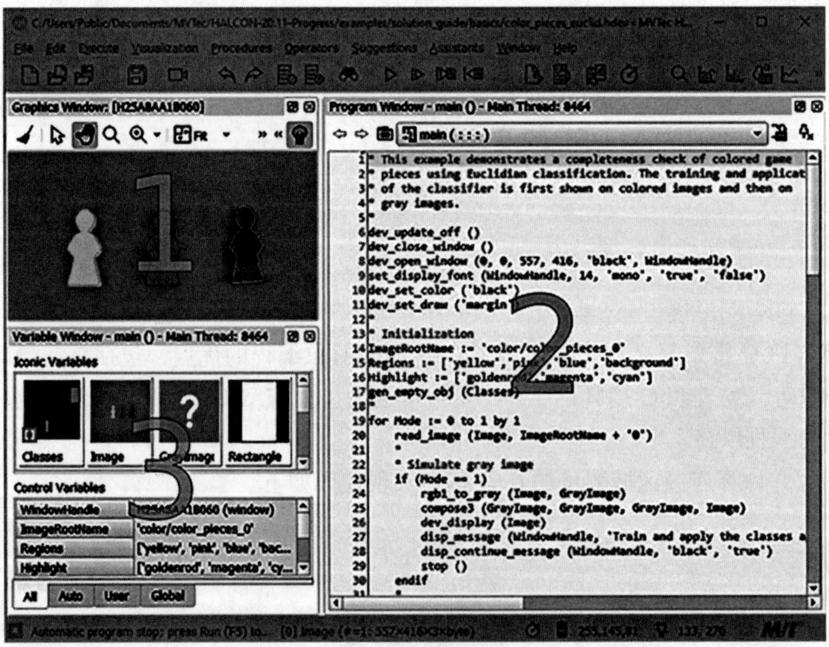

图 7-2　HDevelop 的用户界面

图形窗口：显示（中间）结果，即显示图像、区域和 XLD 等标志性数据。

程序窗口：即输入和编辑代码的地方。

变量窗口：显示所有变量。即显示图标变量和控制变量。图标变量包含图标数据，控制变量包含控制数据。

示例程序可观看官方视频教程。

7.5.5 HALCON 图像处理与分析算法

（1）图像的获取

① 打开硬件设备，使用函数 open_framegrabber，该函数有 17 个参数。

② 设置相机参数，用 set_framegrabber_param 函数来设置相机，该函数有 3 个参数；用 get_framegrabber_param 函数来查询相机参数，该函数有 3 个参数。

③ 同步取像：使用函数 grab_image。异步获取：首先使用 grab_image_start 函数，然后使用 grab_image_async 函数。

④ 结束取像：使用函数 close_framegrabber 函数。

（2）图像的预处理

① 图像的加减乘除

图像加法运算：add_image，该函数有 5 个参数。

图像减法运算：sub_image，该函数有 5 个参数。

图像乘法运算：mult_image，该函数有 5 个参数。

图像除法运算：div_image，该函数有 5 个参数。

② 图像的几何变换

图像的仿射变换：affine_trans_image，该函数有 5 个参数。

图像的平移：hom_mat2d_translate，该函数有 4 个参数。

图像的缩放：hom_mat2d_scale，该函数有 6 个参数。

图像的旋转：hom_mat2d_rotate，该函数有 5 个参数。

图像的剪切：hom_mat2d_slant，该函数有 6 个参数。

图像的镜像：mirror_image，该函数有 3 个参数。

③ 图像的平滑

高斯滤波：guass_filter，该函数有 3 个参数。

均值滤波：mean_image，该函数有 4 个参数。

中值滤波：median_image，该函数有 5 个参数。

多图像均值：mean_n，该函数有 2 个参数。

④ 边缘滤波

索贝尔滤波：sobel_amp，该函数有 4 个参数。

凯尼滤波：edges_image，该函数有 8 个参数。

⑤ 图像锐化

索贝尔锐化：主要使用索贝尔滤波函数。

拉普拉斯锐化：laplace，该函数有 5 个参数。

高通滤波锐化：hiahpass_image，该函数有 4 个参数；还可以使用 emphasize 函数，该函数有 5 个参数。

⑥ 灰度变换

线性灰度变换：scale_image，该函数有 4 个参数。

分段线性灰度变换：piecewise_linear_scaling，该函数有 4 个参数。

非线性灰度变换之对数变换：log_image，该函数有 3 个参数。

非线性灰度变换之指数变换：pow_image，该函数有 3 个参数。

⑦ 傅里叶频域变换

傅里叶频域变换之频域实数部分的计算：rft_generic，该函数有 6 个参数。

傅里叶频域变换之全域计算：fft_generic，该函数有 7 个参数。

（3）图像的标定

① 生成标定板文件：gen_caltab，该函数有 6 个参数。

② 创建标定模型：create_calib_data，该函数有 4 个参数。

③ 设定相机初始化参数：create_calib_data_cam_param，该函数有 4 个参数。

④ 提取标定板信息：find_calib_object，该函数有 7 个参数。

⑤ 标定相机：calibrate_cameras，该函数有 2 个参数。

⑥ 获取相机图像和世界图像的映射图像：gen_image_to_world_plane_map，该函数有 9 个参数。

⑦ 图像映射：map_image，该函数有 3 个参数。

（4）图像的分割

① 阈值分割：threshold，该函数有 4 个参数。

② 直方图自动阈值：auto_threshold，该函数有 3 个参数。

③ 平均直方图二分法：bin_threshold，该函数有 2 个参数。

④ 最大类间方差法：binary_threshold，该函数有 5 个参数。

⑤ 动态阈值：dyn_threshold，该函数有 5 个参数。

⑥ 区域生长：regiongrowing，该函数有 6 个参数。

⑦ 分水岭分割算法：watersheds 或 watersheds_threshold，这两个函数都有 3 个参数。

（5）图像的特征

① 图像的区域灰度中心和面积：area_center_gray，该函数有 5 个参数。

② 区域灰度的等效椭圆：elliptic_axis_gray，该函数有 5 个参数。

③ 图像的熵：entropy_gray，该函数有 4 个参数。

④ 区域灰度的最大值和最小值：min_max_gray，该函数有 6 个参数。

⑤ 直方图频率：gray_histo，该函数有 4 个参数。

（6）图像的匹配

① 高斯金字塔：gen_guass_pyramid，该函数有 4 个参数。

② 拉普拉斯金字塔：在高斯金字塔基础上制成。

③ 基于灰度值的匹配：使用三个函数，分别是 Create_ncc_model、find_ncc_model、find_ncc_models。

④ 基于形状的匹配之检测要找的模板边缘：inspect_shape_model，该函数有 5 个参数。

⑤ 基于形状的匹配之生成一般形状的模板：create_shape_model，该函数有 14 个参数。

⑥ 同比例缩放之形状匹配：create_scaled_shape_model，该函数有 13 个参数。

⑦ 同比例缩放之变形模板的查找：find_scaled_shape_model，该函数有 17 个参数。

⑧ 同比例缩放之多模板匹配：find_scaled_shape_models，该函数有 18 个参数。

⑨ 各向异性缩放形状匹配：相关函数分别是 create_aniso_shape_model、find_aniso_shape_model、find_aniso_shape_models。

⑩ 基于组件的匹配：使用 gen_initial_components、train_model_components、get_training_components 三个函数来创建组件和查看组件结果。

⑪ 基于局部变形匹配：使用 create_local_deformable_model、find_local_deformable_model 两个函数来创建组件和查看组件结果。

（7）图像的区域变换

① 形态学

膨胀变换之结构内核的生成：圆形、矩形、可以旋转的矩形、椭圆、多边形的结构内核的生成分别用函数 gen_circle、gen_rectangle1、gen_rectangle2、gen_ellipse、gen_region_polygon 实现。

实现膨胀变换的函数：dilation1、dilation2、dilation_circle、dilation_rectangle1。

实现腐蚀变换的函数：erosion1、erosion2、erosion_circle、erosion_rectangle1。

实现开运算的函数：opening、opening_circle、opening_rectangle1。

实现闭运算的函数：closing、closing _circle、closing _rectangle1。

实现形态学梯度的函数：boundary。

实现击中与击不中的函数：hit_or_miss。

实现顶帽运算的函数：top_hat。

实现底帽运算的函数：bottom_hat。

实现区域骨骼的函数：sleleton。

② 区域填充

实现填充功能的函数：fill_up。

实现可以筛选填充区域的填充功能的函数：fill_up_shape。

③ 区域剪裁

实现矩形区域裁切的函数：clip_region。

实现边缘裁切的函数：clip_region_rel。

④ 区域延　实现区域延伸的函数：expand_region。

⑤ 分割边界区域　实现区域的边界分割的函数：split_skeleton_region 和 split_skeleton_lines。

⑥ 区域形状转换　实现区域形状转换的函数：shape_trans。

⑦ 区域排序　实现区域排序的函数：sort_region。

（8）图像的区域特征提取与分析运算

① 有关区域特征的函数

实现独立区域的函数：connection 和 count_obj。

实现计数空洞的函数：connect_and_holes。

计算区域圆度的函数：circularity。

计算区域周长的函数：contlength。

计算区域紧密度的函数：contlength。

计算区域凸性的函数：convexity。

计算区域最远距离的函数：diameter_region。

计算椭圆度的函数：eccentricity。

计算区域方向的函数：elliptic_axis。

实现欧拉计数的函数：euler_number。

② 区域特征筛选

获取区域特征的函数：region_features。

筛选区域特征的函数：select_shape。

③ 区域分析运算

实现区域运算的函数：intersection、difference、complement、union1、union2、Symm_difference。

实现区域判断的函数：test_equal_region、test_ region_point、test_subset_region。

(9) 亚像素数据的创建、转换和分割

① 亚像素数据的创建

圆形亚像素数据：gen_circle_contour_xld。

椭圆亚像素数据：gen_ellipse_contour_xld。

矩形亚像素数据：gen_rectangle2_contour_xld。

非均匀有理 B 样条：gen_contour_nurbs_xld。

圆角多边形：gen_contour_polygon_rounded_xld。

多边形：gen_contour_polygon_ xld。

标记符号十字和箭头：gen_cross_contour_xld 和 gen_arrow_contour_xld。

② 亚像素数据的转换和分割

亚像素数据的矩形裁切：clip_contours_xld。

起点和终点裁切亚像素数据：clip_end_points_contours_xld。

亚像素数据的闭合：close_contours_xld。

亚像素数据的排序：sort_contours_xld。

亚像素数据的转换：shape_trans_xld。

亚像素数据的平滑：smooth_contours_xld。

亚像素数据的分割：segment_contours_xld。

亚像素数据的直线连接：union_adjacent_contours_xld。

亚像素数据的圆弧合并：union_cocircular_contours_xld。

亚像素数据轮廓的合并：union_cotangential_contours_xld。

(10) 亚像素数据的特征提取与分析运算

① 亚像素数据本体类型的转变

转化为多边形：gen_polygons_xld。

将坐标点组转化为亚像素数据：gen_contour_polygon_xld。

将多边形转化为平行四边形：gen_parallels_xld。

测试亚像素数据是否闭合：test_closed_xld。

将开放的曲线转换为闭合的曲线：close_contours_xld。

② 亚像素数据的特征

计算圆度：circularity_xld。

计算紧密度：compactness_xld。

计算凸性：convexity_xld。

计算椭圆度、不均匀性和结构因子：eccentricity_xld。

计算最大距离：diameter_xld。

计算轮廓长度：length_xld。

计算轮廓点数：contour_point_num_xld。

计算角度：get_contour_angle_xld。

③ 亚像素数据的分析

亚像素数据的特征筛选：select_shape_xld 和 select_contours_xld。

亚像素数据的运算：亚像素数据的相减、相交、异或、联合分别用函数 difference_closed_contours_xld、intersection_closed_contours_xld、symm_difference_closed_contours_xld、Union2_closed_contours_xld 实现。

亚像素的判断：亚像素的闭合、自交、是否在亚像素数据内的判断分别用函数 test_closed_xld、test_self_intersection_xld、test_xld_point 实现。

（11）亚像素数据的拟合

直线的拟合：fit_line_contour_xld。

圆的拟合：fit_circle_contour_xld。

椭圆的拟合：fit_ellipse_contour_xld。

本章小结

本章详细介绍了视觉图像处理与分析的常用软件平台，包括 Python、PyTorch、MATLAB、OpenCV、HALCON 等，主要介绍了它们的常用命令及具体使用方法。

思考题

1. 在图像分析与处理系统中，常用的编程高级语言有哪些？
2. 什么是 PyTorch ？
3. 如何安装 PyTorch ？
4. 如何在 PyTorch 中构建神经网络训练器？
5. 视觉软件处理平台与算法之间是什么关系？
6. MATLAB 的常用视觉处理与分析命令有哪些？
7. OpenCV 的常用视觉处理与分析命令有哪些？
8. HALCON 的常用视觉处理与分析命令有哪些？
9. 视觉软件处理平台常与哪些编程语言结合使用？

第 8 章 神经网络与深度学习

8.1 神经网络的基本概念

8.1.1 神经元

人的神经网络最基本的单元是神经元（也称神经细胞），如图 8-1 所示。神经元一侧有许多树突，另一侧有许多神经末梢，称为突触。树突与突触之间由轴突相连。树突接收其他神经元的突触传来的信号，如果接收的信号的总和超过了某个阈值，那么该神经元就会通过轴突和神经末梢的突触向另一个神经元发送信号。这就是神经元（或神经网络）传递信号的原理。如图 8-1 所示。

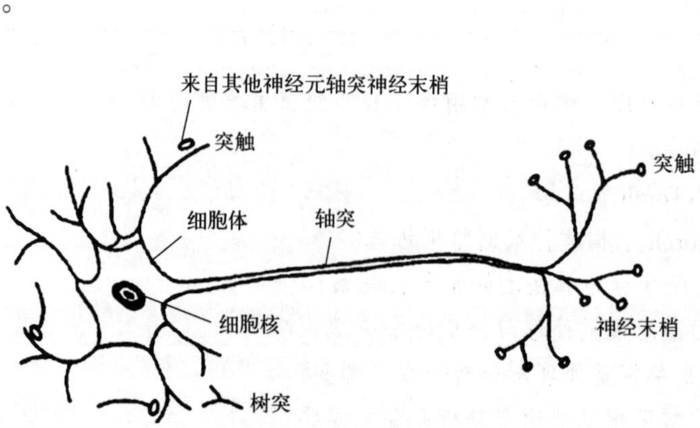

图 8-1 自然神经元模型

受自然神经元工作原理的启发，Warren McCulloch 和 Walter Pitts 于 1943 年提出了神经元模型，其基本思路如图 8-2 所示。

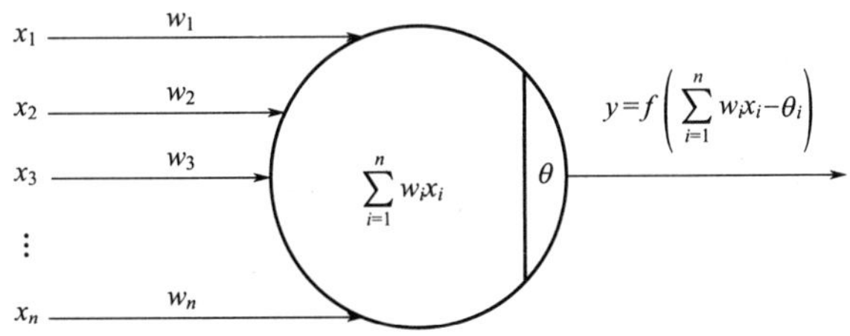

图 8-2　人工神经元模型

在神经网络中，神经元从左侧接收来自其他神经元的信号 x_i，乘以相应权重 w_i，加在一起形成 $\sum_{i=1}^{n} w_i x_i$。如果大于阈值 θ_i，则该神经元输出一个高位信号；否则，输出低位信号。神经元的输出信号 y 为

$$y=f\left(\sum_{i=1}^{n} w_i x_i-\theta_i\right)=\begin{cases}1, & \sum_{i=1}^{n} w_i x_i>\theta_i \\ 0, & \sum_{i=1}^{n} w_i x_i<\theta_i\end{cases} \tag{8-1}$$

式中，函数 $f(\ )$ 是神经元的激活函数；θ_i 是阈值，也是偏置。很多个神经元连在一起就构成神经网络。神经元的要素如下。

① 输入信号　图 8-2 中的 x_i 即为输入信号。

② 输出信号　图 8-2 中的 y 即为输出信号。

③ 权值　图 8-2 中的 w_i 即为权值。

④ 阈值　图 8-2 中的 θ_i 即为阈值。

⑤ 激活函数　图 8-2 中的 $f(\ )$ 即为激活函数，如式（8-1）所示。

8.1.2　神经网络

（1）感知机

感知机（Perceptron Linear Algorith，PLA）由 Frank Rosenblatt 于 1957 年提出。该算法使神经网络具有了学习能力。该算法由输入层和输出层两层神经元构成，没有隐含层。

如图 8-3 所示，考虑一个二值问题，假定输出变量 y 的取值只有 1 和 -1 两个。

如果 $\sum_{i=1}^{n} w_i x_i-\theta_i>0$，且 $y>0$，即 y 的预测值为 1，实际值也为 1；或者 $\sum_{i=1}^{n} w_i x_i-\theta_i<0$，且 $y<0$，即 y 的预测值为 -1，实际值也为 -1；则神经网络预测正确。

如果 $\sum_{i=1}^{n} w_i x_i-\theta_i>0$，而 $y<0$，即 y 的预测值为 1，实际值为 -1；或者 $\sum_{i=1}^{n} w_i x_i-\theta_i<0$，且 $y>0$，即 y 的预测值为 -1，而实际值为 1；则神经网络预测不正确。

神经网络预测训练的基本思想是：通过调整权重和阈值使模型的分类误差为最小。

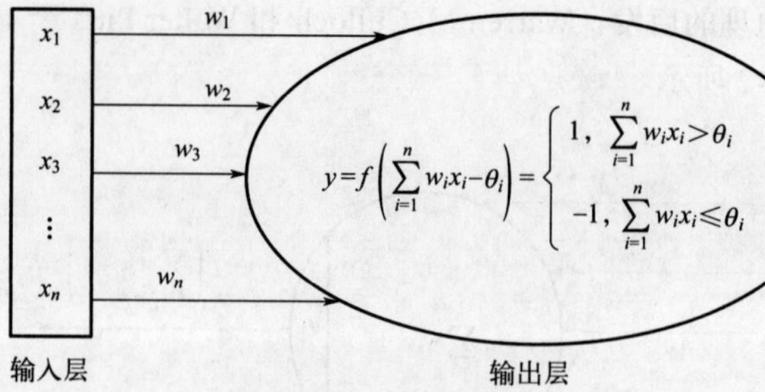

图 8-3　神经网络的训练

（2）损失函数

损失函数的表达式为

$$L(y, f(x,w,\theta)) = y - f\left(\sum_{i=1}^{n} w_i x_i - \theta_i\right) \tag{8-2}$$

损失函数对权重的负梯度为

$$-g_w = -\frac{\partial L}{\partial w}$$

损失函数对阈值的负梯度为

$$-g_\theta = -\frac{\partial L}{\partial \theta}$$

神经网络的训练和学习规则是模型沿着负梯度方向调整权重和阈值，使得损失函数越来越小。数学表达式为

$$\begin{cases} w = w - \eta \dfrac{\partial L}{\partial w} \\ \theta = \theta - \eta \dfrac{\partial L}{\partial \theta} \end{cases} \tag{8-3}$$

式中，η 为调整系数。

这个公式的意义可以理解如下：若权值增加时损失函数增加，则应减小权值；若权值增加时损失函数减小，则应增加权值。对于阈值也以同样的方法调节，即若阈值增加时损失函数增加，则应减小阈值；若阈值增加时损失函数减小，则应增加阈值。

在神经网络中，从第一层开始，除最后一层外，每一层的神经元都与下一层的所有神经元产生联系，而同层神经元之间均没有联系，也不存在跨层联系，这种神经网络就是全连接神经网络（fully connected neuralnetwork，FCNN）。在这种神经网络中，由于数据（或信号）从左到右逐层传递，信号从输入层到输出层单向传播，故又称为多层前馈神经网络（multilayer feedforword neuralnetwork，MFNN）。由于多层前馈网络的训练采用误差反向传播算法，所以多层前馈网络又称为 BP（Backpropagation）网络。

如果一个神经网络的隐含层很多，它就可以被称为深度神经网络（deep neuralnetwork，DNN），对深度神经网络的训练就是深度学习（deeplearning）。

神经网络通过训练，改变权重和阈值，可以逼近任意非线性函数，关键在于非线性的激活函数。常用的激活函数包括 sigmoid 函数（S 型函数）、tanh 双曲正切函数、ReLU 函数、Leaky ReLU 函数和 softplus 函数。

（3）激活函数

① sigmoid 函数　该函数是一类形如 S 的函数，其典型代表是逻辑函数，数学公式为

$$f(x)=\mathrm{sigmoid}(x)=\frac{1}{1+\mathrm{e}^{-x}} \tag{8-4}$$

其图形如图 8-4 所示。自变量 x 的值从负无穷到正无穷，而函数值在 0 ～ 1 之间变化。

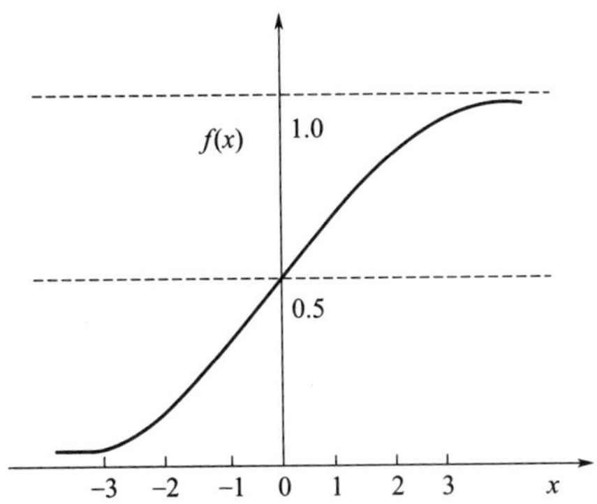

图 8-4　sigmoid 函数

② tanh 双曲正切函数　该函数的数学表达式为

$$f(x)=\tanh(x)=\frac{\mathrm{e}^{x}-\mathrm{e}^{-x}}{\mathrm{e}^{x}+\mathrm{e}^{-x}} \tag{8-5}$$

其图形如图 8-5 所示。

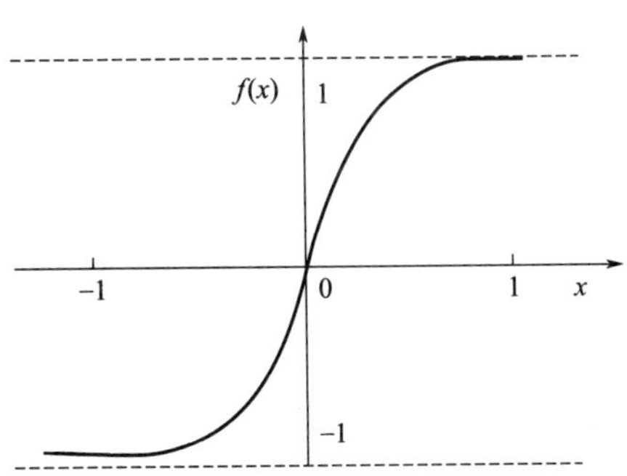

图 8-5　tanh 函数

③ ReLU 函数　该函数的表达式为

$$f(x)=\mathrm{ReLU}(x)=\begin{cases}x, & x\geqslant 0\\ 0, & x<0\end{cases} \tag{8-6}$$

该函数的图形如图 8-6 所示。

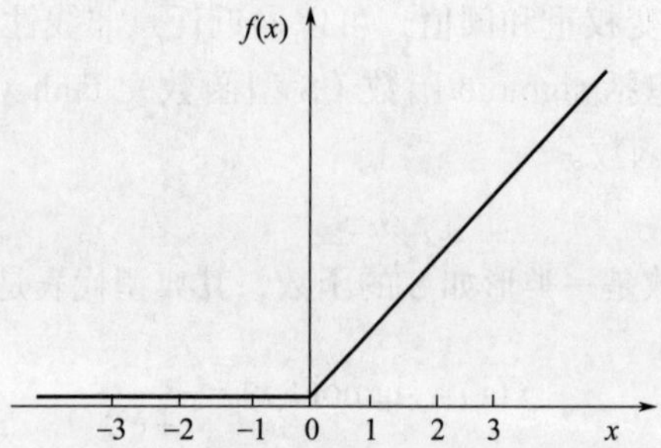

图 8-6　ReLU 函数

④ Leaky ReLU 函数　该函数的表达式为

$$f(x)=\mathrm{LReLU}(x)=\begin{cases}x, & x\geqslant 0\\ \alpha x, & x<0\end{cases} \tag{8-7}$$

该函数的图形如图 8-7 所示。

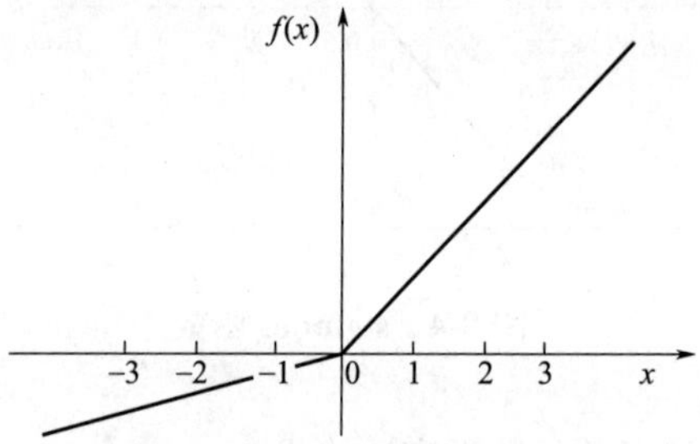

图 8-7　Leaky ReLU 函数

⑤ softplus 函数。该函数的数学表达式为

$$f(x)=\mathrm{softplus}(x)=\ln(1+\mathrm{e}^x) \tag{8-8}$$

该函数的图形如图 8-8 中的虚线所示。

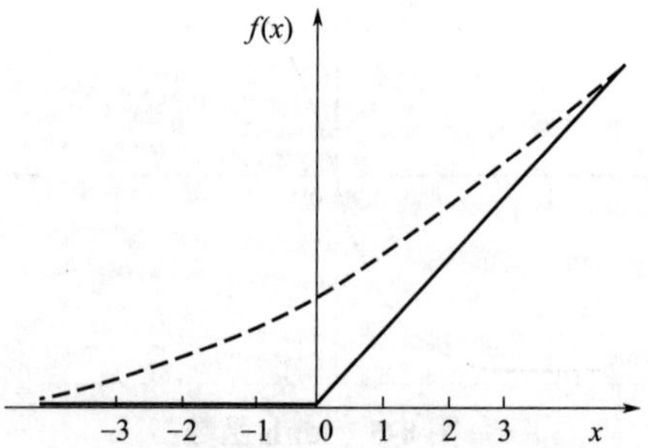

图 8-8　软加函数 softplus

（4）误差反传学习算法

误差反传学习算法（BP 算法）的实质是以神经网络的误差平方为目标函数，采用梯度下降法来计算目标函数的最小值。首先设置好神经网络的架构，设定好输入层、输出层、隐含

层，各个神经元之间的连接权重和各神经元的阈值，各个神经元采用的激活函数。然后用数据集进行训练，把数据集中的输入信号数据加到神经网络上，根据最初随机设置的权重和阈值，从前到后逐层计算，得到输出层的实际输出数据，进而得到实际输出数据与样本输出数据的差。根据差值形成的目标函数，按照使误差最小的目标，从后向前调整权重和阈值。所有样本加上之后，调整过程结束，得到对应该样本的所有权重和阈值。具体步骤如下。

① 数据处理。

② 随机初始化参数。

③ 正向传播，从输入数据到输出数据，计算当前权重和阈值下的输出信号。

④ 反向传播调整权重和阈值。

⑤ 基于梯度下降策略优化参数，不断调整权重和阈值，直至数据集全部数据加载完毕。此时得到的权重和阈值应该是使误差最小的权重和阈值。

训练时可能会出现过拟合现象，导致训练结果不能隐含训练样本的情况。为解决过拟合问题，可以采取早停和丢弃两种办法。

8.2 前馈神经网络

8.2.1 前馈神经网络概述

前馈神经网络（feed forward neural network，FFNN）又名多层感知机（MLP），是神经网络模型中最常见的一种，如图 8-9、图 8-10 所示。各层神经元分层排列，每个神经元只与前一层的神经元相连，接收前一层的输出并传递给下一层，各层之前没有反馈。

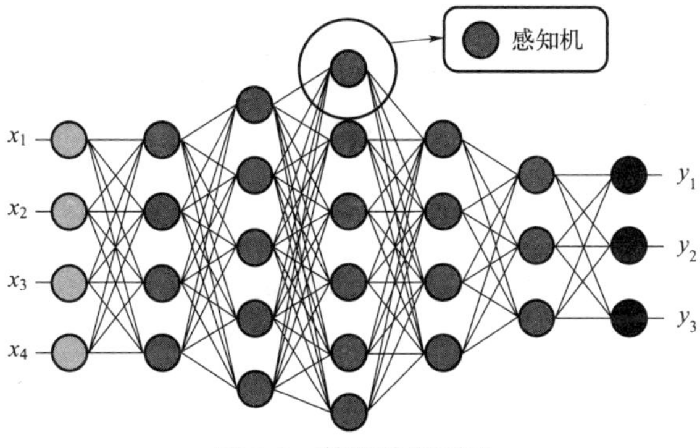

图 8-9 前馈神经网络

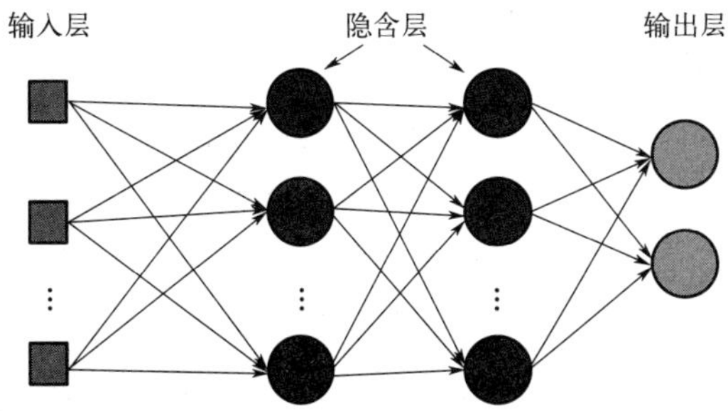

图 8-10 多层感知机

8.2.2 前馈神经网络的工作原理

前馈神经网络包含多个隐含层，每个隐含层由多个神经元组成，这些神经元接收来自前一层的输出，经过一定的加权和处理后，再传递给下一层。网络结构的单向流动使得前馈神经网络能够处理复杂的输入数据，并通过学习来逼近目标函数。单个感知机（SLP）的工作原理如图 8-11 所示。

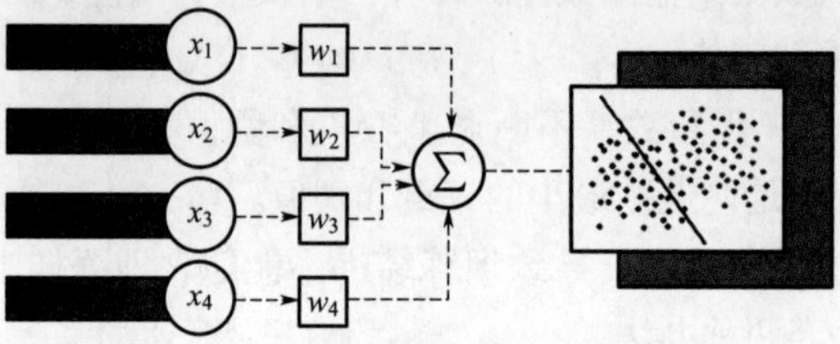

图 8-11 单个感知机的工作原理

前馈神经网络的工作原理：通过将神经元组合在一起，前馈神经网络能够形成复杂的决策边界，进而处理现实世界中复杂的非线性问题。前馈神经网络的工作原理如图 8-12 所示。

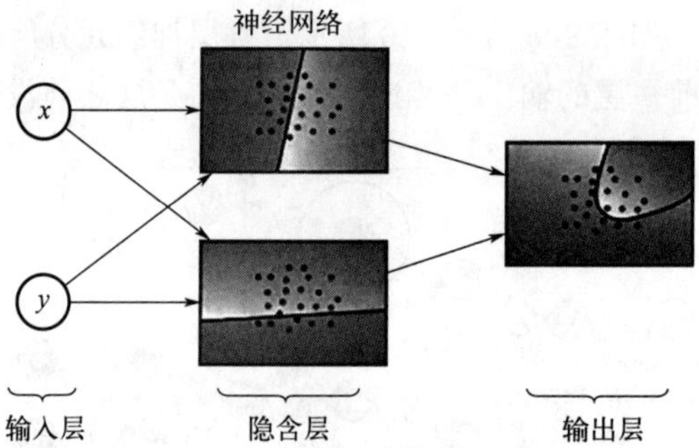

图 8-12 前馈神经网络的工作原理

8.3 卷积神经网络

8.3.1 卷积神经网络简介

卷积神经网络是一种专门处理图像数据的前馈神经网络。它通过在图像上滑动各种卷积核，提取出图像的局部特征，层层叠加，最后得到复杂的图形特征。卷积神经网络是深度学习中视觉相关任务的基石，广泛应用于图像识别、视频分析等领域。

卷积神经网络利用图像的平移不变性原理，即图像中无论特征在何处，都应该被网络以相同的方式识别。通过卷积层的滤波和池化层的特征提取，卷积神经网络能够自动并有效地学习到图像的重要特征，而无需人工选取和设计特征提取器，如图 8-13 所示。

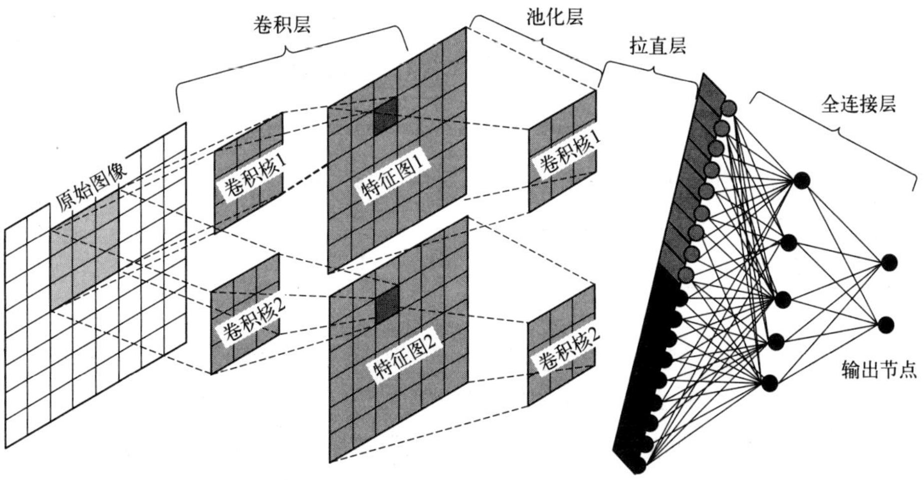

图 8-13　卷积神经网络的卷积池化全连接

8.3.2　卷积神经网络的工作原理

（1）卷积运算原理

卷积运算是卷积神经网络的核心，它通过在输入图像上滑动卷积核（小矩阵窗口），计算核与图像的局部区域之间的点积，从而形成特征图（feature map）。这个过程捕捉了图像的局部关联并保留了图像的空间关系，是实现图像平移不变性的关键操作。卷积操作如图 8-14 所示。

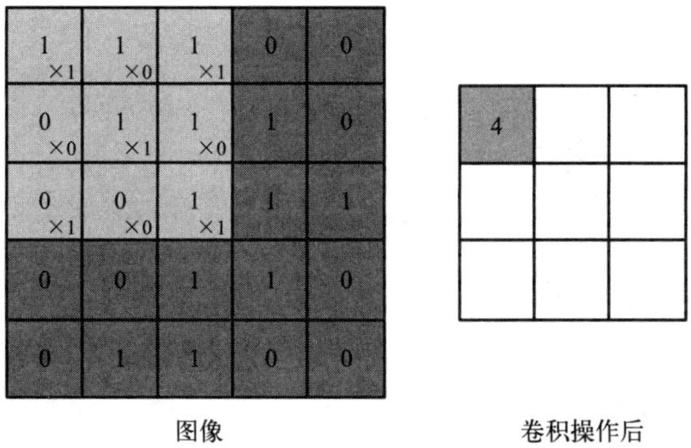

图 8-14　卷积操作

（2）卷积核（过滤器）

卷积核或过滤器的主要作用是提取图像中的特定特征，比如边缘、角点、纹理等。在训练过程中，网络会学习到最优的卷积核参数，这些参数使得卷积核能够捕捉到对当前任务（如分类、检测）最有用的视觉特征。一幅图像应用不同的卷积核可以得到反映该幅图像不同特征的多幅图像。卷积核的作用如图 8-15 所示。

卷积核的设计至关重要，因为不同的卷积核可以捕捉到图像的不同特征。例如，某些卷积核可能专门用于边缘检测，而另一些可能更适合捕捉纹理或颜色变化。正确的特征抽象是进行有效图像识别和分类的基础。这也解释了为什么深层卷积网络能在复杂图像任务中表现出色：深层结构可以层层递进，从基本特征组合到复杂特征，形成更高级的图像理解。

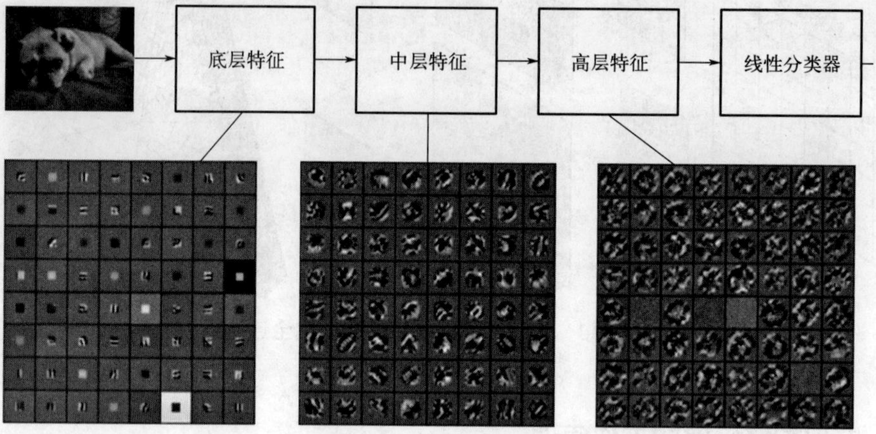

图 8-15　卷积核的作用

（3）卷积神经网络结构

① 卷积层（CONV）　卷积层的主要功能是提取输入图像的不同级别的特征。这一层通过使用多个卷积核滑过整个图像，能够捕捉到从边缘和纹理等基础特征到更复杂的形状和对象特征。每通过一层卷积层，图像的维度可能会减小，但特征的深度增加，使得网络能够在更深层的基础上学习到更抽象和复杂的图像表示。卷积层的功能如图 8-16 所示。

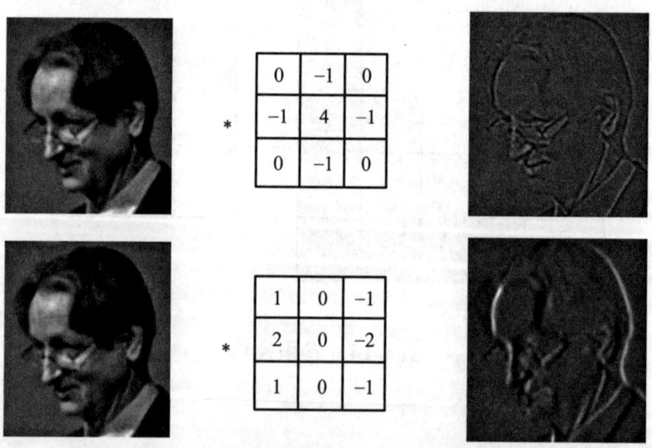

图 8-16　卷积层的功能

② 激活函数　激活函数用于添加非线性因素，使得卷积神经网络不是仅作为一个线性变换器，而是能够学习和执行更复杂的任务。常用的激活函数包括 ReLU（线性整流单元），它的主要优点是计算简单且能有效地解决梯度消失问题，促进深层网络的训练。常用激活函数如图 8-17 所示。

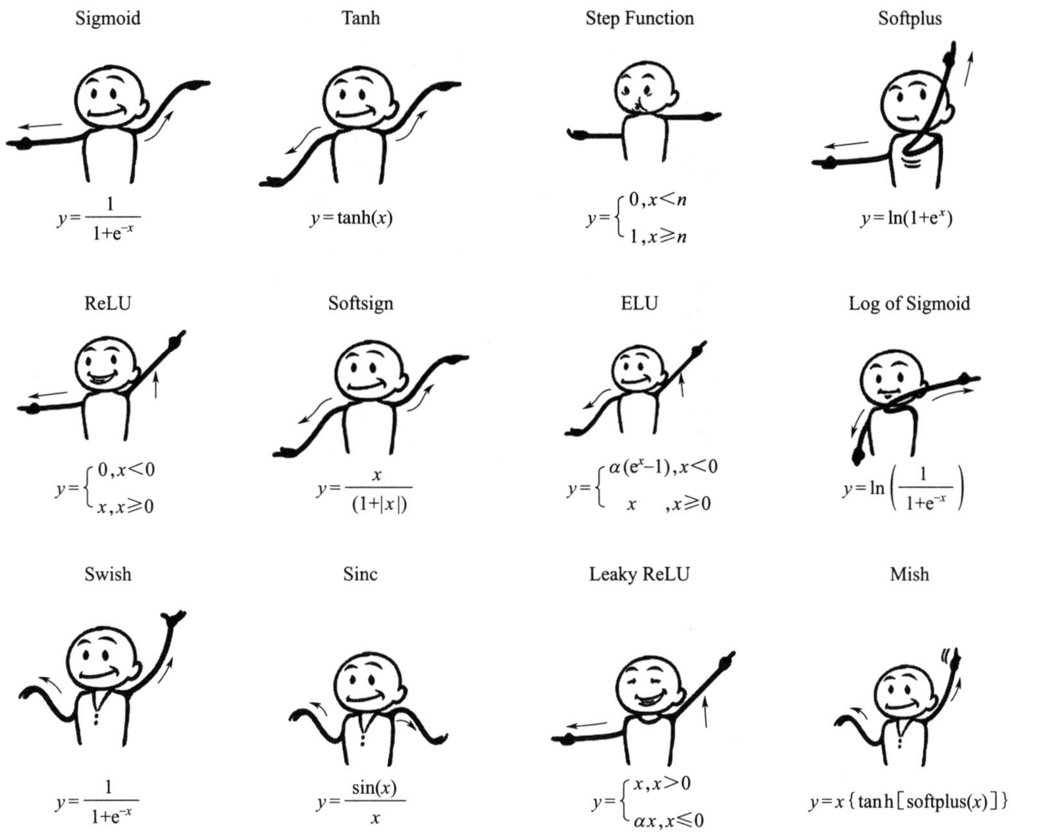

图 8-17　常用激活函数

③ 池化层（POOL）　池化层用于下采样或降维，通过减少数据的空间大小来减少参数数量和计算复杂度，从而控制过拟合。最常见的池化操作包括最大池化和平均池化。最大池化提取区域内的最大值，平均池化则计算区域内的平均值。最大池化如图 8-18 所示。

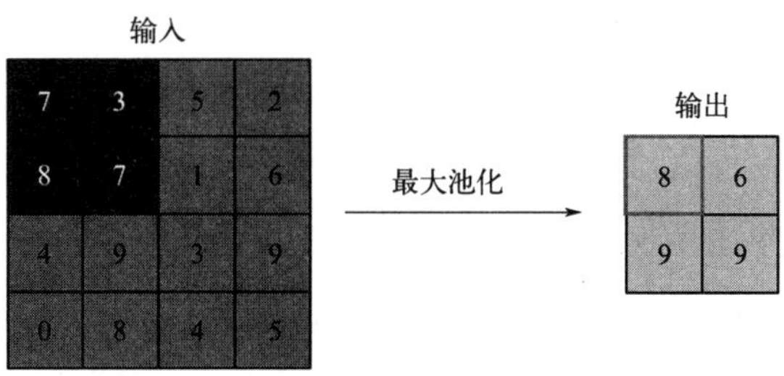

图 8-18　最大池化

④ 全连接层（FC）。全连接层将卷积层或池化层输出的多维特征图转换为一维特征向量。这种转换使得网络可以将局部特征整合到全局特征，而每个神经元都与前一层的所有神经元连接，常用于网络的最后几层，以便进行分类或其他任务。由特征图到全连接如图 8-19 所示。

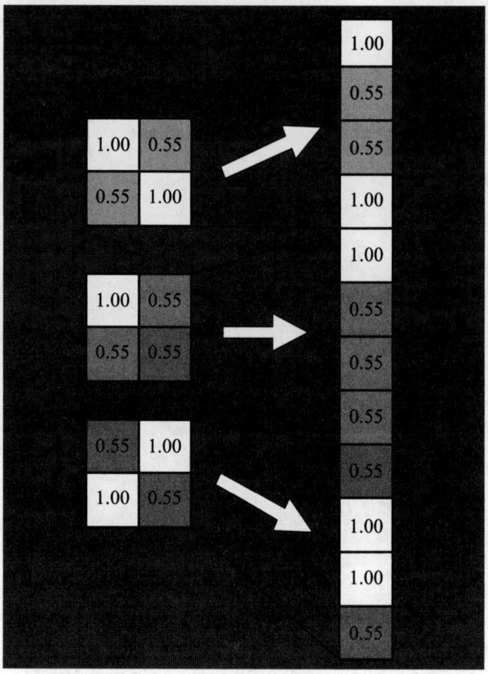

图 8-19 由特征图到全连接

（4）超参数

① 过滤器数量和大小。卷积层中的过滤器数量和大小直接影响模型可以学习的特征类型和数量。更多的过滤器可以捕获更多维度的特征，但同时也增加了模型的计算负担。过滤器的大小决定了观察图像的局部区域的大小，较小的过滤器捕捉小区域特征，较大的过滤器则可以捕获更大范围的特征。

② 步长（stride）。步长是卷积核在图像上滑动时每次移动的距离。较小的步长意味着卷积核与图像的重叠更多，提供了更细致的特征映射，但计算量也更大。较大的步长可以加快计算速度并减少输出的维度，但可能损失部分特征信息。

③ 填充（padding）。填充是指在输入图像的边缘添加额外的、通常是零值的像素，以允许卷积核在边缘位置也能完全覆盖图像。适当的填充帮助保持图像的原始尺寸，允许网络深入学习图像边缘的特征，这对于细节的捕捉非常关键。

8.3.3 经典 CNN 构建示例：LeNet-5

LeNet-5 是一种早期的卷积神经网络，如图 8-20 所示，由 Yann LeCun 提出，主要用于手写数字识别。这个网络结构简单而高效，对现代深度学习网络的发展具有里程碑意义。

LeNet-5 的功能及结构介绍如下。

① 功能：接收原始输入图像，例如 32×32 的灰度图像。

处理：图像首先被标准化处理，灰度值归一化到［0，1］区间。

② 第一个卷积层

卷积核数量：使用 6 个卷积核。

核大小：每个卷积核大小通常为 5×5。

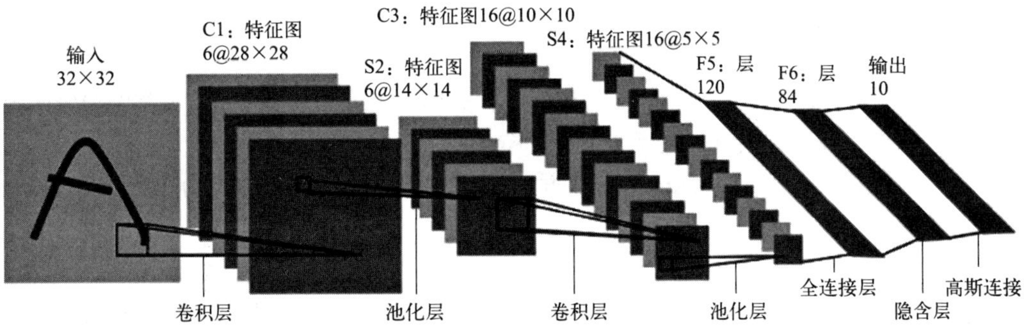

图 8-20　LeNet-5 的结构图示

输出：这一层的输出是 6 个 28×28 的特征图，每个特征图对应一个卷积核提取的特征。

③ 第一个池化层

池化方式：采用最大池化。

池化窗口：窗口大小通常为 2×2。

功能：此层通过下采样减少数据的维度，输出维度为 6 个 14×14 的特征图。

④ 第二个卷积层

卷积核数量：使用 16 个卷积核。

核大小：每个卷积核大小通常为 5×5。

输出：输出是 16 个 10×10 的特征图。

⑤ 第二个池化层

池化方式：同样采用最大池化。

池化窗口：窗口大小为 2×2。

功能：进一步下采样，输出维度为 16 个 5×5 的特征图。

⑥ 全连接层

功能：全连接层将前面层输出的二维特征图转换为一维向量，这一步骤是为了将局部特征整合到全局特征，通常涉及大量的参数。

输出：通常会有几个全连接层，每个层的神经元数量会逐渐减少，准备最后的分类。

⑦ 输出层

分类任务：输出层的设计取决于分类任务的需求。对于手写数字识别，通常是一个具有 10 个神经元的全连接层，每个神经元对应一个数字（0 ～ 9）。

激活函数：输出层通常使用 softmax 激活函数，它可以将神经元的输出转换为预测概率。

LeNet-5 的这种结构设计非常适合处理小尺寸的图像，并且由于其结构的合理性和高效性，而成为后续更复杂网络设计的基础。

8.3.4　CNN 图像分类 - Keras 实现

（1）实例介绍

使用 Keras 框架实现 CNN 模型，专门针对 CIFAR-10 图像分类任务。CIFAR-10 是一个包含 60000 张 32×32 的彩色图像的数据集，分为 10 个类别，每类 6000 张图。这个任务的目标是建立一个模型，能够准确识别出图像所属的类别。

（2）数据预处理

① 标签编码

目的：将类别标签转化为 one-hot 编码形式，这样不仅可以直接用于多分类的损失函数计算，也使得模型输出可以直观地表示为概率分布。

方法：使用 Keras 的 to_categorical 方法将整数类型的类别标签转为二进制的 one-hot 编码。

② 归一化

目的：将输入图像的像素值标准化到 0 ～ 1 范围，这有助于模型训练过程中的收敛速度，并提高最终模型的稳定性。

方法：对图像的每个像素值进行归一化处理，具体做法是将像素值除以 255（像素值的最大值）。

③ 构建网络

a. 卷积层

配置：使用具有适当数量过滤器的多个卷积层，过滤器的大小、数量和步长精心设计以捕获从简单到复杂的图像特征。

常用设置：例如，第一层使用 32 个 3×3 的卷积核，步长为 1，无填充。

b. 激活层

功能：在每个卷积层后应用 ReLU 激活函数，以引入非线性，使网络能够学习更复杂的特征。

ReLU 函数：定义为 $f(x)=\max(0, x)$，即当 $x > 0$ 时输出 x，否则输出 0。

c. 池化层

目的：使用最大池化层减小特征维度，增加模型的空间不变性，降低计算复杂度和过拟合的风险。

配置：例如，使用 2×2 的池化窗口，步长为 2，这会将每个空间维度减少一半。

d. 全连接层

结尾层：在卷积层和池化层之后，网络以一个或多个全连接层结束，这些层将前面的二维特征图转换为一维特征向量。

e. softmax 层

最后一个全连接层使用 softmax 激活函数，它将输出转化为概率分布，每个类别的概率对应一个输出节点。

（3）编译模型

① 优化器

选择：使用 RMSprop 优化器，因为它调整了学习率的衰减，使得模型在训练早期快速收敛，而在训练后期稳定下来。

配置：通常设置初始学习率在 0.001 左右。

② 损失函数

多类别交叉熵：这是处理多分类任务的标准损失函数，适合类别标签采用 one-hot 编码的情况。

公式：对于实际标签 y 和预测标签 p，损失计算为“L=−sum(y*log(p))”。

通过这样的详细步骤构建和编译模型，使用 Keras 框架可以有效简化深度学习模型的实现过程，使得开发者可以更专注于模型的优化和调试。

```
    # 导入必要的库
    import numpy as np from keras.models import Sequentialfrom keras.layers
import Conv2D, MaxPooling2D, Flatten, Dense, Activationfrom keras.utils import
to_categoricalfrom keras.datasets import cifar10from keras.optimizers import
RMSprop
    # 加载CIFAR-10数据集
    (x_train, y_train), (x_test, y_test) = cifar10.load_data()
    # 数据预处理## 标签编码
    y_train = to_categorical(y_train, 10)y_test = to_categorical(y_test, 10)
    ## 归一化
    x_train = x_train.astype('float32') / 255.0 x_test = x_test.astype('float32')
/ 255.0
    # 构建CNN模型
    model = Sequential()
    # 第一个卷积层
    model.add(Conv2D(32, (3, 3), padding='same', input_shape=x_train.
shape[1:])) model.add(Activation('relu'))
    # 第一个池化层
    model.add(MaxPooling2D(pool_size=(2, 2)))
    # 第二个卷积层
    model.add(Conv2D(64, (3, 3), padding='same'))model.add(Activation
('relu'))
    # 第二个池化层
    model.add(MaxPooling2D(pool_size=(2, 2)))
    # 第三个卷积层
    model.add(Conv2D(64, (3, 3)))model.add(Activation('relu'))
    # 池化层
    model.add(MaxPooling2D(pool_size=(2, 2)))
    # 平坦化层
    model.add(Flatten())
    # 全连接层
    model.add(Dense(64))model.add(Activation('relu'))
    # 输出层
    model.add(Dense(10))model.add(Activation('softmax'))
    # 编译模型
    model.compile(optimizer=RMSprop(learning_rate=0.0001, decay=1e-6),
loss='categorical_crossentropy',              metrics=['accuracy'])
    # 训练模型
    model.fit(x_train, y_train, epochs=20, batch_size=64, validation_data=(x_
test, y_test), verbose=2)
    # 保存模型
    model.save('cifar10_cnn_model.h5')
```

8.3.5 卷积神经网络优化方法

优化卷积神经网络的性能和泛化能力是提高模型实用性的关键。以下是一些有效的策略和技术，旨在提升 CNN 模型的训练效果和测试表现。

（1）正则化技术

正则化是机器学习中常用的避免过拟合的技术之一，特别是在深度学习模型中，由于模型的复杂性较高，更容易导致过拟合。

原理：通过在损失函数中添加一个与权重平方成比例的项，来约束权重大小，使权重不会变得过大，从而控制模型复杂度。

实现：在 Keras 中，可以通过在层定义时使用 kernel_regularizer 参数来应用 L2 正则化，例如 Dense（64，kernel_regularizer=keras.regularizers.l2（0.01））。

（2）数据增强

数据增强是提升模型泛化能力的另一个有效方法，特别是在图像处理领域，通过对训练图像进行各种随机但现实的变换来增加样本的多样性。

① 常用的数据增强技术

旋转：随机旋转图像角度。

缩放：随机缩放图像大小。

裁剪：随机裁剪图像的一部分。

翻转：水平或垂直翻转图像。

变换：颜色变换，如调整亮度、对比度等。

② 实现方法　在 Keras 中，可以使用 ImageDataGenerator 类来实现数据增强，该类允许指定各种变换参数，然后自动生成变换后的图像。

（3）学习率调整

适当的学习率对于达到良好的训练效果至关重要。学习率太高可能导致训练不稳定，太低又可能导致训练速度过慢，甚至陷入局部最小值。

① 学习率衰减

目的：随着训练的进行，逐步降低学习率，以细化模型权重的调整，通常可以提高模型在测试集上的表现。

实现：在 Keras 中，可以通过 LearningRateScheduler 或使用优化器的 decay 参数来实现学习率衰减。

② 自适应学习率技术

技术：如 Adam、RMSprop 等，这些优化算法可以根据模型的训练进程自动调整学习率。

优点：减轻了手动调整学习率的需要，通常能更快地收敛。

通过这些优化方法的应用，可以显著提升卷积神经网络的性能，减少过拟合的风险，同时加快模型训练的收敛速度。这些技术是任何深度学习工程师必备的工具。

8.3.6　保存和加载模型

在深度学习项目中，经常需要保存训练好的模型和权重，以便进行后续的测试、再训练或部署。Keras 提供了简单易用的方法来保存和加载模型，这可以大大方便模型的迁移和再利用。

（1）保存模型

保存模型通常包括了模型的结构以及训练好的权重。在 Keras 中，model.save（ ）方法可一步到位地完成这两个任务。

（2）加载模型

加载模型涉及读取之前保存的模型文件，并用于预测或继续训练等任务。

8.3.7　模型评估与调试

在深度学习项目中，对训练完成的模型进行有效的评估和调试是至关重要的，它直接关系到模型的实用性和准确性。以下详细介绍模型评估的方法和调试技巧。

（1）评估方法

评估模型性能是理解模型效果的关键步骤，特别是在分类任务中，以下方法被广泛使用。

① 混淆矩阵

功能：展示模型在各个类别上的预测正确与预测错误的数量，非常直观地反映模型在各类别上的性能。

优点：可以详细看到哪些类别的预测表现好，哪些类别的预测表现不好，以针对性地改进模型。

② 精确度

计算：总的正确预测数除以总的预测数。

注意：精确度虽然常用，但不是唯一的评估标准，尤其是在类别不平衡的情况下。

③ 其他指标　包括召回率、精确率、F1 分数（精确率和召回率的调和平均）等。

（2）调试技巧

模型调试是模型开发中的一个持续过程，目的是通过分析模型的表现找到改进的方向。

① 分析错误分类的样本

方法：观察那些被模型错误分类的样本，分析是否存在共同的特征或者趋势。

目的：这可以帮助我们理解模型在哪些类型的数据上表现不佳，以及可能的原因。

② 调整卷积层配置

参数调整：如卷积核大小、步长、过滤器数量等。

目的：优化这些参数可以帮助模型更好地捕捉图像中的关键信息，提高模型的准确性和泛化能力。

③ 优化数据预处理

方法：如归一化方法、数据增强策略等。

目的：改善输入数据的质量和多样性，直接影响模型的训练效果和最终表现。

8.4 循环神经网络

8.4.1 RNN 工作原理

(1) RNN 的概念

循环神经网络（recurrent neural network，RNN）是一类专门用来处理序列数据的神经网络。与传统的神经网络相比，最大区别在于其能够在不同时间点共享参数，并通过循环连接捕捉序列中的时间依赖关系，如图 8-21 所示。

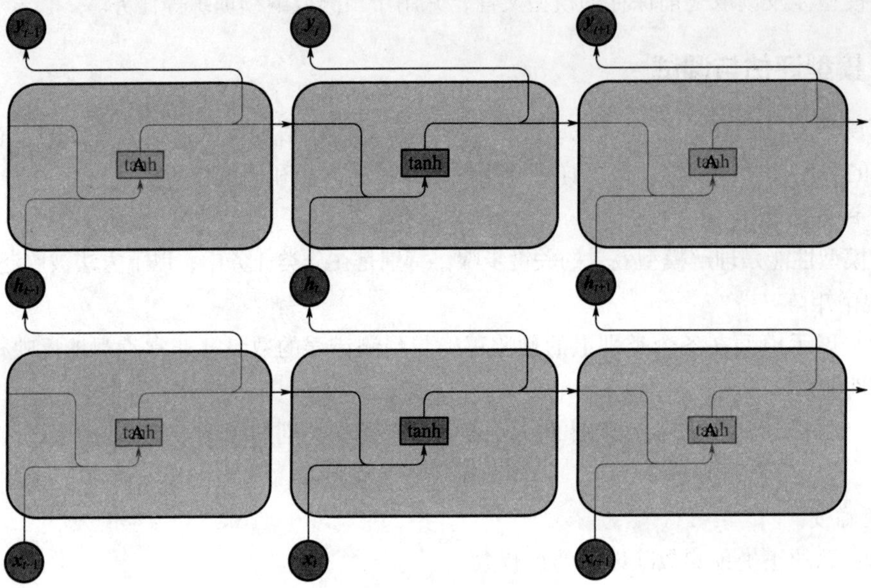

图 8-21 循环神经网络

RNN 架构的核心特性在于其隐含层中的节点之间存在循环连接，使得当前时刻的输出不仅依赖于当前时刻的输入，还依赖于之前时刻的输出或隐藏状态。

(2) RNN 的架构

RNN 架构如图 8-22 所示。

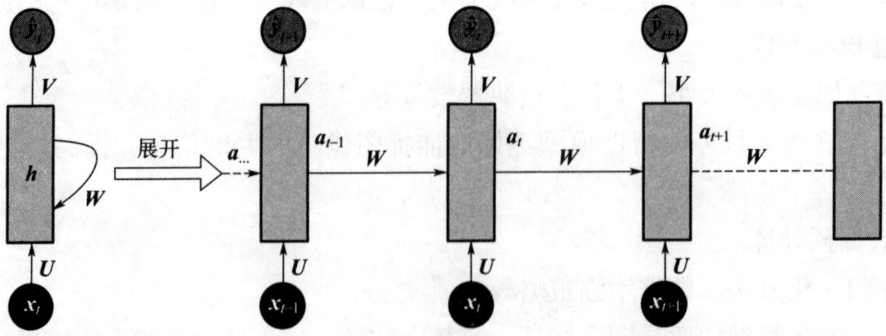

图 8-22 RNN 架构

输入层：接收输入数据，并将其传递给隐含层。输入不仅仅是静态的，还包含着序列中的历史信息。

隐含层：核心部分，捕捉时序依赖性。隐含层的输出不仅取决于当前的输入，还取决于前一时刻的隐藏状态。

输出层：根据隐含层的输出生成最终的预测结果。

RNN 的构造如图 8-23 所示。

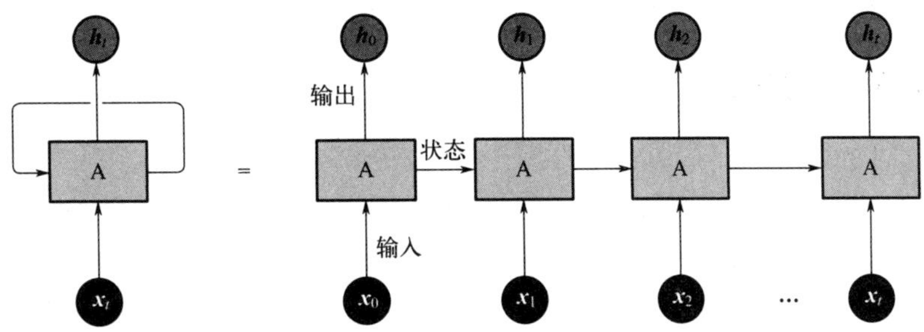

图 8-23　RNN 的构造

（3）RNN 的工作原理

① 隐藏状态的传递。

在处理序列数据时，RNN 将前一时间步的隐藏状态传递给下一个时间步。隐藏状态充当了神经网络的“记忆”，它包含了网络之前所见过数据的相关信息。这种传递机制使得 RNN 能够捕捉序列中的时序依赖关系。隐藏状态的传递如图 8-24 所示。

$$\boldsymbol{h}_t = \tanh(\boldsymbol{w} \cdot [\boldsymbol{h}_{t-1}, \boldsymbol{x}_t] + \boldsymbol{b})$$

② 隐藏状态的计算。

当前输入和先前隐藏状态被组合成一个向量，这个向量融合了当前和先前的信息。组合后的向量经过一个 tanh 激活函数的处理，输出新的隐藏状态。这个新的隐藏状态既包含了当前输入的信息，也包含了之前所有输入的历史信息。隐藏状态的计算如图 8-25 所示。

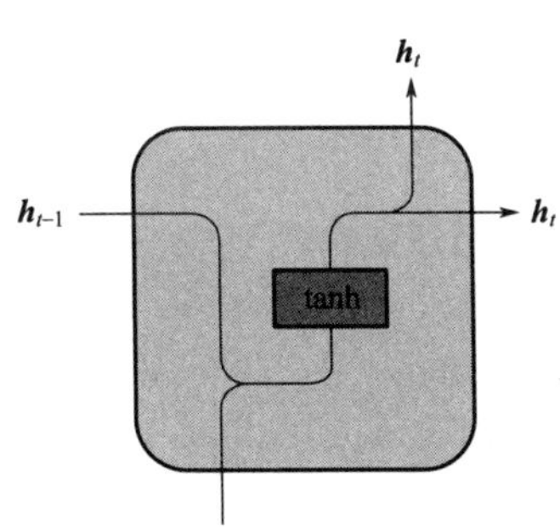

图 8-24　隐藏状态的传递

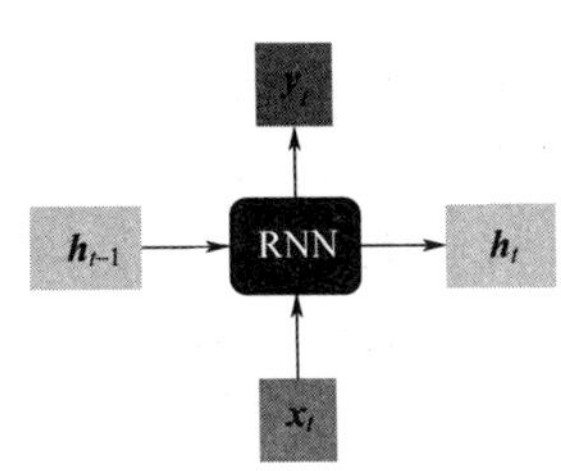

图 8-25　隐藏状态的计算

③ 隐藏状态的输出。

新的隐藏状态被输出，并被传递给下一时间步，继续参与序列的处理过程。

隐含层的计算公式为

$$h_t = f(w_h h_{t-1} + w_x x_t + b_h)$$

输出层的计算公式为

$$y_t = f(w_y h_t + b_y)$$

式中，h_t 为隐含层 t 时刻的输出；h_{t-1} 为隐含层 t-1 时刻的输出；f 为激活函数；w_h 为隐含层的权重；w_x 为输入层的权重；b_h 为隐含层的阈值；b_y 为输出层的阈值。

8.4.2 LSTM 工作原理

（1）LSTM 的概念

长短期记忆（long short term memory，LSTM）是一种特殊的循环神经网络，旨在解决传统 RNN 在处理长序列时面临的梯度消失和梯度爆炸问题。通过引入记忆单元、输入门（input gate）、遗忘门（forget gate）和输出门（output gate）等机制，LSTM 能够在更长的序列中有效捕捉和传递信息，从而展现出更优越的性能。LSTM 如图 8-26 所示。

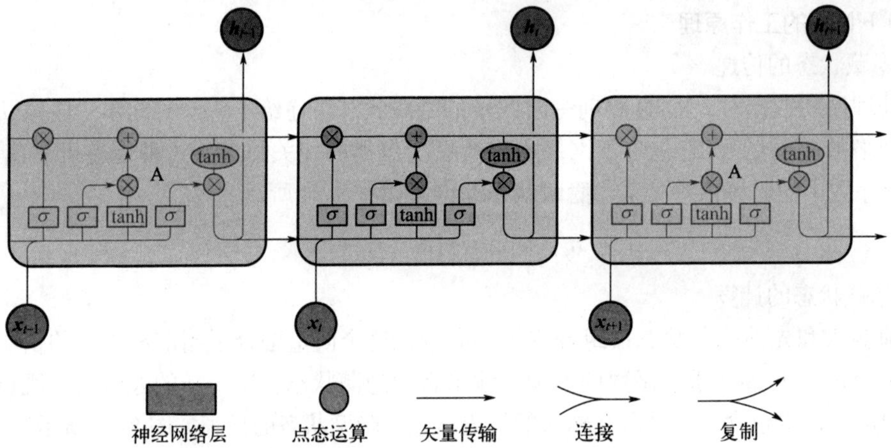

图 8-26　LSTM（长短期记忆）

（2）LSTM 的特性

LSTM 架构的核心特性在于一个 LSTM 单元中包括三个门结构，即输入门、遗忘门和输出门。LSTM 架构如图 8-27 所示。

输入门的作用是决定哪些新信息应该被添加到记忆单元中。遗忘门的作用是决定哪些旧信息应该从记忆单元中遗忘或移除。输出门的作用是决定记忆单元中的哪些信息应该被输出到当前时间步的隐藏状态中。

（3）LSTM 的工作原理

如图 8-27、图 8-28 所示，LSTM 通过输入门筛选重要信息并生成候选记忆，通过遗忘门决定保留哪些旧记忆，最后通过输出门结合筛选后的记忆与当前状态，生成隐藏状态以传递信息。

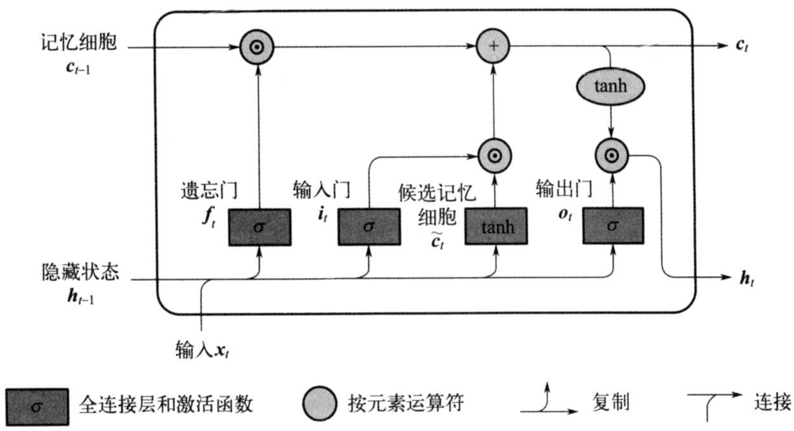

图 8-27　LSTM 架构

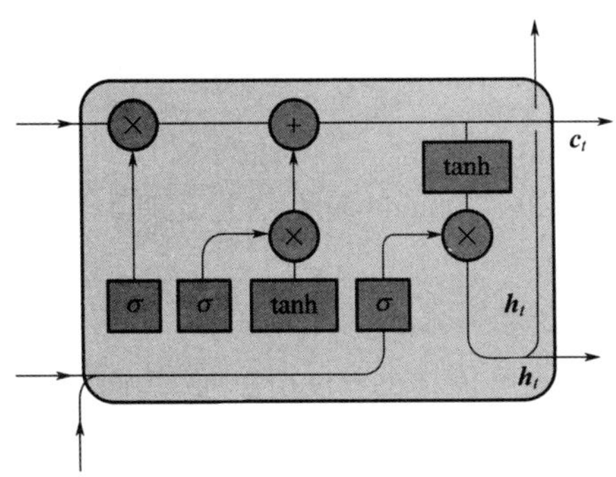

图 8-28　LSTM 工作原理

① 输入门　输入门由一个 sigmoid 激活函数和一个 tanh 激活函数组成。通过 sigmoid 函数筛选重要信息，并结合 tanh 函数生成的新候选信息，共同决定哪些新内容应被添加到记忆单元中。输入门如图 8-29 所示。

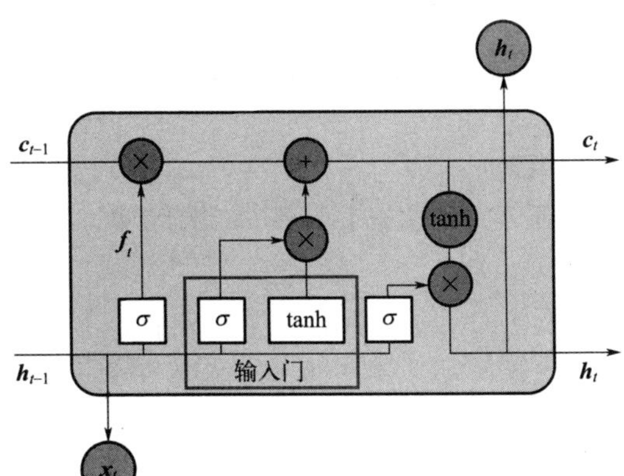

图 8-29　输入门（sigmoid 激活函数 + tanh 激活函数）

输入门由两部分组成。

一个控制写入比例的门 $\boldsymbol{i}_t$，由 sigmoid 函数控制，表示写入记忆单元多少新信息。

$$\boldsymbol{i}_t = \sigma(\boldsymbol{w}_i \cdot [\boldsymbol{h}_{t-1}, \boldsymbol{x}_t] + \boldsymbol{b}_i)$$

另一个经过 tanh 激活函数计算得到，表示新记忆信息的候选值 $\tilde{\boldsymbol{c}}_t$。

$$\tilde{c}_t = \tanh(\boldsymbol{w}_i \cdot [\boldsymbol{h}_{t-1}, \boldsymbol{x}_t] + \boldsymbol{b}_i)$$

② 遗忘门　遗忘门仅由一个 sigmoid 激活函数组成，如图 8-30、图 8-31 所示。

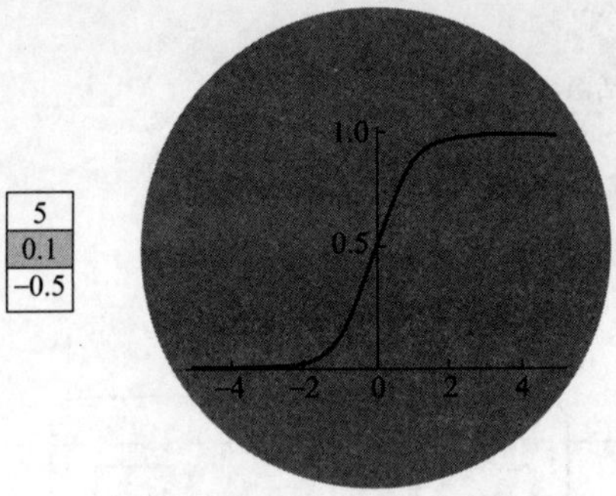

图 8-30　sigmoid 激活函数（区间 0 ～ 1）

sigmoid 函数的输出直接与记忆单元的当前状态相乘，用于决定哪些信息应该被保留，哪些信息应该被遗忘。输出值接近 1 的信息将被保留，而输出值接近 0 的信息将被遗忘。

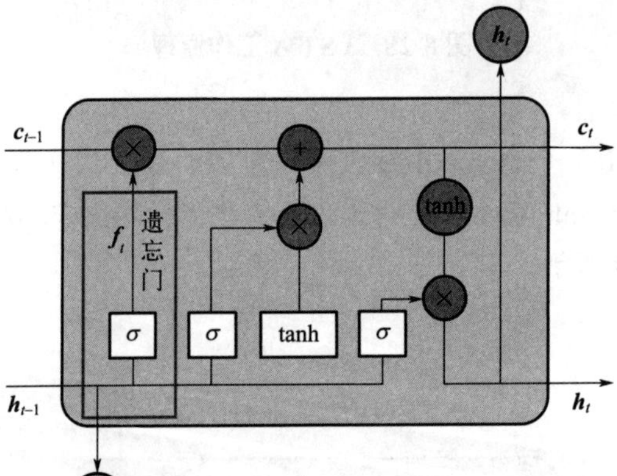

图 8-31　遗忘门（sigmoid 激活函数）

$$\boldsymbol{f}_t = \sigma(\boldsymbol{w}_f \cdot [\boldsymbol{h}_{t-1}, \boldsymbol{x}_t] + \boldsymbol{b}_f)$$

式中，$\boldsymbol{w}_f$ 和 $\boldsymbol{b}_f$ 是权重和偏置；σ 是 sigmoid 激活函数。

③ 输出门　输出门同样由一个 sigmoid 激活函数和一个 tanh 激活函数组成。通过 sigmoid 函数筛选应输出的内容，并与 tanh 函数处理的记忆单元状态结合，生成当前时间步的隐藏状态。输出门如图 8-32 所示。

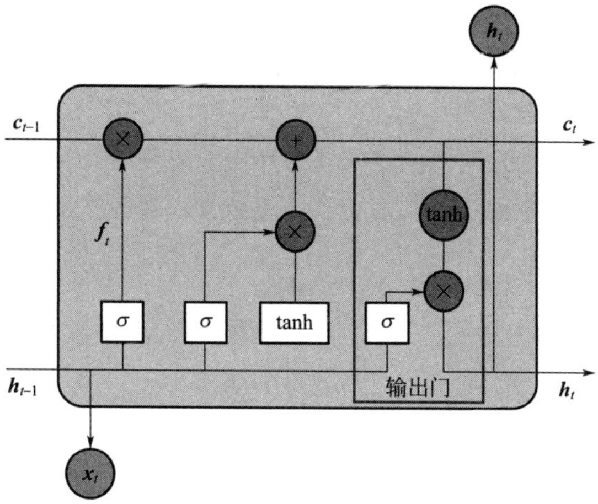

图 8-32　输出门（sigmoid 激活函数 +tanh 激活函数）

输出门的计算公式为

$$\boldsymbol{o}_t = \sigma(\boldsymbol{w}_o \cdot [\boldsymbol{h}_{t-1}, \boldsymbol{x}_t] + \boldsymbol{b}_o)$$

隐藏状态 h_t 与记忆单元 c_t 和输出门 o_t 之间的关系为

$$\boldsymbol{h}_t = \boldsymbol{o}_t \odot \tanh(\boldsymbol{c}_t)$$

而 $\boldsymbol{c}_t$ 为

$$\begin{aligned}\boldsymbol{c}_t &= \boldsymbol{f}_t \odot \boldsymbol{c}_{t-1} + \boldsymbol{i}_t \odot \tanh(\boldsymbol{w}_i \cdot [\boldsymbol{h}_{t-1}, \boldsymbol{x}_t] + \boldsymbol{b}_i) \\ &= \boldsymbol{f}_t \odot \boldsymbol{c}_{t-1} + \boldsymbol{i}_t \odot \tilde{\boldsymbol{c}}_t\end{aligned}$$

8.4.3　GRU 工作原理

（1）GRU 的概念

门控循环单元（gated recurrent unit，GRU）：也是 RNN 的一种改进结构，同样旨在解决长序列处理中的梯度问题。它通过重置门（reset gate）和更新门（update gate）来控制信息的流动，使得模型能更有效地捕捉长期依赖关系。相比 LSTM，GRU 结构更简洁、高效，且在多数序列建模任务中表现相当甚至更好。GRU 如图 8-33 所示。

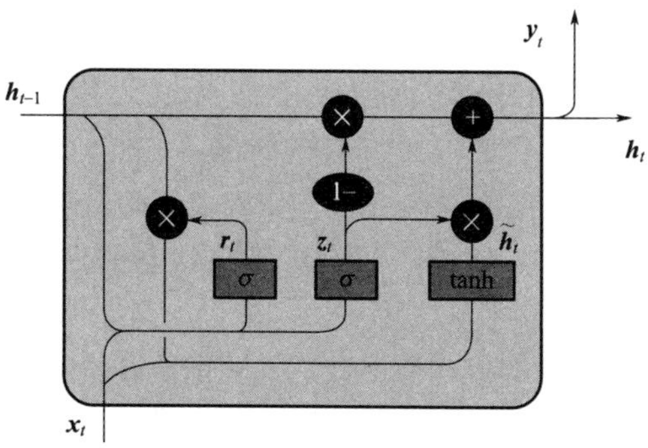

图 8-33　GRU（门控循环单元）

(2) GRU 的架构

GRU 架构的核心特性在于其内部包含两个关键的门控结构，即重置门和更新门。GRU 架构如图 8-34 所示。

重置门的作用在于控制前一时刻的隐藏状态在当前时刻的计算中的影响程度。

更新门的核心功能是控制前一时刻的状态信息被带入当前状态中的程度。

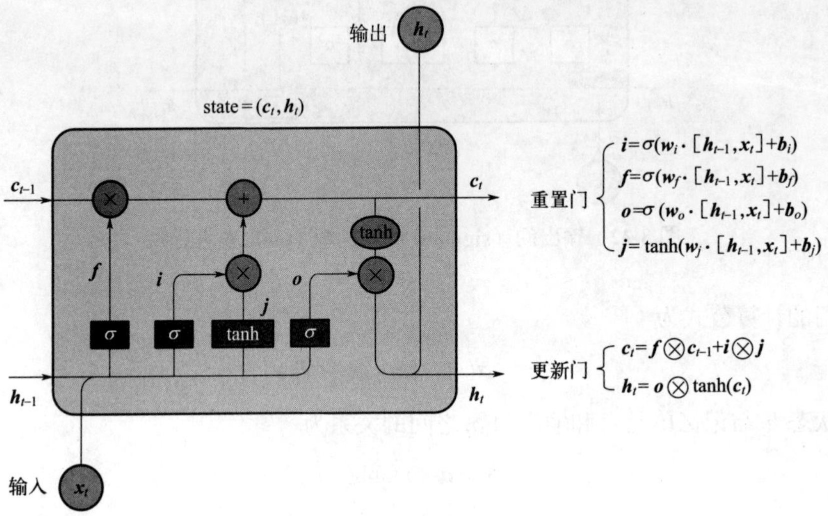

图 8-34 GRU 架构

重置门的四个参数（$\boldsymbol{f}$、$\boldsymbol{i}$、$\boldsymbol{j}$、$\boldsymbol{o}$）表达式如下：

$$\begin{cases} \boldsymbol{f} = \sigma(\boldsymbol{w}_f \bullet [\boldsymbol{h}_{t-1}, \boldsymbol{x}_t] + \boldsymbol{b}_f) \\ \boldsymbol{i} = \sigma(\boldsymbol{w}_i \bullet [\boldsymbol{h}_{t-1}, \boldsymbol{x}_t] + \boldsymbol{b}_i) \\ \boldsymbol{j} = \tanh(\boldsymbol{w}_j \bullet [\boldsymbol{h}_{t-1}, \boldsymbol{x}_t] + \boldsymbol{b}_j) \\ \boldsymbol{o} = \sigma(\boldsymbol{w}_o \bullet [\boldsymbol{h}_{t-1}, \boldsymbol{x}_t] + \boldsymbol{b}_o) \end{cases}$$

更新门的参数表达式如下：

$$\begin{cases} \boldsymbol{c}_t = \boldsymbol{f} \otimes \boldsymbol{c}_{t-1} + \boldsymbol{i} \otimes \boldsymbol{j} \\ \boldsymbol{h}_t = \boldsymbol{o} \otimes \tanh(\boldsymbol{c}_t) \end{cases}$$

(3) GRU 的工作原理

GRU 通过重置门和更新门机制来灵活控制信息的保留与传递，从而有效处理长序列数据并避免梯度消失问题。GRU 的工作原理如图 8-35 所示。

① 重置门　重置门决定如何结合新输入与前一时间步的隐藏状态。通过 sigmoid 函数激活，输出 0～1 之间的值，控制前一时间步隐藏状态的保留或重置。重置门如图 8-36 所示。

② 更新门　更新门决定前一时间步隐藏状态在当前更新的贡献。通过 sigmoid 函数激活，输出 0～1 之间的值，决定前一步隐藏状态的保留程度和新信息的引入量。更新门如图 8-37 所示。

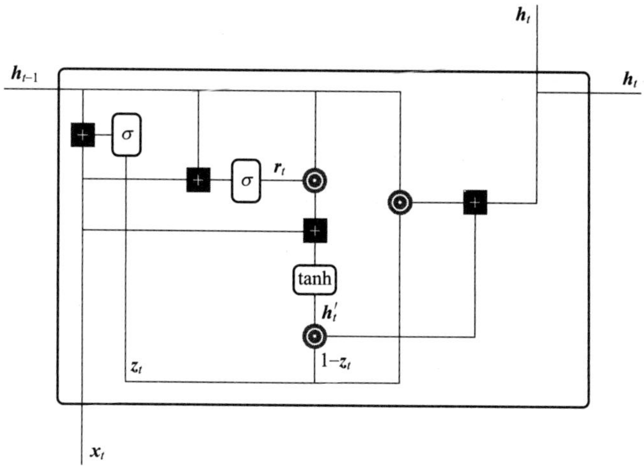

图 8-35　GRU 工作原理

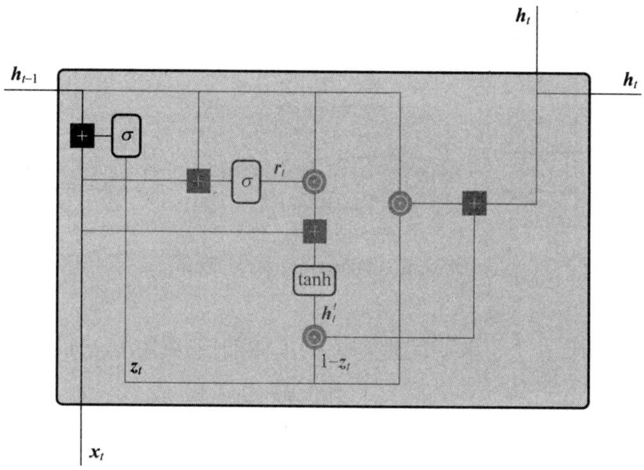

图 8-36　重置门

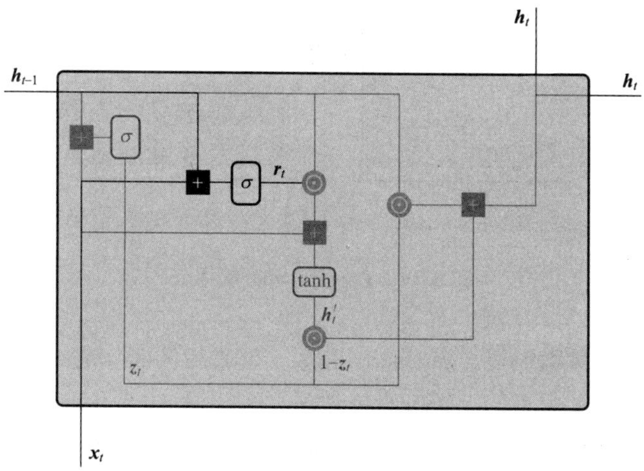

图 8-37　更新门

8.5 Transformer

谷歌推出的BERT模型在11项NLP任务中夺得SOTA结果，而BERT取得成功的一个关键因素是Transformer的强大作用。谷歌的Transformer模型最早是用于机器翻译任务，当时达到了SOTA效果。Transformer改进了RNN训练慢的缺点，利用自注意力（self-attention）机制实现快速运行。并且Transformer可以增加到非常深的深度，充分发掘DNN模型的特性，提升模型准确率。

Transformer是谷歌云TPU推荐的参考模型。相关的TensorFlow的代码可以从GitHub获取，作为Tensor2Tensor包的一部分。

8.5.1 Transformer的功能与组成

从宏观的视角开始 首先将这个模型看成一个黑箱操作。在机器翻译中，就是输入一种语言，输出另一种语言，如图8-38所示。

图8-38 Transformer的功能

Transformer是由编码组件、解码组件和它们之间的连接组成，如图8-39所示。

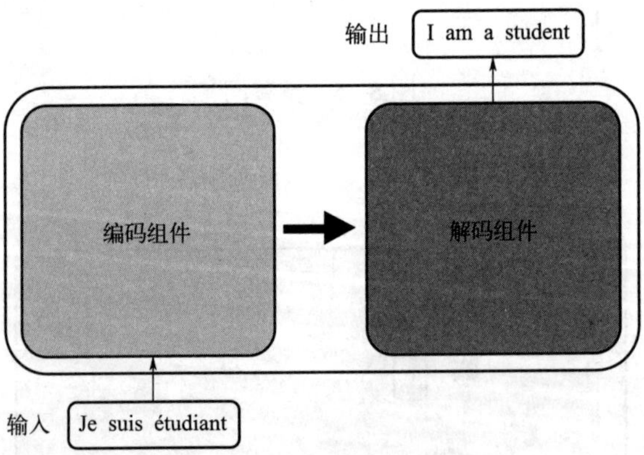

图8-39 Transformer的组成

编码组件部分由一堆编码器（encoder）构成，解码组件部分是由相同数量（与编码器对应）的解码器（decoder）组成的，如图8-40所示。

所有的编码器在结构上都是相同的，但它们没有共享参数，每个编码器都可以分解成两个子层，如图8-41所示。

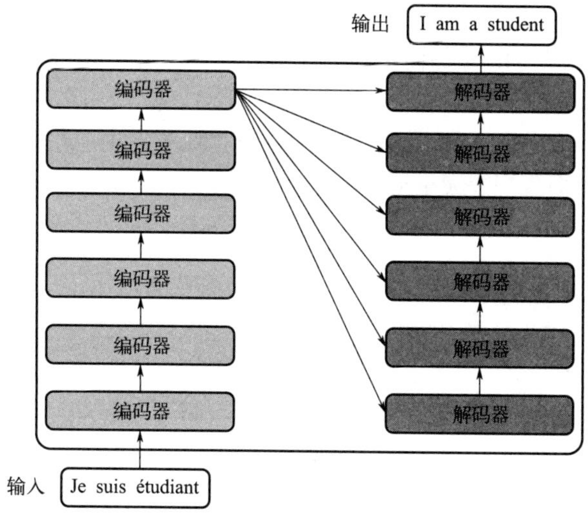

图 8-40　编码器和解码器

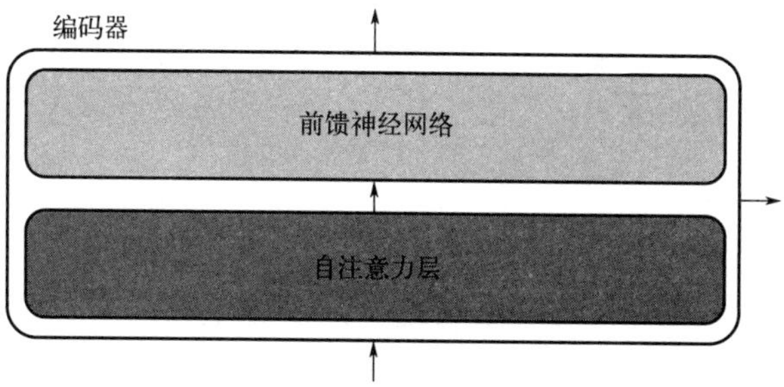

图 8-41　编码器

从编码器输入的句子首先会经过一个自注意力层，这层帮助编码器在对每个单词编码时关注输入句子的其他单词。自注意力层的输出会传递到前馈神经网络中。每个位置的单词对应的前馈神经网络都完全一样。

解码器中也有解码器的自注意力层和前馈神经网络。除此之外，这两个层之间还有一个编码 - 解码注意力层，用来关注输入句子的相关部分。编码器和解码器的组成如图 8-42 所示。

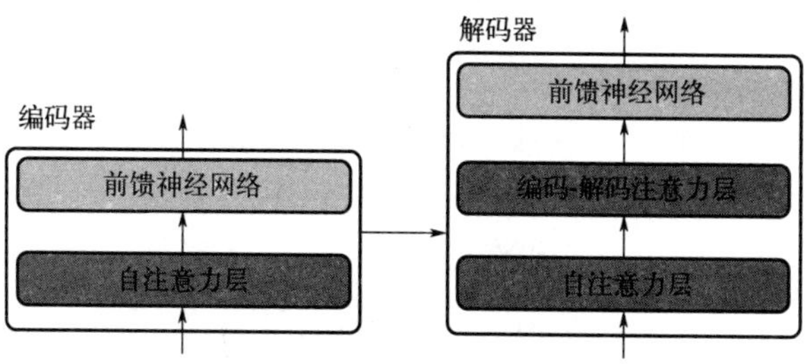

图 8-42　编码器和解码器的组成

接下来看一下各种向量或张量（张量概念是矢量概念的推广，可以简单理解为矢量是一阶张量，矩阵是二阶张量）是怎样在模型的不同部分中，将输入转化为输出的。

首先将每个输入单词通过词嵌入算法转换为词向量。

每个单词都被嵌入为512维的向量。词嵌入过程只发生在最底层的编码器中。所有的编码器都有一个相同的特点，即它们接收一个向量列表，列表中每个向量的大小为512维。在底层（最开始）编码器中，它就是词向量，但是在其他编码器中，它就是下一层编码器的输出（也是一个向量列表）。向量列表大小是可以设置的超参数，一般是训练集中最长句子的长度。

将输入序列进行词嵌入之后，每个单词都会流经编码器中的两个子层，如图8-43所示。

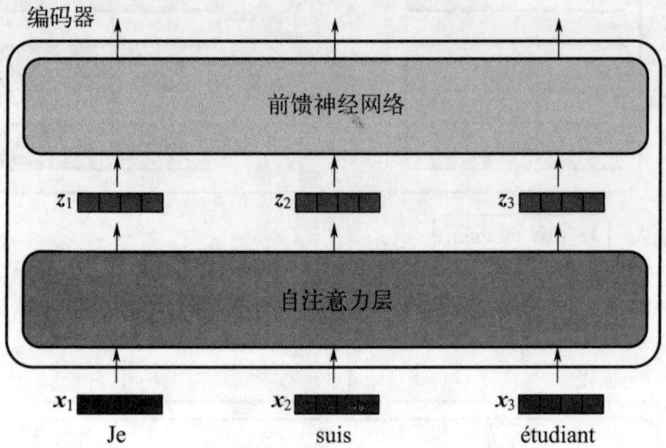

图 8-43　编码器中的两个子层

Transformer 的一个核心特性是输入序列中每个位置的单词都有自己独特的路径流入编码器。在自注意力层中，这些路径之间存在依赖关系。而前馈神经网络没有这些依赖关系。因此在前馈神经网络时可以并行执行各种路径。

下面以一个更短的句子为例，看看编码器的每个子层中发生了什么。

8.5.2 编码

如上述提到的，一个编码器接收向量列表作为输入，接着将向量列表中的向量传递到自注意力层进行处理，然后传递到前馈神经网络中，将输出结果传递到下一个编码器中，如图8-44所示。

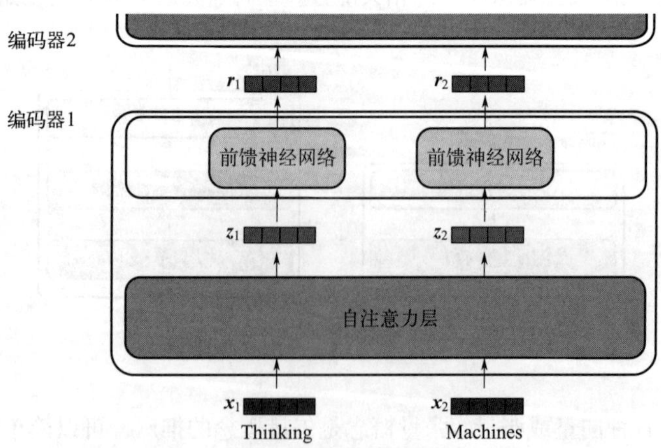

图 8-44　编码阶段

输入序列的每个单词都经过自编码过程。然后，它们各自通过前馈神经网络（完全相同的网络），每个向量都分别通过该网络。

8.5.3　从宏观视角看自注意力机制

下面解读一下自注意力的工作原理。

例如，想要翻译的输入句子为：The animal didn't cross the street because it was too tired。其中“it”在这个句子是指什么呢？它指的是“street”还是“The animal”呢？这对于人类来说是一个简单的问题，但是对于算法则不是。当模型处理单词“it”的时候，自注意力机制会允许“it”与“animal”建立联系。

随着模型处理输入序列的每个单词，自注意力会关注整个输入序列的所有单词，帮助模型对单词更好地进行编码。

当在编码器 #5（栈中最上层编码器）中对“it”这个单词编码时，自注意力机制的部分会去关注“The animal”，将它的表示的一部分编入“it”的编码中，如图 8-45 所示。

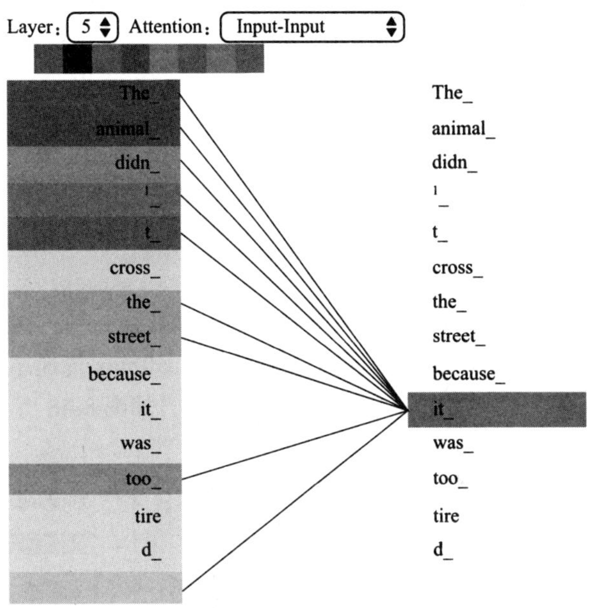

图 8-45　自注意力机制

8.5.4　从微观视角看自注意力机制

首先了解一下如何使用向量来计算自注意力，然后来看它是怎样用矩阵来实现的。

计算自注意力的第一步是从每个编码器的输入向量（每个单词的词向量）中生成三个向量。也就是说对于每个单词，创造一个查询向量、一个键向量和一个值向量。这三个向量是通过词嵌入与三个权重矩阵相乘后创建的。

可以发现这些新向量在维度上比词嵌入向量更低。它们的维度是 64，而词嵌入和编码器的输入 / 输出向量的维度是 512。但实际上不强求维度更小，这只是一种基于架构上的选择，它可以使多头注意力（multiheaded attention）的大部分计算保持不变。

$\boldsymbol{X}_1$ 与 $\boldsymbol{W}_Q$ 权重矩阵相乘得到 $\boldsymbol{q}_1$，就是与这个单词相关的查询向量。最终使得输入序列的每个单词创建一个查询向量、一个键向量和一个值向量，如图 8-46 所示。

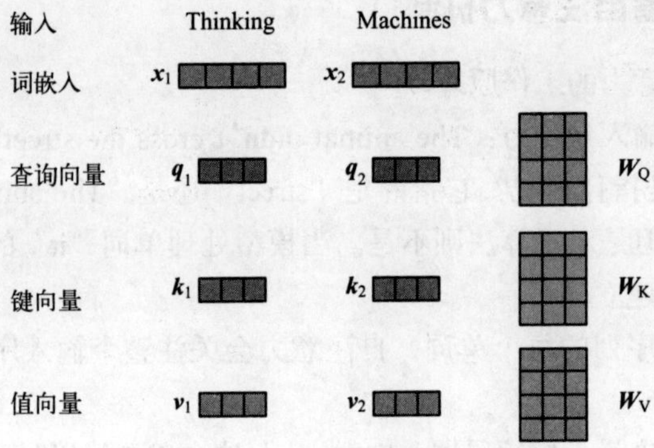

图 8-46 用向量来计算自注意力

8.5.5 查询向量、键向量和值向量

计算自注意力的第二步是计算得分。假设计算这个例子中的第一个词“Thinking”的自注意力向量，需要拿输入句子中的每个单词对“Thinking”打分。这些分数决定了在对单词“Thinking”编码的过程中有多重视句子的其他部分。

这些分数是通过打分单词（所有输入句子的单词）的键向量与“Thinking”的查询向量的点积来计算的。所以如果处理位置最靠前的词的自注意力的话，第一个分数是 $\boldsymbol{q}_1$ 和 $\boldsymbol{k}_1$ 的点积，第二个分数是 $\boldsymbol{q}_1$ 和 $\boldsymbol{k}_2$ 的点积，如图 8-47 所示。

第三步和第四步是将分数除以 8（8 是使用的键向量维数 64 的平方根，这会让梯度更稳定。这里也可以使用其他值，8 只是默认值），然后通过 softmax 传递结果。softmax 的作用是使所有单词的分数归一化，得到的分数都是正值且和为 1，如图 8-48 所示。

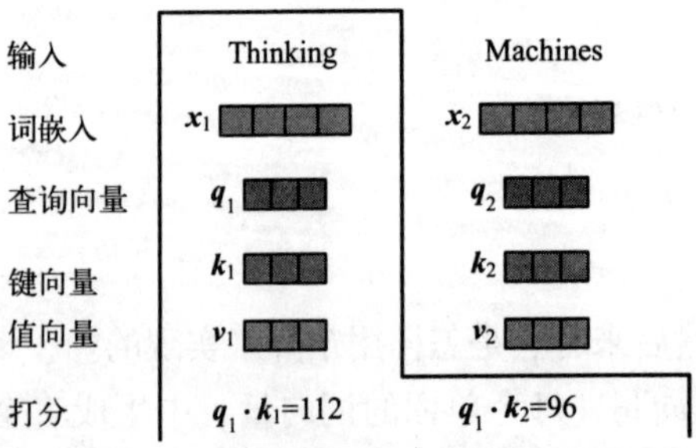

图 8-47 计算自注意力的第二步（计算得分）

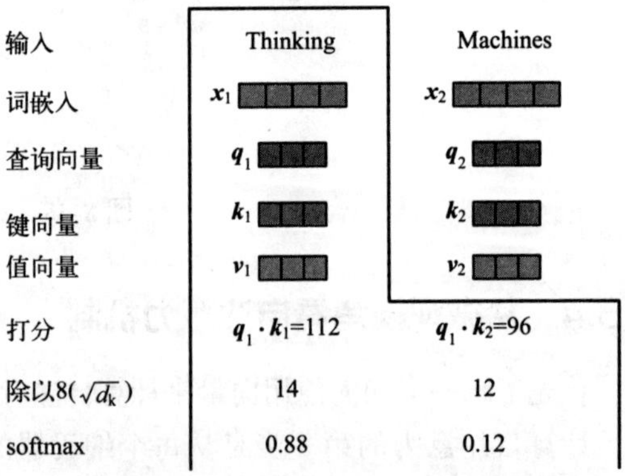

图 8-48 计算自注意力的第三步和第四步

这个 softmax 分数决定了每个单词对编码当下位置（“Thinking”）的贡献。显然，已经在这个位置上的单词将获得最高的 softmax 分数，但有时关注另一个与当前单词相关的单词也会有帮助。

第五步是将每个值向量乘以 softmax 分数（这是为了准备之后将它们求和）。这里的直觉是希望关注语义上相关的单词，并弱化不相关的单词（例如，让它们乘以 0.001 这样的小数）。

第六步是对加权值向量求和［自注意力的另一种解释是在对某个单词编码时，将所有单词的表示（值向量）进行加权求和，而权重是通过该词的表示（键向量）与被编码词表示（查询向量）的点积，再通过 softmax 得到的］，然后得到自注意力层在该位置的输出（在本例中是对于第一个单词）。

计算自注意力的第五步、第六步如图 8-49 所示。

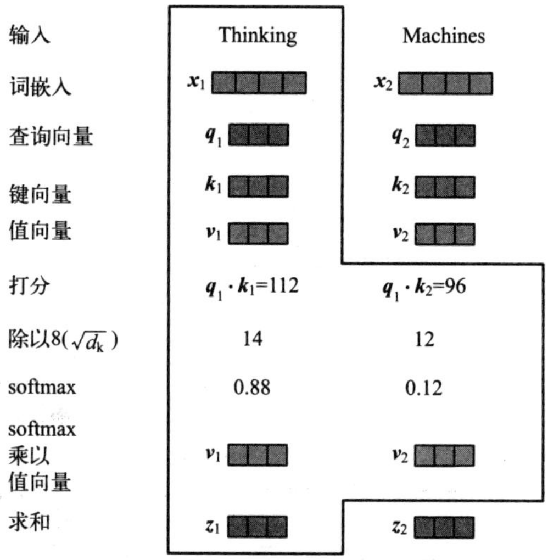

图 8-49　计算自注意力的第五步、第六步

这样自注意力的计算就完成了，得到的向量就可以传给前馈神经网络。然而实际中，这些计算是以矩阵形式完成的，以便算得更快。

8.5.6　通过矩阵运算实现自注意力机制

首先计算查询矩阵、键矩阵和值矩阵。为此，需要将输入句子的词嵌入装进矩阵 $\boldsymbol{X}$ 中，将其乘以训练的权重矩阵（$\boldsymbol{W}_{\mathrm{Q}}$、$\boldsymbol{W}_{\mathrm{K}}$、$\boldsymbol{W}_{\mathrm{V}}$），如图 8-50 所示。

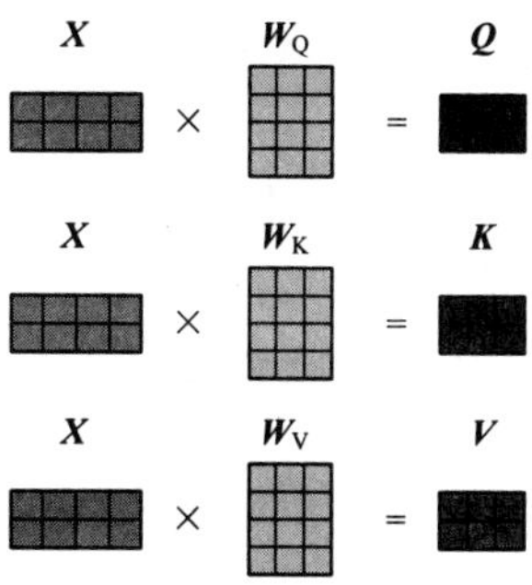

图 8-50　通过矩阵运算实现自注意力机制

X矩阵中的每一行对应于输入句子中的一个单词。从图 8-50 中可以看到词嵌入向量（512，或图中的 4 个格子）和 ***Q***、***K***、***V*** 向量（64，或图中的 3 个格子）的大小差异。

最后，将 8.5.5 中的第 二步到第六步合并为一个公式来计算自注意力层的输出，如图 8-51 所示。

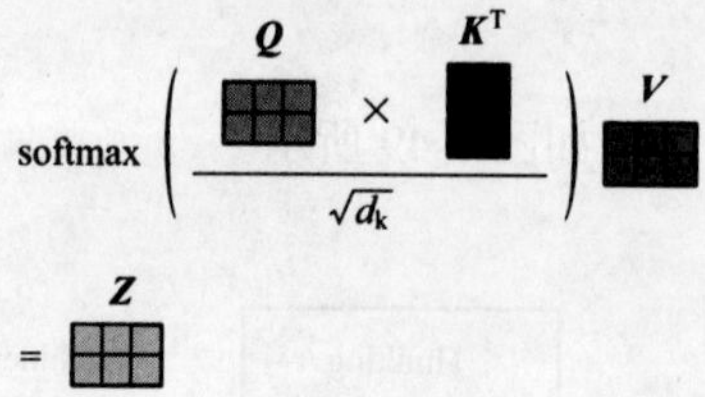

图 8-51　自注意力的矩阵运算形式

Transformer 为每个输入的词嵌入添加了一个向量。这些向量遵循模型学习到的特定模式，这有助于确定每个单词的位置，或序列中不同单词之间的距离。将位置向量添加到词嵌入中，使得它们在接下来的运算中，能够更好地表达词与词之间的距离，如图 8-52 所示。

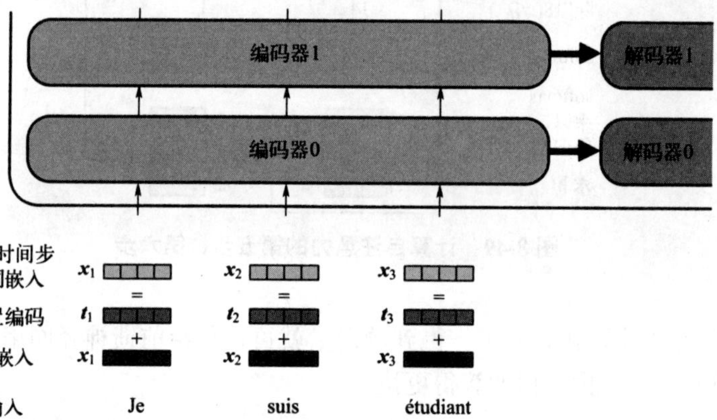

图 8-52　Transformer 为每个输入的词嵌入添加了一个向量

为了让模型理解单词的顺序，添加了位置编码向量，这些向量的值遵循特定的模式，如图 8-53 所示。假设词嵌入的维数为 4，则实际的位置编码如下。

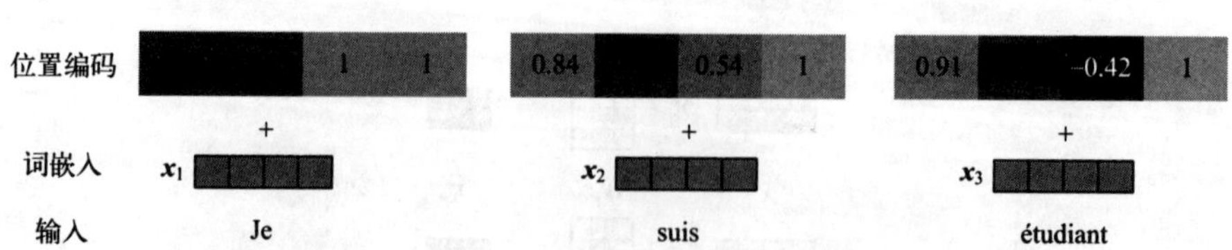

图 8-53　尺寸为 4 的迷你词嵌入位置编码实例

在图 8-54 中，每一行对应一个词向量的位置编码，所以第一行对应输入序列的第一个词。每行包含 512 个值，每个值介于 1 和 -1 之间。对它们进行了颜色编码后，图案是可见的，如图 8-54 所示。

图 8-54　每一行对应一个词向量的位置编码

20 字（行）的位置编码实例，词嵌入大小为 512（列）。可以看到它从中间分裂成两半。这是因为左半部分的值由一个函数（使用正弦）生成，而右半部分由另一个函数（使用余弦）生成。然后将它们拼在一起而得到每一个位置编码向量。

8.5.7　残差模块

这里需要提到一个编码器架构中的细节，即在每个编码器中的每个子层（自注意力层、前馈神经网络）的周围都有一个残差连接，并且都跟随着一个层归一化步骤，如图 8-55 所示。

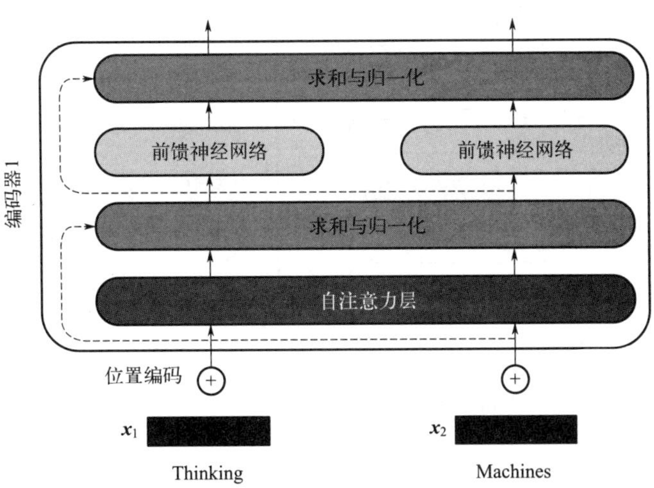

图 8-55　在每个编码器中的每个子层周围都有一个残差连接

如果可视化这些向量以及这个和自注意力相关联的层归一化操作，那么看起来就像图 8-56 所示的一样。

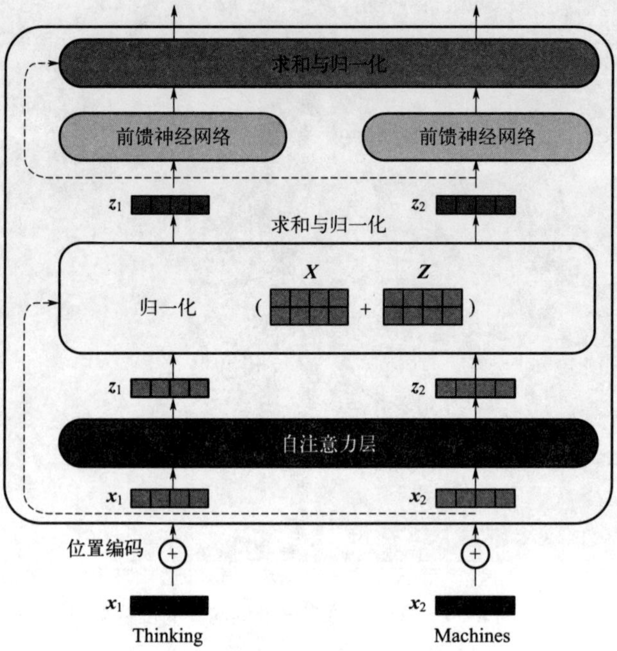

图 8-56　可视化层 - 归一化操作

解码器的子层也是这样的。一个 2 层编码 - 解码结构的 Transformer 如图 8-57 所示。

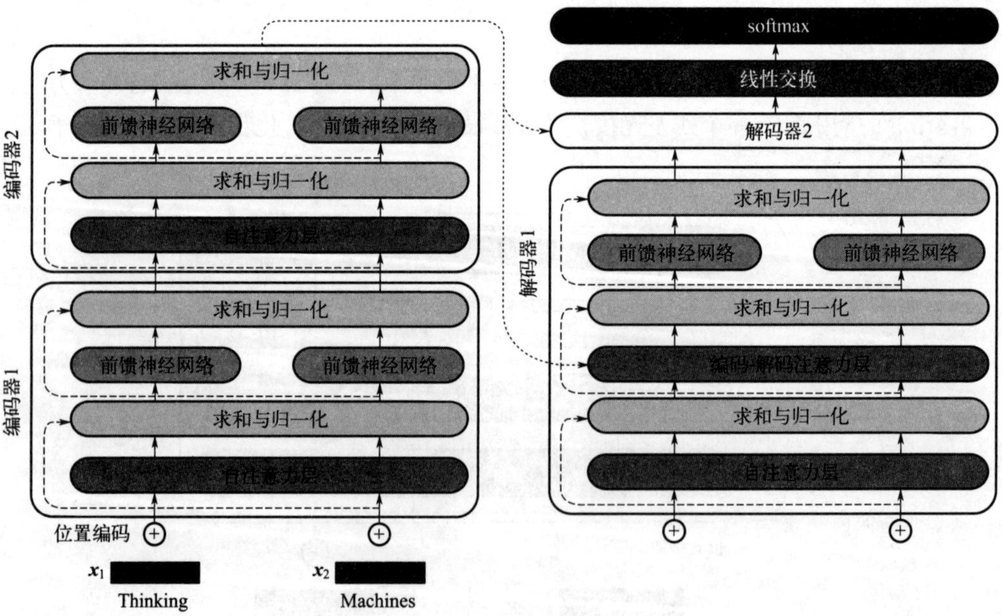

图 8-57　解码组件

下面介绍解码器的细节。编码器通过处理输入序列开启工作。顶端编码器输出之后会转化为一个包含向量 ***K***（键向量）和 ***V***（值向量）的注意力向量集。这些向量将被每个解码器用于自身的编码 - 解码注意力层，而这些层可以帮助解码器关注输入序列哪些位置合适，如图 8-58 所示。

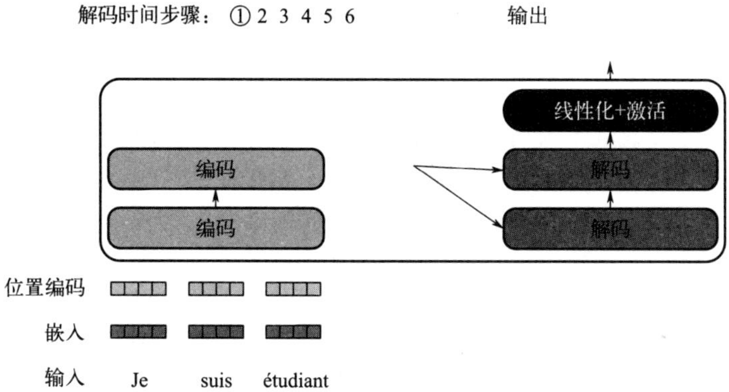

图 8-58　解码器的工作

解码阶段的每个步骤都会输出一个输出序列（在这个例子里，是英语翻译的句子）的元素。

接下来的步骤重复这个过程，直到到达一个特殊的终止符号，它表示 Transformer 的解码器已经完成了它的输出。每个步骤的输出在下一时间步被提供给底端解码器，并且就像编码器之前做的那样，这些解码器会输出它们的解码结果。另外，就像对编码器的输入所做的那样，需要嵌入并添加位置编码给那些解码器，来表示每个单词的位置。而那些解码器中的自注意力层表现的模式与编码器不同：在解码器中，自注意力层只被允许处理输出序列中更靠前的那些位置。在 softmax 步骤前，它会把后面的位置给隐去（把它们设为 -inf）。这个编码 - 解码注意力层工作方式基本就像多头自注意力层一样，只不过它是通过在它下面的层来创造查询矩阵，并且从编码器的输出中取得键 / 值矩阵。

8.5.8　线性变换和 softmax 运算

解码组件最后会输出一个实数向量。如何把浮点数变成一个单词？这便是线性变换层要做的工作，之后就是 softmax 层。

线性变换层是一个简单的全连接神经网络，它可以把解码组件产生的向量投射到一个比它大得多的被称作对数概率（logits）的向量里。

不妨假设模型从训练集中学习一万个不同的英语单词（模型的输出词表）。因此对数概率向量为一万个单元格长度的向量，每个单元格对应某一个单词的分数。

接下来的 softmax 层便会把那些分数变成概率（都为正数，上限为 1）。概率最高的单元格被选中，并且它对应的单词被作为这个时间步的输出，如图 8-59 所示。

这张图片从底部以解码器组件产生的输出向量开始，之后它会转化出一个输出单词。在训练过程中，一个未经训练的模型会通过一个完全一样的前向传播。因为用有标记的训练集来训练它，所以可以用它的输出与真实的输出比较。

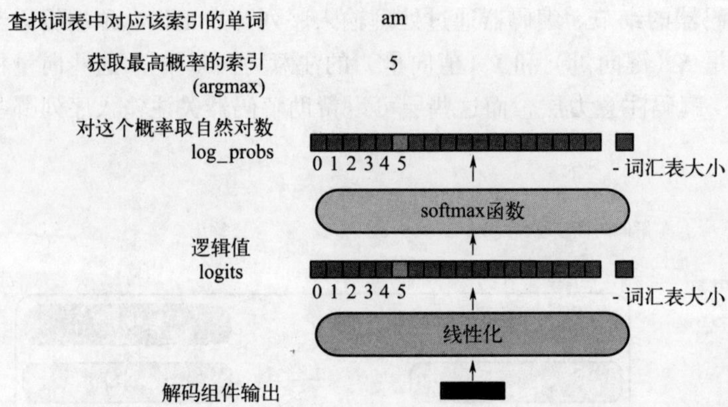

图 8-59　概率最高的单元格被选中并且它对应的单词被作为这个时间步的输出

为了把这个流程可视化，不妨假设输出词汇仅仅包含六个单词：“a”“am”“I”“thanks”“student”以及“eos”（end of sentence 的缩写形式）。输出词表如图 8-60 所示。

WORD	a	am	I	thanks	student	<eos>
INDEX	0	1	2	3	4	5

图 8-60　输出词表

模型的输出词表在训练之前的预处理流程中就被设定好了。一旦定义了输出词表，就可以使用一个相同宽度的向量来表示词汇表中的每一个单词。这也被认为是一个 one-hot 编码。所以，可以用图 8-61 所示的向量来表示单词“am”。

图 8-61　单词“am”的 one-hot 编码

接下来讨论模型的损失函数，通过它可以训练得到一个结果尽量准确的模型。

比如一个简单的例子，即把“merci”翻译为“thanks”。这意味着想要一个表示单词“thanks”概率分布的输出。但是因为这个模型还没被训练好，所以不太可能现在就出现这个结果。未训练模型的输出与期望输出的偏差如图 8-62 所示。

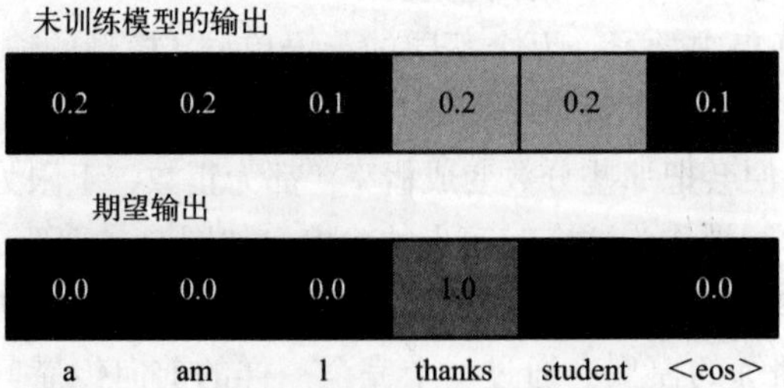

图 8-62　未训练模型的输出与期望输出的偏差

因为模型的参数（权重）都被随机地生成，所以（未经训练的）模型产生的概率分布在每个单元格 / 单词里都赋予了随机的数值。可以用真实的输出来比较它，然后用反向传播算法来略微调整所有模型的权重，生成更接近结果的输出。

但注意到这是一个过于简化的例子，更现实的情况是处理一个句子，例如，输入“je suis étudiant”并期望输出是“I am a student”。希望模型能够成功地在这些情况下输出概率分布。

每个概率分布被一个以词表大小（此处例子里是 6，但现实情况通常是 3000 或 10000）为宽度的向量所代表。

第一个概率分布在与“I”关联的单元格有最高的概率，第二个概率分布在与“am”关联的单元格有最高的概率。以此类推，第五个输出的分布表示“eos”关联的单元格有最高的概率，如图 8-63 所示。

模型的目标输出

输出词表：	a	am	I	thanks	student	<eos>
位置#1	0.0	0.0	1.0	0.0	0.0	0.0
位置#2	0.0	1.0	0.0	0.0	0.0	0.0
位置#3	1.0	0.0	0.0	0.0	0.0	0.0
位置#4	0.0	0.0	0.0	0.0	1.0	0.0
位置#5	0.0	0.0	0.0	0.0	0.0	1.0
	a	am	I	thanks	student	<eos>

图 8-63　依据例子训练模型得到的目标概率分布

在一个足够大的数据集上充分训练后，我们希望模型输出的概率分布如图 8-64 所示。

模型训练后的输出

输出词表：	a	am	I	thanks	student	<eos>
位置#1	0.01	0.02	0.93	0.01	0.03	0.01
位置#2	0.01	0.8	0.1	0.05	0.01	0.03
位置#3	0.99	0.001	0.001	0.001	0.002	0.001
位置#4	0.001	0.002	0.001	0.02	0.94	0.01
位置#5	0.01	0.01	0.001	0.001	0.001	0.98
	a	am	I	thanks	student	<eos>

图 8-64　模型训练后的输出（每个位置上的概率分布）

8.5.9 Transformer 的一个详细计算过程

（1）定义数据集

这里将使用非常小的数据集来直观地执行数值计算。整个数据集如图 8-65 所示。

Dataset(corpus)
I drink and l know things.
When you play the game of thrones, you win or you die.
The true enemy won't wait out the storm, He brings the storm.

图 8-65 整个数据集

（2）确定词汇量

词汇量决定了数据集中唯一单词的总数，可以使用以下公式计算。

$$\text{vocab size}=\text{count}(\text{set}(N))$$

式中，N 是数据集中的单词总数。按图 8-66、图 8-67 计算变量 N。

为了找到 N，需要将数据集分解成单个单词。

Dataset(corpus)
I drink and l know things.
When you play the game of thrones, you win or you die.
The true enemy won't wait out the storm, He brings the storm.

N = [
I, drink, and, l, know, things,
When, you, play, the, game, of, thrones, you, win, or, you, die,
The, true, enemy, won't, wait, out, the, storm, He, brings, the, storm
]

图 8-66 计算变量 N

得到 N 之后，进行集合运算，去除重复项，然后统计唯一单词的数量，就可以确定词汇量。

vocab size=count(set(N))

set (I, drink, and, l, know, things, When, you, play, the, game, of, thrones, you, win, or, you, die, The, true, enemy, won't, wait, out, the, storm, He, brings, the, storm)

count (I, drink, and, know, things, When, you, play, the, game, of, thrones, win, or, die, true, enemy, won't, wait, out, storm, He, brings)

=23

图 8-67 查找词汇量

词汇量为 23，因为数据集中有 23 个唯一单词。

（3）编码

为每个唯一的单词分配一个唯一的编号，如图 8-68 所示。

1	2	3	4	5	6	7	8	9	10	11	12
I	drink	things	Know	When	won't	play	out	true	storm	brings	game
	13	14	15	16	17	18	19	20	21	22	23
	the	win	of	enemy	you	wait	thrones	and	of	die	He

图 8-68　编码独特的词语

由于单个标记视为单个单词并为其分配一个数字，因此 ChatGPT 使用以下公式将单词的一部分视为单个标记，即 1 token=0.75 word。

在对整个数据集进行编码之后，就可以选择输入并开始使用 Transformer 架构了。

（4）计算词嵌入

从语料库中选择一个句子，该句子将在 Transformer 架构中进行处理，如图 8-69 所示。

1	2	3	4	5	6	7	8	9	10	11	12
I	drink	things	Know	When	won't	play	out	true	storm	brings	game
	13	14	15	16	17	18	19	20	21	22	23
	the	win	of	enemy	you	wait	thrones	and	of	die	He

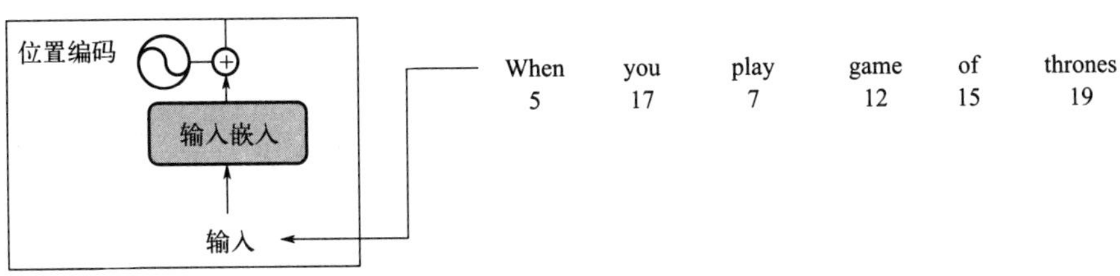

图 8-69　Transformer 输入语句

接下来要为输入找到一个嵌入向量。一般为每个输入词使用一个 512 维的嵌入向量，如图 8-70 所示。

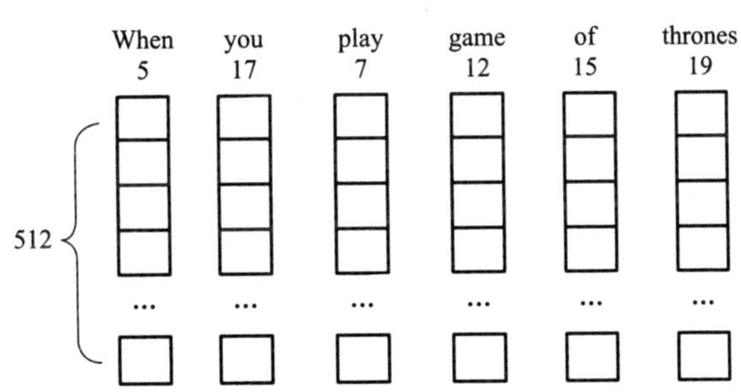

图 8-70　采用 512 维向量

此处将使用维度为 6 的嵌入向量，如图 8-71 所示。

嵌入向量的这些值介于 0 和 1 之间，在开始时是随机填充的。随着 Transformer 开始理解单词之间的含义，它们将被更新。

（5）计算位置嵌入

下面为输入找到位置嵌入。位置嵌入有两个公式，具体取决于每个单词的嵌入向量第 i 个值的位置。位置嵌入公式如图 8-72 所示。

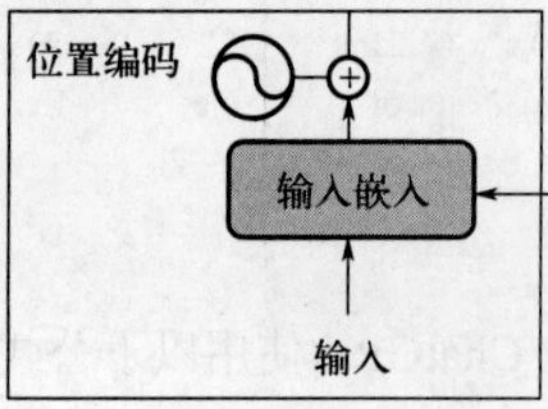

When	you	play	game	of	thrones
5	17	7	12	15	19

e1	e2	e3	e4	e5	e6
0.79	0.38	0.01	0.12	0.88	0.6
0.6	0.12	0.51	0.6	0.41	0.33
0.96	0.06	0.27	0.65	0.79	0.75
0.64	0.79	0.31	0.22	0.62	0.48
0.97	0.9	0.56	0.07	0.5	0.94
0.2	0.74	0.59	0.37	0.7	0.21

图 8-71　输入的嵌入向量

对偶数位置

$PE_{(pos,\ 2i)}=\sin(pos/10000^{2i}/d_{model})$

对奇数位置

$PE_{(pos,\ 2i+1)}=\cos(pos/10000^{2i}/d_{model})$

图 8-72　位置嵌入公式

例如，输入句子是“When you play the game of thrones”，起始词是“When”，起始索引（POS）值为 0，维度（d）为 6。对于 i（从 0 到 5），计算输入句子第一个单词的位置嵌入。单词 When 的位置嵌入公式如图 8-73 所示。

When
5

i	e1	位置	公式	p1
0	0.79	偶数位置	$\sin[0/10000^{(2\times0/6)}]$	0
1	0.6	奇数位置	$\cos[0/10000^{(2\times1/6)}]$	1
2	0.96	偶数位置	$\sin[0/10000^{(2\times2/6)}]$	0
3	0.64	奇数位置	$\cos[0/10000^{(2\times3/6)}]$	1
4	0.97	偶数位置	$\sin[0/10000^{(2\times4/6)}]$	0
5	0.2	奇数位置	$\cos[0/10000^{(2\times5/6)}]$	1

d_{dim}　6

POS　0

图 8-73　单词 When 的位置嵌入公式

类似地，可以计算输入句子中所有单词的位置嵌入，如图 8-74 所示。

（6）连接位置嵌入和词嵌入

在计算出位置嵌入之后，需要将词嵌入和位置嵌入相加，如图 8-75 所示。

由两个矩阵（词嵌入矩阵和位置嵌入矩阵）组合得到的矩阵将被视为编码器部分的输入。

When	you	play	game	of	thrones
5	17	7	12	15	19

i	p1	p2	p3	p4	p5	p6
0	0	0.8415	0.9093	0.1411	−0.7568	−0.9589
1	1	0.0464	0.9957	0.1388	0.1846	0.9732
2	0	0.0022	0.0043	0.0065	0.0086	0.0108
3	1	0.0001	1	0.0003	0.0004	1
4	0	0	0	0	0	0
5	1	0	1	0	0	1

d_{dim}	6	6	6	6	6	6
POS	0	1	2	3	4	5

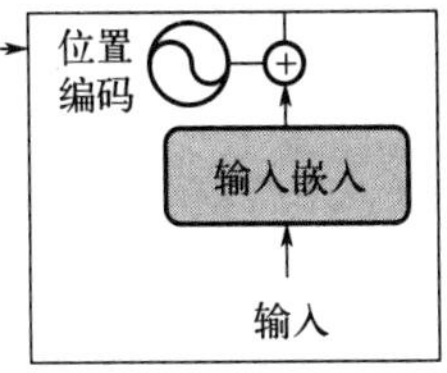

图 8-74　计算输入的位置嵌入（计算值已四舍五入）

When	you	play	game	of	thrones
5	17	7	12	15	19

位置嵌入矩阵

i	p1	p2	p3	p4	p5	p6
0	0	0.8415	0.9093	0.1411	−0.7568	−0.9589
1	1	0.0464	0.9957	0.1388	0.1846	0.9732
2	0	0.0022	0.0043	0.0065	0.0086	0.0108
3	1	0.0001	1	0.0003	0.0004	1
4	0	0	0	0	0	0
5	1	0	1	0	0	1

\+

词嵌入矩阵

e1	e2	e3	e4	e5	e6
0.79	0.38	0.01	0.12	0.88	0.6
0.6	0.12	0.51	0.6	0.41	0.33
0.96	0.06	0.27	0.65	0.79	0.75
0.64	0.79	0.31	0.22	0.62	0.48
0.97	0.9	0.56	0.07	0.5	0.94
0.2	0.74	0.59	0.37	0.7	0.21

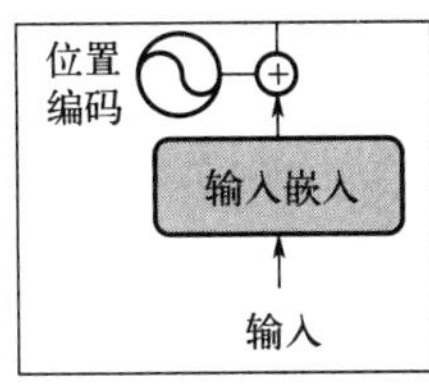

=

ep1	ep2	ep3	ep4	ep5	ep6
0.79	1.22	0.92	0.26	0.12	−0.36
1.6	0.17	1.51	0.74	0.59	1.3
0.96	0.06	0.27	0.66	0.8	0.76
1.64	0.79	1.31	0.22	0.62	1.48
0.97	0.9	0.56	0.07	0.5	0.94
1.2	0.74	1.59	0.37	0.7	1.21

图 8-75　连接步骤

（7）多头注意力

多头注意力由许多单头注意力组成，需要组合多少个单头注意力取决于自己的需求。例如，Meta 的 LLaMA LLM 在编码器架构中使用了 32 个单头注意力。图 8-76 是单头注意力的示意图。

有三个输入：查询矩阵 $\boldsymbol{Q}$、键矩阵 $\boldsymbol{K}$ 和值矩阵 $\boldsymbol{V}$。

① 计算查询矩阵　为了计算查询矩阵，权重矩阵的行数必须与转置矩阵的列数相同，而权重矩阵的列数可以是任意的。权重矩阵中的值是随机的 0 和 1，当 Transformer 模型开始学习这些单词的含义时，这些值将会更新。查询矩阵的计算见图 8-77。

$$\boldsymbol{Q}=\boldsymbol{EP}\times\boldsymbol{w}_Q$$

式中，$\boldsymbol{Q}$ 是查询矩阵；$\boldsymbol{EP}$ 是词嵌入合并位置嵌入矩阵；$\boldsymbol{w}_Q$ 为查询权重矩阵。

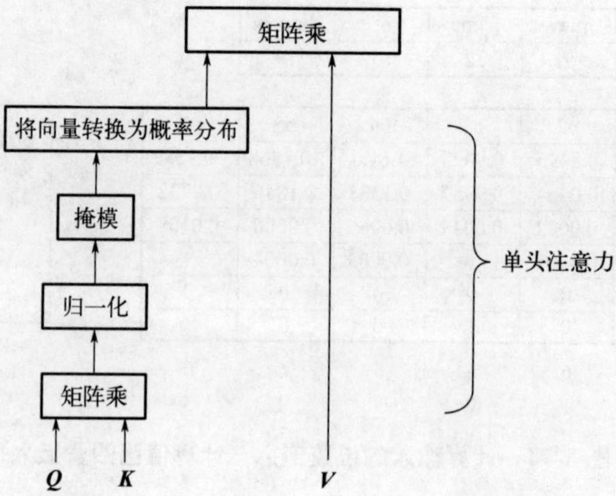

图 8-76　Transformer 中的单头注意力机制

词嵌入矩阵+位置嵌入矩阵

when	0.79	1.6	0.96	1.64	0.97	1.2
you	1.22	0.17	0.06	0.79	0.9	0.74
play	0.92	1.51	0.27	1.31	0.56	1.59
game	0.26	0.74	0.66	0.22	0.07	0.37
of	0.12	0.59	0.8	0.62	0.5	0.7
thrones	−0.36	1.3	0.76	1.48	0.94	1.21

6×6

×

线性化查询矩阵的权重

0.52	0.45	0.91	0.69
0.05	0.85	0.37	0.83
0.49	0.1	0.56	0.61
0.71	0.64	0.4	0.14
0.76	0.27	0.92	0.67
0.85	0.56	0.57	0.07

6×4

图 8-77　计算查询矩阵

② 计算键矩阵和值矩阵　类似地，可以使用相同的程序计算键矩阵和值矩阵，但权重矩阵中的值必须不同。键矩阵和值矩阵的计算见图 8-78。

词嵌入矩阵+位置嵌入矩阵

when	0.79	1.6	0.96	1.64	0.97	1.2
you	1.22	0.71	0.06	0.79	0.9	0.74
play	0.92	1.51	0.27	1.31	0.56	1.59
game	0.26	0.74	0.66	0.22	0.07	0.37
of	0.12	0.59	0.8	0.62	0.5	0.7
thrones	−0.36	1.3	0.76	1.46	0.94	1.21

6×6

×

线性化*K*矩阵的权重

0.74	0.57	0.21	0.73
0.55	0.16	0.9	0.17
0.25	0.74	0.8	0.98
0.8	0.73	0.2	0.31
0.37	0.96	0.42	0.08
0.26	0.41	0.87	0.86

6×4

词嵌入矩阵+位置嵌入矩阵

when	0.79	1.6	0.96	1.64	0.97	1.2
you	1.22	0.71	0.06	0.79	0.9	0.74
play	0.92	1.51	0.27	1.31	0.56	1.59
game	0.26	0.74	0.66	0.22	0.07	0.37
of	0.12	0.59	0.8	0.62	0.5	0.7
thrones	−0.36	1.3	0.76	1.46	0.94	1.21

6×6

×

线性化*V*矩阵的权重

0.62	0.07	0.7	0.95
0.2	0.97	0.61	0.35
0.57	0.78	0.61	0.5
0.67	0.35	0.98	0.54
0.47	0.83	0.34	0.94
0.6	0.69	0.13	0.98

6×4

图 8-78　计算键矩阵和值矩阵

$$K = EP \times W_K$$

$$V = EP \times W_V$$

式中，K 是键矩阵；W_K 是键权矩阵；V 是值矩阵，W_V 是值权矩阵。

因此，矩阵相乘后，得到查询矩阵、键矩阵和值矩阵，如图 8-79。

3.68	3.8	4.08	3.42
2.55	1.86	2.77	1.78
3.39	3.6	3.49	2.72
1.02	1.18	1.24	1.3
1.9	1.56	1.88	1.53
3.04	2.9	2.73	2.22

6×4

(a) 查询矩阵

3.71	4.04	4.15	3.41
2.18	2.51	1.64	1.93
3.28	3.11	3.65	3.01
1.07	1.13	1.64	1.35
1.49	1.97	2.14	1.81
2.51	3.04	3.45	2.28

6×4

(b) 键矩阵

3.88	3.8	4.08	3.42
2.55	1.86	2.77	1.78
3.39	3.6	3.49	2.72
1.02	1.18	1.24	1.3
1.9	1.56	1.88	1.53
3.04	2.9	2.73	2.22

6×4

(c) 值矩阵

图 8-79　查询矩阵 Q、键矩阵 K 和值矩阵 V

③ 计算单头注意力　计算：$Q \times K^T$，见图 8-80。

查询矩阵

3.88	3.8	4.08	3.42
2.55	1.86	2.77	1.78
3.39	3.6	3.49	2.72
1.02	1.18	1.24	1.3
1.9	1.56	1.88	1.53
3.04	2.9	2.73	2.22

6×4

×

键矩阵的转置

3.71	2.18	3.28	1.07	1.49	2.51
4.04	2.51	3.11	1.13	1.97	3.04
4.15	1.64	3.65	1.64	2.14	3.45
3.41	1.93	3.01	1.35	1.81	2.28

4×6

=

58.341	31.2882	49.7306	19.7538	28.1886	43.1644
34.5402	18.2058	29.6169	11.7761	16.6133	25.6698
50.8796	27.3994	43.2409	17.0909	24.5349	37.695
18.1304	9.728	15.4544	6.2134	8.851	13.3894
26.3707	14.0937	22.5509	8.9445	12.6967	19.4858
41.8941	22.668	35.6369	14.004	20.103	30.9265

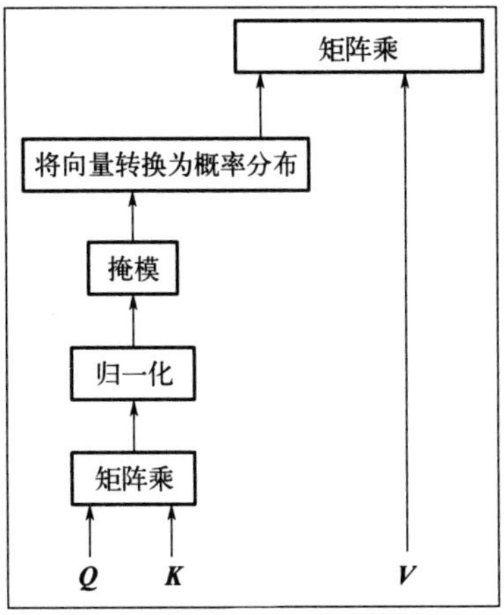

图 8-80　查询矩阵和键矩阵之间的矩阵乘法

为了缩放结果矩阵，必须重用嵌入向量的维度，即 6。

计算：$\frac{\boldsymbol{Q}\times\boldsymbol{K}^{\mathrm{T}}}{\sqrt{d_{\mathrm{k}}}}$，式中，$d_{\mathrm{k}}$ 是嵌入向量的维度，见图 8-81。

58.341	31.2882	49.7306	19.7538	28.1886	43.1644
34.5402	18.2058	29.6169	11.7761	16.6133	25.6698
50.8796	27.3994	43.2409	17.0909	24.5349	37.695
18.1304	9.728	15.4544	6.2134	8.851	13.3894
26.3707	14.0937	22.5509	8.9445	12.6967	19.4858
41.8941	22.668	35.6369	14.004	20.103	30.9265

$\sqrt{d_{\mathrm{k}}}$ (d_{k}=6)

=

23.81721	12.77409	20.30219	8.062904	11.50852	17.62
14.1009	7.434201	12.09231	4.809165	6.781004	10.47973
20.77167	11.186	17.65266	6.976963	10.01433	15.39096
7.401542	3.972256	6.307436	2.535222	3.612997	5.466445
10.76551	5.752218	9.205999	3.64974	5.184753	7.956759
17.10152	9.254989	14.54997	5.715476	8.205791	12.62712

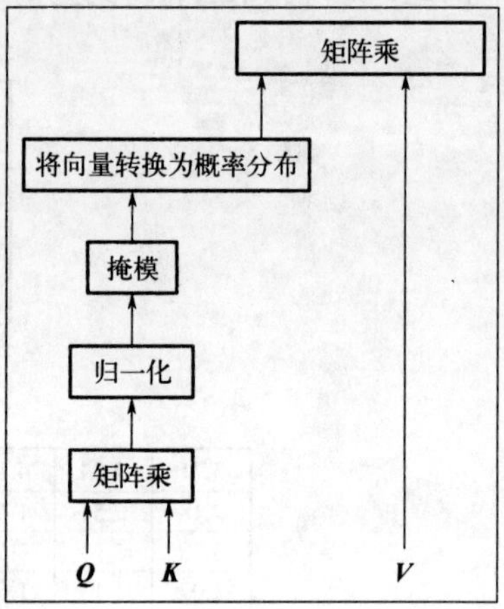

图 8-81　重用嵌入向量的维度

下一步是掩码，这是可选的，此处不对其进行计算。掩码就是告诉模型只关注在某个时间点之前发生的事情，而不是在确定句子中不同单词的重要性时窥视未来信息。它可以帮助模型逐步理解事物，而不会通过向前看来“作弊”。

下面将在缩放的结果矩阵上应用 softmax 操作。

计算 $\mathrm{softmax}\left(\frac{\boldsymbol{Q}\times\boldsymbol{K}^{\mathrm{T}}}{\sqrt{d_{\mathrm{k}}}}\right)$，见图 8-82。

23.81721	12.77409	20.30219	8.062904	11.50852	17.62
14.1009	7.434201	12.09231	4.809165	6.781004	10.47973
20.77167	11.186	17.65266	6.976963	10.01433	15.39096
7.401542	3.972256	6.307436	2.535222	3.612997	5.466445
10.76551	5.752218	9.205999	3.64974	5.184753	7.956759
17.10152	9.254989	14.54997	5.715476	8.205791	12.62712

$$\mathrm{softmax}(23.82)=\frac{e^{23.82}}{e^{23.82}+e^{12.77}+e^{20.3}+e^{8.06}+e^{11.51}+e^{17.62}}$$

=

0.9693	0	0.0287	0	0	0.002
0.86	0.0011	0.1152	0.0001	0.0006	0.023
0.9534	0.0001	0.0421	0	0	0.0044
0.6476	0.021	0.2177	0.005	0.0146	0.094
0.7803	0.0052	0.164	0.0006	0.0029	0.047
0.9174	0.0004	0.0716	0	0.0001	0.0105

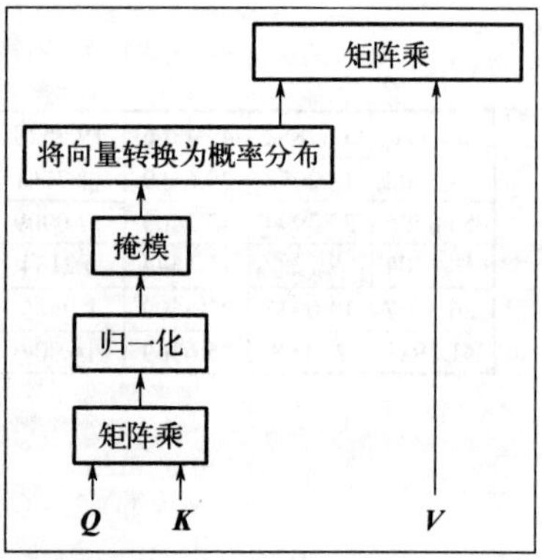

图 8-82　对结果矩阵应用 softmax

执行以下乘法步骤以获得单头注意力的结果矩阵。

计算 $\mathrm{softmax}\left(\frac{\boldsymbol{Q}\times\boldsymbol{K}^{\mathrm{T}}}{\sqrt{d_{\mathrm{k}}}}\right)\times\boldsymbol{V}$，见图 8-83。

$\mathrm{softmax}\left(\frac{\boldsymbol{Q}\times\boldsymbol{K}^{\mathrm{T}}}{\sqrt{d_{\mathrm{k}}}}\right)$

0.9693	0	0.0287	0	0	0.002
0.86	0.0011	0.1152	0.0001	0.0006	0.023
0.9534	0.0001	0.0421	0	0	0.0044
0.6476	0.021	0.2177	0.005	0.0146	0.094
0.7803	0.0052	0.164	0.0006	0.0029	0.047
0.9174	0.0004	0.0716	0	0.0001	0.0105

6×6

×

值矩阵

3.88	3.8	4.08	3.42
2.55	1.86	2.77	1.78
3.39	3.6	3.49	2.72
1.02	1.18	1.24	1.3
1.9	1.56	1.88	1.53
3.04	2.9	2.73	2.22

6×4

=

3.864257	3.79246	4.060367	3.39751
3.801295	3.75252	3.977937	3.30861
3.855542	3.787426	4.04909	3.385086
3.622841	3.584936	3.750419	3.081834
3.745786	3.706744	3.904894	3.233519
3.835366	3.77523	4.022837	3.356435

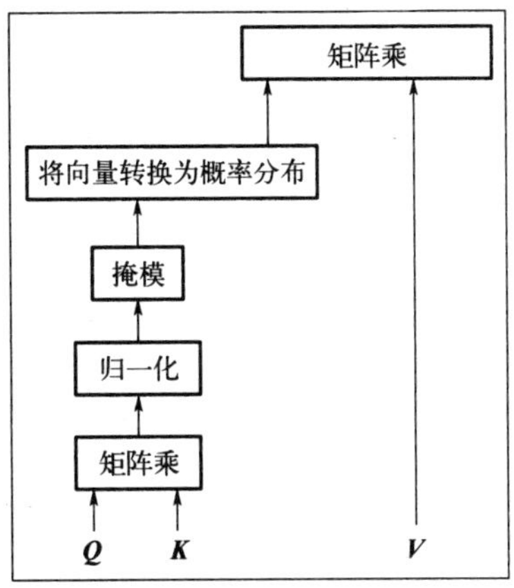

图 8-83　计算单头注意力的最终矩阵

④ 计算多头注意力　上面已经计算了单头注意力，而多头注意力是由多个单头注意力组成。图 8-84 是多头注意力示意图。

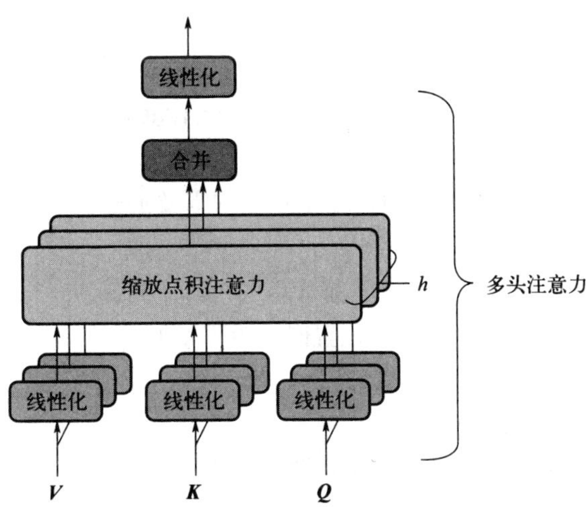

图 8-84　Transformer 架构中的多头注意力机制

每个单头注意力机制有三个输入：查询、键和值，每三个都有一组不同的权重。一旦所有单头注意力机制输出其结果矩阵，它们将全部连接起来，最终的连接矩阵将再次通过将其与一组用随机值初始化的权重矩阵相乘来进行线性变换，这些权重矩阵之后将在 Transformer 模型开始训练时进行更新。

单头注意力机制与多头注意力机制的区别与联系如图 8-85 所示。

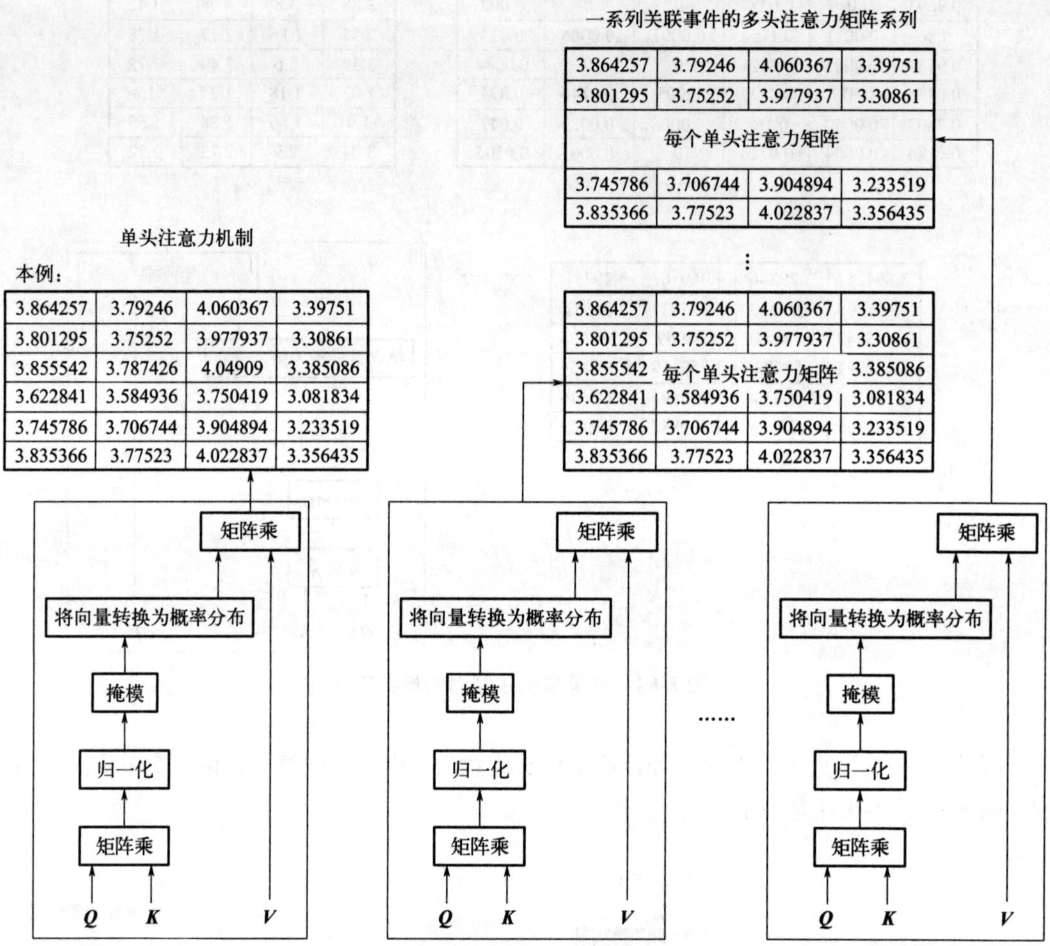

图 8-85　单头注意力机制和多头注意力机制的区别与联系

无论是单头注意力还是多头注意力，结果矩阵都需要通过乘以一组权重矩阵再次进行线性变换，如图 8-86 所示。

确保线性权重矩阵的列数必须等于之前计算的矩阵（词嵌入 + 位置嵌入）的列数，因为下一步将把结果的规范化矩阵与词嵌入 + 位置嵌入矩阵相加。多头注意力的输出矩阵如图 8-87 所示。

（8）加法和归一化

一旦从多头注意力机制中获得了结果矩阵，就必须将其添加到原始矩阵中，如图 8-88 所示。

$$\text{softmax}\left(\frac{Q \times K^{T}}{\sqrt{d_k}}\right) \times V$$

3.86	3.79	4.06	3.4
3.8	3.75	3.96	3.31
3.86	3.79	4.05	3.39
3.62	3.58	3.75	3.06
3.75	3.71	3.9	3.23
3.84	3.78	4.02	3.36

6×4

×

线性化权重值
行的长度必须等于位置嵌入矩阵的行的长度

0.8	0.34	0.45	0.54	0.07	0.53
0.85	0.74	0.78	0.5	0.75	0.55
0.53	0.81	0.55	0.59	0.49	0.14
0.7	0.6	0.12	0.42	0.29	0.87

4×6

=

10.84	9.45	7.33	7.8	6.09	7.66
10.65	9.28	7.22	7.67	5.99	7.51
10.83	9.43	7.33	7.79	6.08	7.65
10.08	8.77	6.85	7.25	5.67	7.09
10.48	9.12	7.11	7.54	5.89	7.38
10.77	9.38	7.29	7.75	6.05	7.6

图 8-86　规范化单头注意力矩阵

多头注意力的输出矩阵

10.84	9.45	7.33	7.8	6.09	7.65
10.65	9.28	7.22	7.67	5.99	7.51
10.83	9.43	7.33	7.79	6.08	7.65
10.08	8.77	6.85	7.25	5.67	7.09
10.48	9.12	7.11	7.54	5.89	7.38
10.77	9.38	7.29	7.75	6.05	7.6

6×6

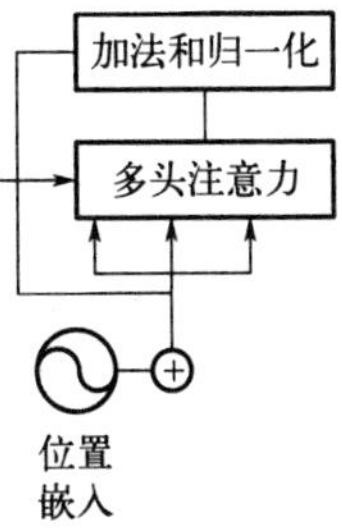

图 8-87　多头注意力的输出矩阵

(词嵌入+位置嵌入)矩阵

when	0.79	1.6	0.96	1.64	0.97	1.2
you	1.22	0.17	0.06	0.79	0.9	0.74
play	0.92	1.51	0.27	1.31	0.56	1.59
game	0.26	0.74	0.66	0.22	0.07	0.37
of	0.12	0.59	0.8	0.62	0.5	0.7
thrones	−0.36	1.3	0.76	1.48	0.94	1.21

6×6

\+

多头注意力的输出矩阵

10.84	9.45	7.33	7.8	6.09	7.66
10.65	9.28	7.22	7.67	5.99	7.51
10.83	9.43	7.33	7.79	6.08	7.65
10.08	8.77	6.85	7.25	5.67	7.09
10.48	9.12	7.11	7.54	5.89	7.38
10.77	9.38	7.29	7.75	6.05	7.6

6×6

=

11.63	11.05	8.29	9.44	7.06	8.86
11.87	9.45	7.28	8.46	6.89	8.25
11.75	10.94	7.6	9.1	6.64	9.24
10.34	9.51	7.51	7.47	5.74	7.46
10.6	9.71	7.91	8.16	6.39	8.08
10.41	10.68	8.05	9.23	6.99	8.81

图 8-88　添加矩阵以执行加法和归一化步骤

为了规范化上述矩阵，需要逐行计算每一行的平均值（mean）和标准差（standard deviation，简写为 std），如图 8-89 所示。

$$\text{mean}=\frac{\sum_{i=1}^{N}X_i}{N}\quad \text{sta}=\sqrt{\frac{\sum_{i=1}^{N}(X_i-\mu)^2}{N}}$$

逐行计算

						均值	标准差
11.63	11.05	8.29	9.44	7.06	8.86	9.38	1.57
11.87	9.45	7.28	8.46	6.89	8.25	8.70	1.64
11.75	10.94	7.6	9.1	6.64	9.24	9.21	1.76
10.34	9.51	7.51	7.47	5.74	7.46	8.00	1.51
10.6	9.71	7.91	8.16	6.39	8.08	8.48	1.35
10.41	10.68	8.05	9.23	6.99	8.81	9.03	1.28

图 8-89　计算平均值和标准差

用矩阵的每个值减去相应的行平均值，然后除以相应的标准差。对结果矩阵进行归一化如图 8-90 所示。

11.63	11.05	8.29	9.44	7.06	8.86
11.87	9.45	7.28	8.46	6.89	8.25
11.75	10.94	7.6	9.1	6.64	9.24
10.34	9.51	7.51	7.47	5.74	7.46
10.6	9.71	7.91	8.16	6.39	8.08
10.41	10.68	8.05	9.23	6.99	8.81

均值	标准差
9.38	1.57
8.70	1.64
9.21	1.76
8.00	1.51
8.48	1.35
9.03	1.28

$$\frac{\text{value}-\text{mean}}{\text{std}+\text{error}}=\frac{11.63-9.26}{1.57+0.0001}$$

=

1.51	1.14	−0.62	0.11	−1.4	−0.25
2.02	0.54	−0.78	−0.06	−1.02	−0.19
1.54	1.08	−0.82	0.03	−1.36	0.11
1.64	1.09	−0.23	−0.26	−1.4	−0.26
1.65	0.99	−0.34	−0.16	−1.47	−0.21
1.16	1.37	−0.69	0.23	−1.52	−0.09

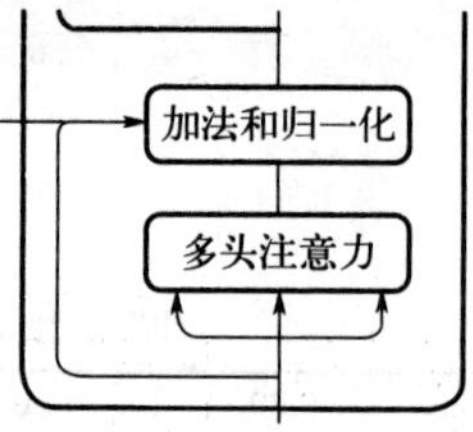

图 8-90　对结果矩阵进行归一化

添加一个小的误差值可以防止分母为零，并避免使整个项无穷大。

(9) 前馈网络

矩阵标准化后，将通过前馈网络进行处理。使用一个非常基本的网络，该网络仅包含一个线性层和一个 ReLU 激活函数层，如图 8-91 所示。

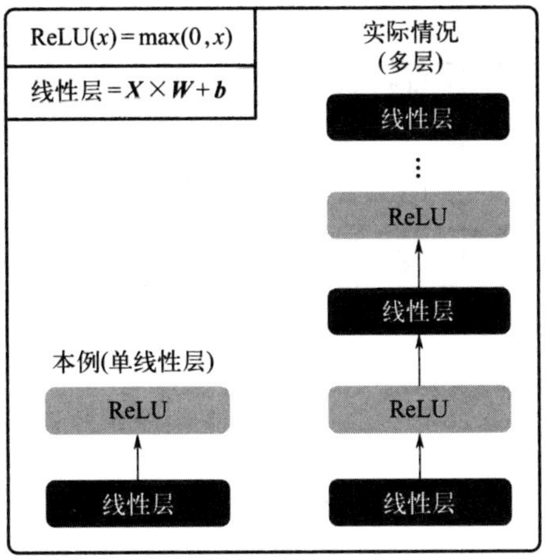

图 8-91　前馈网络

首先，需要通过将最后计算的矩阵与一组随机的权重矩阵相乘来计算线性层，该权重矩阵将在 Transformer 开始学习时更新，然后将结果矩阵添加到同样包含随机值的偏差矩阵中，如图 8-92 所示。

加法和归一化之后的矩阵

1.51	1.14	−0.62	0.11	−1.4	−0.25
2.02	0.54	−0.78	−0.06	−1.02	−0.19
1.54	1.08	−0.82	0.03	−1.36	0.11
1.64	1.09	−0.23	−0.26	−1.4	−0.26
1.65	0.99	−0.34	−0.16	−1.47	−0.21
1.16	1.37	−0.69	0.23	−1.52	−0.09

6×6

×

W

0.5	0.05	0.97	0.22	0.56	0.02
0.17	0.52	0.63	0.48	0.06	0.6
0.53	0.87	0.47	0.1	0.31	0.79
0.83	0.58	0.38	0.09	0.64	0.25
0.81	0.85	0.74	0.35	0.31	0.53
0.25	0.31	0.22	0.77	0.57	0.85

6×6

X*×*W

0.49	1.07	0.84	0.14	0.22	0.7
0.24	1.26	1.11	0.12	0.46	0.97
0.53	1.18	−0.02	0.39	0.33	0.59
0.53	0.97	0.96	0.15	0.16	0.52
0.56	1.11	−0.87	0.11	0.3	0.64
0.62	1.02	0.61	0.26	0.14	0.52

6×6

+

偏差矩阵

b1	b2	b3	b4	b5	b6
0.42	0.18	0.25	0.42	0.35	0.45

=

0.91	1.25	1.09	0.56	0.57	1.15
0.66	1.44	1.36	0.54	0.81	1.42
0.95	1.36	−0.57	0.81	0.68	1.04
0.95	1.15	1.23	0.57	0.51	0.97
0.98	1.29	−0.62	0.53	0.55	1.09
1.04	1.2	0.86	0.68	0.49	0.97

6×6

图 8-92　计算线性层

计算完线性层之后，需要将其穿过 ReLU 层，如图 8-93 所示。

$\mathrm{ReLU}(x)=\max(0,x)$

0.91	1.25	1.09	0.56	0.57	1.15
0.66	1.44	1.36	0.54	0.81	1.42
0.95	1.36	−0.57	0.81	0.68	1.04
0.95	1.15	1.23	0.57	0.51	0.97
0.98	1.29	−0.62	0.53	0.55	1.09
1.04	1.2	0.86	0.68	0.49	0.97

6×6

$\max(0,0.91)$

0.91	1.25	1.09	0.56	0.57	1.15
0.66	1.44	1.36	0.54	0.81	1.42
0.95	1.36	0	0.81	0.68	1.04
0.95	1.15	1.23	0.57	0.51	0.97
0.98	1.29	0	0.53	0.55	1.09
1.04	1.2	0.86	0.68	0.49	0.97

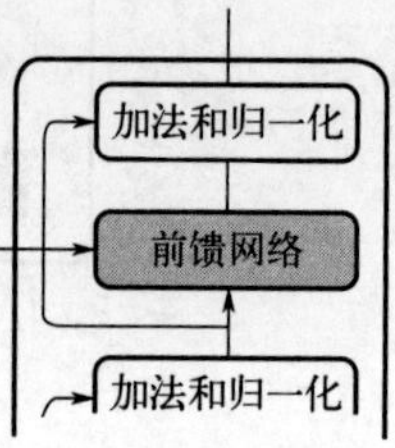

图 8-93　计算 ReLU 层

（10）再次加法和归一化

一旦从前馈网络获得结果矩阵，就必须将其添加到从前面的加法和归一化步骤获得的矩阵中，然后使用行平均值和标准差对其进行归一化，如图 8-94 所示。

从前馈网络中获得的矩阵

0.91	1.25	1.09	0.56	0.57	1.15
0.66	1.44	1.36	0.54	0.81	1.42
0.95	1.36	0	0.81	0.68	1.04
0.95	1.15	1.23	0.57	0.51	0.97
0.98	1.29	0	0.53	0.55	1.09
1.04	1.2	0.86	0.68	0.49	0.97

+

从前面的加法和归一化步骤中获得的矩阵

1.51	1.14	−0.62	0.11	−1.4	−0.25
2.02	0.54	−0.78	−0.06	−1.02	−0.19
1.54	1.08	−0.82	0.03	−1.36	0.11
1.64	1.09	−0.23	−0.26	−1.4	−0.26
1.65	0.99	−0.34	−0.16	−1.47	−0.21
1.16	1.37	−0.69	0.23	−1.52	−0.09

=

2.42	2.39	0.47	0.67	−0.83	0.9
2.68	1.98	0.58	0.48	−0.21	1.23
2.49	2.44	−0.82	0.84	−0.68	1.15
2.59	2.24	1	0.31	−0.89	0.71
2.63	2.28	−0.34	0.37	−0.92	0.88
2.2	2.57	0.17	0.91	−1.03	0.88

mean	std
1.0033	1.103534
1.1233	1.214349
0.9033	1.301837
0.9933	1.289055
0.8167	1.306016
0.95	1.320773

=

1.28	1.26	−0.48	−0.3	−1.66	−0.09
1.28	0.71	−0.45	−0.53	−1.1	0.09
1.22	1.18	−1.32	−0.05	−1.22	0.19
1.24	0.97	0.01	−0.53	−1.46	−0.22
1.39	1.12	−0.89	−0.34	−1.33	0.05
0.95	1.23	−0.59	−0.03	−1.5	−0.05

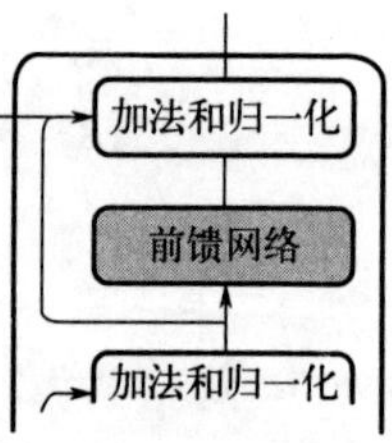

图 8-94　前馈网络后再次进行加法和归一化

该加法和归一化步骤的输出矩阵将作为解码器部分存在的多头注意力机制之一中的查询和键矩阵。

（11）解码器部分

Transformer 架构如图 8-95 所示，包括了前面已经叙述的部分以及后面将要叙述的部分。

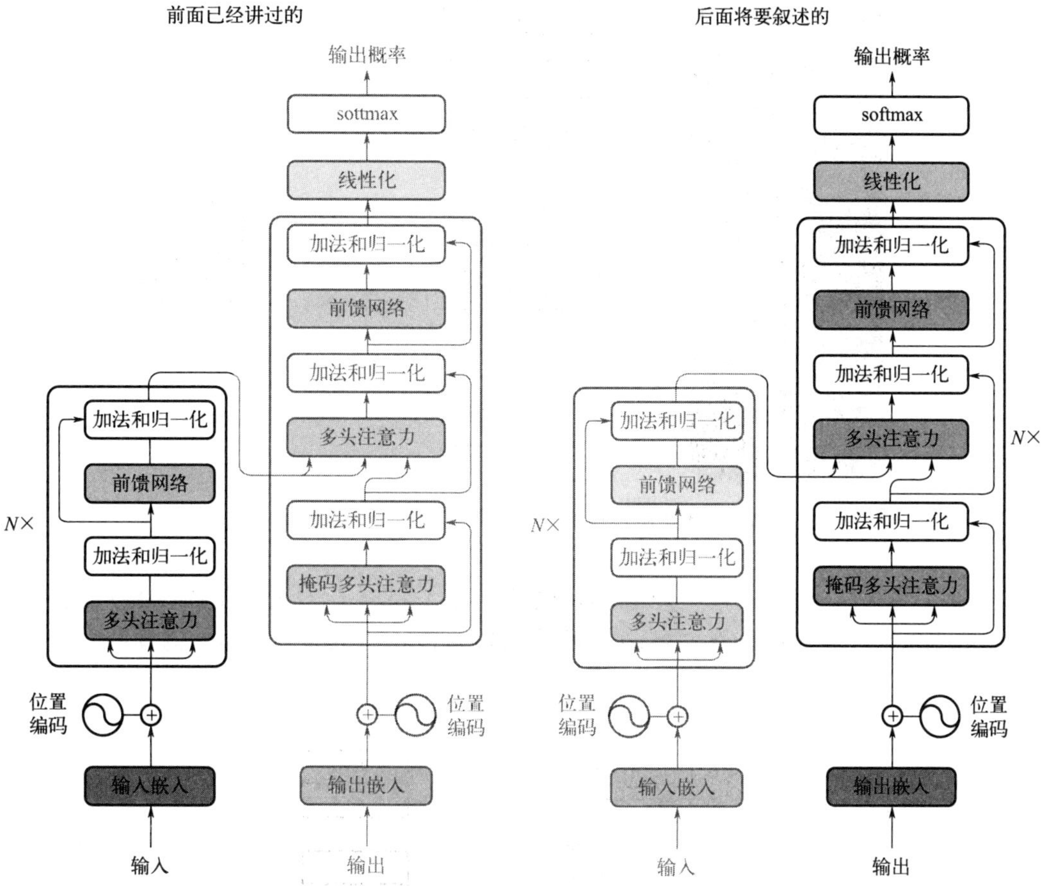

图 8-95　前述步骤及后续步骤说明

这里不计算整个解码器，因为其大部分内容与在编码器中已经完成的计算类似。因此，这里只关注解码器输入和输出的计算。

训练时，解码器有两个输入。一个来自编码器，编码器中最后一个加法和归一化的输出矩阵作为查询和键用于解码器部分的第二个多头注意层，如图 8-96 所示。

解码器的另一个输入是预测文本。编码器的输入是“When you play game of thrones”，所以解码器的输入是预测文本，在本例中是“you win or you die”。但是预测的输入文本需要遵循标准的标记包装，以使 Transformer 知道从哪里开始和在哪里结束。

编码器和解码器的输入比较：

编码器输入→ When you play game of thrones

解码器输入→ < start > you win or you die < end >

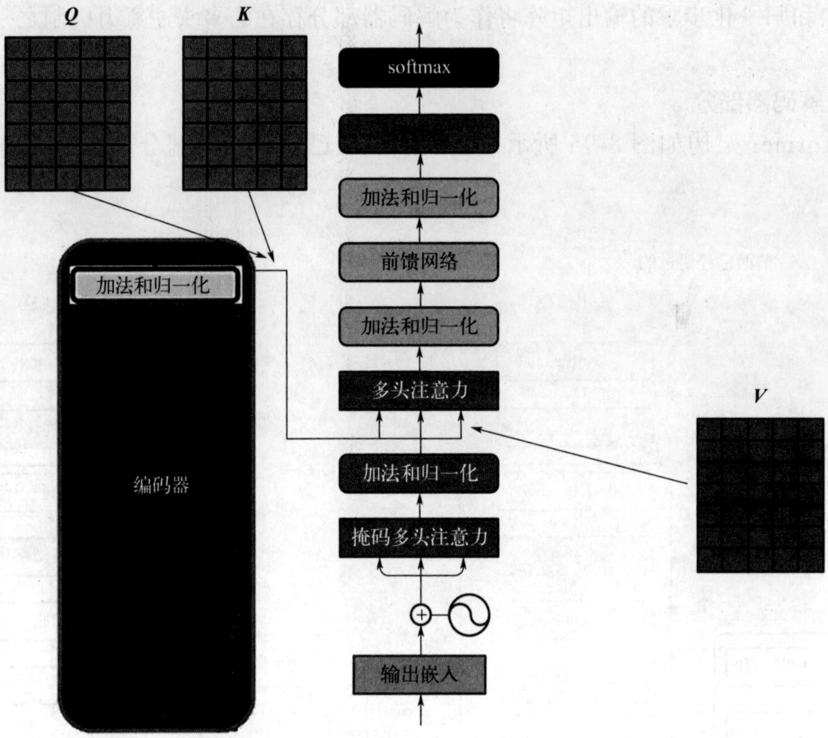

图 8-96　值矩阵 *V* 来自解码器经过第一次加法和归一化步骤之后的结果

其中，< start >和< end >是引入的两个新标记（token）。此外，解码器每次只接收一个 token 作为输入。这意味着< start >将作为输入，并且 you 必须是它的预测文本，如图 8-97 所示。

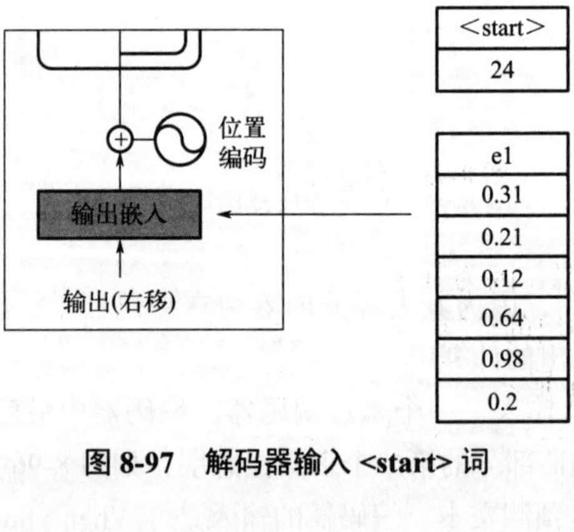

图 8-97　解码器输入 <start> 词

按照之前在编码器部分计算的相同方式计算其余块，如图 8-98 所示。

下面先用一个简单的数学例子来了解什么是掩码多头注意力。

在 Transformer 模型中，掩码多头注意力就像一个聚光灯，模型用它来聚焦句子的不同部分。它很特别，因为它不会让模型通过查看句子后面的单词来“作弊”。这有助于模型逐步理解和生成句子，这在交谈或将单词翻译成另一种语言等任务中非常重要。

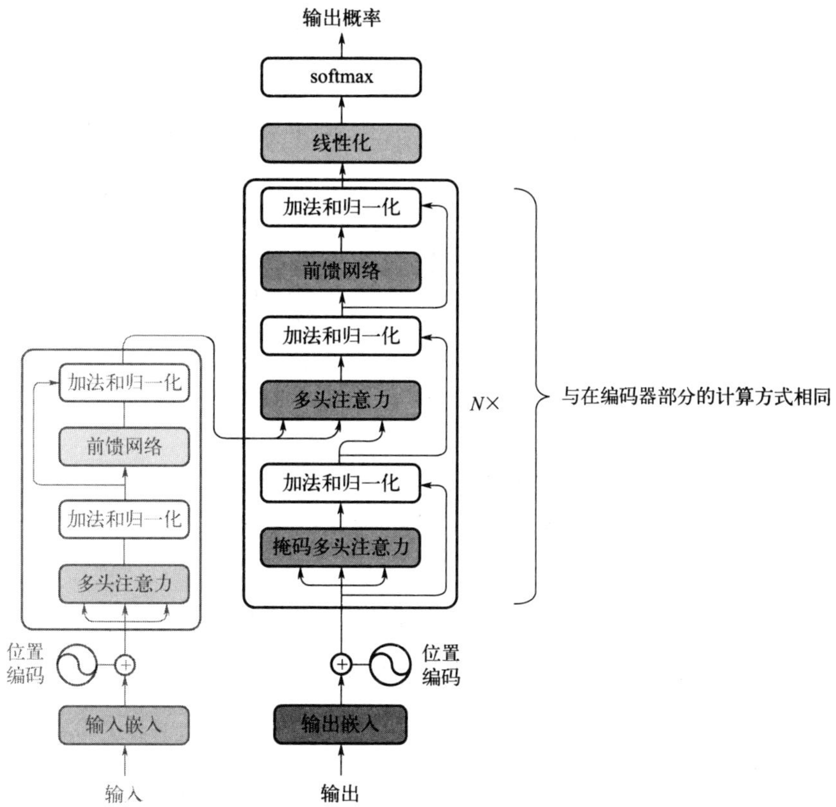

图 8-98　计算解码器

假设有以下输入矩阵，其中每行代表序列中的一个位置，每列代表一个特征。

$$\text{输入矩阵}=\begin{bmatrix}1 & 2 & 3\\4 & 5 & 6\\7 & 8 & 9\end{bmatrix}$$

具有两个头的掩码多头注意力组件如下。

① 线性投影（查询、键、值）：假设每个头部的线性投影为 $\boldsymbol{WQ}_1$、$\boldsymbol{WK}_1$、$\boldsymbol{WV}_1$（Head 1）和 $\boldsymbol{WQ}_2$、$\boldsymbol{WK}_2$、$\boldsymbol{WV}_2$（Head 2）。

② 计算注意力分数：对于每个头部，使用查询和键的点积计算注意力分数，并应用掩码以防止关注未来的位置。

③ 应用 softmax：应用 softmax 函数来获得注意力权重。

④ 加权总和（值）：将注意力权重乘以值以获得每个头部的加权和。

⑤ 连接和线性变换：连接两个头的输出并应用线性变换。

下面做一个简单的计算，如图 8-99 所示。

假设两个条件，即

$\boldsymbol{WQ}_1=\boldsymbol{WK}_1=\boldsymbol{WV}_1=\boldsymbol{WQ}_2=\boldsymbol{WK}_2=\boldsymbol{WV}_2=\boldsymbol{I}$，单位矩阵；$\boldsymbol{Q}=\boldsymbol{K}=\boldsymbol{V}=$ 输入矩阵。

连接步骤将两个注意力头的输出组合成一组信息。在 Transformer 模型的上下文中，此步骤有助于从多个角度捕获输入数据的不同方面，从而为模型提供更丰富的表示，以供进一步处理。

Head 1

$Q_1=K_1=V_1=$输入矩阵

$$A_1=Q_1\times K_1^{\mathrm{T}}$$

$$A_1=\begin{bmatrix}1 & 4 & 7\\ 2 & 5 & 8\\ 3 & 6 & 9\end{bmatrix}$$

$$A_1=\begin{bmatrix}1 & 0 & 0\\ 4 & 5 & 0\\ 7 & 8 & 9\end{bmatrix} \quad \text{(掩码)}$$

$$W_1=\mathrm{softmax}(A_1)$$

$$O_1=W_1V_1$$

Head 2

$Q_2=K_2=V_2=$输入矩阵

$$A_2=Q_2\times K_2^{\mathrm{T}}$$

$$A_2=\begin{bmatrix}1 & 2 & 3\\ 4 & 5 & 6\\ 7 & 8 & 9\end{bmatrix}$$

$$A_2=\begin{bmatrix}1 & 2 & 3\\ 0 & 5 & 6\\ 0 & 0 & 9\end{bmatrix} \quad \text{(掩码)}$$

$$W_2=\mathrm{softmax}(A_2)$$

$$O_2=W_2V_2$$

连接和线性变换

$\mathrm{concatenate}([O_1, O_2])$

图 8-99　掩码多头注意力机制（双头）

解码器的最后一个加法和归一化的输出矩阵必须包含与输入矩阵相同的行数，而列数可以是任意的，这里使用 6。解码器的加法和归一化输出如图 8-100 所示。

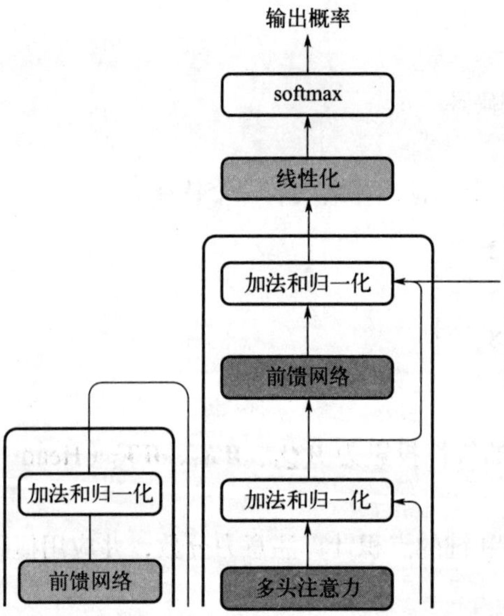

行数必须为6，列数可以是任意值

1.2	1.33	2.11	2.62	3.06	3.54
0.56	1.45	2.24	2.78	3.78	4.55
1.34	2.04	2.26	2.66	3.56	3.86
0.89	1.79	2.46	2.49	3.32	3.64
0.91	1.04	1.83	1.92	1.95	2.1
0.12	0.99	1.2	1.56	1.57	1.7

图 8-100　解码器的加法和归一化输出

解码器的最后一个加法和归一化结果矩阵必须被平坦化，以便将其与线性层匹配，找到数据集（语料库）中每个唯一单词的预测概率，如图 8-101 所示。

该扁平层将通过线性层来计算数据集中每个唯一单词的 logits，如图 8-102 所示。

一旦获得了 logits，就可以使用 softmax 函数对它们进行规范化，并找到包含最高概率的单词，如图 8-103 所示。

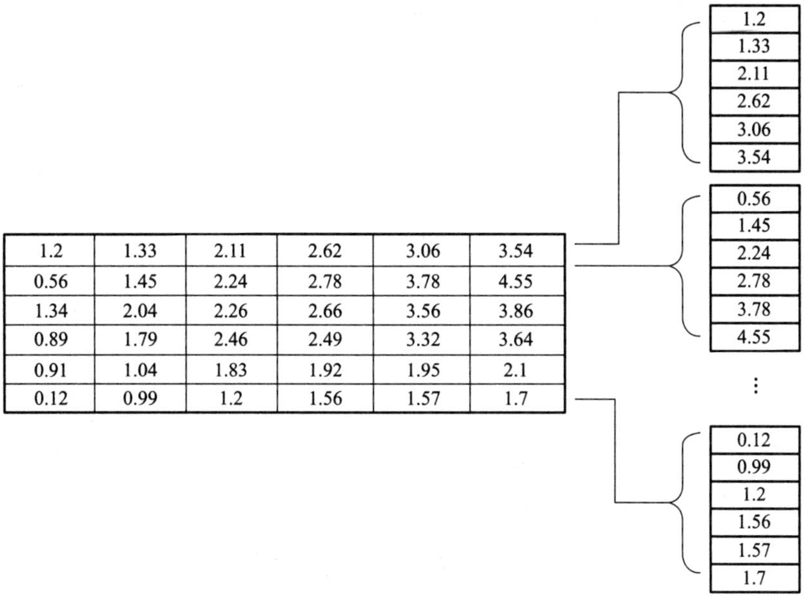

图 8-101　展平最后一个加法和归一化矩阵

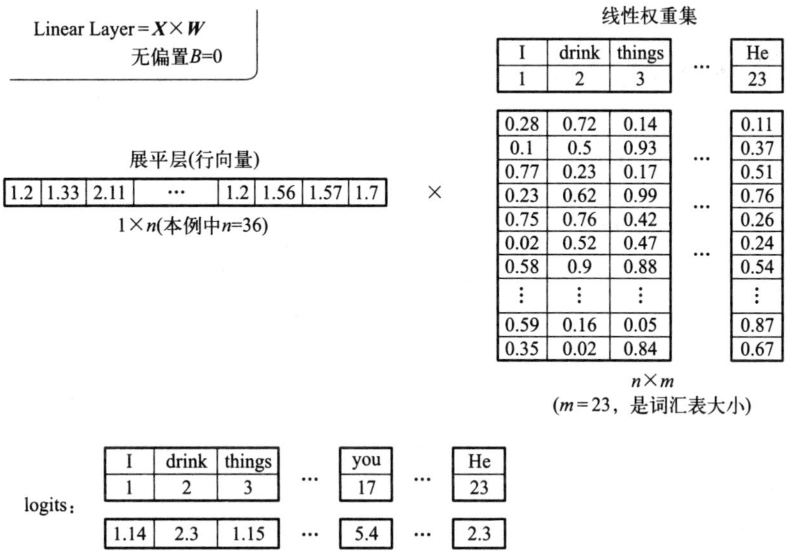

图 8-102　计算 logits

因此根据计算，解码器预测的单词是 you，如图 8-104 所示。

这个预测的词 you 将被视为解码器的输入词，这个过程一直持续到< end >预测出 token 为止。

（12）Transformer 计算流程

Transformer 计算流程：定义数据集→确定词汇量→编码→计算词嵌入→计算位置嵌入→连接位置嵌入和词嵌入→多头注意力（单头注意力的查询矩阵 $\boldsymbol{Q}$、键矩阵 $\boldsymbol{K}$、值矩阵 $\boldsymbol{V}$→单头注意力的结果矩阵 $\mathrm{softmax}\left(\dfrac{\boldsymbol{Q}\times\boldsymbol{K}^{\mathrm{T}}}{\sqrt{d_{\mathrm{k}}}}\right)\times\boldsymbol{V}$ →多头注意力：单头注意力的结果矩阵的叠加并线性

化）→加法和归一化→前馈网络→再次加法和归一化→解码器部分。

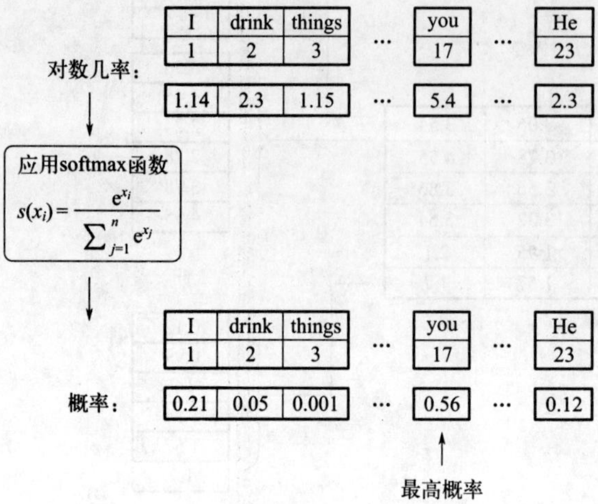

图 8-103　查找预测单词

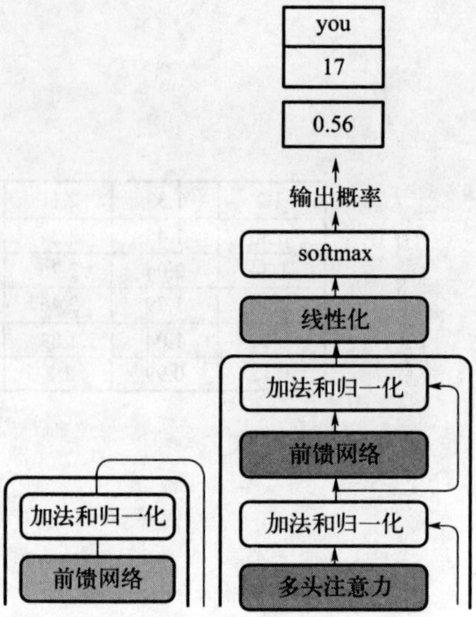

图 8-104　解码器的最终输出

8.6　深度学习之 TensorFlow

8.6.1　TensorFlow 概述

（1）TensorFlow 的特点

TensorFlow（本书简称 TF）是一个开源的机器学习框架，由 Google Brain 团队开发和维护。它提供了一个灵活的平台，使开发者能够构建和训练各种机器学习模型，包括深度学习模型。

TensorFlow 的一些主要特点和功能如下。

① 灵活性：TensorFlow 提供了丰富的 API，支持多种编程语言，包括 Python、C++、Java 等。这使得开发者能够在不同的环境中使用 TensorFlow，并与其他工具和库进行集成。

② 跨平台支持：TensorFlow 可以在各种硬件和操作系统上运行，包括 CPU、GPU 和 TPU。这使得它适用于各种设备和场景，从个人计算机到云端服务器。

③ 高性能：TensorFlow 的底层实现优化，使其能够有效地处理大规模的数据和复杂的模型。支持并行计算和分布式训练，以提高性能。

④ 深度学习支持：TensorFlow 是一个强大的深度学习框架，支持构建和训练深度神经网络。它包括许多预建的层和模型，简化了深度学习模型的开发过程。

⑤ 可视化工具：TensorFlow 提供了一些可视化工具，如 TensorBoard，用于监控和调试模型。这有助于开发者理解模型的行为，诊断问题并进行优化。

⑥ 社区支持：由于是开源项目，TensorFlow 拥有庞大的社区，开发者可以分享代码、解决问题，并共同推动框架的发展。

TensorFlow 是一个强大且灵活的机器学习框架，适用于各种应用领域，包括图像识别、自然语言处理、推荐系统等。

(2) TensorFlow 的安装

① 使用 Anaconda 安装

```
# 创建虚拟环境
conda create -n tensorflowEnvir python=3.10
# 安装TensorFlow
pip install tensorflow
```

② 使用 Docker 安装

```
# 拉取镜像
docker pull tensorflow/tensorflow: latest
# 拉取及运行Jupyter server
docker run -d -p 8888: 8888 --name=tensorflow-jupyter tensorflow/tensorflow:
latest-jupyter
```

使用 docker logs tensorflow-jupyter，或使用 portainer 查看容器的日志，如图 8-105（a）所示。

找到此行 http：//127.0.0.1：8888/tree?token= 你的 token，把 127.0.0.1 替换成 Docker 实际的 IP 地址，用浏览器打开此地址，如图 8-105（b）所示。

```
[I 2024-01-15 06:24:22.598 ServerApp] Writing Jupyter server cookie secret to /root/.local/share/jupyter/runtime/jupyter_cookie_secret
[I 2024-01-15 06:24:22.943 ServerApp] notebook_shim | extension was successfully linked.
[I 2024-01-15 06:24:22.967 ServerApp] notebook_shim | extension was successfully loaded.
[I 2024-01-15 06:24:22.971 ServerApp] jupyter_lsp | extension was successfully loaded.
[I 2024-01-15 06:24:22.973 ServerApp] jupyter_server_terminals | extension was successfully loaded.
[I 2024-01-15 06:24:22.976 LabApp] JupyterLab extension loaded from /usr/local/lib/python3.11/dist-packages/jupyterlab
[I 2024-01-15 06:24:22.977 LabApp] JupyterLab application directory is /usr/local/share/jupyter/lab
[I 2024-01-15 06:24:22.977 LabApp] Extension Manager is 'pypi'.
[I 2024-01-15 06:24:22.982 ServerApp] jupyterlab | extension was successfully loaded.
[I 2024-01-15 06:24:22.986 ServerApp] notebook | extension was successfully loaded.
[I 2024-01-15 06:24:22.987 ServerApp] Serving notebooks from local directory: /tf
[I 2024-01-15 06:24:22.987 ServerApp] Jupyter Server 2.12.0 is running at:
[I 2024-01-15 06:24:22.987 ServerApp] http://71197df405a2:8888/tree?token=56d03f0f799ed6e49dbe8e4a179945c9b935b853e497eda1
[I 2024-01-15 06:24:22.987 ServerApp]     http://127.0.0.1:8888/tree?token=56d03f0f799ed6e49dbe8e4a179945c9b935b853e497eda1
[I 2024-01-15 06:24:22.987 ServerApp] Use Control-C to stop this server and shut down all kernels (twice to skip confirmation).
[C 2024-01-15 06:24:22.992 ServerApp]

    To access the server, open this file in a browser:
        file:///root/.local/share/jupyter/runtime/jpserver-1-open.html
    Or copy and paste one of these URLs:
        http://71197df405a2:8888/tree?token=56d03f0f799ed6e49dbe8e4a179945c9b935b853e497eda1
```

(a) 查看容器的日志

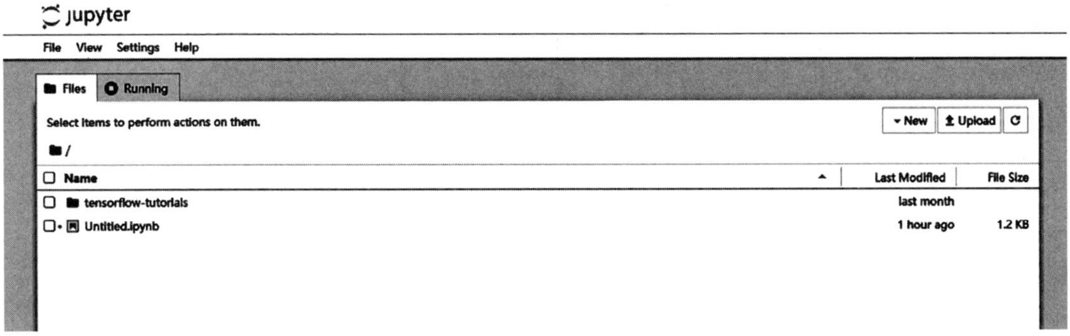

(b) 用浏览器打开此地址

图 8-105　查看容器日志并查找打开相应地址

按图 8-106 打开 File—New—Notebook。

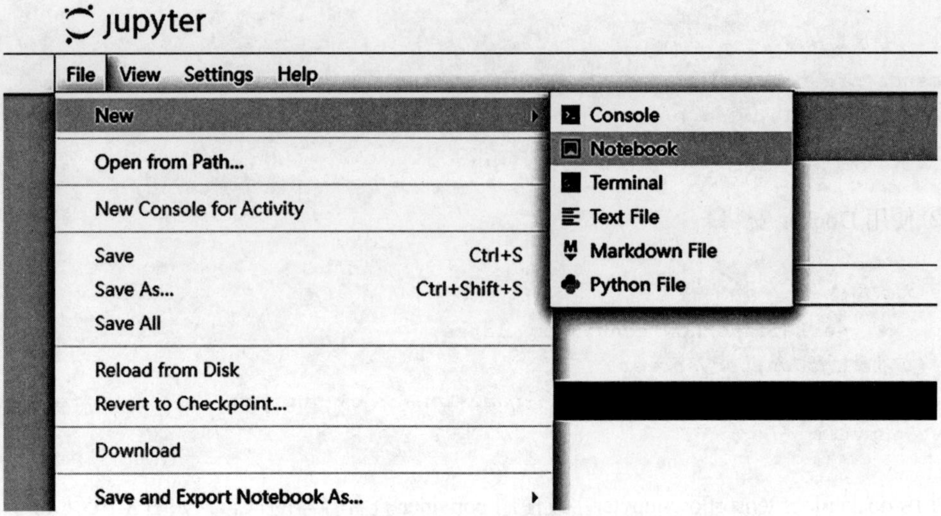

图 8-106　打开 File—New—Notebook

按图 8-107 在弹出的新页面中选择，即可在新页面中（图 8-108）执行 TensorFlow 代码。

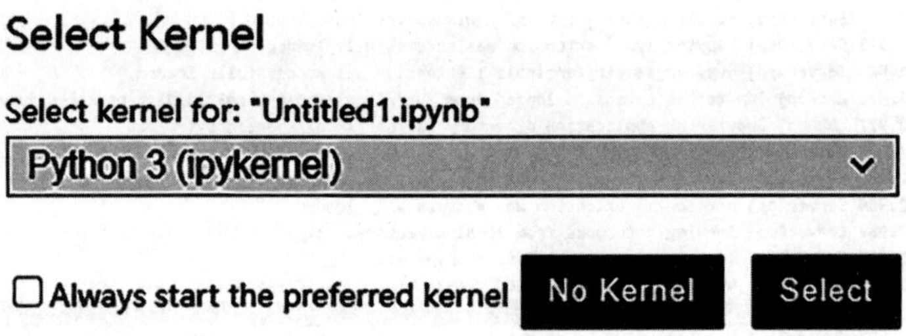

图 8-107　在弹出的新页面中选择

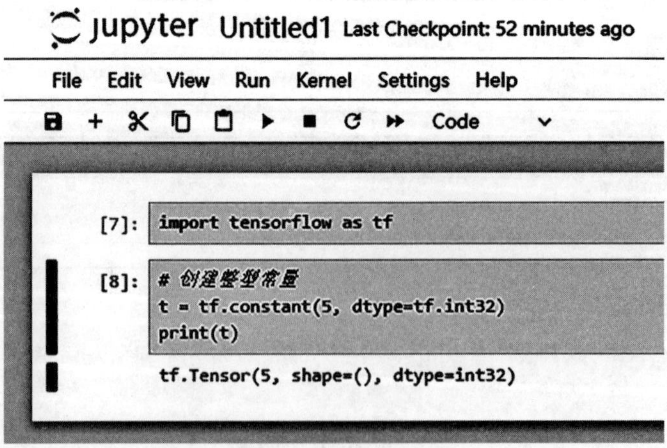

图 8-108　在新页面执行 TensorFlow 代码

代码如下：

```
import tensorflow as tf
# 创建整型常量
t = tf.constant(5, dtype=tf.int32)
print(t)
```

③ Jupyter 简介　Jupyter 是一个开源的交互式计算环境，支持多种编程语言。它的名字来源于三种编程语言：Julia、Python 和 R。Jupyter 的核心思想是提供一个灵活的工具，让用户可以创建和分享包含实时代码、可视化和文本的文档，如图 8-109 所示。

Jupyter 的一些主要特点和功能如下。

① 交互式计算：Jupyter 提供一个交互式的计算环境，用户可以逐步执行代码块，查看中间结果，并即时调整代码。这对于数据分析、实验性编程和教育非常有用。

② 多语言支持：Jupyter 最初是为支持 Julia、Python 和 R 而设计的，但它支持众多其他编程语言的内核。这意味着可以在同一个 Jupyter 笔记本中使用不同语言的代码块。

③ 富文本支持：Jupyter 笔记本不仅可以包含代码，还可以包含富文本内容，如 Markdown、LaTeX 等。这使得用户能够创建具有良好结构和解释的文档。

④ 可视化支持：Jupyter 可以集成各种数据可视化工具，如 Matplotlib、Plotly 等，使用户能够轻松创建图表等。

⑤ 分享和导出：Jupyter 笔记本可以保存为 .ipynb 文件，并且可以导出为各种格式，如 HTML、PDF、Markdown 等。这使得用户可以方便地分享和发布他们的工作。

⑥ 大数据支持：Jupyter 也支持与大数据框架（如 Apache Spark）和其他科学计算库的集成，使其成为数据科学和大数据分析的理想工具。

⑦ 活跃的社区：Jupyter 有一个庞大的用户和开发者社区，提供了丰富的资源、插件和扩展，使得用户能够根据自己的需求进行定制和扩展。

Jupyter 是一个强大的工具，广泛应用于数据科学、机器学习、科学研究和教育领域，为用户提供了灵活、交互式和可视化的计算环境。

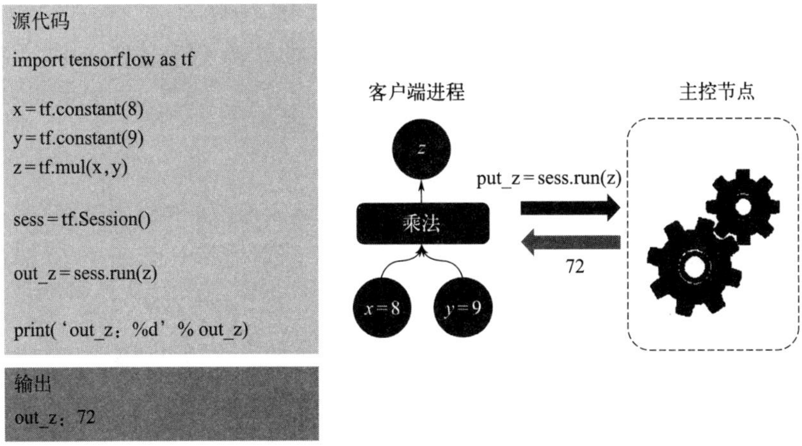

图 8-109　Jupyter 是一个开源的交互式计算环境

(3) TensorFlow 的执行流程

TensorFlow 的一个重要特点是图的构建和执行相分离。在 TensorFlow 中，用户首先通过编程接口添加算子，构建整个计算图。然后，在图的执行阶段，用户可以执行训练和推断操作。整体流程如图 8-110 所示。

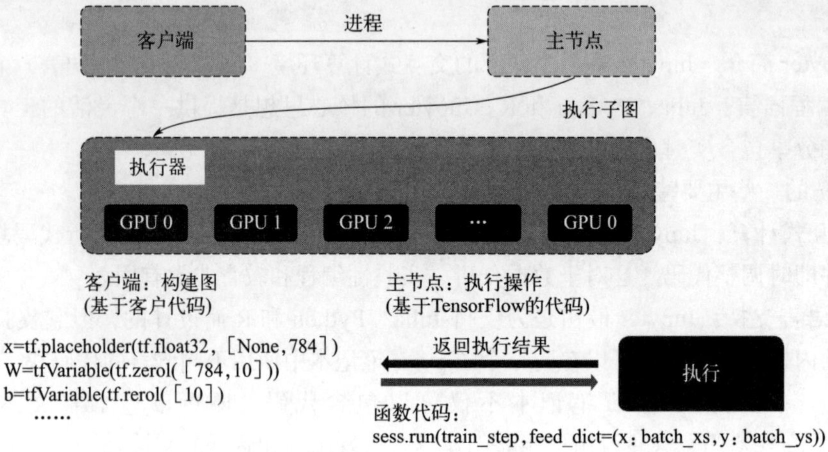

图 8-110　TensorFlow 的执行流程

TensorFlow 的执行流程分为以下几个阶段。

① 图的构建阶段　在客户端（client）中，用户使用 TensorFlow 的多语言编程接口，通过添加算子来构造计算图。这些算子表示了数据流动和操作之间的依赖关系。

② 图的传递阶段　客户端开启会话（session），通过会话与主节点（master）建立连接。当调用 session.run（）方法时，构建好的图会被序列化为 GraphDef 的 protobuf 格式，并传递给主节点。

③ 图的剪枝阶段　主节点根据 session.run（）方法传递的 fetches 和 feeds 列表，从整个图中进行反向遍历，实施剪枝操作，得到最小依赖子图。

④ 图的分裂阶段　主节点将最小子图分裂为多个图分区（graph partition），并将它们注册到多个工作节点（worker）上。每个工作节点负责执行一个图分区。

⑤ 图的二次分裂阶段　每个工作节点根据可用的硬件资源（如 CPU、GPU），将图分区按照设备约束规范［例如“tf.device（'/cpu:0'）”］进行二次分裂，使得每个计算设备对应一个图分区。

⑥ 图的运行阶段　对于每个计算设备，工作节点根据操作（op）在内核中的实现，完成相应的计算。设备间的数据通信可以使用 send/recv 节点，而工作节点之间的通信通常使用 GRPC 或 RDMA 协议进行。

通过以上流程，TensorFlow 实现了图的构建和图的执行相分离的机制，使得用户可以灵活地构建和执行计算图，并利用分布式计算和设备加速等特性提高计算效率。

TensorFlow 是一个强大的深度学习框架，其运行原理涉及图的构建和图的执行两个关键步骤。在图的构建阶段，用户使用 TensorFlow 的 API 定义计算图的结构和操作的依赖关系。通过张量、变量、占位符和操作等元素的组合，构建出完整的计算图。

在图的执行阶段，用户创建会话（session）来执行计算图。会话提供了执行环境和资源管理。通过调用 session.run（ ）方法，TensorFlow 自动根据计算图的依赖关系进行操作的执行。在执行过程中，TensorFlow 会进行自动的优化和并行化操作，以提高计算效率。

TensorFlow 的图执行具有以下特点。

① 延迟执行：TensorFlow 采用的是延迟执行模型，即图的执行在真正需要获取结果时才触发。这种机制允许用户在构建图时灵活添加、修改和组合操作。

② 自动优化：TensorFlow 会根据计算图的结构和操作之间的依赖关系进行自动优化。这包括常量折叠、公共子图消除、运算融合等优化手段，以提高计算效率。

③ 并行计算：TensorFlow 可以自动将独立的操作并行执行，以充分利用多核 CPU 和 GPU 等硬件资源。这样可以加速模型的训练和推断过程。

④ 分布式计算：TensorFlow 支持分布式计算，可以将计算任务分布到多个设备和多台机器上进行并行计算，提升整体性能和可扩展性。

总结起来，TensorFlow 通过图的构建和图的执行相分离的设计，实现了灵活高效的深度学习模型训练和推断。用户可以通过 API 定义计算图，TensorFlow 自动优化和并行化计算，可以提供快速的计算速度。同时，TensorFlow 支持分布式计算和自定义操作的扩展性，使其成为广泛应用于深度学习领域的重要工具和框架。

8.6.2 TensorFlow 技术概览

TensorFlow 是一个非常完整且灵活的深度学习工具链，它可以覆盖构建模型、模型部署和运营管理。在构建模型方面，它可以覆盖到模型的调参、模型选择以及数据的预处理。在模型部署方面，它可以支持很多的场景。比如在服务器端，通过 REST API 来部署；或者是在网页上，在用户的浏览器里运行一些神经网络的模型；或者是在一些安卓设备，比如说在手机，或是一些更小的单片机上来部署这些神经网络的模型。对于每个模型的部署，需要随着数据的更新而更新模型，这样重复地把新的模型用新的数据训练，并且部署到一个新环境的过程就需要运营管理。因此，TensorFlow 为模型构建、部署以及运营管理的整个过程提供了一套完整的工具链。

（1）构建模型

① Keras——深度学习建模生产力工具　Keras 是 TensorFlow 中的建模工具，它有非常简洁而灵活的 API 用户接口，可以非常简单地定义一个神经网络，只需要说里面有什么层，比如卷积层或是全连接层就可以了。它也可以定制化构建很多复杂的模型，比如可以利用召回函数对模型进行定期的存储，对训练进行提前的终止。

② Keras 中简洁又灵活的接口　这里来看一个非常简单的 Keras 例子，如图 8-111 所示。

在定义一个模型时，只需要把这些层和它们对应的参数放进去就行了。这里放了四个层，可以直接设置好需要的损失函数和优化器，把数据放进去就可以开始训练了。

③ 100 多个经典模型示例代码（keras.io）　Keras 的官网发布了 100 多个模型示例代码，覆盖了大部分深度学习的问题，包含了 conservation(数据的保存和保护)、NLP structure（构建和处理自然语言数据的结构和算法）、timeseries（时间序列数据）、audio（音频数据处理和分析）等，如果想要建立自己的应用，可以对这些代码的例子进行简单的修改就能实现想要的功能。

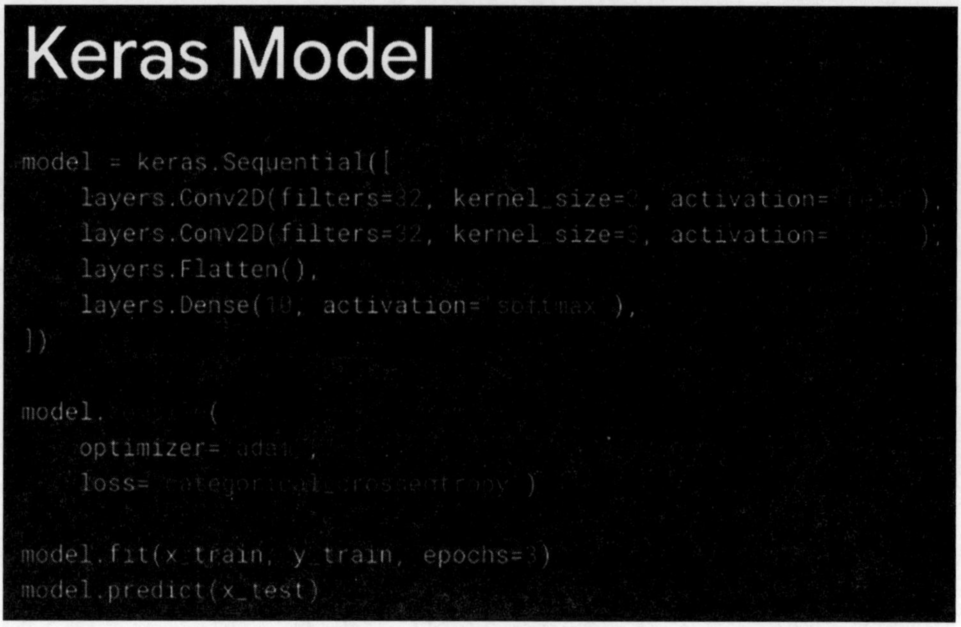

图 8-111　Keras 模型（model）

④ 效率的调参工具——KerasTuner　建模不是一个能一次性把代码写对，并且选对正确模型的过程，需要反复地调整个别参数，确保所有参数都达到最优，这样训练出来的模型和效果才是最好的。所以设置了一个专门调参的工具，不用自己手动运行程序，可以自动化地进行很多个实验，每个实验设置的参数和超参数都是不一样的，会自动选出一个在规定的衡量指标里最好的模型。这个工具就是 KerasTuner，是专门针对 Keras 定制的一个调参工具，它支持很多主流的挑战算法，比如 Hyperband 和贝叶斯优化，它对于用户来说几乎没有学习成本，知道怎样进行调参即可。使用 KerasTuner 调参如图 8-112 所示。

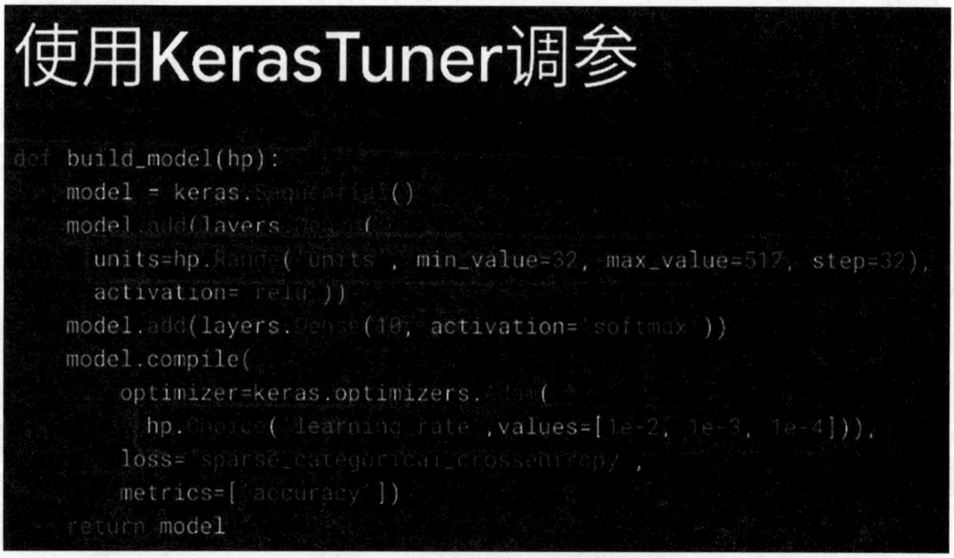

图 8-112　使用 KerasTuner 调参

这里有个函数叫 build_model，它的目的是建立一个 Keras 模型，然后把 Dense 层放进去，最后返回这个模型。如果有两个想要调的参数，比如说 number units（数字单位）和 Dance layer（跳动层）里面总共有多少个单元，还有 Adam 优化器，它的学习率是多少，那么只需要把这两个参数换成对应的参数范围就可以。只需要定义它的最小值和最大值，在这个间隔内，以多大的力度去搜索这个空间里面的取值。如果只想在三个值中选一个最优的值，只需要定义一个列表放进去就可以。KerasTuner 有一个特点，它仍需要用户完全理解整个模型的每一个层和模块里面所有的超参数。

⑤ 自动建模工具——AutoKeras　为了提高建模效率，针对几个常见的应用场景，平台提前设置好了很多模型，用户不需要自己去定义它的超参数，只需要把任务和数据输入到 AutoKeras 的接口里面，然后在另一端等着收割结果和训练好的模型就可以。利用这个工具，可以把很多任务的代码缩减成三行，使用 AutoKeras 建模如图 8-113 所示。

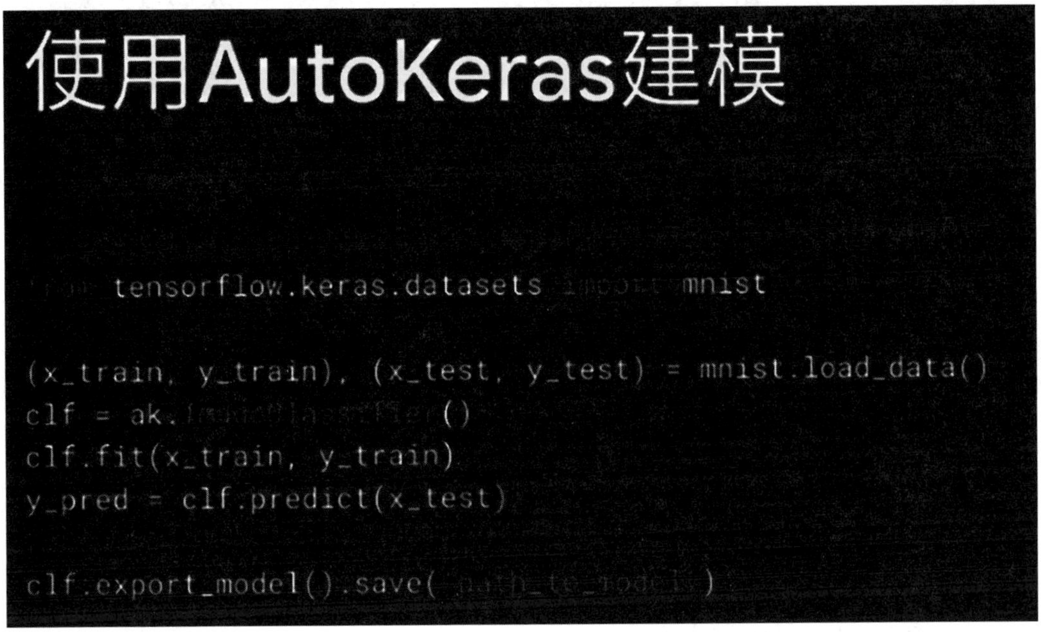

图 8-113　使用 AutoKeras 建模

只需要 ak.Imageclassfier（ ），就可以把神经网络建模的搜索空间设置好，然后把数据放进去，它就会根据数据切分成训练集和验证集，反复训练多遍，最后选出一个最好的模型返回。在这个过程中，用户甚至不需要知道用的是什么模型，当然也可以通过看通话了解整个过程。最终的模型是一个 Keras 模型，把它保存到硬盘上就可以，它的格式是一个标准的 Keras 的模型。

（2）预制模型和预训练模型合集

① TF Model Garden：各种模型的大集合　很多用户更喜欢纯定制化的模型，不用自己去训练，TensorFlow 在这个生态系统里提供了一个非常好用的大的模型集合 TensorFlow model garden，里面包含了各种各样的代码。它和刚才提到的 keras.io 网站上的代码有点像，区别在于其可以直接通过安装 TensorFlow model garden 这个包（在 Github 上叫 tensorFlow models），

然后输入进来模型直接用就可以，不需要自己手动复制粘贴那些示例代码再修改。

② TF Hub：各种预训练权重的大集合　这些是预训练的模型，有些用户可能更喜欢一些预训练权重，比如 BERT 模型，这个模型对于 NLP 用了大量的语料库来训练，而这样的训练非常消耗财力和计算资源。因此很多人更喜欢用这些预训练好的权重，而且 BERT 模型还有多语言模型和单语言模型，有很多不同的权重，这些权重不需要自己训练，只要到 TF Hub 上面去找就可以。作为一个各种预训练权重的大合集，它可以非常容易地进行下载并安装到用户的模型里。这里用一个使用 TF Hub 和 Keras 建模的例子来说明，如图 8-114 所示。

TF Hub的预训练模型

```
import tensorflow_hub as hub

inputs = tf.keras.layers.Input(shape=(), dtype=tf.string)
outputs = hub.KerasLayer(bert_preprocessing_url)(inputs)
outputs = hub.KerasLayer(bert_encoder_url)(outputs)['pooled_output']
outputs = tf.keras.layers.Dropout(0.1)(outputs)
outputs = tf.keras.layers.Dense(1, activation='sigmoid')(outputs)
model = tf.keras.Model(inputs, outputs)
```

图 8-114　TF Hub 的预训练模型

整个代码使用和 Keras 建模的过程没有什么区别，实际上它就是一个 Keras 模型，只不过中间加进去两个从 TF Hub 上来的带预训练权重的 hub.KerasLayer，整个模型已经训练好了，同时也可以设置是否要把这个层的权重固定住，然后来训练其他层。

（3）构建数据预处理的流程

① 使用 tf.data 读取和归纳数据　预处理是一个非常复杂且重要的过程。首先是要读取数据，数据可能存在不同的地方。如果数据非常大的话，可能存在分布式文件系统里。如果数据是实时生成的，那么就是实时采集的。数据可能来自一些网络接口，比如说 REST API，从一个 get 操作中才能从 API 里取到数据。或者它就是一个比较小的数据集，就像一些快速的实验，数据就以一个 Numpy 阵列或者一个列表的形式存在内存里。所有这些存储形式都可以包装成一个 tf.data.dataset，它可以把所有数据统一地读取出来，有各种读取方式，可以是实时的，也可以是预读取的，可以调整到最快的速度。它还可以对数据进行一些归纳整理，可以进行几乎所有的数据的预处理。比如要做一个时间序列预报时序数据，那么可能要做一个滑动窗口，把一段时间内的数据打包成一个训练实例，然后输入到模型里面，把多条数据归纳成一条。

② 使用 Preprocessing Layers 把预处理包进模型　用户可以把其他不会改变实例数量的预

处理交给 Keras 本身，直接把它包进模型里，这是一种非常方便的做法。可以使用一些预处理层，每个层都可以进行神经网络的反传计算权重，里面也有很多层是用来进行预处理的，比如进行数据增强，进行任务的分解，都可以通过预处理层完全包进模型。

总结一下数据预处理流程：首先用 tf.data 把所有的数据进行读取打包统一格式，然后把它们输入到模型里面。如果想用预训练模型，预定制的和预训练的模型可以从 TF model garden 直接输入到模型里面，也可以从 TF Hub 下载预训练权重，这些预训练权重打包成 Keras 层，可以直接和 Keras 一起使用，这是一个双向操作。也可以使用 AutoKeras 或者 KerasTuner 进行调参和模型选择，最终导出一个模型。

（4）模型部署

① 优化模型性能　首先在部署之前，需要优化模型，让模型到生产环境里能以最快的速度运行，一个数据进来通过模型，拿到结果再出去，中间过程是最短的。这里推荐用 TensorFlow Profiler，它可以可视化整个模型运行时间，把整个 TensorFlow 模型的运行时间非常清晰地展示出来，这样就可以有针对性地来优化操作。

② 自动化模型压缩　不是所有的优化都是手工的，有很多优化是可以自动进行的，比如说把模型变小、变快，里面所有的操作都是最简洁的，最适合部署到终端设备。终端设备可以是一台手机，还可以是一些单片机、一个嵌入式系统，总之是一些低能耗、小内存、容量非常有限、电量非常有限、算力非常有限的设备。TF Model Optimization Toolkit 能自动进行模型压缩，下面用一个简单的例子来看一下它是怎么工作的，如图 8-115 所示。

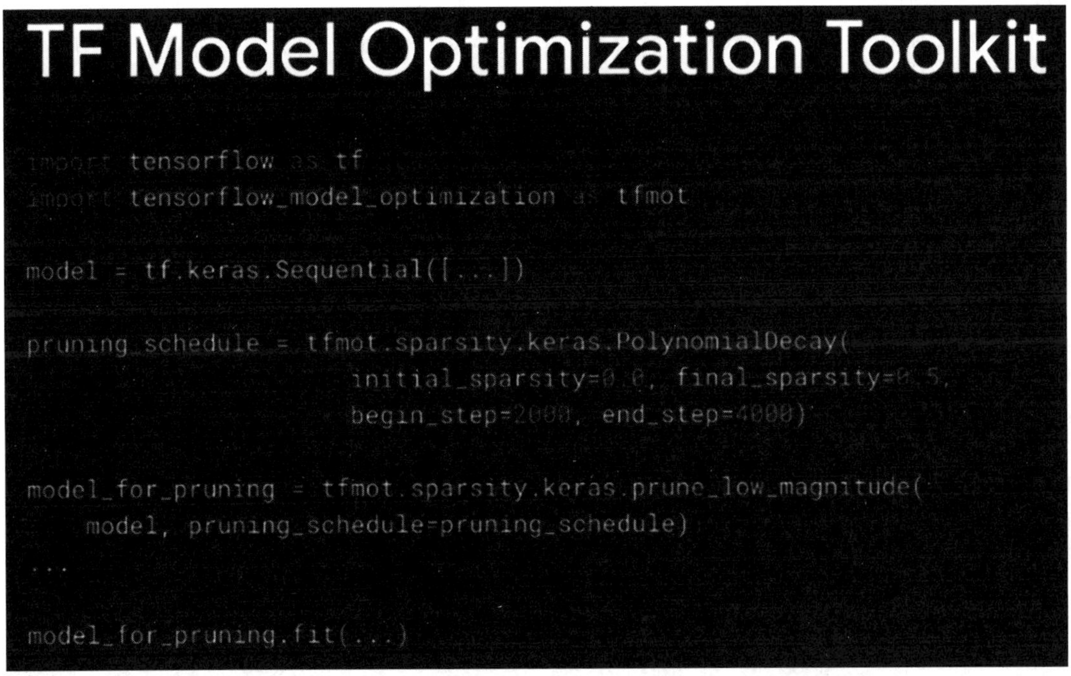

图 8-115　TF Model Optimization Toolkit 示例

③ 部署到终端设备　先是压缩模型，输出一个 Keras 模型，然后把它转换成 TF Lite 模型，如图 8-116 所示。虽然 Keras 模型压缩之后尺寸已经比较小了，但还有进一步优化的空间，因

此可以把它转化成一个 TF Lite 模型（图 8-116），再部署到终端设备上，这样它就可以生成一个较小的二进制可执行文件。

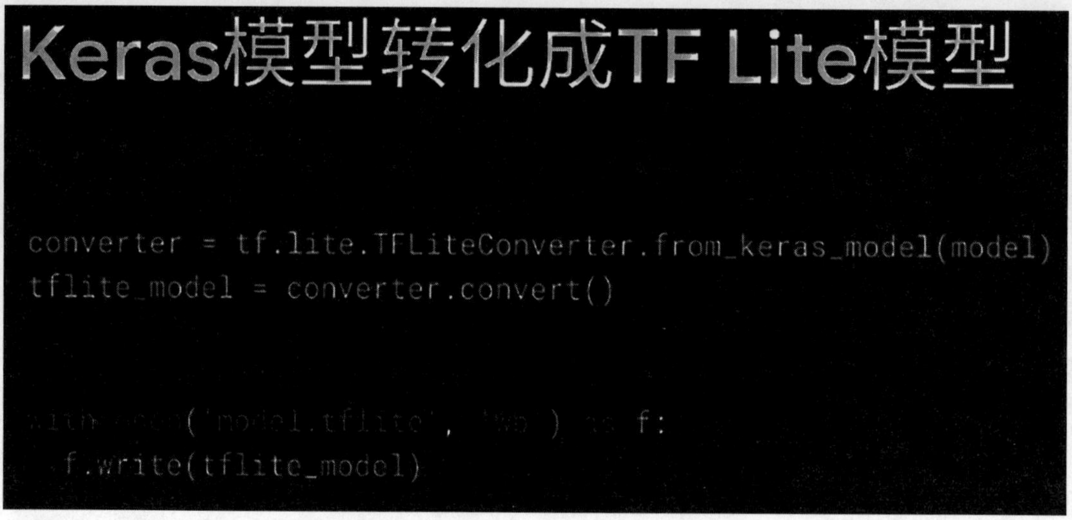

图 8-116　Keras 模型转化成 TF Lite 模型

这个转化成 TF Lite 的模型其实用几行代码就做到了。只要把 from_keras_model 放进去，用 coverter 转换一下，就可以直接把它存到一个二进制文件里，非常容易。

④ 部署到网页　部署到网页上的时候，要用 TensorFlow.js，因为人们有时不希望所有的东西都是远端计算把结果反馈给用户，而是希望有些东西在用户本地浏览的过程中进行计算，也就是在用户的浏览器里发生这些计算（边缘计算），这样可以给用户更实时的反馈。在远端和近端有非常大的区别，用户不需要等到它把这个非常大的视频信号传到远端，再等待远端处理，然后再传回来，整个模型在浏览器里运行。用 TensorFlow.js 把 Keras 模型转化为 TF.js 模型并部署到网页去，如图 8-117 所示。

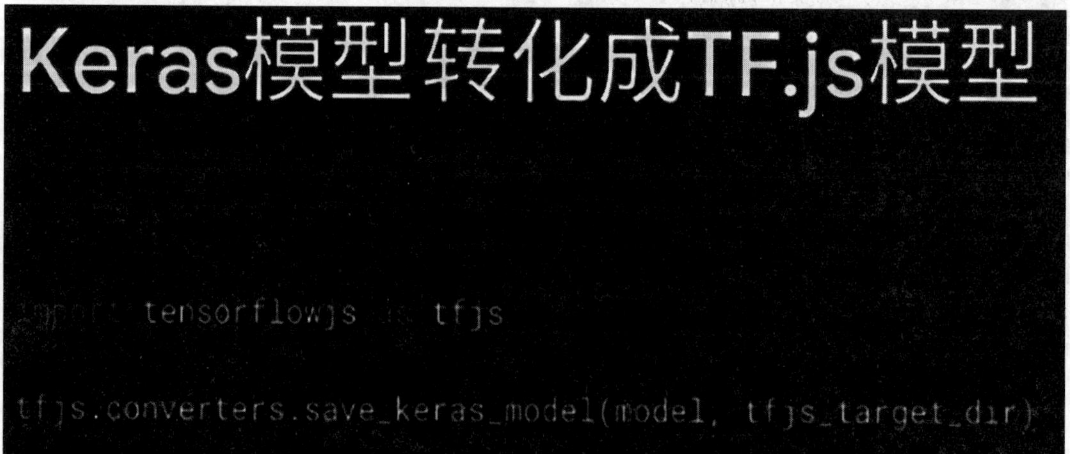

图 8-117　Keras 模型转化成 TF.js 模型

⑤ 部署到服务器　最主要的部署场景还是服务器，这里推荐一种最主流的方法，就是 TF Serving。TF Serving 支持很多不同的场景，比如 Docker、gPRC 等。一种比较简单直接的方法就是 Docker 容器，它怎么做呢？把 Keras 模型存到这台服务器上，然后用一个 volume 安装到 Docker 容器上，就可以直接用了，只要把 Docker 容器运行起来，把 volume 安装上去，就可以通过服务器的一个 REST API 形式来让模型直接运行，如图 8-118 所示。

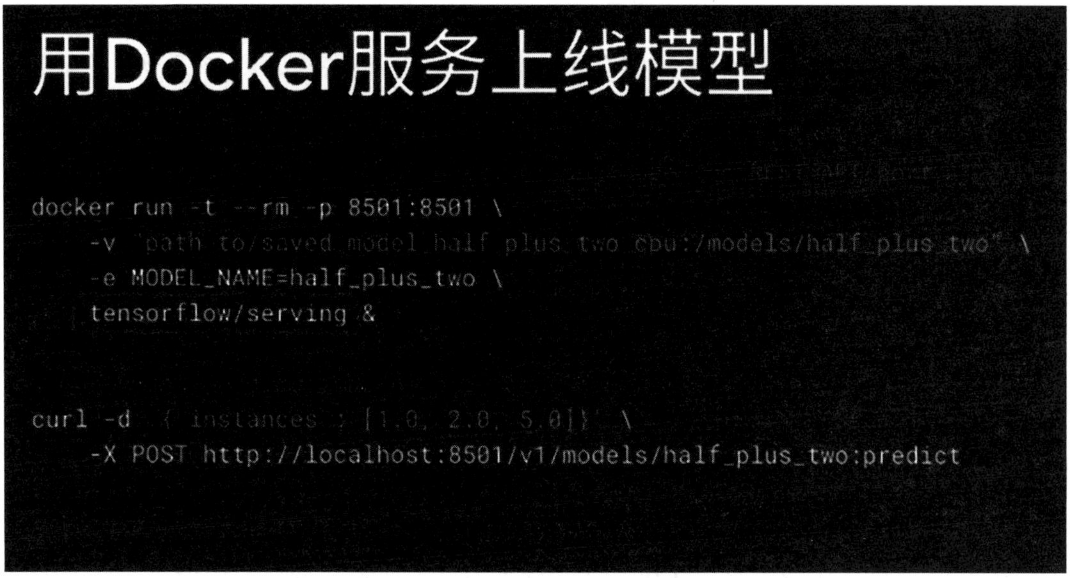

图 8-118　用 Docker 服务上线模型

⑥ 模型部署的总结　模型部署的部分是从 Keras 模型开始，可以用 TensorFlow Profiler 进行系统分析，可视化地找到它的瓶颈。然后用自动化的模型优化方式（Model Optimization Toolkit）部署到不同的位置，比如用 TensorFlow Lite、TensorFlow.js、TensorFlow Serving 来针对终端、网页和服务器进行部署，如图 8-119 所示。

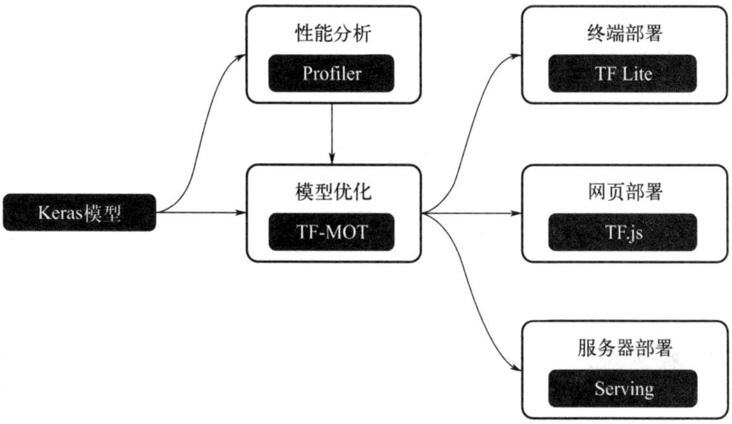

图 8-119　模型部署总结

(5) 运营管理

① 从建模到部署需要运营管理　对于运营管理的部分，每个模型有它的生命周期，随着新数据的输入，可能要用新的数据去更新模型，并且把新的模型重新部署一遍。所以部署模型的过程需要反复运行，从建模到部署需要运行管理，整个机器学习的代码就只有一小块，更主要的是要管理整个过程，其中包括安装、搜集数据、提取特征、数据验证以及一系列的过程，还要管理机器资源。

② 搭建端到端的生产线　可以用 TensorFlow Extended 定义这样一个生产线，也叫 TFX，比如可以设置如何生成训练例子，对它们进行统计，对数据进行预处理，然后输入给调节器对模型进行训练，最后把模型推到它需要的部署环境里。这是一条生产流水线，需要反复运行，每次有新的模型或数据，都要把流水线运行一遍。这是一个比较重要的库，需要至少一到两个工程师来定期维护这个服务。

③ KubeFlow——K8s 上的机器学习工具箱　如何把这个端到端的生产线运行起来？TFX 支持很多不同的运行工具，可以把它分布式地大规模运行起来。还有 KubeFlow，它是一套基于 Google Cloud Platform、Kubernetes 和 Docker 的完整生态工具，是在 Kubernetes 上的机器学习工具箱，可以把 TensorFlow Extended 的生产流水线上的每一个步骤都分布式地在大规模机器上运行起来，非常容易，而且可以确保流水线的整个流程不会乱。

KubeFlow 的栈底是 GPU+TPU 硬件，上面是云服务，然后是 Kubernetes，里面运行的 KubeFlow 的管线就是其中的模型，最上面是 TensorFlow Extended 定义的流水线。

④ 总结　概括一下从建模到部署的整个过程：首先是 TFX + KubeFlow + Google Cloud Platform 一起主办一个服务器，让所有这些在上面的东西运行起来。模型建模的部分是 TensorFlow Model Garden 和 TF Hub 预制模型和预训练模型，对于模型调参和选取，采用 AutoKeras 以及 KerasTuner，数据预处理要读取 tf.data 并归纳，所有这些都可以导出来一个 Keras 模型，这个 Keras 模型会进一步地进行性能分析、性能优化，最终部署到不同的应用场景、终端、网页和服务器。整个过程的核心是 Keras 模型，在系统里，不同部分在同一个 Keras 模型模式下。从建模到部署的整个过程如图 8-120 所示。

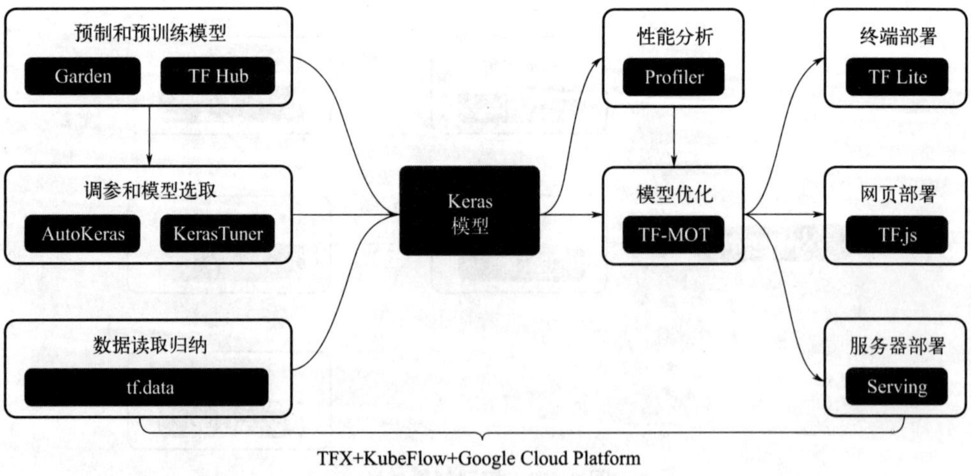

图 8-120　从建模到部署的整个过程

8.6.3　TensorFlow 卷积神经网络识别手写数字

（1）建立卷积神经网络识别 MNIST 数据集的步骤

如图 8-121 所示，建立卷积神经网络识别 MNIST 数据集的步骤包括数据预处理、建立模型、训练模型、评估模型准确率、进行预测。

① 数据预处理。数据预处理后，会产生数字图像特征值与数字图像真实的值（label）。

② 建立模型。建立卷积神经网络，输入的数字图像通过卷积层 1、池化层 1、卷积层 2、池化层 2 的处理提取图像的特征。然后以完全连接神经网络（包含平坦层、隐含层、输出层）组成类神经网络。

③ 训练模型。输入训练数据，即数字图像的特征值与数字图像真实的值。执行 15 个训练周期，每一批次 100 项数据。

④ 评估模型准确率。使用测试数据评估模型的准确率。

⑤ 进行预测。使用已经训练完成的模型，输入测试数据进行预测。

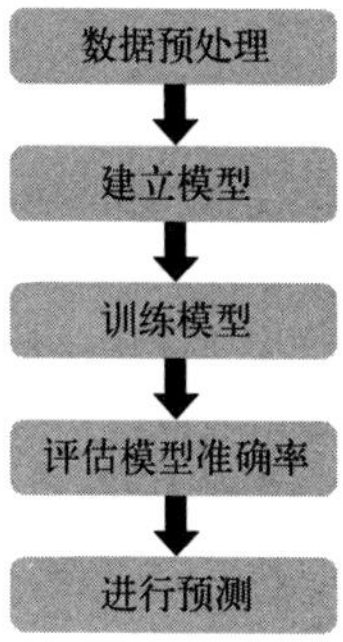

图 8-121　建立卷积神经网络识别 MNIST 数据集的步骤

（2）进行数据预处理

使用下面的程序代码读取 MNIST 数据集。

```
In[1]: import tensorflow as tf
       import tensorflow.examples.tutorials.mnist.input_data as input_data
       mnist=input_data.read_data_sets("MNIST_data/", one_hot=true)
       Extracting MNIST_data/train-images-idx3-ubyte.gz
       Extracting MNIST_data/train-labels-idx1-ubyte.gz
       Extracting MNIST_data/t10k-images-idx3-ubyte.gz
       Extracting MNIST_data/t10k-labels-idx1-ubyte.gz
```

（3）建立共享函数

① 定义 weight 函数，用于建立权重张量。

```
In[2]: def weight(shape):
           Return tf.Variable(tf.truncated_normal(shape, stddev=0.1),
                                                   Name='W')
```

② 定义 bias 函数，用于建立偏差张量。

```
In[3]: def bias(shape):
           Return tf.Variable(tf.constant(0.1, shape=shape)
                                                      , name='b')
```

③ 定义 conv2d 函数，用于进行卷积运算。

```
In[4]: def conv2d(x, W):
```

```
          Return tf.nn.conv2d(x, W, strides=[1, 1, 1, 1],
                                                        padding='SAME')
```

④ 定义 max_pool_2x2 函数，用于建立池化层对图像缩减采样。

```
In[5]: def max_pool_2x2(x):
          Return tf.nn.max_pool(x, ksize=[1, 2, 2, 1],
                                    Strides=[1, 2, 2, 1],
                                    Padding='SAME'
, name='b')
```

（4）建立模型

TensorFlow 中用于识别手写数字的卷积神经网络的架构如图 8-122 所示。

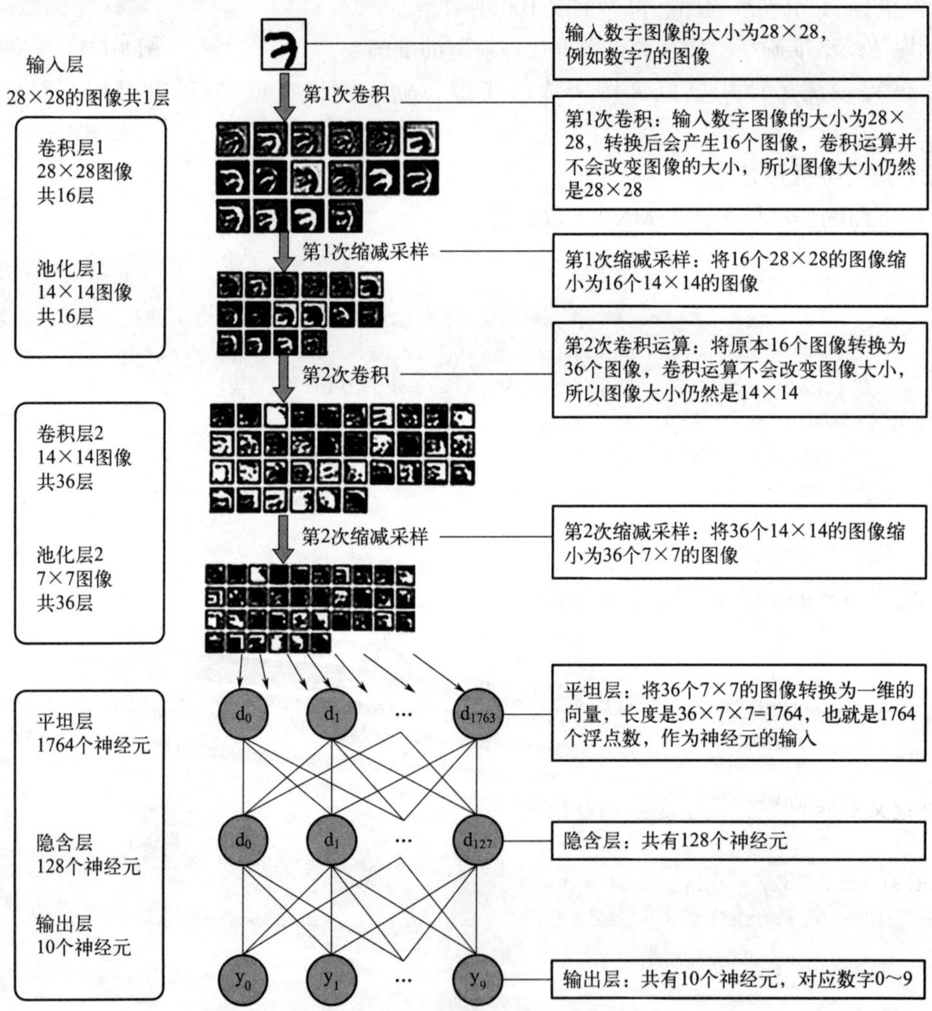

图 8-122　用于识别手写数字的卷积神经网络架构

这个卷积神经网络模型要用 TensorFlow 的程序代码来执行，如图 8-123 所示。

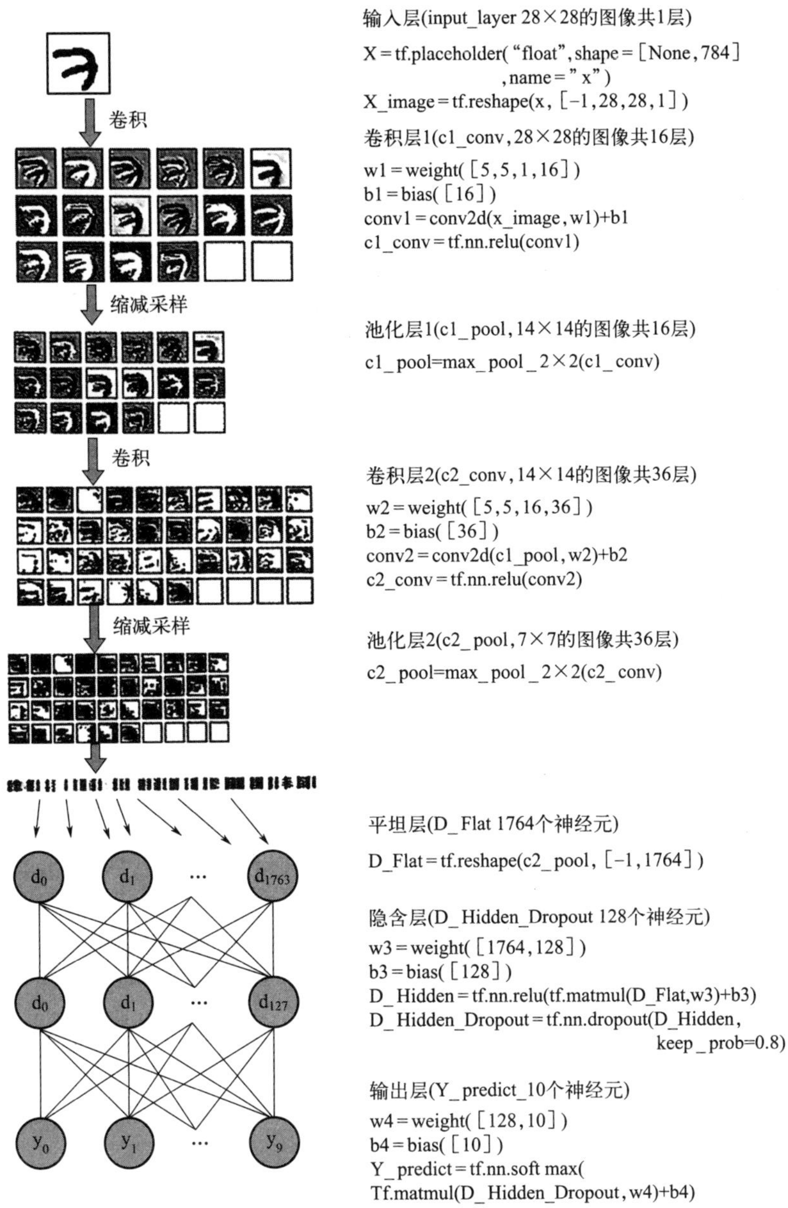

图 8-123 建立卷积神经网络

用 TensorFlow 程序代码建立卷积神经网络的程序如下。

① 建立输入层。

```
In[6]: with tf.name_scope('input_layer'):
           x=tf.placeholder("float", shape=[None, 784]
                                   , name="x")
           x_image=tf.reshape(x, [-1, 28, 28, 1])
```

② 建立卷积层 1。

```
In[7]: with tf.name_scope('c1_conv'):
            w1=weight([5, 5, 1, 16])
            b1=bias([16])
            conv1=conv2d(x_image, w1)+b1
            c1_conv=tf.nn.relu(conv1)
```

③ 建立池化层 1。

```
In[8]: with tf.name_scope('c1_pool'):
            c1_pool=max_pool_2x2(c1_conv)
```

④ 建立卷积层 2。

```
In[9]: with tf.name_scope('c2_conv'):
            w2=weight([5, 5, 16, 36])
            b2=bias([36])
            conv2=conv2d(c1_pool, w2)+b2
            c2_conv=tf.nn.relu(conv2)
```

⑤ 建立池化层 2。

```
In[10]: with tf.name_scope('c2_pool'):
            c2_pool=max_pool_2x2(c2_conv)
```

⑥ 建立平坦层。

```
In[11]: with tf.name_scope('D_Flat'):
            D_Flat=tf.reshape(c2_pool, [-1, 1764])
```

⑦ 建立隐含层。

```
In[12]: with tf.name_scope('D_Hidden_Layer'):
            w3=weight([1764, 128])
            b3=bias([128])
            D_Hidden =tf.nn.relu(tf.matmul(D_Flat, w3)+b3)
            D_Hidden_Dropout=tf.nn.dropout(D_Hidden,
                                       Keep_prob=0.8)
```

⑧ 建立输出层。

```
In[13]: with tf.name_scope('output_layer'):
            w4=weight([128, 10])
            b4=bias([10])
            Y_predict=tf.nn.softmax(
                         Tf.matmul(D_Hidden_Dropout, w4)+b4)
```

（5）定义训练方式

```
In[14]: with tf.name_scope('optimizer'):
            y_label=tf.placeholder("float", shape=[None, 10],
                                  Name="y_label")
            Loss_function=tf.reduce_mean(
                          Tf.nn.softmax_cross-entropy_with_logits
                                (logits=y_predict,
                                 Labels=y_label))
              optimizer=tf.train.Adamoptimizer(learning_rate=0.0001)\
                          .minimize(loss_function)
```

（6）定义评估模型准确率的方式

```
In[15]: with tf.name_scope('evaluate_model'):
            Correct_prediction=tf.equal(tf.argmax(y_predict, 1),
                                         Tf.argmax(y_label, 1))
            Accuracy=tf.reduce_mean(tf.cast(correct_prediction, "float"))
```

（7）进行训练

① 定义训练参数：

```
In[16]: trainEpochs=30
        Batchsize=100
        totalBatchs=int(mnist.train.num_examples/batchsize)
        epoch_list=[]; accuracy_list=[]; loss_list=[];
        from time import time
        startTime=time()
        sess=tf.sesssion()
        sess.run(tf.global_variables_initializer())
```

② 执行 30 个训练周期，执行 550 批次训练，使用优化器使误差最小：

```
For epoch in range(trainEpochs):
    For I in range(totalBatch):
    batch_x, batch_y=mnist.train.next_batch(batchsize)
    sess.run(optimizer, feed_dict={x: batch_x, y_label: batch_y})
```

550 批次训练完成后，使用验证数据计算此次训练周期后的误差与准确率：

```
Loss, acc=sess.run([loss_function, accuracy]
                   feed_dict={x: mnist.validation.images,
                              y_label: mnist.validation.labels})
```

显示训练结果，并存入列表：

```
epoch_list.append(epoch);
loss_list.append(loss)
accuracy_list.append(acc)
Print("Train Epoch: ", '%02d'%(epoch+1), "loss=", \
                    "{: .9f}".format(loss), "accuracy=", acc)
Duration =time()-startTime
Print("Train finished takes: "duration)
```

(8) 评估模型准确率

```
In[21]: print("accuracy: ",
                 sess.run(accuracy, feed_dict={x: mnist.test.images,
                                                y_label: mnist.test.labels}))
```

(9) 进行预测

① 执行预测：

```
In[26]: prediction_result=sess.run tf.argmax(y_predict, 1),
                                   feed_dict={x: mnist.test.images,
                                              y_label: mnist.test.labels}
```

② 预测结果：

```
In[27]: prediction_result[: 10]
Out[27]: array([7, 2, 1, 0, 4, 1, 4, 9, 5, 9])
```

③ 显示前 10 项预测结果：

```
In[29]: plot_images_labels_prediction(mnist.test.images,
                                      mnist.test.labels,
                                      prediction_result, 0)
```

(10) TensorBoard

首先使用程序代码将要显示在 TensorBoard 上的计算图写入 log 文件：

```
In[36]: merged=tf.summary.merge_all()
       Train_writer=tf.summary.filewriter('log/CNN', sess.graph)
```

然后在 Windows 中启动 TensorBoard，再在 TensorBoard 上查看计算图。

8.7 深度学习之 YOLO

8.7.1 YOLO 算法简介

YOLO（You Only Look Once）框架与 RCNN 系列算法不一样，是以不同的方式处理对象检测。它将整个图像放在一个实例中，并预测这些框的边界框坐标及所属类别概率。使用 YOLO 算法最大的优点是速度极快，每秒可处理 45 帧，也能够理解一般的对象表示。

8.7.2 YOLO 框架运作过程

本小节介绍 YOLO 用于检测给定图像中的对象的处理步骤。

① 输入图像，如图 8-124 所示。

② 将输入图像划分为网格形式，例如 3×3 网格，如图 8-125 所示。

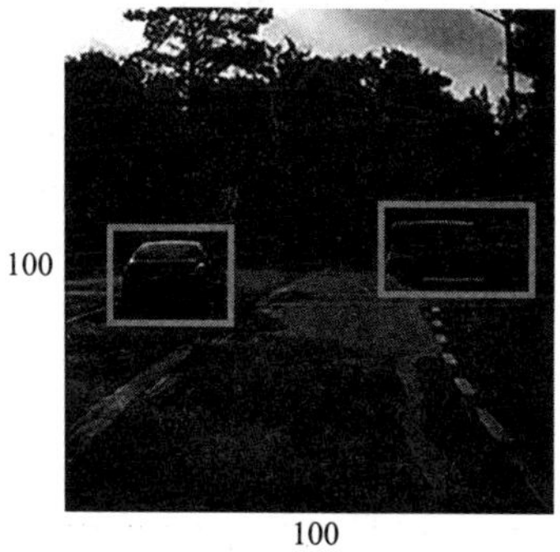

图 8-124　输入图像

图 8-125　划分网格

③ 对每个网格应用图像分类和定位处理，获得预测对象的边界框及其对应的类概率。

a. 将标记数据传递给模型以进行训练。假设已将图像划分为大小为 3×3 的网格，且总共只有 3 个类别，分别是行人（c1）、汽车（c2）和摩托车（c3）。因此，对于每个单元格，标签 y 将是一个八维向量，如图 8-126 所示。

其中，pc 定义对象是否存在于网格中（存在的概率）；bx、by、bh、bw 指定边界框；c1、c2、c3 代表类别。如果检测对象是汽车，则 c2 位置处的值将为 1，c1 和 c3 处的值将为 0。

假设从上面的例子中选择第一个网格，如图 8-127 所示。

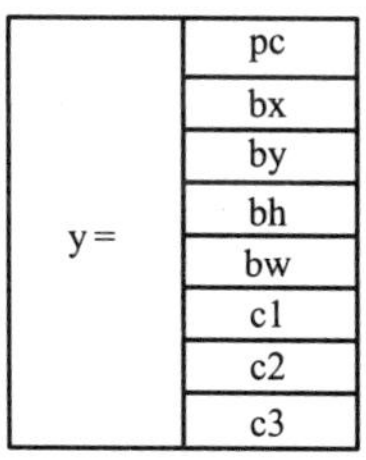

图 8-126　标签向量

图 8-127　选择第一个网格

由于此网格中没有对象，因此 pc 将为零，此网格的 y 标签将为“?”，如图 8-128 所示。

这意味着其他值是什么并不重要，因为网格中没有对象。下面选择另一个有车的网格（c2=1）。

在为此网格编写 y 标签之前，首先要了解 YOLO 如何确定网格中是否存在实际对象。图 8-124 中有两个物体（两辆车），因此 YOLO 将取这两个物体的中心点，物体将被分配到包含这些物体中心的网格中。中心点左侧网格的 y 标签如图 8-129 所示。

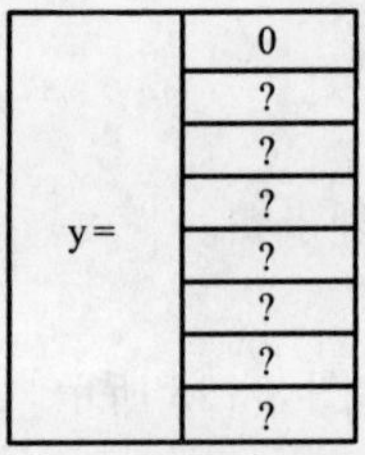

图 8-128　网格中没对象

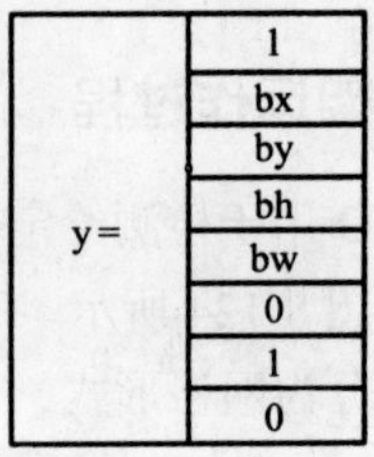

图 8-129　网格中有汽车

由于此网格中存在对象，因此 pc 等于 1，bx、by、bh、bw 将相对于正在处理的特定网格单元计算。由于检测出的对象是汽车，所以 c2=1，c1 和 c3 均为 0。对于 9 个网格中的每一个单元格，都具有八维输出向量。最终的输出形状为 3×3×8。使用上面的例子（输入图像：100×100×3；输出图像：3×3×8），模型将按图 8-130 所示的方式进行训练。

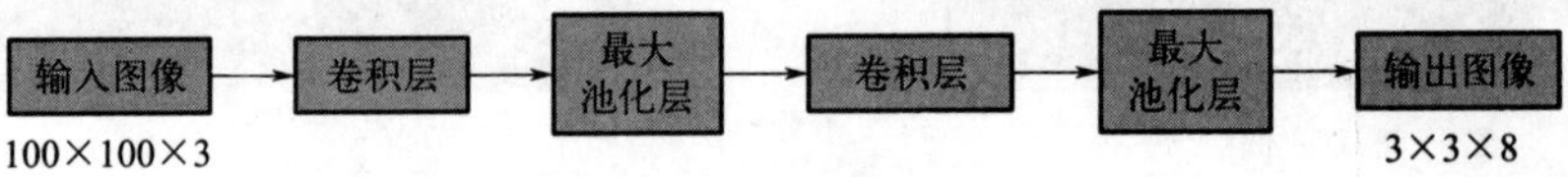

图 8-130　模型训练方式

使用经典的 CNN 网络构建模型，并进行模型训练，如图 8-131 所示。在测试阶段，将图像传递给模型，经过一次前向传播就得到输出 y。简单起见，使用 3×3 网格解释这一点，但通常在实际场景中会采用更大的网格（比如 19×19）。

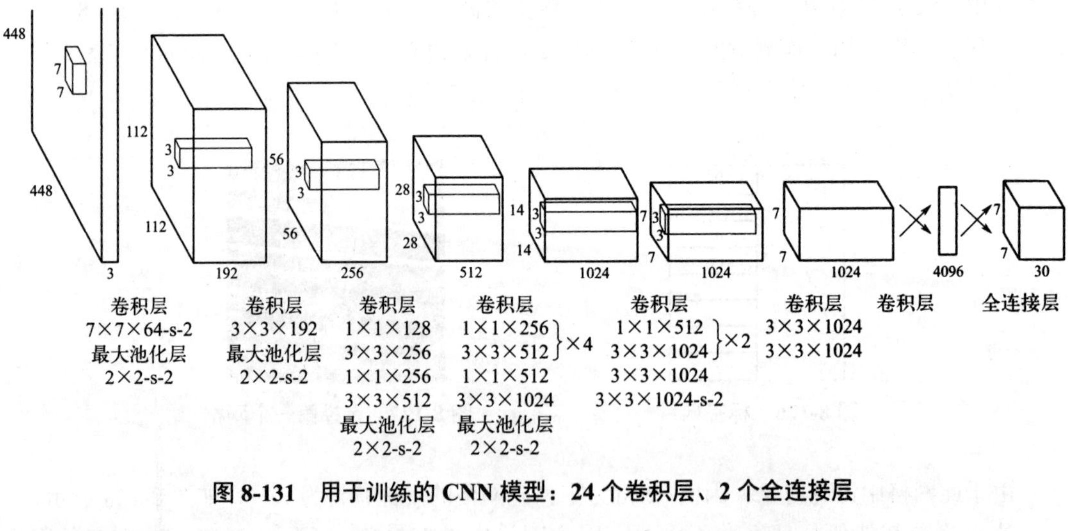

图 8-131　用于训练的 CNN 模型：24 个卷积层、2 个全连接层

该结构是一个常规的卷积网络结构。从网络中可以得到适用卷积核，按照卷积核大小的步长进行卷积，就实现了把一个图片分成多个区域，大大减少了图片的卷积次数，但是也降低了精准度（相比滑动窗口检测方法）。

然后再来看 Loss 函数。

$$
\begin{aligned}
L= & \lambda_{\text{coord}}\sum_{i=0}^{S^2}\sum_{j=0}^{B} l_{ij}^{\text{obj}}[(x_i-\hat{x}_i)^2+(y_i-\hat{y}_i)^2] \\
& +\lambda_{\text{coord}}\sum_{i=0}^{S^2}\sum_{j=0}^{B} l_{ij}^{\text{obj}}[(\sqrt{w_i}-\sqrt{\hat{w}_i})^2+(\sqrt{h_i}-\sqrt{\hat{y}_i})^2] \\
& +\sum_{i=0}^{S^2}\sum_{j=0}^{B} l_{ij}^{\text{obj}}(C_i-\hat{C}_i)^2+\lambda_{\text{noobj}}\sum_{i=0}^{S^2}\sum_{j=0}^{B} l_{ij}^{\text{noobj}}(C_i-\hat{C}_i)^2 \\
& +\sum_{i=0}^{S^2} l_i^{\text{obj}} \sum_{\substack{j=0 \\ c\in \text{classes}}}^{B} l_{ij}^{\text{obj}}[p_i(c)-\hat{p}_i(c)]^2
\end{aligned}
$$

Loss 函数由四部分组成：对象存在误差、位置误差、边框大小误差、类别分类误差。

l_{ij}^{noobj} 表示：当没有对象时（no object）为 1，否则为 0。

即使一个对象跨越多个网格，它也只会被分配到其中点所在的单个网格。可以通过增加更多网格来减少多个对象出现在同一网格单元中的概率。

b. 边界框编码。如前所述，bx、by、bh 和 bw 是相对于正在处理的网格单元计算而言的。下面通过一个例子来说明这一点。以包含汽车的右边网格为例，如图 8-132 所示。

由于 bx、by、bh 和 bw 仅相对于该网格计算，所以此网格的 y 标签如图 8-133 所示。

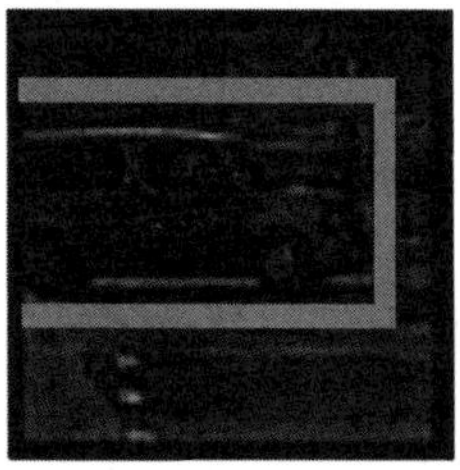

图 8-132　包含汽车的右边网格

$$
y=\begin{bmatrix} 1 \\ \text{bx} \\ \text{by} \\ \text{bh} \\ \text{bw} \\ 0 \\ 1 \\ 0 \end{bmatrix}
$$

图 8-133　包含汽车的网格的标签向量

由于这个网格中有一个汽车对象，所以 pc=1、c2=1。接着看如何决定 bx、by、bh 和 bw 的取值。在 YOLO 中，分配给所有网格的坐标如图 8-134 所示。所有网格的左上角坐标都是（0, 0），右下角坐标都是（1, 1）。

bx、by 是对象相对于该网格中心点的 x 和 y 坐标。在本例中，近似 bx=0.4、by=0.3，如图 8-135 所示。

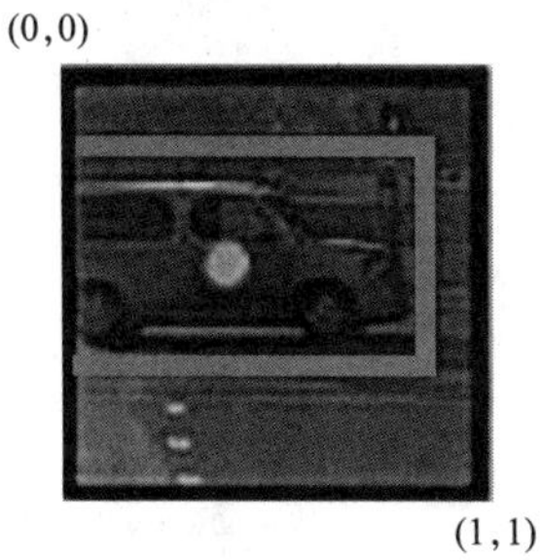

图 8-134　分配给所有网格的坐标

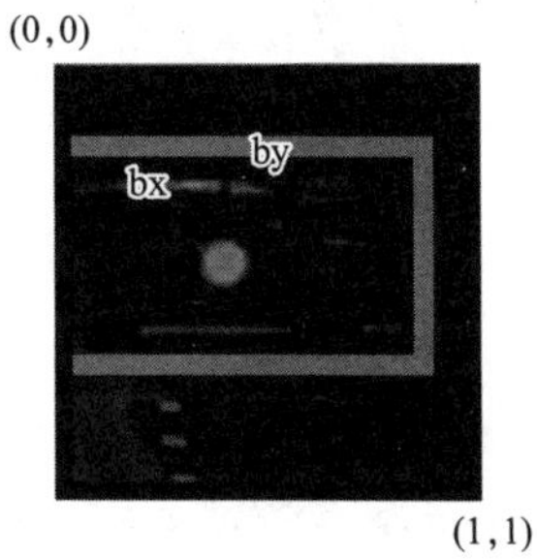

图 8-135　对象中心相对于网格的坐标

bh 是边界框的高度与相应网格单元的高度之比，在本例中，bh=0.9；bw 是边界框的宽度与网格单元的宽度之比，bw=0.5。此网格的 y 标签如图 8-136 所示。

注意，bx 和 by 始终介于 0 ～ 1 之间，因为中心点始终位于网格内，在边界框的尺寸大于网格尺寸的情况下，bh 和 bw 可以大于 1。

④ 非极大值抑制　这里需要思考一个问题——如何判断预测的边界框是否是一个好结果（或一个坏结果）？找到单元格之间的交叉点，计算实际边界框和预测的边界框的并集交叉区域。假设汽车的实际边界框和预测边界框如图 8-137 所示。

y=	
	1
	0.4
	0.3
	0.9
	0.5
	0
	1
	0

图 8-136　网格的 y 标签

图 8-137　假设汽车的实际边界框和预测边界框

其中，灰框是实际的边界框，深灰框是预测的边界框。如何判断它是一个好的预测呢？IoU 将计算这两个框的并集交叉区域，如图 8-138 所示。

IoU = 交叉面积 / 联合的面积

在本例中，IoU = 右斜线阴影面积 / 左斜线阴影面积。

如果 IoU 大于 0.5，就可以说预测足够好。0.5 在这里是采取的任意阈值，也可以根据具体问题进行更改。阈值越大，预测就越准确。还有一种方法可以显著提高 YOLO 的效果，即非极大值抑制。对象检测算法最常见的问题之一是，它不是一次仅检测出对象一次结果，而可能获得多次检测结果。

图 8-138　IoU 计算这两个框的并集交叉区域

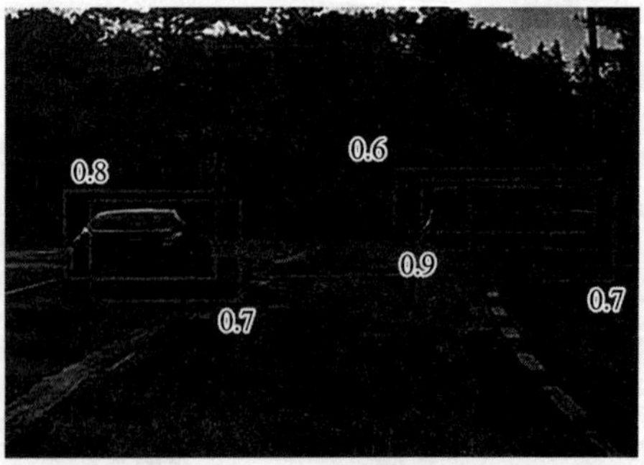

图 8-139　图中汽车被多次识别

在图 8-139 中，汽车不止一次被识别，那么如何判定边界框呢？非极大值抑制可以解决这个问题，使得每个对象只能进行一次检测。下面说明该方法的工作原理。

a. 首先查看与每次检测相关的概率并取最大的概率。在图 8-139 中，0.9 是最高概率，因此首先选择概率为 0.9 的方框，如图 8-140 所示。

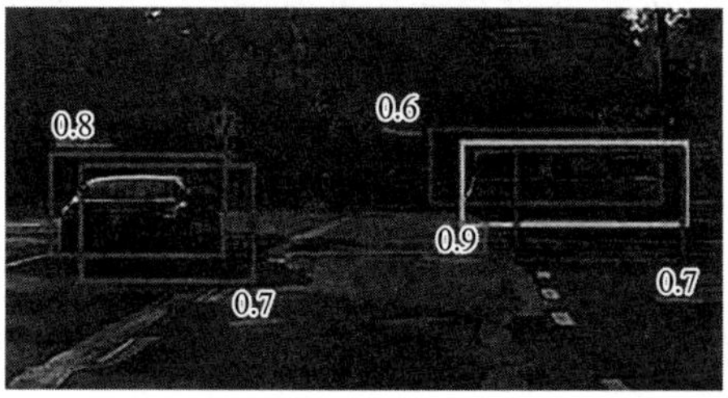

图 8-140　查看与每次检测相关的概率并取最大的概率

b. 然后查看图像中的所有其他框。与当前边界框相比，较低 IoU 的边界框将被抑制。因此，在示例中，0.6 和 0.7 概率的边界框将被抑制，如图 8-141 所示。

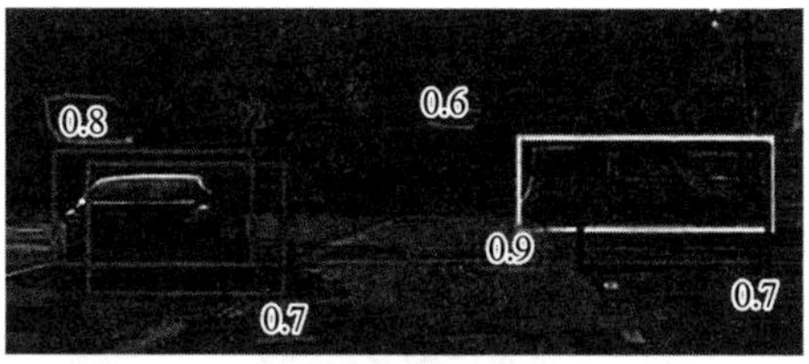

图 8-141　与当前边界框相比，较低 IoU 的边界框将被抑制

c. 在部分边界框被抑制后，它会从所有边界框中选择下一个概率最高的，在本例中概率为 0.8 的边界框，如图 8-142 所示。

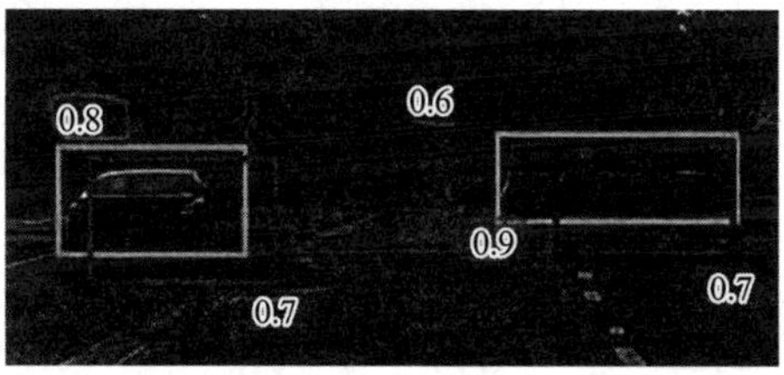

图 8-142　从概率最高的所有边界框中选择下一个

d. 再次计算与该边界框相连边界框的 IoU，去掉较低 IoU 的边界框，如图 8-143 所示。

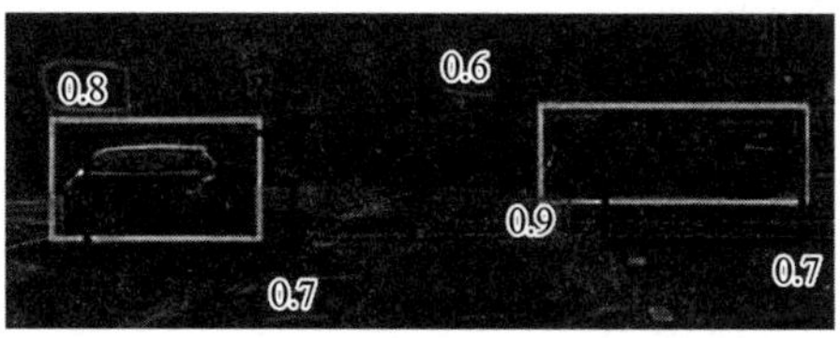

图 8-143　去掉较低 IoU 的边界框

e. 重复这些步骤，得到最后的边界框，如图 8-144 所示。

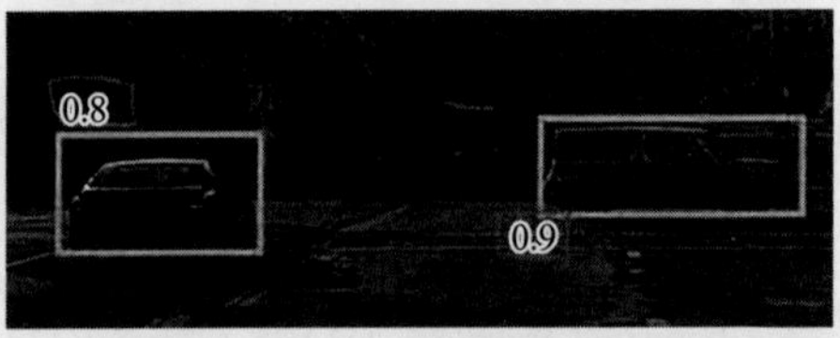

图 8-144　得到最后的边界框

以上就是非极大值抑制的全部内容，下面总结一下关于非极大值抑制算法的要点。

丢弃概率小于或等于预定阈值（例如 0.5）的所有方框；对于剩余的边界框，执行以下操作：

a. 选择具有最高概率的边界框并将其作为输出预测；

b. 计算相关联的边界框的 IoU，舍去 IoU 大于阈值的边界框；

c. 重复步骤 a，直到所有边界框都被视为输出预测或被舍弃。

⑤ Anchor Boxes。在上述内容中，每个网格只能识别一个对象。但是如果单个网格中有多个对象呢？这就需要了解 Anchor Boxes（锚框）的概念。假设将图按照 3×3 网格划分（见图 8-145）。

图 8-145　划分为 3×3 的网格

获取对象的中心点，并根据其位置将对象分配给相应的网格。在本例中，两个对象的中心点位于同一网格中，如图 8-146 所示。

上述方法只会获得两个边界框其中的一个，但是如果使用 Anchor Boxes，可能会输出两个边界框，该怎么做呢？首先，预先定义两种不同的形状，称为 Anchor Boxes。对于每个网格，将有两个输出。为了易于理解，这里选取两个 Anchor Boxes，也可以根据实际情况增加 Anchor Boxes 的数量，如图 8-147 所示。

没有 Anchor Boxes 的 YOLO 输出标签如图 8-148 所示。

图 8-146　两个对象的中心点位于同一网格中

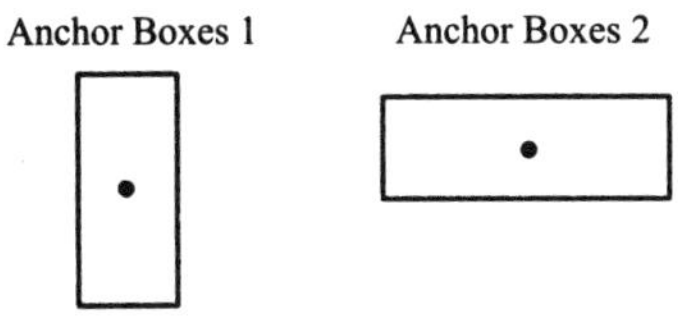

图 8-147　两个 Anchor Boxes

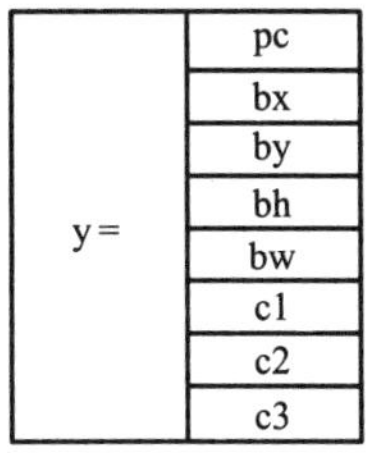

图 8-148　没有 Anchor Boxes 的 YOLO 输出标签

有 Anchor Boxes 的 YOLO 输出标签如图 8-149 所示。

前 8 行属于 Anchor Boxes1，其余 8 行属于 Anchor Boxes2。基于边界框和框形状的相似性将对象分配给 Anchor Boxes。由于 Anchor Boxes1 的形状类似于人的边界框，所以人将被分配给 Anchor Boxes1，而车将被分配给 Anchor Boxes2。在这种情况下的输出将是 3×3×16 大小。因此，对于每个网格，可以根据 Anchor Boxes 的数量检测两个或更多个对象。

⑥ 结合思想。这里首先介绍如何训练 YOLO 模型，然后是对新的图像进行预测。

a. 训练。训练模型时，输入数据由图像及其相应的 y 标签构成，样例如图 8-150 所示。

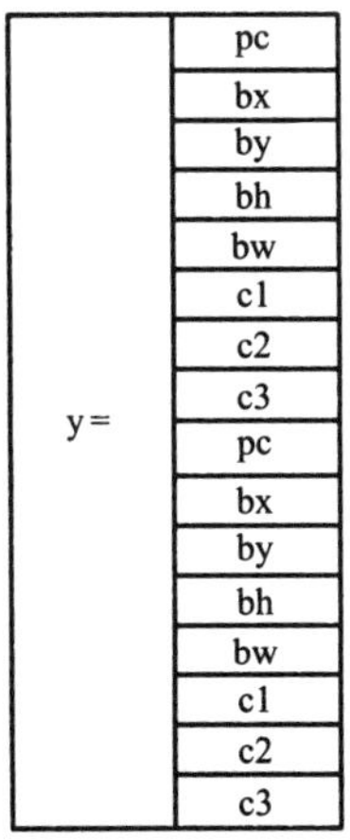

图 8-149　有 Anchor Boxes 的 YOLO 输出标签

图 8-150　训练样例

假设每个网格有两个 Anchor Boxes，并划分为 3×3 网格，有 3 个不同的类别。因此，相应的 y 标签具有 3×3×16 的形状。训练过程的完成方式是将特定形状的图像映射到对应 3×3×16 大小的目标。

b. 预测。对于每个网格，模型将预测 3×3×16 大小的输出。该预测中的 16 个值将与训练标签的格式相同。前 8 个值对应于 Anchor Boxes1，其中第 1 个值是该网络中对象的概率，第 2 ～ 5 个的值是该对象的边界框坐标，最后 3 个值表明对象属于哪个类，以此类推。

最后，非极大值抑制方法将应用于预测框以获得每个对象的单个预测结果。

以下是 YOLO 算法遵循的确切维度和步骤：

准备对应的图像（608, 608, 3）；将图像传递给卷积神经网络（CNN），该网络返回（19, 19, 5, 85）维输出；输出的最后两个维度被展平，以获得（19, 19, 425）的输出量［19×19 网格的每个单元返回 425 个数字；425=5×85，其中 5 是每个网格的 Anchor Boxes 数量；85=5+80，其中 5 表示（pc，bx，by，bh，bw），80 是检测的类别数］；最后，使用 IoU 和非极大值抑制去除重叠框。

c. YOLO 算法实现。此处用于实现 YOLO 的代码来自 Andrew NG 的 GitHub 存储库，需要下载此 zip 文件，其中包含运行此代码所需的预训练权重。

首先定义一些函数，这些函数将用来选择高于某个阈值的边界框，并对其应用非极大值抑制。首先，导入所需的库：

```
    import os
    import matplotlib.pyplot as plt
    from matplotlib.pyplot import imshow
    import scipy.io
    import scipy.misc
    import numpy as np
    import pandas as pd
    import PIL
    import tensorflow as tf
    from skimage.transform import resize
    from keras import backend as K
    from keras.layers import Input, Lambda, Conv2D
    from keras.models import load_model, Model
    from yolo_utils import read_classes, read_anchors, generate_colors,
preprocess_image, draw_boxes, scale_boxes
    from yad2k.models.keras_yolo import yolo_head, yolo_boxes_to_corners,
preprocess_true_boxes, yolo_loss, yolo_body
    %matplotlib inline
```

然后，实现基于概率和阈值过滤边界框的函数：

```
    def yolo_filter_boxes(box_confidence, boxes, box_class_probs, threshold = .6):
     box_scores = box_confidence*box_class_probs
     box_classes = K.argmax(box_scores, -1)
     box_class_scores = K.max(box_scores, -1)
```

```
filtering_mask = box_class_scores>threshold
scores = tf.boolean_mask(box_class_scores, filtering_mask)
boxes = tf.boolean_mask(boxes, filtering_mask)
classes = tf.boolean_mask(box_classes, filtering_mask)
 return scores, boxes, classes
```

实现计算 IoU 的函数：

```
def iou(box1, box2):
 xi1 = max(box1[0], box2[0])
 yi1 = max(box1[1], box2[1])
 xi2 = min(box1[2], box2[2])
 yi2 = min(box1[3], box2[3])

 inter_area = (yi2-yi1)*(xi2-xi1)
 box1_area = (box1[3]-box1[1])*(box1[2]-box1[0])
 box2_area = (box2[3]-box2[1])*(box2[2]-box2[0])
 union_area = box1_area+box2_area-inter_area
 iou = inter_area/union_area
return iou
```

实现非极大值抑制的函数：

```
def yolo_non_max_suppression(scores, boxes, classes, max_boxes = 10, iou_threshold = 0.5):
max_boxes_tensor = K.variable(max_boxes, dtype='int32')
K.get_session().run(tf.variables_initializer([max_boxes_tensor]))
nms_indices = tf.image.non_max_suppression(boxes, scores, max_boxes, iou_threshold)
 scores = K.gather(scores, nms_indices)
 boxes = K.gather(boxes, nms_indices)
 classes = K.gather(classes, nms_indices)
 return scores, boxes, classes
```

随机初始化大小为（19, 19, 5, 85）的输出向量：

```
yolo_outputs = (tf.random_normal([19, 19, 5, 1], mean=1, stddev=4, seed = 1),
 tf.random_normal([19, 19, 5, 2], mean=1, stddev=4, seed = 1),
 tf.random_normal([19, 19, 5, 2], mean=1, stddev=4, seed = 1),
 tf.random_normal([19, 19, 5, 80], mean=1, stddev=4, seed = 1))
```

实现一个将 CNN 的输出作为输入并返回被抑制的边界框的函数：

```
def yolo_eval(yolo_outputs, image_shape = (720., 1280.), max_boxes=10, score_threshold=.6, iou_threshold=.5):
 box_confidence, box_xy, box_wh, box_class_probs = yolo_outputs
 boxes = yolo_boxes_to_corners(box_xy, box_wh)
```

```
    scores, boxes, classes = yolo_filter_boxes(box_confidence, boxes, box_class_
probs, threshold = score_threshold)
    boxes = scale_boxes(boxes, image_shape)
    scores, boxes, classes = yolo_non_max_suppression(scores, boxes, classes,
max_boxes, iou_threshold)
    return scores, boxes, classes
```

使用 yolo_eval 函数对之前创建的随机输出向量进行预测：

```
scores, boxes, classes = yolo_eval(yolo_outputs)
with tf.Session() as test_b:
 print("scores[2] = " + str(scores[2].eval()))
 print("boxes[2] = " + str(boxes[2].eval()))
 print("classes[2] = " + str(classes[2].eval()))

scores[2] = 138.79124
boxes[2] = [1292.3297  -278.52167  3876.9893  -835.56494]
classes[2] = 54
```

score 表示对象在图像中的可能性，boxes 返回检测到的对象的（x1，y1，x2，y2）坐标，classes 表示识别对象所属的类。

现在，在新的图像上使用预训练的 YOLO 算法，看其工作效果，程序如下：

```
sess = K.get_session()
class_names = read_classes("model_data/coco_classes.txt")
anchors = read_anchors("model_data/yolo_anchors.txt")
yolo_model = load_model("model_data/yolo.h5")
```

在加载类别信息和预训练模型之后，使用上面定义的函数来获取 yolo_outputs。

```
yolo_outputs = yolo_head(yolo_model.output, anchors, len(class_names))
```

之后，定义一个函数来预测边界框并在图像上标记边界框：

```
def predict(sess, image_file):
    image, image_data = preprocess_image("images/" + image_file, model_image_
size = (608, 608))
    out_scores, out_boxes, out_classes = sess.run([scores, boxes, classes],
    feed_dict={yolo_model.input: image_data, K.learning_phase(): 0})
    print('Found {} boxes for {}'.format(len(out_boxes), image_file))
    # Generate colors for drawing bounding boxes
    colors = generate_colors(class_names)
    # Draw bounding boxes on the image file
    draw_boxes(image, out_scores, out_boxes, out_classes, class_names, colors)
    # Save the predicted bounding box on the image
```

```
image.save(os.path.join("out", image_file), quality-90)
# Display the results in the notebook
output_image = scipy.misc.imread(os.path.join("out", image_file))
plt.figure(figsize=(12, 12))
imshow(output_image)
return out_scores, out_boxes, out_classes
```

接下来，将使用预测函数读取图像并进行预测：

```
img = plt.imread('images/img.jpg')
image_shape = float(img.shape[0]), float(img.shape[1])
scores, boxes, classes = yolo_eval(yolo_outputs, image_shape)
```

最后，输出预测结果，如图 8-151 所示。

```
out_scores, out_boxes, out_classes = predict(sess, "img.jpg")
```

图 8-151　YOLO 用于车辆识别

本章小结

本章首先介绍了神经网络的基本概念，然后详细介绍了前馈神经网络、卷积神经网络、循环神经网络，以及神经网络在自然语言处理方面的一个重要应用模型，即 Tansformer，包括神经网络在深度学习、图像处理与对象检测方面的几个重要应用架构，如 TensorFlow、Yolo。

思考题

1. 在神经元模型中，回答以下问题。

（1）什么是输入？

（2）什么是权重？

（3）什么是阈值？

（4）什么是激活函数？

（5）什么是输出？

（6）以上五个量之间存在什么关系？

2. 在神经网络模型中，回答以下问题。

（1）什么是输入层？

（2）什么是隐含层？

（3）什么是输出层？

（4）什么是前向传播？

（5）什么是反向传播？

（6）常用激活函数有哪些？

（7）常用损失函数有哪些？

3. 神经网络权重调整的表达式中，权重 W 应该加上还是减去 $\eta\dfrac{\partial L}{\partial W}$？

4. 前馈神经网络的实质是什么？

5. 前馈神经网络用激活函数吗？

6. 为什么说前馈神经网络通过训练可以逼近任意非线性？

7. 什么叫卷积神经网络？

8. 什么叫卷积？

9. 什么叫卷积核？

10. 简述卷积神经网络的一般结构。

11. 简述卷积神经网络 LeNet-5 的结构。

12. 什么叫 CNN 图像分类中的标签编码？

13. 什么叫 CNN 图像分类中的归一化操作？

14. 什么是循环神经网络？

15. RNN 架构的核心特性是什么？

16. 简述 RNN 的架构。

17. 简述 RNN 的工作原理。

18. 简述 LSTM 的概念和工作原理。

19. LSTM 架构的核心特性是什么？

20. 简述 GRU 的概念。

21. 简述 GRU 的架构。

22. 简述 GRU 的工作原理。

23. 从宏观的视角看，Transformer 的功能是什么？
24. 简述并用图表示 Transformer 的基本组成。
25. 简述 Transformer 中编码器的组成。
26. 简述 Transformer 中解码器的组成。
27. 简述自注意力机制的概念和工作原理。
28. 解码器中残差模块的求和和归一化部分的作用是什么？
29. 什么是查询向量、键向量和值向量?
30. 简述 TensorFlow 的主要特点和功能。
31. 简述 Jupyter 的主要特点和功能。
32. 简述 TensorFlow 的执行流程。
33. 如何用 Keras 构建 TensorFlow 模型？
34. 如何部署 TensorFlow 模型？ TensorFlow 模型可以部署在哪些地方？
35. 如何运营和管理 TensorFlow 模型？
36. 什么是 YOLO?
37. 简述 YOLO 框架运作过程。
38. 用 MATLAB 实现 Transformer。
39. 用 MATLAB 实现卷积神经网络。
40. 用 MATLAB 实现循环神经网络。

第 9 章 视觉伺服系统的应用

9.1 视觉伺服系统的架构组成与工作过程

9.1.1 视觉伺服系统的架构组成

视觉伺服系统由视觉系统、机器人或其他执行系统、计算机系统三大部分组成。

（1）视觉系统

视觉系统由硬件和软件两部分组成。

① 硬件：灯光照明、摄像头（镜头、图像传感器）、图像控制器、图像采集卡。

② 软件：图像分析处理系统，如 OpenCV、HALCON、MATLAB、Python；神经网络、深度学习框架，如 TensorFlow、YOLO 等。

（2）机器人或其他执行系统

机器人系统由机器人本体、机器人控制系统、机器人编程系统三部分组成。

其他执行系统，如门禁的启闭机电系统、分拣系统的机电执行系统、传送带的推挡机构。

（3）计算机系统

视觉伺服系统的控制离不开计算机系统，此处计算机控制系统的功能是指运行图像采集与分析处理软件，机器人控制与编程软件，或者其他机电系统的控制命令和运行状态的生成、传送通信等。

9.1.2　机器人视觉伺服系统的工作过程

① 图像采集　提前采集图像，建立标准库用于训练和测试，或者实时采集图像用于现场识别和定位。

② 图像处理与分析　用图像处理与分析软件平台对图像分析和处理，如用 Open CV、HALCON、MATLAB 等图像分析与处理专用平台，或者用 Python、VC++ 等语言，按照图像处理和分析算法自编程序对图像进行分析和处理。

③ 对象识别　用图像分析和处理算法确定图像中物体是什么。

④ 对象定位　定位识别操作对象在图像中的位置。

⑤ 坐标变换　将操作对象在图像中的位置转化为在实际环境中的位置和姿态，这个要经过标定和一系列坐标变换过程。

⑥ 轨迹规划　根据操作对象在实际环境中的起始位置和要到达的位置以及中间路径，进行轨迹规划，确定一系列中间位姿。然后，将这一系列的中间位姿转化为执行机构的动作参数，如转角、转速等。

⑦ 机器人运动控制或机电系统的执行动作　机器人本体或其他机电执行机构执行轨迹规划的结果，产生一系列的动作，完成视觉伺服任务。

9.2　基于视觉引导的 SCARA 机器人自动装配系统

9.2.1　机器人智能装配系统的组成

机器人智能装配系统主要由机器视觉系统和机器人装配系统组成。机器视觉系统包括图像获取、相机标定、模板匹配，可对不同工件进行识别、定位以及旋转角度的确定。机器人装配系统包括工件的抓取和安装，在视觉的引导下完成工件的装配。PC 利用 Socket 通信把坐标和姿态数据发送给机器人，机器人根据位置数据抓取工件，然后放到装配位置。

9.2.2　机器人视觉伺服系统的视觉系统设计

（1）图像获取

采用 IMI tech Amazon2 系列工业相机，它是数字逐行扫描相机，采用千兆以太网 GigE 协议标准，采用 Sony 逐行扫描 CCD 芯片，具有非常高的图像质量。通过以太网与 PC 连接，且采集频率可调。首先通过安装 IMI 相机的驱动软件获得相机的 C++ 接口，然后将接口函数移植到 Visual Studio 2015 中进行二次开发。在包含相机类库的情况下，通过实例化相机句柄类来读取相机的数据。通过 OneFrameGrab 来获取相机的一帧图像，并将数据保存在固定的位置，实现实时读取 IMI 相机的功能。

（2）相机标定

在机器视觉应用中，相机参数的标定是非常关键的环节，其标定结果的精度及算法的稳定性直接影响相机工作产生结果的准确性。由于机器人抓取的工件位于同一平面，所以只对标定板图像采集一次就可得到相机的外参。得到相机的外参后，即可得到图像坐标上每个像素在世界坐标系下对应的实际距离。然后通过坐标系的变换公式即可得到图像坐标系与机器人世界坐标系的转换关系。

（3）标准模板的建立

在进行模板匹配之前需要制作不同工件的标准形状模板。将标准的工件放在相机的视野下，获取图像，对图像提取 ROI 区域，然后进行轮廓提取，得到模板的标准轮廓。首先获取标准工件图像，利用矩形截取函数来截取矩形的 ROI 区；然后对图像进行增强；最后通过模板创建函数来创建模板，得到模板二值化后的标准轮廓。创建模板的算法思路如下。

① 寻找 ROI 区域图像的灰度梯度，使用 Sobel 算子对图像进行处理可以返回 X 方向的像素灰度值（G_x）和 Y 方向的像素灰度值（G_y）。用下面的公式计算当前像素点的灰度值（Magni）和梯度方向（Direc）。

$$\text{Magni} = \sqrt{G_x^2 + G_y^2}$$

$$\text{Direc} = \arctan\frac{G_y}{G_x}$$

② 利用非极大值抑制算法来搜索梯度方向的局部极大值，抑制非极大值元素，可以细化边缘。非极大值抑制算法跟踪边缘方向的左右像素，如果当前像素的灰度值小于左、右像素灰度值，则抑制当前像素灰度。

③ 用双阈值算法提取和连接边缘。非极大值抑制算法处理后可能会有少量的非边缘像素被包含到结果中，所以要通过选取阈值进行取舍。双阈值选择与边缘连接方法通过假设两个阈值中其中一个为高阈值 T_{H}，另外一个为低阈值 T_{L}，则有：对于任意边缘像素低于 T_{L} 的，则丢弃；对于任意边缘像素高于 T_{H} 的，则保留；任意边缘像素值在 T_{L} 与 T_{H} 之间的，如果能通过边缘连接到一个像素大于 T_{H} 而且边缘所有像素大于最小阈值 T_{L} 的，则保留，否则丢弃。最终对边缘图像进行保存，图 9-1 是工件 A 的模板创建过程。

图 9-1　工件的原图、ROI 区域和最终模板

（4）模板匹配

对相机采集的工作区域实时图像搜索模板图像，得到工件的像素坐标和旋转角度。模板匹配的流程如图 9-2 所示。

其中相似性度量用到了归一化处理，包含的图像与模板越相似，输出的数值越接近 1，公式如下：

$$S_{u,v} = \frac{1}{n}\sum_{i=1}^{n}\frac{\left(G_{x_i}^{\mathrm{T}}, G_{x(u=x_i,v=y_i)}^{\mathrm{S}}\right) + \left(G_{y_i}^{\mathrm{T}}, G_{y(u=x_i,v=y_i)}^{\mathrm{S}}\right)}{\sqrt{(G_{x_i}^{\mathrm{T}})^2 + (G_{y_i}^{\mathrm{T}})^2}\sqrt{\left((G_{x(u=x_i,v=y_i)}^{\mathrm{T}})^2, (G_{y(u=x_i,v=y_i)}^{\mathrm{T}})^2\right)}}$$

式中，$G^{\mathrm{T}}_{x_i}$、$G^{\mathrm{T}}_{y_i}$ 代表模板图像 X 和 Y 方向的梯度；G^{S}_{x}、G^{S}_{y} 代表待匹配图像 X 和 Y 方向的梯度。归一化相似性度量会得到当前图像与模板的相似度 Score，Score 的阈值 MinScore 设定为 0.75。可以设定图像的最大匹配个数，如果匹配时的质量系数大于 MinScore 的目标个数，多于最大匹配个数，仅返回质量系数最好的目标位置。如果找的匹配目标不够，那么就只返回已找到的目标。输出的匹配角度 Angle 为弧度值 0 ～ 2π，对应模板图像逆时针旋转 0° ～ 360°。最终根据相机标定的结果将工件图像坐标转化为机器人的世界坐标。经过多次匹配实验得出匹配的准确率为 98%，匹配的最大绝对误差为 5 个像素，匹配平均时间为 60ms。

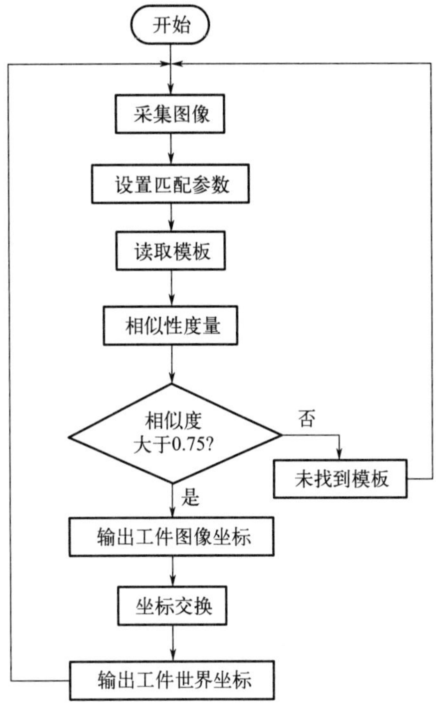

图 9-2　模板匹配流程图

9.2.3　机器人装配系统设计

SCARA（selectively compliance assembly robot arm）机器人是一种平面关节型工业机器人，具有 4 个关节，3 个旋转关节轴线相互平行，实现平面内定位和定向；1 个移动关节，实现末端件升降运动。其广泛应用于塑料工业、汽车工业、电子产品工业、药品工业和食品工业等领域。在本次设计中，机器人要与 PC 通信接收工件的坐标信息和角度，然后抓取工件以固定的姿态放到指定的位置。

（1）SCARA 机器人通信程序设计

机器人控制器的 IP1 端口作为客户端连接到运行在 PC 上的服务器，利用无线通信完成数据的收发。使用机械手语言的 PRINT 和 INPUT 命令，与机械手语言程序进行数据通信。通过使用 PRINT 命令，可以从控制器发送任意的字符串，控制器发送以 PRINT 命令指定的字符串及变量值。接收数据使用 INPUT 命令，控制器能接收的仅是实数或整数。控制器已接收的数据被代入为用 INPUT 命令指定的变量。在机械手语言的程序中，可以通过参照该变量，使用已接收的数据。在 Visual Studio 中利用 C++ 开发了基于 Socket 通信的服务器，将模板匹配得到的工件坐标发送给机器人客户端。PC 与机器人通信程序流程如图 9-3 所示。

（2）SCARA 机器人抓放程序设计

机器人程序在 TSPC 软件中完成，主要功能是根据接收到的工件坐标和角度数据，移动机器人将工件以固定的姿态放到装配位置。由于抓取的工作区域比较大，因此要将工作区域分开抓取。通过对机器人的轨迹范围的研究，确定将工作区域分为两个部分，分别以不同的姿态抓取工件。以机器人世界坐标 X=331.6 为分界，对上半部分采用 C=−254.380 基准对工件进行抓取，下半部分采用 C=−74.306 基准对工件进行抓取。由于工件在工作区域有 0° ～ 360° 的旋转角度，所以要在基准的基础上对机器人的旋转角度进行调整，使得每次机器人的末端执行器都与工件平行。

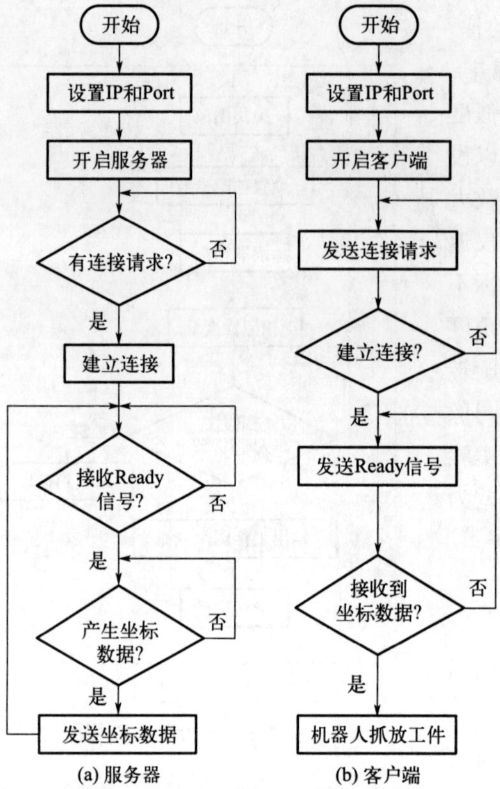

图 9-3　PC 与机器人通信程序流程

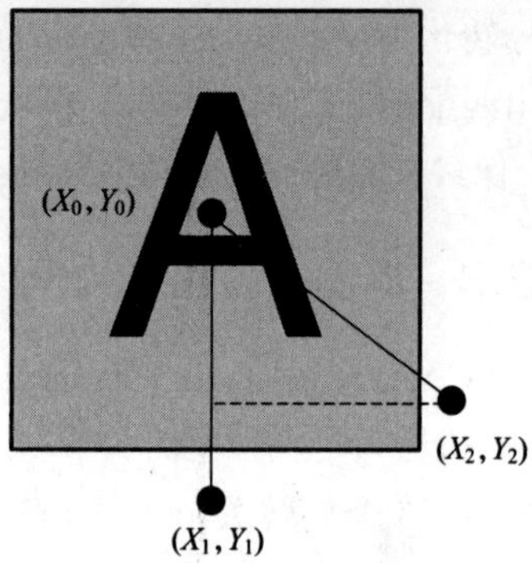

图 9-4　工件旋转的坐标变换原理图

机器人末端执行器根据工件角度旋转的原理：由于模板匹配返回工件中心的坐标点，当角度发生变化时，相应的机器人的坐标也要变化，才能保证以与工件平行的姿态抓取工件。其原理如图 9-4 所示。

如果工件 A 的旋转角度为零，那么末端执行器以工件中心点（X_0，Y_0）到（X_1，Y_1）的直线抓取工件。当工件 A 旋转 θ 角度时，末端执行器以工件中心点（X_0，Y_0）到（X_2，Y_2）的直线抓取工件。机器人的坐标偏移量用下面的公式计算：

$$\Delta X = L - L\cos\theta$$

$$\Delta Y = L\sin\theta$$

式中，θ 为工件的旋转角度；L 为末端执行器的长度 7.564cm。

然后用 MOVE SAFEPLAY，将不同旋转角度的工件都以固定的角度移动到放置安全点，最后完成放置。机器人抓放程序流程如图 9-5 所示。

9.2.4　实验系统设计

在 Visual Studio 中采用 MFC 开发实现上述图像处理算法，并建立 Socket 服务器与 SCARA 通信。在 MFC 程序中采用多线程的方法实时显示机器人工作区域的图像，采用中断的方式定时对图像进行模板匹配。当匹配到工件时，利用 Socket 通信将工件坐标发送给机器人完成装配。MFC 程序界面及装配实验系统如图 9-6 所示。

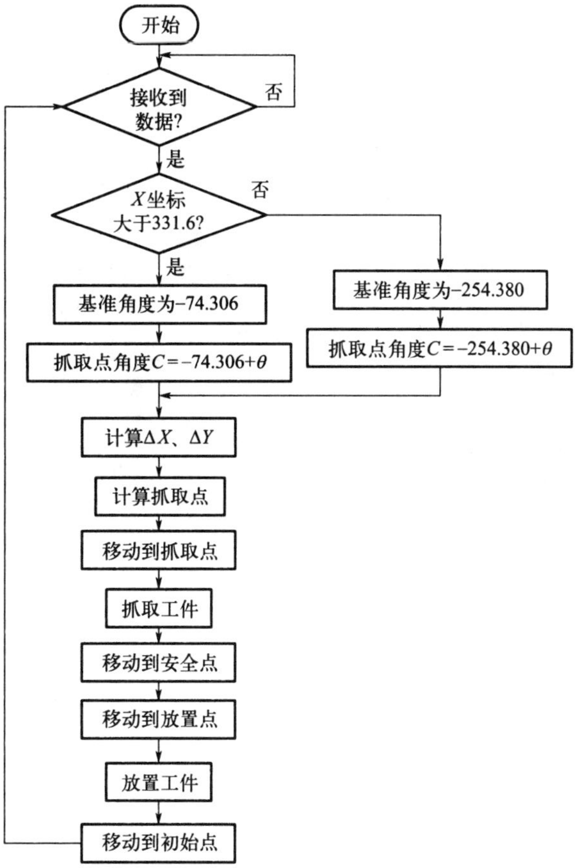

图 9-5　机器人抓放程序流程

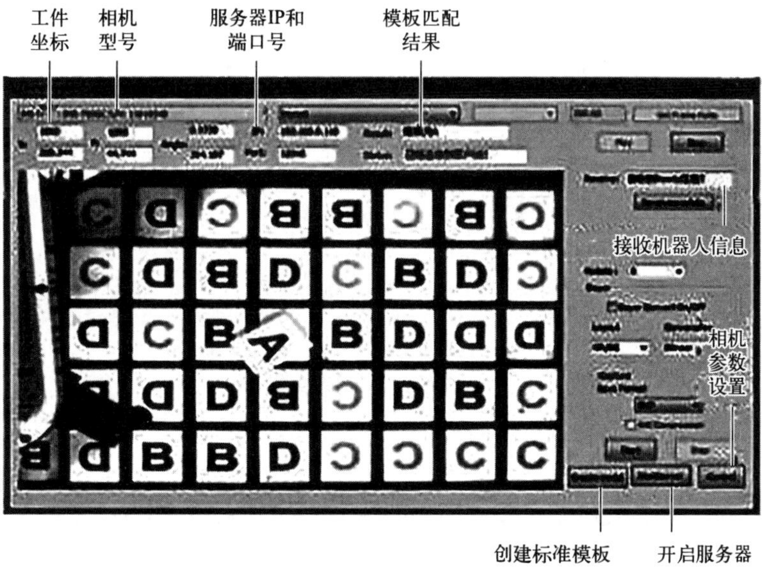

图 9-6

图 9-6　MFC 程序界面和装配实验系统

系统误差的主要来源为相机标定、光照的变化、坐标变换以及机器人末端执行器的精度等。利用本系统对任意摆放的工件进行识别和抓取，对连续 50 次的装配点误差进行统计，如图 9-7 所示。通过以上实验测试，该系统可以对任意摆放的工件进行识别，并可以精确地放到装配位置，工件装配的最大绝对误差为 0.2mm，平均绝对误差为 0.15mm，可以满足生产的要求，证明系统的准确性良好。实验测试时间超过 100min 且系统仍然稳定运行，证明系统的稳定性良好。

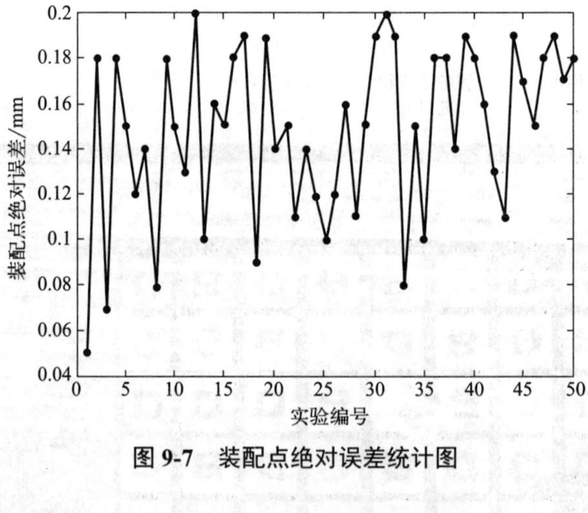

图 9-7　装配点绝对误差统计图

9.3　基于机器视觉的多机械臂煤矸石分拣机器人系统

现有煤矸石分拣方法主要是根据煤和岩石的纹理特征值，利用图像处理和模式识别技术对煤矸石进行识别分选，分选的煤矸石粒度为 25 ～ 150mm，而对于 150mm 以上的煤矸石仍依靠人工进行分选。为了对大粒度煤矸石进行分拣，设计了一种基于机器视觉的多机械臂煤矸石分拣机器人系统。该系统采用机器视觉采集煤矸石信息，应用深度学习方法实现煤矸石识别和抓取特征。该系统可对粒度为 50 ～ 260mm 的煤矸石进行高效、快速分拣，所采用的煤矸石识别方法和分拣策略在不同带速下具有良好的稳定性和准确性，煤矸石识别与定位的综合准确率可达 93%。

9.3.1　系统设计

（1）系统硬件设计

基于机器视觉的多机械臂煤矸石分拣机器人系统由煤矸石识别系统、机械臂、上位机、机器人控制器、视觉伺服系统等组成，如图 9-8 所示。

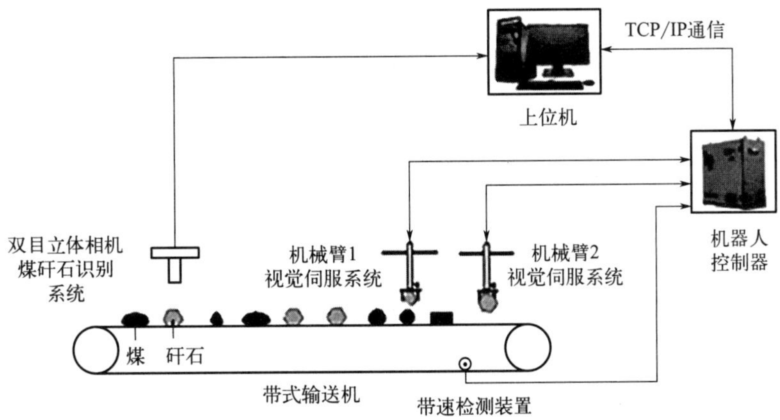

图 9-8　基于机器视觉的多机械臂煤矸石分拣机器人系统构架

煤矸石识别系统主要通过双目立体相机进行拍摄，并将采集到的图像传到上位机。上位机对煤与矸石的图像进行处理，包括煤与矸石的识别以及定位信息处理。除此以外，上位机同时对识别后的矸石进行抓取特征提取，确定机器人手爪的抓取姿态。上位机在获取煤矸石信息后，根据煤矸石位置进行排序工作，并通过多目标任务分配策略将抓取任务下达给相应机械臂控制器。机械臂根据获得的任务对目标进行监测，当目标进入机械臂工作空间后，由视觉伺服系统驱动机械臂完成煤矸石分拣。

（2）系统软件方案

① 软件开发平台　在 Windows 系统环境下，以 VS2015 作为软件开发平台，选择运行于 .NET Framework 之上的高级程序设计语言 Visual C# 语言作为程序开发环境。在选择视觉软件时需要考虑与相机的兼容性、硬件的扩展性以及软件的易用性和算法速度与摄像机的兼容。选用的 ZED 相机支持多种平台、多种语言开发，能够很好地与机器人控制系统融合。煤矸石分拣机器人视觉伺服系统包括 2 个部分：一是煤矸石识别模块，通过双目视觉系统完成煤矸石识别和抓取特征提取；二是视觉伺服控制模块，主要通过视觉伺服技术完成煤矸石动态跟踪和抓取。

② 软件模块设计　系统软件运用结构化设计，总体结构如图 9-9 所示，分为信息获取层、数据处理层和机械臂控制层。

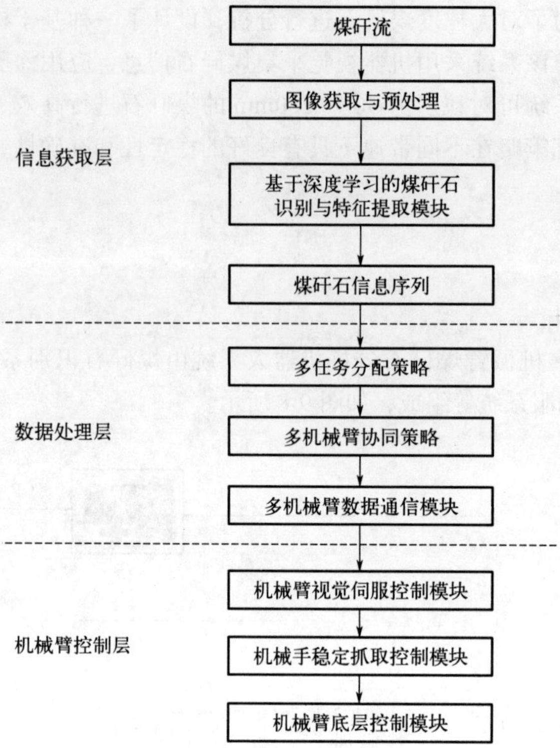

图 9-9　系统软件总体结构

a. 信息获取层。该部分通过视觉伺服系统获得煤矸石图像，并进行图像预处理，关键是对重复对象进行去重复处理，在获得高质量的图像后，再由训练好的煤矸石识别深度学习模型对图像中的目标进行识别和抓取特征提取。当完成识别任务后，对煤矸石信息进行排队处理，生成煤矸石信息序列，并将数据序列发送至数据处理层。

b. 数据处理层。数据处理层是整个软件系统的核心部分，在获取煤矸石序列信息后，系统根据煤矸石的位置信息以及当前各机械臂的工作状态进行多任务、多机械臂任务分配。分配策略以最大化分拣煤矸石为目标，当机械臂任务量超量时，则以拣取大块煤矸石为准则。当机械臂获取任务后，在对煤矸石进行跟踪和拣取时，需要根据相邻机械臂的位置和后续动作进行协同控制，以免发生撞车事故。为了保证整个系统信息的实时性，采用工业以太网通信，实现上位机和机械臂控制器的数据通信和指令传输。

c. 机械臂控制层。机械臂控制层主要包括机械臂视觉伺服控制模块、机械手稳定抓取控制模块和机械臂底层控制模块。机械臂视觉伺服控制模块通过手眼系统实时获取任务目标位姿，并通过图像雅可比矩阵计算机械臂控制参数，实现对移动目标的动态跟踪。当机械臂末端跟踪上目标后，由机械手稳定抓取控制模块根据煤矸石姿态进行稳定抓取，确保抓取成功。该模块通过煤矸石大小和质量对机械臂手爪抓取力进行自适应控制。

9.3.2　系统实现的关键技术

（1）煤矸石识别技术

煤矸石识别以机器视觉为基础，将采集的煤矸石图像作为训练样本，结合深度学习技术，通过训练样本对深度网络进行训练，最终获取煤矸石识别卷积神经网络模型。为了训练识别效果好的网络模型，需要提供大量不同的煤矸石图像数据，让其自动学习图像中的特征，确定模型参数，以优化模型。煤矸石目标识别方法如图 9-10 所示。

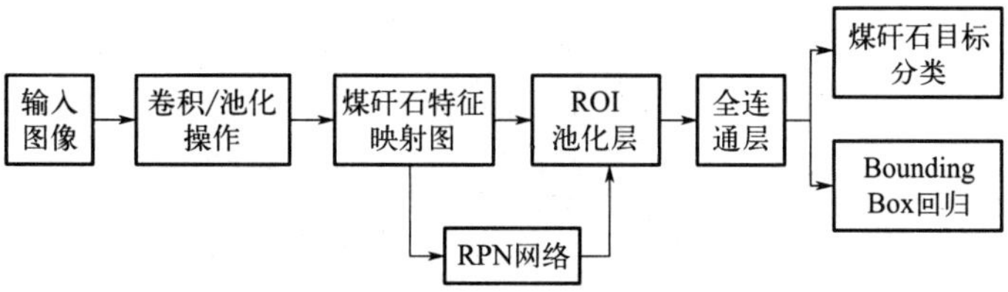

图 9-10　煤矸石目标识别方法

在对网络进行训练前，必须对采集的图像进行预处理，常用的方法有尺寸归一化、标注、高清化和去重复等，主要目的是获取高质量的煤矸石图像。通过卷积神经网络中卷积层与池化层的结合作用，自动提取煤矸石图像特征，得到特征映射图，再经过 RPN（region proposal network）提取煤或矸石的候选区域，最后输出图像中煤或矸石目标的分类结果。卷积神经网络结构如图 9-11 所示。

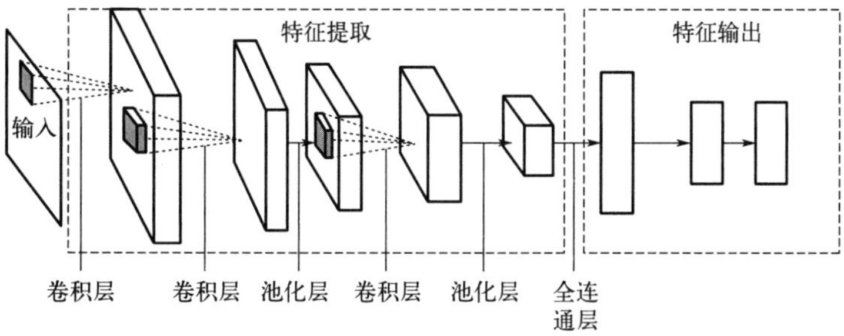

图 9-11　卷积神经网络结构

通过对不同煤矸石混合样本进行实验，得到各类样本的识别结果。煤矸石目标识别效果如图 9-12 所示，图中矩形区域即为目标定位区域，矩形区域上 Gangue、Coal 及数字表示区域目标识别为矸石或煤及其对应概率。由于不同煤种表面色泽和质地的不同，其识别效果也有差异。对不同的煤和矸石进行识别实验，通过对多次实验结果进行统计，煤矸石目标识别综合准确率可达 93%，完成时间为 50ms。

（2）煤矸石抓取特征提取技术

煤矸石识别系统除了完成煤矸石识别外，还需要根据煤矸石的形状生成煤矸石抓取特征。抓取表达方法主要有单个抓取点表达方法、多接触点抓取表达方法和抓取矩形表达方法。抓取矩形表达方法通常对应抓取的浅层特征，如颜色特征、深度特征及法向量特征等。与单个抓取点表达方法和多接触点表达方法要求输入较深层次特征不同，采用抓取矩形表达方法的挑战在于模型的建立，要求模型实现从大量抓取样本浅层特征中自主学习到抓取的深层特征，采用该表达方法时，通常应用深度学习算法建立分类器，如采用深度神经网络。

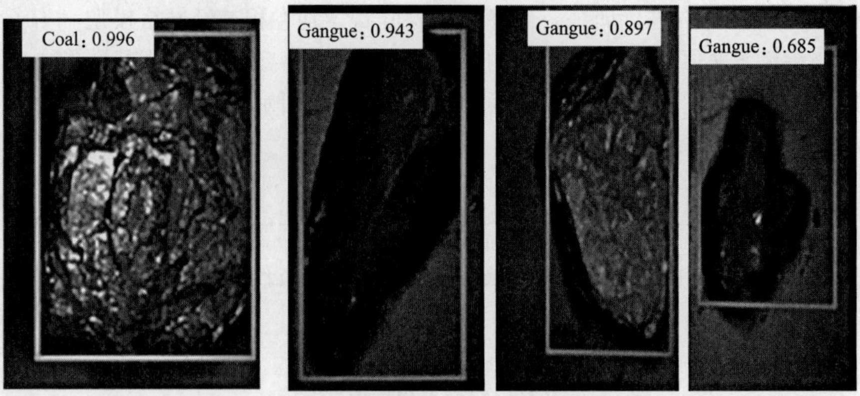

图 9-12　煤矸石目标识别效果

这里采用二维平面内的抓取矩形来表达目标区域的可抓取性，抓取矩形表达方法是一种高维的表达方法，这种表达认为正矩形样本对应的目标区域对于二指夹持器是可以成功抓取的，负矩形样本则会导致抓取失败。二维平面内的一个抓取矩形可以用 5 个参数描述，即

$$r=\{u, v, h, w, g\}$$

式中，(u, v) 为抓取矩形中心点 O 在图像平面内的坐标；h、w 分别为矩形的宽度和长度；g 为矩形倾斜角。

这里以康奈尔抓取数据集为基础，通过对模型的输入数据进行一定的预处理操作，建立矸石抓取样本库，然后建立基于卷积神经网络的矸石抓取分类器，进而建立基于深度学习的矸石抓取矩形分类模型，并通过样本库进行训练。矸石抓取矩形分类模型如图 9-13 所示。

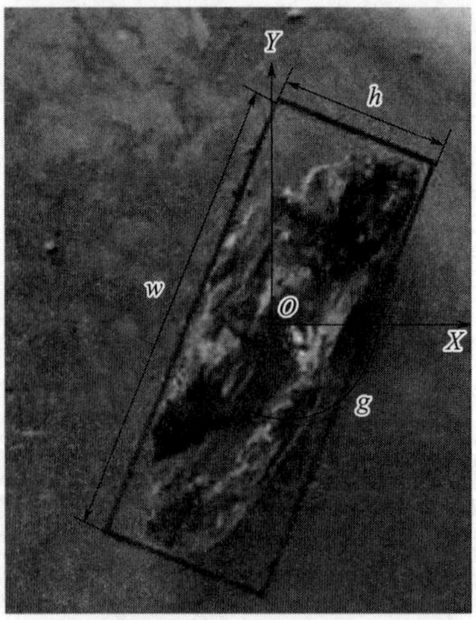

图 9-13　矸石抓取矩形分类模型

在完成抓取矩形识别后，获取抓取矩形参数，该参数并不能直接应用于机械手控制，还需要通过建立一定的映射关系将图像坐标转换到机器人坐标系。对于二指夹持器，可建立夹持器坐标系。二指夹持器独立的描述参数为 7 个，即 3 个位置参数、3 个方向参数、1 个开合宽度。

二指夹持器抓取位姿参数可表示为

$$M=\{x, y, z, \alpha, \beta, \gamma, n\}$$

式中，(x, y, z) 为抓取点的三维坐标（机器人坐标系）；α、β、γ 为抓取姿态的三维方向（如欧拉角）；n 为夹持器开合宽度。假定夹持器抓取位姿参数为 M 时，关闭夹持器可成功将物体抓取。

（3）机械臂控制技术

机械臂控制系统主要由机器人控制器、伺服驱动系统和视觉伺服系统等组成，如图 9-14 所示。

当煤矸石识别系统完成识别工作后，将煤矸石信息通过 TCP/IP 通信发送给上位机。上位机根据煤矸石分布信息将分拣任务分配给各个机械臂控制器，再由机械臂完成分拣工作。其中机械臂的路径规划采用 B-RRT（Bidirectional Rapidly-exploring Random Tree）规划算法。该算法是在采用启发式策略和贪婪算法的 RRT 随机采样算法的基础上，引用双向搜索策略和基于三角不等式的路径优化算法，具有更高规划成功率，能够更快地收敛到最优路径代价。在该系统中，每个机械臂由一个控制器进行控制，实现机械臂 X 轴、Y 轴、Z 轴、C 轴和手爪开合控制。机械臂通过以太网将其位姿信息发送至上位机，通过相应控制策略实现机械臂间相互协作。

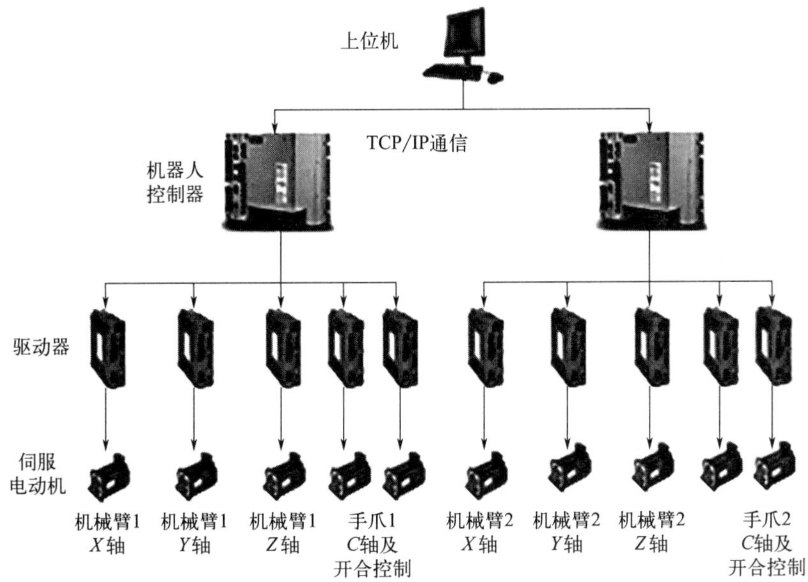

图 9-14　多机械臂控制构架

9.3.3　基于多机械臂协同的煤矸石分拣策略

为了实现矸石的最大化分拣，需要对多机械臂进行协同控制。当煤矸石识别系统对煤矸石进行识别后，会生成矸石坐标序列，如图 9-15 所示，图中，P_k 为矸石坐标，L 为存放点间距，v_e 为带式输送机速度。每个机械臂都有已知的工作空间，如何对煤矸石分拣任务进行合理分配能使系统分拣效率最大，是煤矸石分拣策略需要考虑的首要问题。

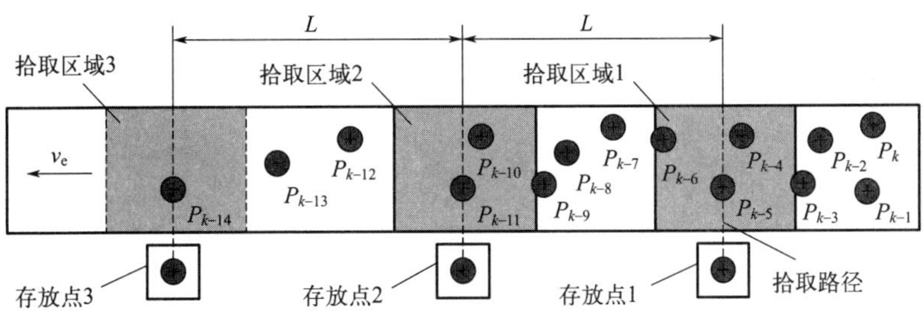

图 9-15　矸石序列

在进行策略规划时，主要考虑煤矸石当前位置和机械臂工作状态。当获取矸石序列时，首先对矸石按照其与机械臂之间沿带式输送机运行方向的距离进行重新排队，将距离最小的排在队首，这一过程实时进行。当队首矸石进入分拣区域后开始遍历机械臂群工作状态，将队首矸石坐标发送至空闲机械臂，然后由该机械臂执行分拣任务。如果不存在空闲机械臂，判断当前矸石是否超出分拣区域，如果超出则放弃分选，如果仍在分拣区域，则继续返回排队程序，重新分配。基于多机械臂协同的煤矸石分拣策略流程如图 9-16 所示。

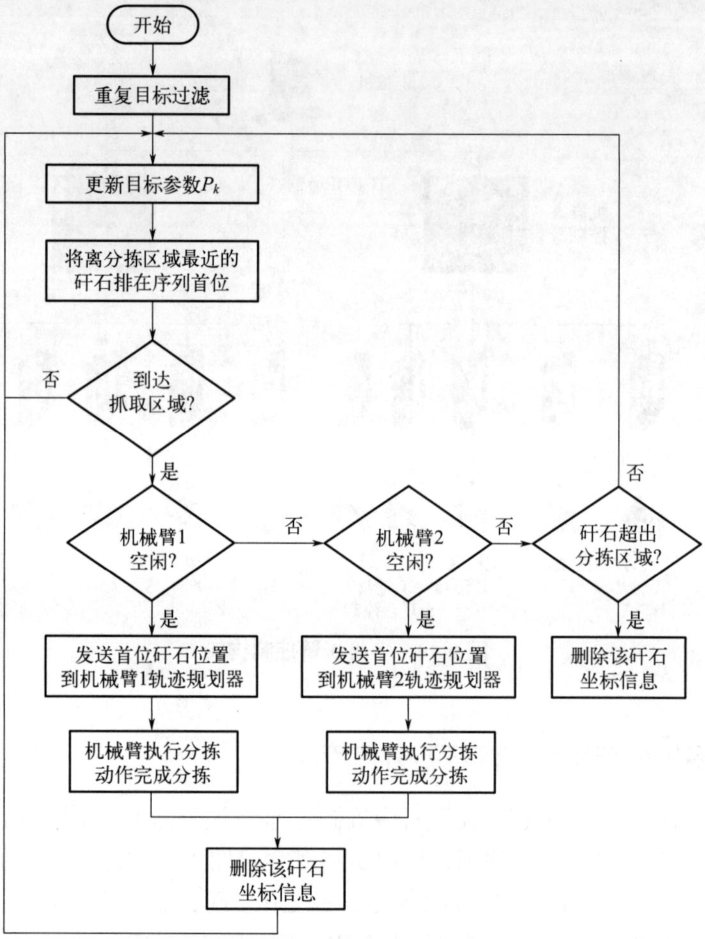

图 9-16　基于多机械臂协同的煤矸石分拣策略流程

9.3.4　实验验证

根据煤矸石分拣现场工况，设计了桁架式双机械臂机器人系统，如图 9-17 所示。

双机械臂煤矸石分拣机器人采用直角坐标四自由度（X, Y, Z, C）结构，X、Y、Z 轴速度为 2m/s，加速度为 4m/s^2，三轴重复精度为 0.02mm。为了对粒度为 50 ～ 260mm 的煤矸石进行分拣，机械臂末端采用行程可控的气动机械手爪，如图 9-18 所示，机械手行程为 0 ～ 270mm。煤矸石识别采用 ZED 双目立体相机。

用实验室样机进行分拣实验，测试在不同带速下对粒度为 50 ～ 260mm 的煤矸石进行在线识别、定位、分拣策略的准确性和稳定性。抓取样本为 300 块矸石和 100 块煤。

图 9-17　桁架式双机械臂分拣机器人样机

图 9-18　气动机械手爪

样机实验结果表明，双机械臂煤矸石分拣机器人可对粒度为 50 ～ 260mm 的煤矸石进行高效、快速分拣，所采用的煤矸石识别方法和分拣策略在不同带速下具有良好的稳定性和准确性。同时也验证了该系统的可行性，为煤矸石分拣提供了一种新方法。

9.4　线结构光焊缝类型识别及特征提取

在制造业中，焊接质量对于产品的安全性、可靠性和使用寿命具有重要影响，焊缝质量的检测和评估是质量控制的关键环节。基于线结构光的焊缝特征检测方法是一种非接触、高精度的检测技术，广泛应用于焊缝类型的识别和特征提取。

随着工业化的加速，当今工业生产场合对自动化的要求也在日益提高。材料焊接作为工业生产制造不可或缺的一部分，其自动化发展更是受到了广泛的关注。以往的焊接机器人以示教机器人为主，机器人主要通过离线编程进行工作。当工件形状、焊缝位置等发生变化时，需要工人重新引导焊接机器人进行焊接，浪费了大量人力，且很难保证焊缝质量。在这种情况下，基于机器视觉技术的焊接机器人应时而出，如图 9-19 所示。

图 9-19 搭载视觉传感器的焊接机器人

机器视觉的工作原理是通过相机模拟人眼结构，提取三维信息，借助计算机进行相关计算来对三维物体的形态、位置和运动做出判断。三维视觉根据有无外加光源可分为主动式和被动式两种。主动视觉检测可以主动投射具有一定结构的光源到被测物体上，再采集由被测物体形貌调制产生深度信息的图像来进行三维视觉测量。被动视觉检测通常采用自然光或环境光，直接采集被测物体不同角度的图像来进行三维形貌、尺寸的测量。线结构光作为一种主动视觉检测技术，由于其对于被测物体表面的材质等具有较强的灵活性，对大尺寸和小尺寸工件有同样高的适应性，并且有较高的稳定性，因此被广泛应用于焊缝识别和特征跟踪等领域。

9.4.1 线结构光视觉检测原理

结构光视觉检测系统是一组由投影仪和摄像头组成的系统结构，如图 9-20 所示。线结构光技术由 SHIRAI 于 1972 年首次提出，其工作原理是通过将结构光投射到待测物体上，形成光条纹，并通过对光条纹的形状、分布和变化进行解析，提取出待测物体的特征信息，进而实现对物体的三维视觉检测。

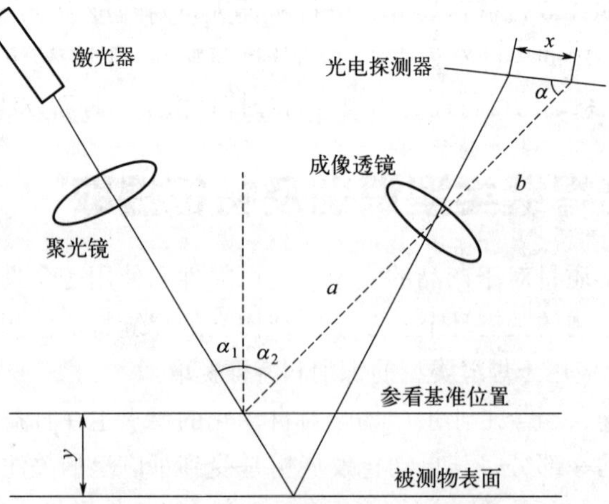

图 9-20 线扫描结构光测量具体计算原理

由于待测物体表面激光照射点的高度 y 不同，因此激光线与物体表面相交形成的激光条纹在相机上的成像位置也会随之变化，发生偏移 x，此时可通过系统标定及激光中心线提取得到待测物体的高度信息。

9.4.2　焊缝类型识别及特征提取

焊缝是利用焊接热源产生的高温，将焊接材料和接缝处的金属熔化连接形成的。在焊接自动化发展的过程中，焊缝类型识别也被认为是焊接相关操作的重要基础。在识别和跟踪不同焊缝类型时，算法的精度和局限性可能不同，且不同的焊缝类型对焊接参数的要求也不同。焊缝特征点作为焊缝特征提取主要针对的目标，包括焊缝上的点和反映焊缝结构特征的相关点，这些点的数量和分布与焊缝类型息息相关。对特征点的提取将直接决定焊接的位置点，是影响焊接质量的重要因素。部分常见焊缝接头特征点如图 9-21 所示。

当前，国内外学者利用视觉传感器对焊缝的类型识别及特征提取已经进行了大量研究，研究重点聚焦在图像处理与机器学习两种类型的方法上。焊缝识别方法分类如图 9-22 所示。

焊缝接头类型	焊缝简图	特征点图示
对接		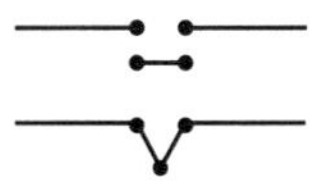
搭接	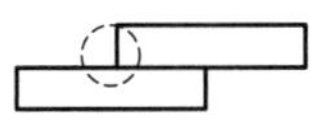	
角接	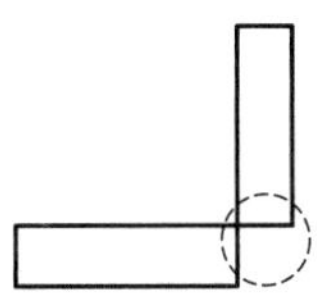	
T形	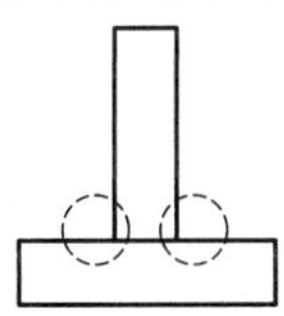	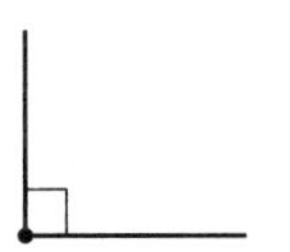

图 9-21　部分常见焊缝接头特征点

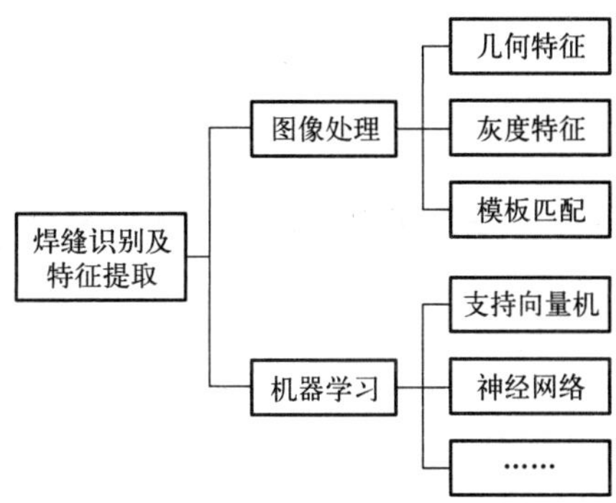

图 9-22　焊缝识别方法分类

基于图像处理识别焊缝的方法主要针对焊缝的几何特征、灰度特征以及不同焊缝模板特征等，对其关键点、特征区域、特征线条进行提取、拟合、匹配等分析。

① 基于几何特征的焊缝识别。对于线结构光视觉系统采集到的焊缝图像，可将其看作由不同线组成的平面或立体图像，通过图像处理和特征提取技术，可以识别出焊缝的类型和特征。

② 基于灰度特征的焊缝识别。基于灰度特征的焊缝识别主要依据焊缝特征区域与非特征区域呈现明显不同的灰度特征，通过比较像素区域的灰度值可以提取到焊缝区域进而识别并提取特征。

基于灰度特征的焊缝识别，由于在实现焊缝识别过程中只考虑灰度特征，对焊缝的类型识别可能存在交叉，因此在提取特征点过程中存在误提取问题。

③ 基于模板匹配的焊缝识别：通过提取关键点、特征线条等焊缝特征区域，采取字符串、对应点位匹配等方法识别焊缝。

基于模板匹配的焊缝识别可以依据具体情况添加焊缝模板，灵活性较强，但是受限于图像处理本身，对于噪声、焊缝材料等的鲁棒性不强。

焊缝几何特征因其直观和易识别性，成为多数学者的选择。各种基于不同特征的焊缝识别方法各有优劣，各方法具体对比分析见表 9-1。在实际焊接应用中，需要根据具体场景和需求，选择合适的识别方法，以提高多类型焊缝识别的准确性和特定类型焊缝识别的速度。

表 9-1　图像处理方法对比

方法分类	方法简述	优势	劣势
几何特征	提取焊缝的形状、长度、宽度等几何特征进行识别	直观简单，能够提供丰富的焊缝信息	环境因素敏感，实现效果不稳定
灰度特征	利用图像的灰度信息进行特征提取和识别	对光照的鲁棒性强，计算量相对较小	不同类型焊缝可能存在交叉
模板匹配	预先定义不同类型焊缝的模板，将采集到的焊缝图像与模板进行匹配，以获取焊缝信息	简单直观，快速匹配焊缝，灵活性较强	对焊缝形状变化、噪声干扰等敏感，鲁棒性不强

在现阶段的焊缝特征识别中，由于图像处理具有算法简单、容易实现等方面的优点，因此在智能焊接领域得到广泛应用。然而，这些方法在面对复杂环境、材料多变、特征不明显的焊缝时，缺少有效的识别和提取能力，且实现效果受限于参数调整，还需进一步提升算法鲁棒性。

9.5　基于车辆识别技术的可视化智能停车场综合管理系统

传统停车场存在进出场效率低、找车位难、找车难、管理难、管理成本高等诸多问题，严重制约了城市交通的现代化发展。便捷、安全、高效、管理科学的停车场综合管理系统成为当下停车建设的新需求，可视化、智能化的停车场综合管理系统应运而生。

9.5.1　基于视频的车位检测系统

（1）检测步骤

① 由高清摄像抓拍主机获取实时的视频流。

② 利用背景差分算法检测运动前景。首先通过初始多帧视频图像的学习建立一个背景模型，然后对当前帧图像与背景模型进行差分运算，消除背景的影响，从而获取运动目标的前景区域。

③ 根据背景差分运算中运动目标检测的结果，有选择性地更新背景模型，并保存背景模型。

④ 过滤噪声，并获取准确的车辆位置。

⑤ 运用时空信息、匹配和预测等算法，对车辆进行准确的跟踪，得到车辆对象的运动轨迹，并保存车辆对象的轨迹信息。

⑥ 判断车辆是否到达触发线位置，如果没有到达，则进行下一帧的检测，如果到达则发出触发信号，如图 9-23 所示。

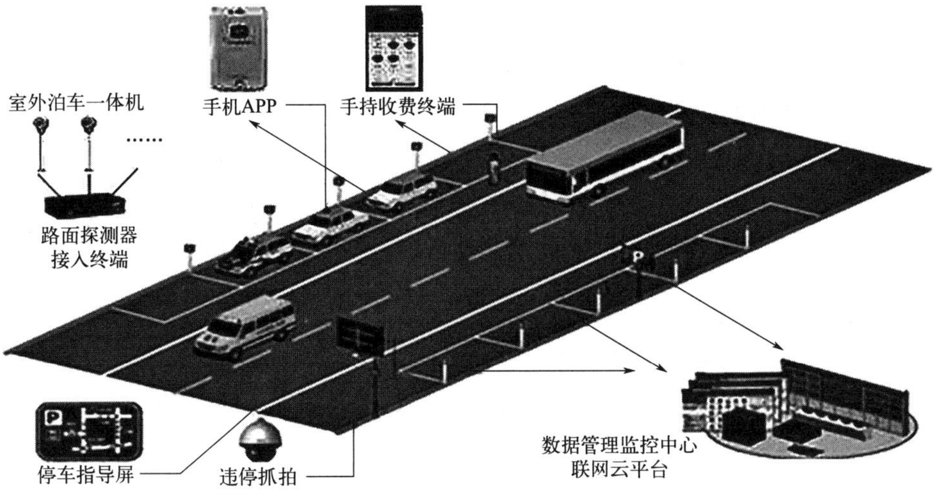

图 9-23　基于视频的车位检测系统

（2）系统功能

出入口管理系统采用视频识别进出场管理方式，在地上 / 地下车场出入口等地方，通过前端抓拍摄像机采集识别获取车辆信息，利用网络将车辆信息数据发送至后端管理中心，利用车辆识别技术实现车牌号、车标、车型、车身颜色等相关数据比对，确保车辆的进出有据可查、进出可控和停车位的合理利用，如图 9-24 所示。

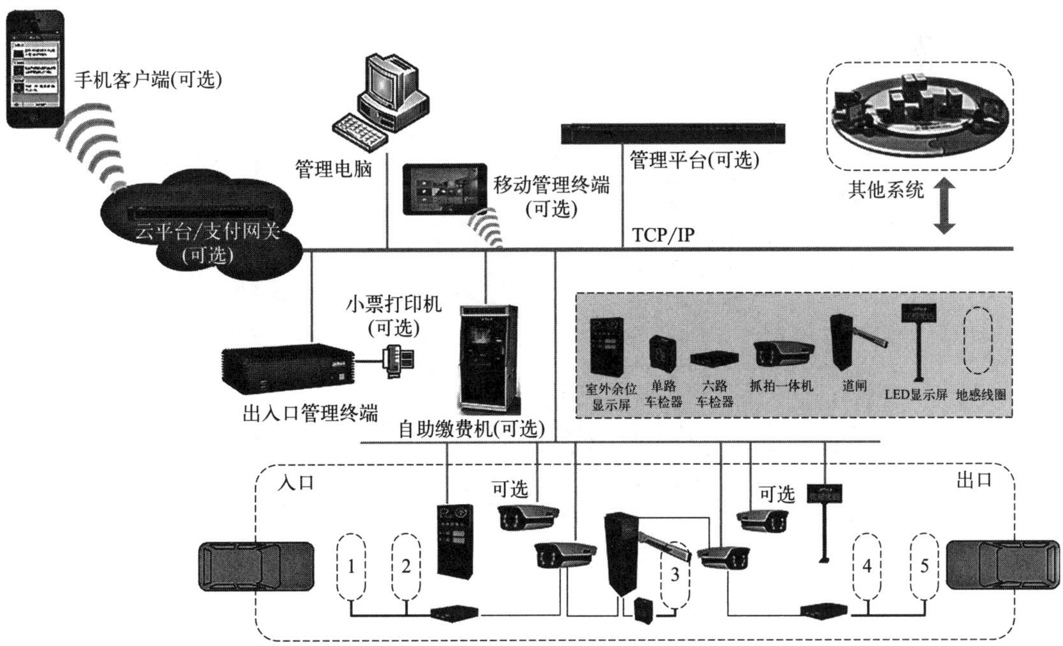

图 9-24　出入口管理系统的功能

高清出入口抓拍摄像机：实现视频监控，车辆车牌、车标、车身颜色、车型等相关信息采集识别功能。

车辆检测器：接收地感线圈反馈信号，检测有无车辆，并反馈输出检测信息，实现车辆触发抓拍及防砸功能。

触发地感线圈：感应车辆，反馈信号给车辆检测器，车辆检测器输出触发信号，触发高清出入口抓拍摄像机抓拍，实现一车一图、开闸等功能。

防砸地感线圈：感应车辆，反馈信号给车辆检测器，车辆检测器输出防砸信号，实现道闸防砸功能。

LED 显示屏：发布收费金额、车牌号、空余车位等信息；显示发布停车场内空余车位数量。

自助缴费机：实现自助缴费功能。

移动管理终端：实现移动收费管理，支持移动收费、脱机收费、拍照识别车牌。

出入口管理终端：实现出入口系统管理控制，以及提供相关出入口管理应用服务，且内置收费客户端组件。

云平台：提供手机 APP 应用服务，支持余位发布、手机支付、车位预定、反向寻车、车位引导、车场导航等手机 APP 应用功能。

为有效地改善出入口由于停车刷 / 取卡、缴卡造成的拥堵，采用车牌号识别认证的方式代替传统的卡片认证，可有效地提高出入口车辆的通行效率。

入口实现不停车入场，出口实现固定车辆、满足免费时段内的车辆、自助缴费的车辆、中央服务台缴费车辆可不停车出场，出口岗亭收费车辆免缴卡直接缴费快速出场。

9.5.2 系统优点

（1）高识别率、高适应性

① 高性能出入口抓拍摄像机：2.5 ～ 6m 多种距离抓拍，可适应不同的抓拍场景，且可达到 99% 以上的高识别率，如图 9-25 所示。

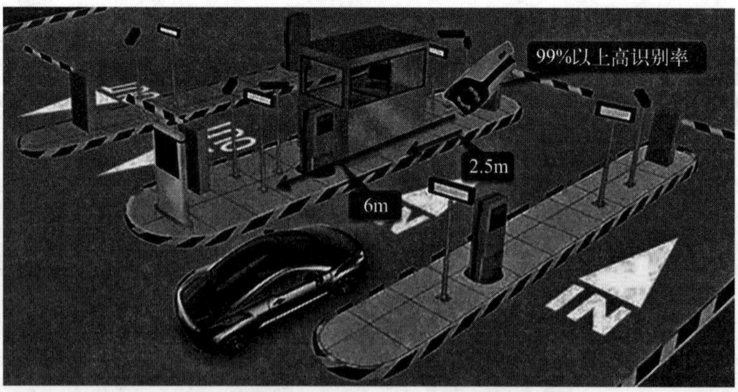

图 9-25 高性能出入口抓拍摄像机

② 双摄像机抓拍识别：解决超宽车道、转弯车道等的车牌识别率低的问题，极大地提高了车牌识别率，如图 9-26 所示。

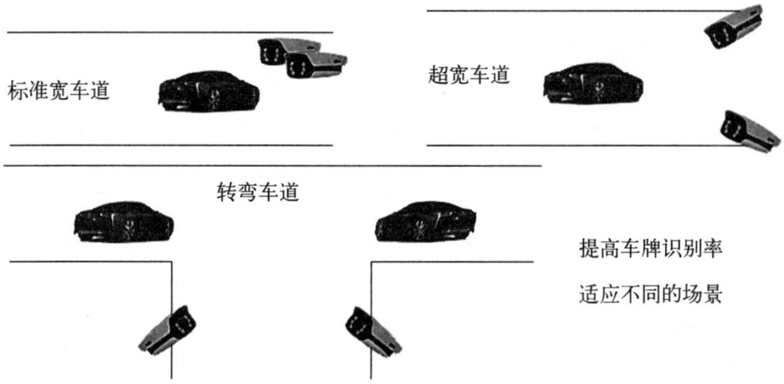

图 9-26　双摄像机抓拍识别

③ 云端二次车牌纠正识别：对于识别错误的车牌，可通过云端二次识别纠正，极大地提高了车牌识别率，保障了车辆的正常进出场。

④ 手持终端拍照车牌识别：在前端出入口抓拍摄像机故障或网络中断情况下，可通过手持终端拍照识别车牌，保障车牌识别的可靠稳定。建立了稳定可靠的车牌识别系统，如图 9-27 所示。

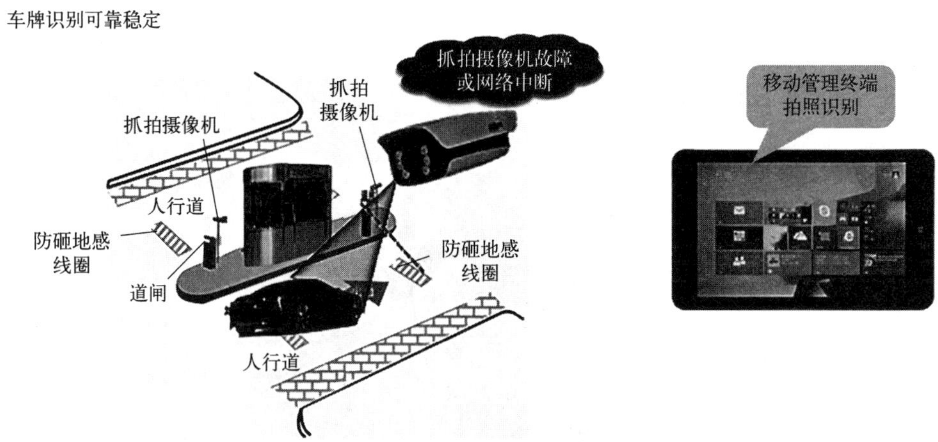

图 9-27　稳定可靠的车牌识别系统

⑤ 车牌人工核对校正：对于识别错误的车牌，系统支持车牌人工核对矫正，保障车辆的正常进出场。

⑥ 车牌模糊匹配：固定车辆模糊匹配不停车进出场，临时车识别错误或无牌车模糊匹配缴费。

⑦ 车牌抓拍双重检测：抓拍摄像机支持视频触发抓拍和线圈触发抓拍两种模式同时运行，最大程度上减少漏拍现象。

（2）可视智能管理

① 实时监控：进出场车辆实时监控，车辆、车内人员清晰可见，事中可控，事后可查。

② 特殊车辆直接放行：对于带有特殊车辆标识的车辆直接放行。建立了如图 9-28 所示的可视化智能管理系统。

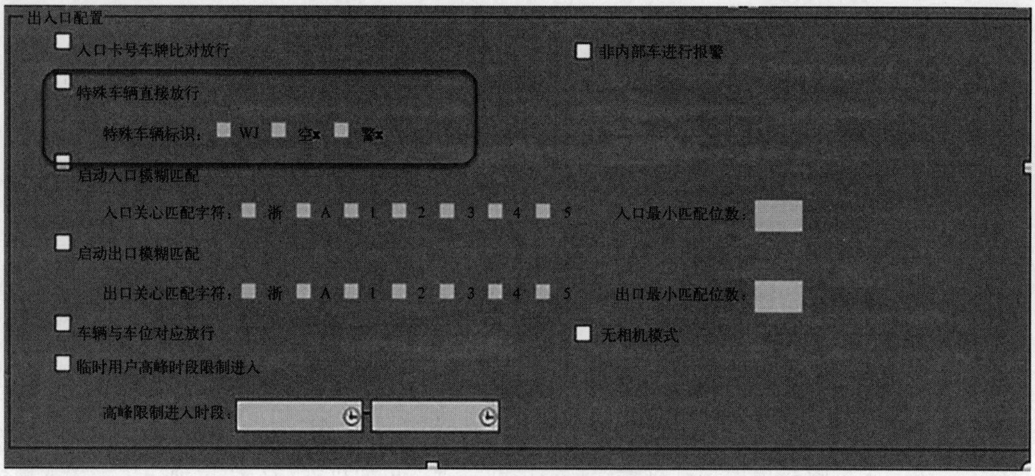

图 9-28　可视化智能管理系统

③ 车辆与车位对应放行：当停车场有多个场区时，对于有专有车位的车主，车辆在进入某个场区时必须与该场区车位对应才能自动放行。

④ 临时用户高峰时段限制进入：在上下班高峰时段，停车场可设置相应的时间段限制临时用户进入。

⑤ 一车一位：业主拥有多台车，但在场内只拥有一个自己的专有车位，当业主其中的任意一辆车进入场内后，其他车将无法进入场内，如图 9-29 所示。

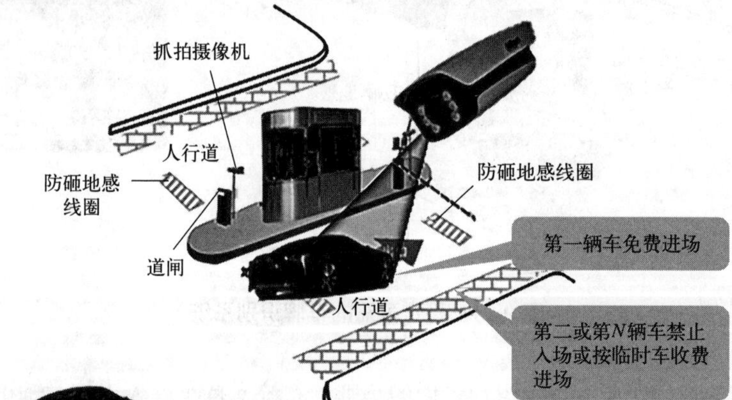

图 9-29　一车一位

⑥ 防止重复进出：由于车辆的车牌号是作为出入停车场的唯一标示，因此不可能出现利用取卡方式时出现的重复进出等问题，可有效防止逃费等情况的发生。

⑦ 余位满禁止入场：可设置余位满禁止临时车入场，或者禁止所有车辆入场。

⑧ 父子场区管理：当停车场内分有多个场区时，系统支持父子场区设置，可根据具体用户具体要求给每个场区设置相关进入规则，比如临时停车车辆通过父场区出入口进入后，不能进入子场区地下固定业主停车场进行停车。

⑨ 出入口引流防堵：通过部署防拥堵识别摄像机判别出入口拥堵情况，提示引导车辆往空闲出入口进出场。

系统还可对黑名单车辆、满位等各类报警事件，实时提供声效、LED、软件提示等全方位的警报或提示输出。

（3）高稳定性

① 脱机工作：系统支持脱机工作，在管理平台网络中断或软件故障等意外情况下，可保障车辆的正常进出流程；当网络恢复正常时，脱机进出场相关数据将自动同步上传至管理平台，如图 9-30 所示。

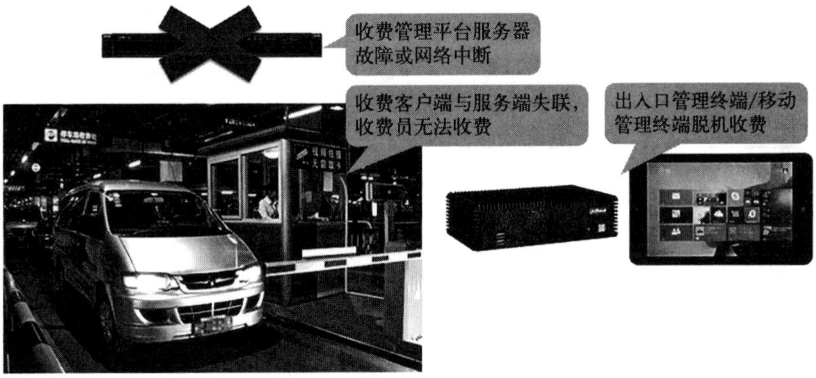

图 9-30　可实现脱机工作

② 双机热备：系统支持管理设备双机热备，全方位保障系统的稳定性。

9.6　中草药智能识别分拣系统

陈焕坚等在论文 [25] 中介绍了他们研制的中草药智能分拣系统。这是一个视觉伺服系统，识别系统利用图像识别出中药的具体名字，依靠物联网通信系统把识别的结果传递给分拣机构，由分拣机构对中药进行归类。

该装置的功能大体上可分为识别和分拣中草药两部分。

识别功能可由深度学习训练模型完成。在此使用 OpenMMLab 浦育平台完成模型的训练和推理测试，还可将训练模型转换为轻量、高效的 ONNX 框架文件，方便模型在终端部署。这里的终端是行空板，借助 Obloq 通信模块、Easy IoT 平台可实现行空板与 Arduino Uno 主控板通信，进而控制舵机。通信连接与舵机控制程序可使用 Mind+ 进行图形化编程，降低开发难度。制作该装置所需的软 / 硬件清单见表 9-2。

表 9-2　软 / 硬件清单

软件	硬件
Mind+	可联网的计算机
Python	数据线
Easy IoT 物联网平台	行空板

续表

软件	硬件
OpenMMLab 浦育平台	Arduino Uno 主控板
XEdu 工具包	USB 摄像头
LaserMaker	Obloq 通信模块
	舵机
	蓝牙音箱
	控制台等机械结构（控制舵机）
	杜邦线
	热熔胶枪
	3mm 厚的椴木板

9.6.1 总体设计

我们先搜集中草药图片，形成数据集，并将其划分为训练集、验证集和测试集。将数据集上传至 OpenMMLab 浦育平台，在平台上进行模型训练和推理测试，并将其转化为轻量、高效的 ONNX 框架文件，再将 ONNX 框架文件上传至行空板。

分拣台主要包括分类装置、机械臂和摄像头。当使用者把中草药放置在机械臂上后，启动程序，USB 摄像头自动拍摄，并将图像返回到行空板中。行空板再将推理识别的结果传给外接的蓝牙音箱，蓝牙音箱播报相关的知识。同时，行空板通过物联网将识别结果传给 Arduino Uno 主控板，舵机将中草药投放到对应的分类装置中，实现药物分拣。该装置的技术实现思路如图 9-31 所示。

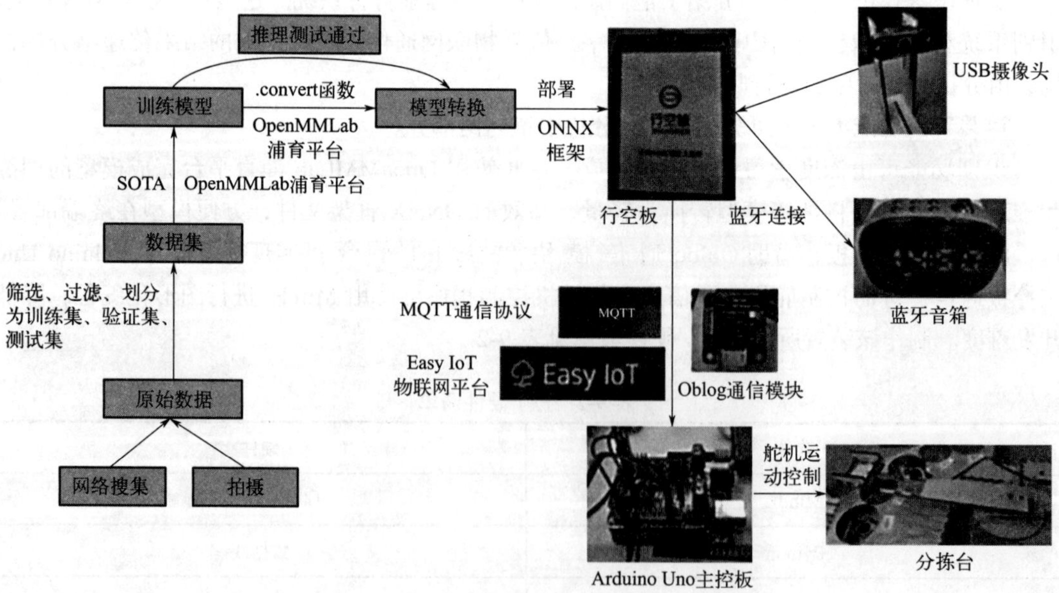

图 9-31　中草药识别分拣装置的技术实现流程

（1）行空板

行空板是一款国产开源硬件，它自带 Linux 操作系统和 Python 环境，还预装了常用的 Python 库，能够轻松胜任各种编程相关的开发场景，如搭建物联网系统、体验人工智能应用、编写游戏、进行科学实验、设计声光互动、开发可穿戴设备等。同时，行空板作为智能终端设备，采用微型计算机架构，集成了 LCD 彩屏、Wi-Fi、蓝牙、多种传感器和丰富的扩展接口，具体如图 9-32 所示。

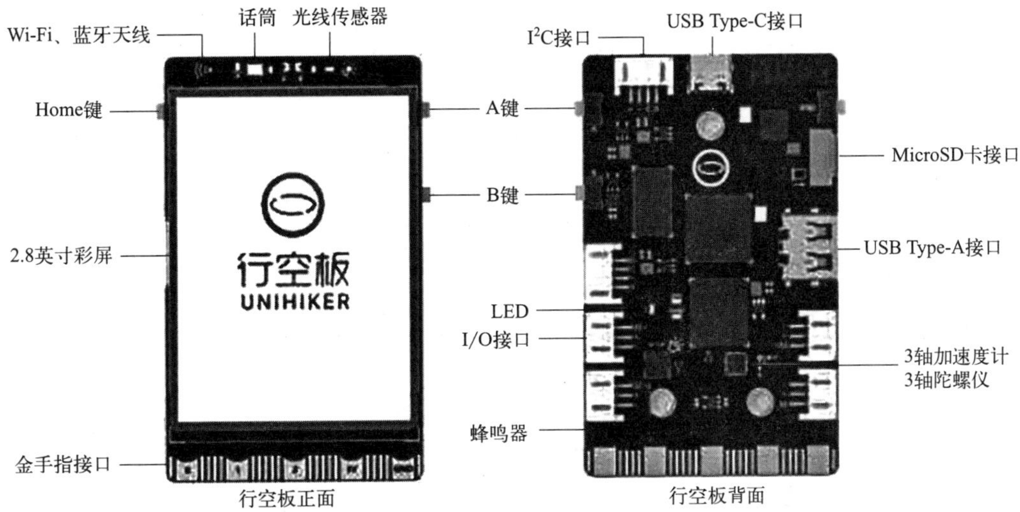

图 9-32　行空板板载接口

（2）Arduino Uno 主控板

Arduino Uno 主控板搭载有 AVR 单片机（ATmega328P）、晶体振荡器和 5V 的直流电源。它有 14 个数字输入 / 输出引脚（其中 6 个可用作 PWM 输出）、6 个模拟输入引脚、16MHz 晶体振荡器、USB 接口、电源插孔、ICSP 接口和复位按键。只需要通过 USB 数据线连接计算机就能供电、下载程序和数据通信。Arduino Uno 主控板各部分如图 9-33 所示。

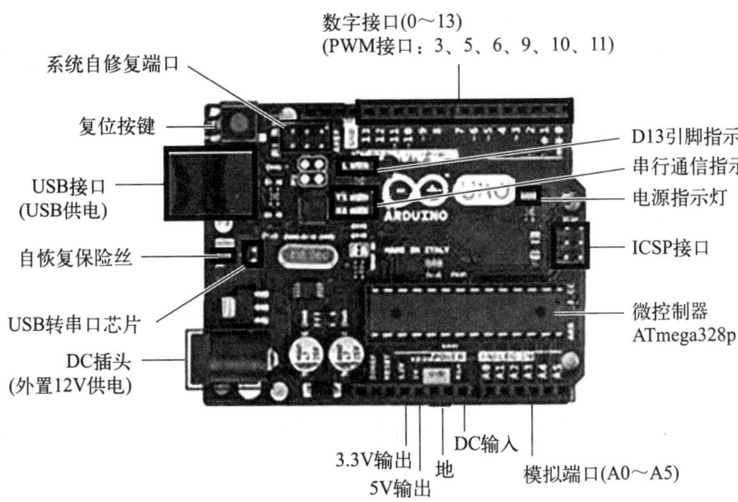

图 9-33　Arduino Uno 主控板

（3）分拣台

分拣台主要由分类装置、机械臂及摄像头组成。先通过 LaserMaker 软件设计分拣台，图纸如图 9-34 所示。

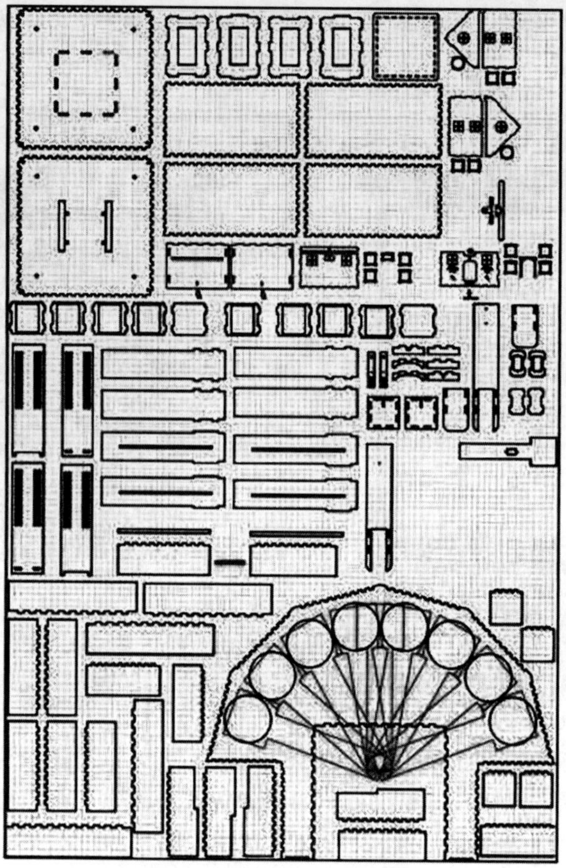

图 9-34　分拣台的设计图纸

该装置的功能大体上可分为识别中草药（模型训练与转换）和分拣中草药（行空板与 Aduino Uno 主控板通信、Aduino Uno 主控板控制舵机）两部分。其中模型训练、推理测试、模型转换可结合程序理解。

9.6.2　中草药识别

（1）数据集制作

首先，通过爬虫程序获取中草药图片（如果有条件，建议实地拍摄图片，这样在模型部署完成后，识别效果更好），并进行筛选、清理，获取的中草药图片（以车前子为例）如图 9-35 所示。

然后，通过划分数据集的程序，将上述数据集划分为训练集、验证集和测试集。此处采集了 8 种中草药的数据集，如图 9-36 所示。

划分数据集程序参见文献［25］。

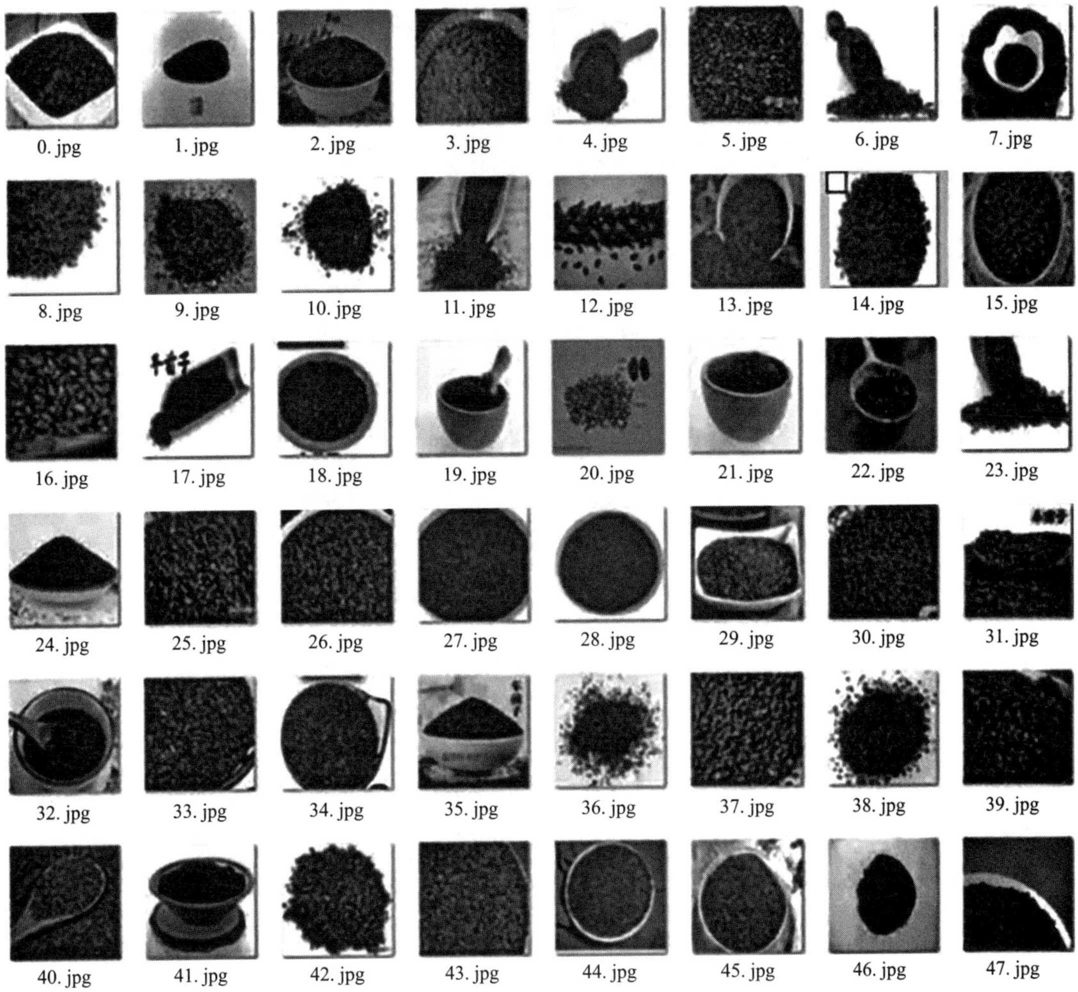

图 9-35　获取的中草药图片（以车前子为例）

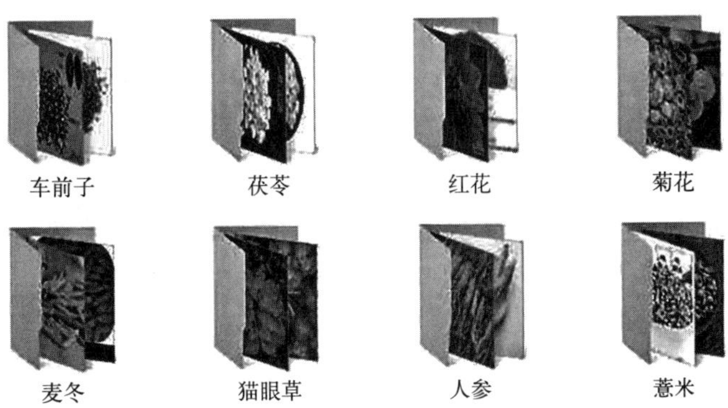

图 9-36　中草药数据集

将数据集上传至 OpenMMLab 浦育平台，如图 9-37 所示。

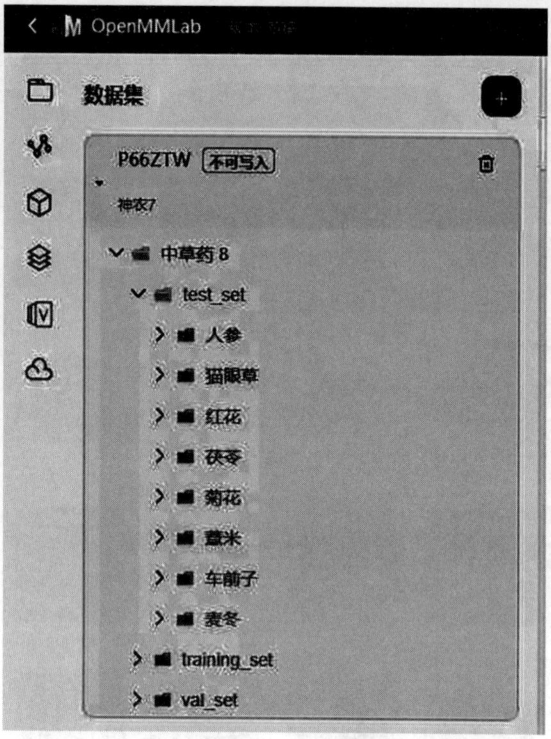

图 9-37 将数据集上传至 OpenMMLab 浦育平台

（2）模型训练

模型训练时选用轻量、高效的卷积神经网络模型 MobileNet，该模型由谷歌公司开发，是 SOTA 模型（即 State-Of-The-Art 模型，在这里指模型训练中最先进、高效的模型的总称）的一种。它能在保持准确性的同时，通过减少模型的计算量，提高模型的效率和速度。可以通过在大规模数据集上预训练 MobileNet ，将其用作迁移学习的基础模型，进一步提高模型的准确性和稳定性。模型训练程序参见文献［25］。训练之后即可得到识别权重文件，此处名为 best_accuracy_top-5_epoch_43.pth，接下来将在推理测试程序中用到。

（3）推理测试

推理测试参见文献［25］。

（4）模型转换

模型转换时选用 ONNX，该模型由微软公司开发，是一种开放的深度学习框架互操作性标准，帮助开发人员实现深度学习框架之间的互操作性以及模型的共享和迁移，提高模型推理和部署的效率和灵活性，从而实现更加高效、可靠和可扩展的图像分类应用。模型转换参见文献［25］。转换后得到 ImageNet1k.onnx 文件，这也是部署文件，后续把它上传到行空板中。

9.6.3 中草药分拣

此功能主要通过编程实现，此处先对通信功能进行设备准备说明。

第一步：先将模型转换得到的 ImageNet1k.onnx 文件上传至行空板。

第二步：需要将 Arduino Uno 主控板加装的 Obloq 通信模块、行空板、计算机三者设置于同一网络下，建议用手机开热点，热点连接情况如图 9-38 所示。

当 Obloq 通信模块连接到热点时将会亮绿灯，如图 9-39 所示，其他情况可自行搜索排查问题。

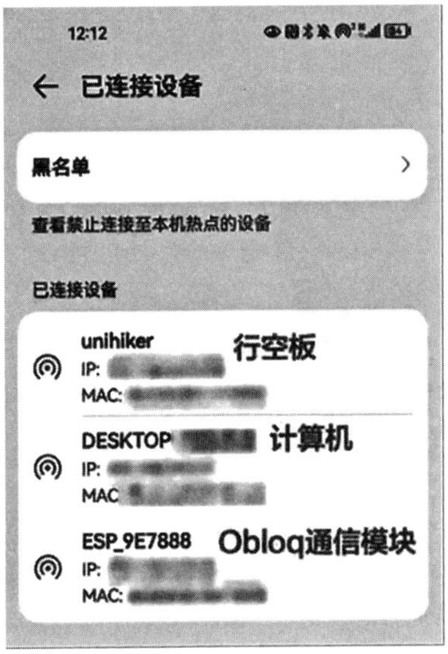

图 9-38　热点连接示意

图 9-39　Obloq 通信模块连接成功示意

第三步：当行空板和 Arduino Uno 主控板同处于一个热点下时，可以开始考虑如何让两者实现通信。此处借用 Easy IoT 平台，采用 MQTT 通信协议。

MQTT 是一种轻量级的、基于发布 - 订阅模式的物联网通信协议，是由 IBM 公司开发的，主要用于连接传感器、物联网设备或其他小内存和小带宽设备，实现设备间的互联互通。

在 Easy IoT 平台注册账号并登录，登录后添加设备名，具体如图 9-40 所示。至此，通信连接准备工作完成，接下来结合程序说明编程过程。

第四步：打开 Mind+，需要编写完成摄像头拍摄调用 - 识别框架调用 - 消息发送流程的程序，并下载到行空板中。这个功能的实现程序参见文献［25］。

接下来是行空板连接 Easy IoT 平台的程序，其中 user="epOOB4sVR"，password= "etOdf-VsVgz" 为图 9-40 中需要记录的另外两条数据。

当行空板识别到中草药后，会将中草药名称通过订阅消息的方式发送到 Easy IoT 平台，而 Easy IoT 平台也能查看消息发送结果。

到这里就实现了行空板将识别结果发送到 Easy IoT 平台的功能。接下来介绍 Arduino Uno 主控板如何获取 Easy IoT 平台数据并执行相关动作指令。

第五步：在 Arduino Uno 主控板上连接好舵机、Obloq 通信模块等，打开 Mind+，直接在可视化编程界面进行编程。

需要注意的是 MQTT 的初始化设置，具体设置如图 9-41 所示。

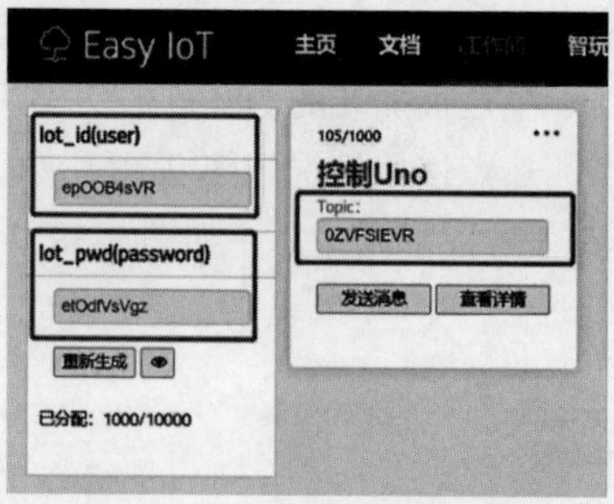

图 9-40　Easy IoT 平台界面

图 9-41　MQTT 协议配置

Arduino Uno 主控板接收 Easy IoT 平台消息后，可以在串口中查看消息，如图 9-42 所示。至此，行空板与 Arduino Uno 主控板之间的通信工作便设置完成了。

最终分拣台的搭建成果如图 9-43 所示。

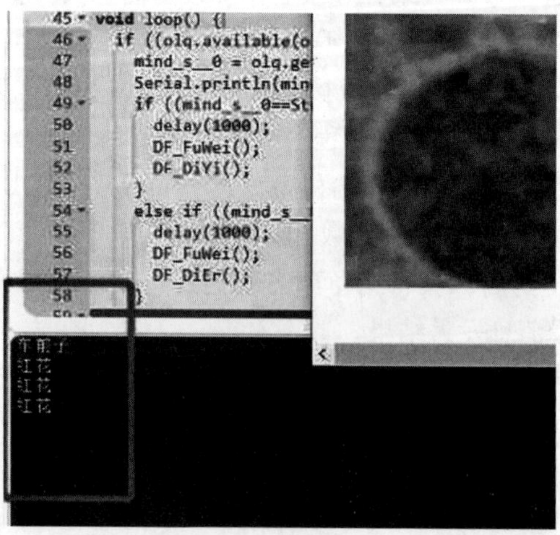

图 9-42　Obloq 通信模块接收到 Easy IoT 平台消息

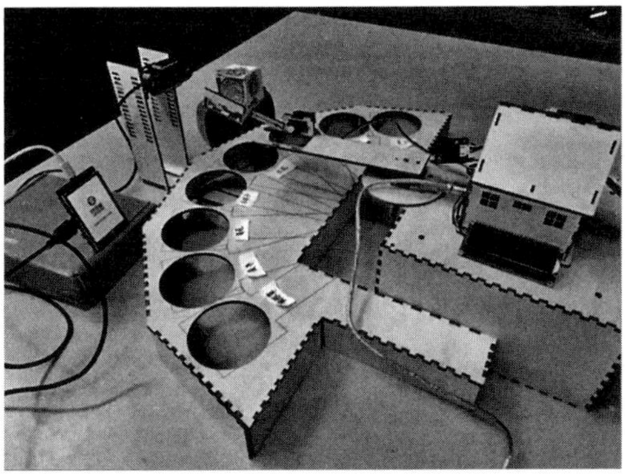

图 9-43　最终成品

本章小结

本章首先对视觉伺服系统的组成和工作过程进行了讲解，然后结合实际案例详细介绍了视觉伺服系统的应用，包括基于视觉引导的 SCARA 机器人自动装配系统、基于机器视觉的多机械臂煤矸石分拣机器人系统、线结构光焊缝类型识别及特征提取、基于车辆识别技术的可视化智能停车场综合管理系统以及中草药智能识别分拣系统。

思考题

1. 简述视觉伺服系统的架构与工作过程。
2. 简述机器人智能装配系统的组成与工作过程。
3. 简述基于机器视觉的多机械臂煤矸石分拣机器人系统的组成、关键技术与工作过程。
4. 简述线结构光焊缝类型识别及特征提取系统的架构与工作原理。
5. 简述可视化智能停车场综合管理系统的设计思想和优点。
6. 简述中草药智能识别分拣系统的架构与工作原理。

参考文献

[1] 宁祎．工业机器人控制技术［M］．北京：机械工业出版社，2020.

[2] Forsyth D A，Ponce J. 计算机视觉——一种现代化方法［M］．高永强，等译．2 版．北京：电子工业出版社，2017.

[3] 赵小川，何灏，唐弘毅．MATLAB 计算机视觉实战［M］．北京：清华大学出版社，2018.

[4] 晋纪岩，赵珍超．智能选矸机器人的研究与工程实践［J］．矿山机械，2023，11（11）：43-48.

[5] 杜斌．机器视觉：使用 HALCON 描述与实现［M］．北京：清华大学出版社，2021.

[6] 洪锦魁．OpenCV 计算机视觉项目实战（Python 版）［M］．北京：清华大学出版社，2023.

[7] 冯振，陈亚萌．OpenCV4 详解：基于 Python［M］．北京：人民邮电出版社，2021.

[8] 赵会军．Pathon 应用轻松入门［M］．北京：清华大学出版社，2023.

[9] 丁伟雄．Python 视觉分析应用案例实战［M］．北京：清华大学出版社，2024.

[10] 朗坦・约瑟夫．机器人系统设计与制作：Python 语言实现［M］．刘端阳，译．北京：机械工业出版社，2021.

[11] 李烨，陈琼，李燕飞，等．时间序列分析与 Python 实例［M］．长沙：中南大学出版社，2023.

[12] 杨建华，李瑞峰．YOLO 目标检测［M］．北京：人民邮电出版社，2023.

[13] 林大贵．TensorFlow+Keras 深度学习人工智能实践应用［M］．北京：清华大学出版社，2018.

[14] 秦襄培．MATLAB 图像处理与界面编程［M］．北京：电子工业出版社，2009.

[15] 日本机器人学会．新版机器人技术手册［M］．宗光化，程君实，等译．北京：科学出版社，2007.

[16] 刘广瑞．工业机器人从基础到实战［M］．北京：化学工业出版社，2023.

[17] 板井建雄．人体的构造［M］．王俊，译．上海：上海世界图书出版公司，2007.

[18] 爱丽丝・罗伯茨．BBC 人体如何工作［M］．章石，译．南京：江苏凤凰科技出版社，2020.

[19] 郭光文，王序．人体解剖彩色图谱［M］．北京：人民卫生出版社，1986.

[20] Niku S B. 机器人学导论——分析、系统及应用［M］．孙富春，朱纪洪，刘国栋，等译．北京：电子工业出版社，2004.

[21] 李立宗．OpenCV 轻松入门［M］．2 版．北京：电子工业出版社，2023.

[22] 李立宗．计算机视觉 40 例（从入门到深度学习：OpenCV-Python）［M］．北京：电子工业出版社，2022.

[23] 王鹏，曹现刚，夏晶，等．基于机器视觉的多机械臂煤矸石分拣机器人系统研究［J］．工矿自动化，2019，45（9）：47-53.

[24] 王梦莹，陆安江，谭叶青，等．线结构光焊缝类型识别及特征提取研究进展［J］．金属加工（热加工），2024（5）：1-9.

[25] 陈焕坚，韦情敏，吕廖杏孜．一种智能识别分拣中草药系统［J］．无线电，2024（6）：39-46.